Méthode des éléments finis

Michel Cazenave

Méthode des éléments finis

Approche pratique en mécanique des structures

2e édition

DUNOD

Illustration de couverture : Photo GRAITEC

ISBN 978-2-10-077805-8

TABLE DES MATIÈRES

1 • INTRODUCTION

Pour mener à bien un projet technique, l'ingénieur ou technicien de bureau d'études doit concevoir puis dimensionner l'ouvrage de manière à fournir à l'entreprise exécutante les plans nécessaires à sa réalisation. Très souvent, celui-ci utilisera un outil de calcul basé sur la méthode dite des éléments finis dont l'utilisation s'est généralisée dans l'industrie depuis une vingtaine d'années.
Cette méthode, qui n'est pas uniquement dédiée aux problèmes de structures lui permettra de résoudre un éventail très large de problèmes : structurels, thermiques, électromagnétiques, fluidiques, avec des aspects linéaires ou non linéaires, stationnaires ou transitoires.
Différents éditeurs de logiciels se sont imposés sur ce marché. Ils proposent généralement plusieurs modules permettant d'aborder des problèmes multi physiques. La structure de ces codes comporte habituellement un pré-processeur, un ou plusieurs solveurs, un ou plusieurs post-processeurs. Le pré-processeur est une interface graphique permettant à l'utilisateur de décrire la géométrie et le type de problème à résoudre. Le ou les solveurs intègrent les bases des méthodes de résolution (linéaire ou non linéaire, stationnaire ou transitoire, etc.) spécifiques au cas étudié. Le ou les post-processeurs permettent de visualiser les résultats sous forme de courbes (évolution en fonction du temps, des charges, des déplacements, etc.) ou d'isovaleurs matérialisant le comportement de la structure par une échelle de couleurs variant du bleu au rouge généralement.
Mais avant d'utiliser un tel code de calcul de manière opérationnelle, il est essentiel d'explorer ses capacités et surtout ses limites. Pour ce faire, le futur utilisateur devra maîtriser un minimum de prérequis théoriques dans le secteur visé (mécanique, génie civil, etc.) mais également dans le domaine de la méthode des éléments finis. Toujours dans ce même domaine et au niveau pratique, il devra être capable de résoudre des problèmes simples avec le logiciel mis à sa disposition. Généralement, les éditeurs de ces logiciels joignent au produit un manuel dit de vérification permettant de comparer les résultats obtenus à un référentiel souvent issu de bases théoriques. Dans le cadre de la mise en œuvre d'une nouvelle technique ou peut-être même lors d'une première utilisation, l'opérateur pourra aussi utiliser ce manuel comme base de formation à l'outil. C'est la démarche que nous avons essayé de reproduire en basant nos développements sur des résultats connus.
Cet ouvrage a donc pour but de familiariser les ingénieurs et techniciens mais également les étudiants à cette méthode en abordant sa problématique par la pratique. 15 exemples traitant les aspects théoriques et pratiques de manière graduelle sont

ainsi proposés. Quand cela s'avère nécessaire, ceux-ci sont accompagnés de rappels sur les théories des poutres, des plaques ou des coques. Leurs résultats seront d'ailleurs, comme indiqué précédemment, très souvent utilisés comme référentiels. Ceci étant, cet ouvrage ne prétend pas couvrir la méthode de manière exhaustive car les techniques numériques abordées font partie des plus courantes dans les codes de calcul commerciaux.

Partant de pré requis en mathématiques et mécanique du solide, le principe d'approximation élémentaire utilisé par cette méthode est tout d'abord appliqué en statique aux structures filaires en barres et poutres. La problématique du maillage et de la validation des modèles de calcul est ensuite abordée lors de l'étude des modélisations surfaciques avec des éléments membranes, plaques ou coques. Enfin, ces éléments sont ensuite utilisés lors de l'étude des non-linéarités matérielle et géométrique avec les méthodes de résolution associées telles que celles de Newton-Raphson ou de longueur d'arc. Ces différents aspects sont ensuite appliqués au flambement des poutres et à la plastification des matériaux avec ou sans écrouissage. Les méthodes de résolution de base en dynamique des structures telles que celles par superposition modale, intégration directe ou spectrale sont également abordées dans le domaine linéaire uniquement.

Afin de bien décrire la méthodologie utilisée, la grande majorité de ces exemples est traitée pas à pas par des calculs manuels ou semi automatiques avec le logiciel Mathcad™ développé par la société Parametric Technology Corporation et dont les résultats sont recoupés avec les codes de calcul Advance Design/Effel™ ou Abaqus™ édités respectivement par les sociétés Graitec SA et Dassault Systèmes Simulia Corporation. Nous remercions d'ailleurs très sincèrement ces trois éditeurs pour nous avoir permis d'utiliser leurs logiciels pour illustrer nos exemples.

4 • PRINCIPES DE LA MÉTHODE DES ÉLÉMENTS FINIS EN STATIQUE

4.1 Approximation nodale – fonctions de forme

Partant d'hypothèses de petits déplacements et petites déformations, la mécanique du solide a permis d'établir deux types de conditions régissant l'équilibre d'un corps : les équations d'équilibre des forces et la compatibilité des déplacements. Dans le cas des forces, le champ de contraintes, dit statiquement admissible, doit satisfaire aux relations (3.5) et (3.6)[1] alors que le champ de déplacements, dit cinématiquement admissible doit permettre la compatibilité avec les déformations, c'est-à-dire vérifier (3.11)[1]. En d'autres termes, le champ de déplacement doit être dérivable au moins une fois.

L'intégration de ces équations n'étant pas aisée, une des méthodes les plus utilisées pour les résoudre est la méthode dite des **éléments finis** qui revient à remplacer le système continu par un système discret. Le solide est alors divisé en un certain nombre de sous-domaines appelés **éléments**, dont l'assemblage permet la reconstitution de la géométrie initiale. Chacun des éléments est relié à ces voisins par des **nœuds** dont les degrés de liberté (DDL) constituent les inconnues du problème.

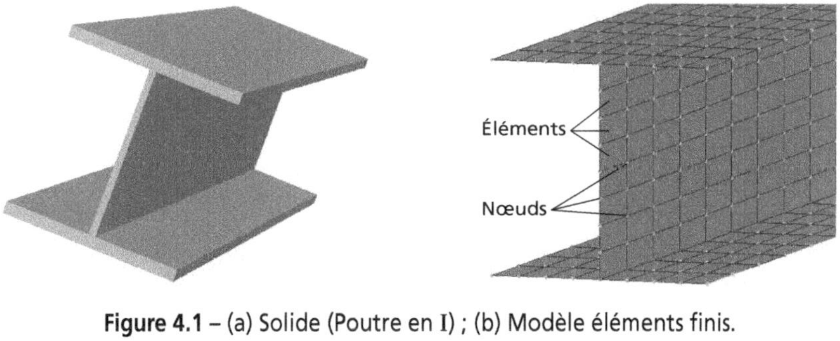

Figure 4.1 – (a) Solide (Poutre en I) ; (b) Modèle éléments finis.

Considérant un champ de déplacement cinématiquement admissible sur l'élément, la méthode consiste le plus souvent à approximer celui-ci au moyen d'une fonction

1. Voir compléments en ligne.

polynomiale formée d'un nombre fini de paramètres et à l'exprimer en fonction des déplacements nodaux (les déplacements associés aux degrés de liberté). On aura donc :

$$\begin{aligned} X(x,y,z) &= \sum_{i=1}^{n} N_i(x,y,z)\cdot X_i \\ &= N_1(x,y,z)\cdot X_1 + N_2(x,y,z)\cdot X_2 + ... + N_n(x,y,z)\cdot X_n \end{aligned} \quad (4.1)$$

où les :

- X_i désignent les inconnues en déplacement associées aux degrés de liberté considérés,
- $N_i(x,y,z)$ désignent les fonctions de forme de l'élément permettant d'obtenir les déplacements de celui-ci en n'importe quel point de sa géométrie et ce toujours à partir des déplacements nodaux.

À titre d'exemple, prenons un élément « barre » travaillant uniquement en traction ou en compression. Le matériau utilisé étant supposé linéaire, la déformation est de fait constante sur la hauteur de sa section. La fonction de déplacement $u(x)$ est alors forcément linéaire. On a donc :

$$\varepsilon_{xx} = \frac{du}{dx} = Cte \Rightarrow u(x) = a_0 + a_1 \cdot x \quad (4.2)$$

Par ailleurs, on sait qu'en :

$$\begin{aligned} x = 0 &\Rightarrow u(0) = u_1 \\ x = L &\Rightarrow u(L) = u_2 \end{aligned}$$

d'où

$$u(x) = (1 - \frac{x}{L})\cdot u_1 + \frac{x}{L}\cdot u_2 = \begin{Bmatrix} 1 - \frac{x}{L} & \frac{x}{L} \end{Bmatrix} \cdot \begin{Bmatrix} u_1 \\ u_2 \end{Bmatrix}$$

soit sous une autre forme (figure 4.2) :

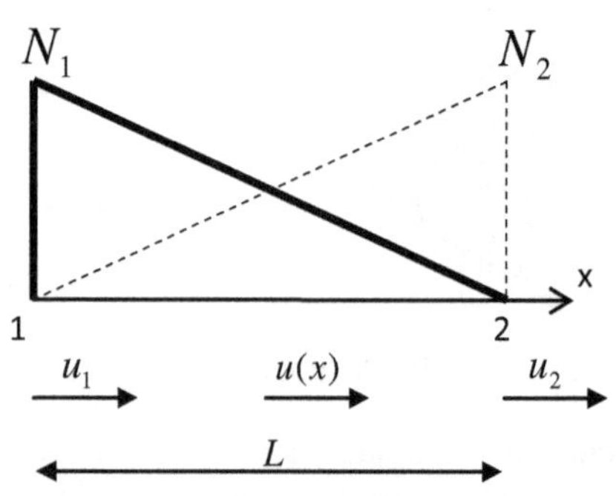

Figure 4.2 – Fonctions de forme d'un élément barre.

$$u(x) = (1 - \frac{x}{L}) \cdot u_1 + \frac{x}{L} \cdot u_2 = N_1 \cdot u_1 + N_2 \cdot u_2 = \sum_{i=1}^{2} N_i \cdot u_i = [N] \cdot \{q_e\} \quad (4.3)$$

En regroupant toutes les fonctions de forme de l'élément au sein de la matrice $[N]$ et les déplacements nodaux dans le vecteur $\{q_e\}$, le champ de déplacement s'exprime alors :

$$\{u\} = [N] \cdot \{q_e\} \quad (4.4)$$

avec $\{u\}$ correspondant au vecteur des fonctions de déplacement applicables sur l'élément : $u(x, y, z)$, $v(x, y, z)$, $w(x, y, z)$, $\beta_x(x, y, z)$, etc. Le degré du polynôme retenu pour l'élément est donc intimement lié aux nombres de nœuds et de degrés de liberté par nœud. Par exemple, un élément unidimensionnel à trois nœuds aura une fonction d'approximation parabolique.

Généralement, les fonctions d'interpolation retenues sont linéaires, quadratiques et plus rarement cubiques ce qui ne se révèle pas toujours conforme aux théories visées telles que celles des poutres, des plaques ou des coques. En effet, les ligne et surface élastique découlant de ces théories sont plutôt du troisième voire du quatrième degré. Une solution revient à discrétiser le modèle de telle manière à reconstituer le champ réel de déplacement à partir de fonctions de degré inférieur. La qualité et l'efficacité d'une telle reconstitution dépendront donc d'une part du type d'élément choisi, en d'autres termes de ses capacités, et d'autre part de la densité du maillage. Dans le cas des éléments courants et toujours dans une hypothèse de linéarité, ce choix aura pour conséquence de ne pas garantir la continuité du champ de contrainte d'où la recherche d'une discrétisation adaptée permettant sa bonne reconstitution. De ce fait, la taille des éléments utilisés sera généralement petite.

4.2 Résolution

La méthode de résolution s'inspire généralement de celle de Rayleigh – Ritz qui consiste via une minimisation de l'énergie potentielle, en une recherche des termes d'une fonction approximant le champ inconnu et satisfaisant aux conditions aux limites.

On définit l'énergie potentielle E comme étant la différence entre l'énergie de déformation W et le travail T des forces de volume et de surface :

$$E = W - T = \underbrace{\frac{1}{2}\int_V \{\varepsilon\}^T \cdot \{\sigma\} \cdot dV}_{W} \underbrace{- \int_V \{u\}^T \cdot \{f^v\} \cdot dV - \int_S \{u\}^T \cdot \{f^s\} \cdot dS}_{T} \quad (4.5)$$

Le problème revient alors à rechercher un champ de déplacement minimisant E de manière à caractériser son équilibre. L'étude d'un barreau en traction permet de décrire simplement la démarche suivie.

4.2.1 Application à un barreau en traction

Soit un barreau de longueur L et de section constante S soumis à une charge extérieure F,

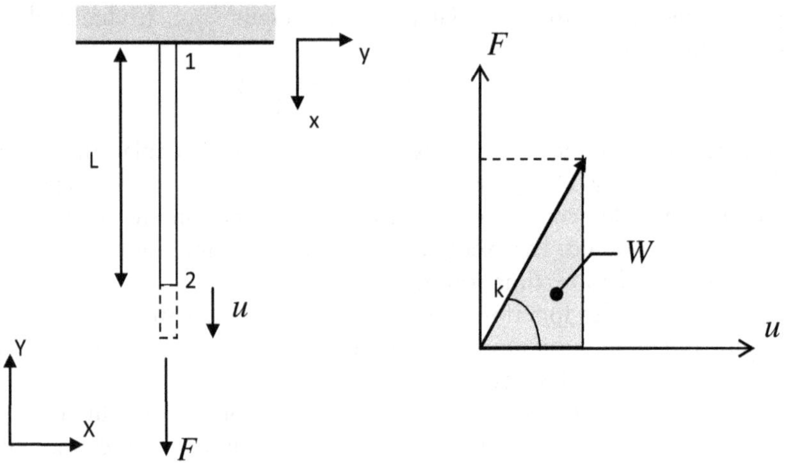

Figure 4.3 – Barreau en traction.

Posant que $\varepsilon_{xx} = \frac{du}{dx} = \frac{u_2 - u_1}{L} = \frac{u - 0}{L}$ et $\sigma_{xx} = \frac{F}{S}$, la relation contrainte-déformation s'écrit :

$$\sigma_{xx} = E \cdot \varepsilon_{xx} \Leftrightarrow \frac{F}{S} = E \cdot \frac{u}{L} \Rightarrow F = \frac{ES}{L} \cdot u = k \cdot u \tag{4.6}$$

avec $k = \frac{ES}{L}$ correspondant dans le domaine élastique à la rigidité du barreau et à la pente de la droite $F = k \cdot u$. La déformation ε_{xx} étant indépendante de x, l'énergie de déformation devient :

$$\begin{aligned} W &= \frac{1}{2}\int_V \sigma_{xx} \cdot \varepsilon_{xx} \cdot dV = \frac{1}{2}\int_V E \cdot \varepsilon_{xx}^2 \cdot dS \cdot dx = \frac{E \cdot \varepsilon_{xx}^2}{2} \underbrace{\int_S dS}_{S} \cdot \underbrace{\int_0^L dx}_{L} \\ &= \frac{E \cdot S \cdot L}{2} \cdot \left(\frac{u}{L}\right)^2 = \frac{1}{2} \cdot k \cdot u^2 \end{aligned} \tag{4.7}$$

De plus et sachant que le travail de la force F est égal à $F \cdot u$, l'énergie potentielle s'exprimera sous la forme :

$$E = W - T = \frac{1}{2} \cdot k \cdot u^2 - F \cdot u \tag{4.8}$$

Considérant un problème statique, ce qui signifie qu'après obtention de l'équilibre, le déplacement u n'évolue plus, la variation du potentiel par rapport à u sera alors nulle d'où :

$$\frac{dE}{du} = 0 = k \cdot u - F \Rightarrow k \cdot u = F \tag{4.9}$$

d'où le déplacement u.

4.2.2 Énergie de déformation élémentaire

Notant la relation (3.13) sous une forme plus synthétique $\{\varepsilon\} = [\partial]\{u\}$, le vecteur des déformations pourra être exprimé en fonction des déplacements nodaux à partir de :

$$\{\varepsilon\} = [\partial]\{u\} = \underbrace{[\partial][N]}_{[B]} \cdot \{q_e\} = [B] \cdot \{q_e\} \tag{4.10}$$

avec $[\partial]$: opérateur dérivation dont les dimensions dépendent de celles de l'élément étudié.

Soit pour l'élément barre : $\varepsilon_{xx} = \dfrac{du}{dx} = \underbrace{\left\{-\dfrac{1}{L} \quad \dfrac{1}{L}\right\}}_{[B]} \cdot \begin{Bmatrix} u_1 \\ u_2 \end{Bmatrix}$. Le champ de contrainte étant obtenu à partir de la relation contrainte-déformation (3.21) $\{\sigma\} = [H] \cdot \{\varepsilon\}$, l'énergie de déformation W_e associée à l'élément e peut être déduite en posant :

$$\begin{aligned} W_e &= \frac{1}{2}\int_{V_e} \{\varepsilon\}^T \cdot \{\sigma\} \cdot dV_e = \frac{1}{2}\int_{V_e} \{q_e\}^T \cdot [B]^T \cdot [H] \cdot [B] \cdot \{q_e\} \cdot dV_e \\ &= \frac{1}{2}\{q_e\}^T \cdot [k_e] \cdot \{q_e\} \end{aligned} \tag{4.11}$$

avec

$$[k_e] = \int_{V_e} [B]^T \cdot [H] \cdot [B] \cdot dV_e \tag{4.12}$$

matrice de rigidité élémentaire de l'élément e.
Ceci donne pour l'élément barre :

$$\begin{aligned} [k_e] &= \int_{V_e} [B]^T \cdot [H] \cdot [B] \cdot dV_e = \int_0^L \underbrace{\int_s dS_e}_{S} \begin{Bmatrix} -\dfrac{1}{L} \\ \dfrac{1}{L} \end{Bmatrix} \cdot E \cdot \left\{-\frac{1}{L} \quad \frac{1}{L}\right\} \cdot dx \\ [k_e] &= ES \cdot \int_0^L \begin{bmatrix} \dfrac{1}{L^2} & -\dfrac{1}{L^2} \\ -\dfrac{1}{L^2} & \dfrac{1}{L^2} \end{bmatrix} \cdot dx = \frac{ES}{L}\begin{bmatrix} 1 & -1 \\ -1 & 1 \end{bmatrix} \end{aligned} \tag{4.13}$$

4.2.3 Travail élémentaire des forces de volume et de surface

En traduisant les actions des éléments connectés à e sous la forme d'un vecteur forces $\{p_e\}$, T_e s'écrit :

$$T_e = \int_{V_e} \{u\}^T \cdot \{f^v\} \cdot dV_e + \int_{S_e} \{u\}^T \cdot \{f^s\} \cdot dS_e + \underbrace{\{q_e\}^T \cdot \{p_e\}}_{\text{actions des autres éléments sur } e} \tag{4.14}$$

Comme $\{u\}$ est égal à $[N] \cdot \{q_e\}$, on a :

$$T_e = \int_{V_e} \{q_e\}^T \cdot [N]^T \cdot \{f^v\} \cdot dV_e + \int_{S_e} \{q_e\}^T \cdot [N]^T \cdot \{f^s\} \cdot dS_e + \{q_e\}^T \cdot \{p_e\} \tag{4.15}$$

D'où finalement :

$$T_e = \{q_e\}^T \left(\{f_e^v\} + \{f_e^s\} + \{p_e\}\right) \tag{4.16}$$

avec :

$$\{f_e^v\} = \int_{V_e} [N]^T \cdot \{f^v\} \cdot dV_e \text{ forces nodales de volume.} \tag{4.17}$$

$$\{f_e^s\} = \int_{S_e} [N]^T \cdot \{f^s\} \cdot dS_e \text{ forces nodales de surface.} \tag{4.18}$$

4.2.4 Assemblage des matrices élémentaires

Les caractéristiques globales sont obtenues par assemblage des différentes quantités W_e et T_e établies en (4.11) et (4.16). L'énergie potentielle totale de la structure est alors égale à la somme des différences entre énergies de déformation et travaux des forces de chacun des éléments :

$$\begin{aligned} E = W - T &= \sum_e W_e - \sum_e T_e \\ &= \sum_e \frac{1}{2} \{q_e\}^T \cdot [k_e] \cdot \{q_e\} - \sum_e \{q_e\}^T (\{f_e^v\} + \{f_e^s\} + \{p_e\}) \end{aligned} \tag{4.19}$$

■ Changement de repères

Cependant, les éléments n'ayant pas forcément le même repère local, la sommation des énergies de déformation et des travaux des forces extérieures ne peut être directement appliquée. Il est donc nécessaire de les exprimer dans un référentiel unique appelé repère global. Pour ce faire, un changement de base doit être effectué du repère global vers le repère local de chacun des éléments.

Quand on se limite à des problèmes plans, les formules de changement de base permettant de passer du repère global au repère local s'écrivent :

$$\begin{aligned} x &= X \cdot \cos(\theta) + Y \cdot \sin(\theta) \\ y &= -X \cdot \sin(\theta) + Y \cdot \cos(\theta) \end{aligned} \tag{4.20}$$

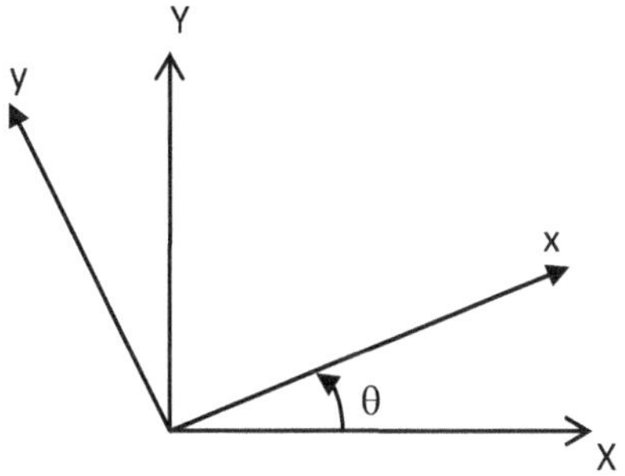

Figure 4.4 – Changement de repères.

À titre d'exemple, le changement de base d'un élément barre plan à deux nœuds revient à appliquer la relation (4.20) à ses deux nœuds *i* et *j*, soit :

$$\begin{Bmatrix} u_i \\ v_i \\ u_j \\ v_j \end{Bmatrix} = \begin{bmatrix} \cos(\theta) & \sin(\theta) & 0 & 0 \\ -\sin(\theta) & \cos(\theta) & 0 & 0 \\ 0 & 0 & \cos(\theta) & \sin(\theta) \\ 0 & 0 & -\sin(\theta) & \cos(\theta) \end{bmatrix} \begin{Bmatrix} U_i \\ V_i \\ U_j \\ V_j \end{Bmatrix} \tag{4.21}$$

D'une manière générale, ce changement de base permet de calculer les déplacements des nœuds de l'élément *e* en repère local $\{q_e\}$ à partir de ceux du repère global $\{Q_e\}$ via une matrice de passage nommée $[R_e]$.

$$\{q_e\} = [R_e] \cdot \{Q_e\} \tag{4.22}$$

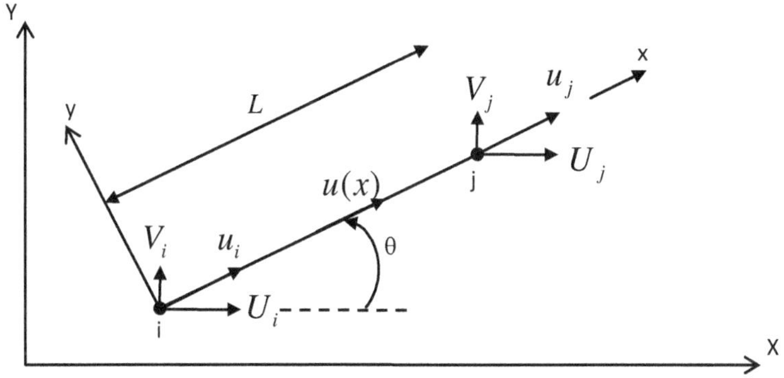

Figure 4.5 – Changement de base d'un élément barre.

L'énergie de déformation W_e devient alors :

$$\begin{aligned} W_e &= \frac{1}{2}\{q_e\}^T \cdot [k_e] \cdot \{q_e\} = \frac{1}{2}([R_e] \cdot \{Q_e\})^T [k_e] \cdot [R_e] \cdot \{Q_e\} \\ W_e &= \frac{1}{2}\{Q_e\}^T \cdot \overbrace{[R_e]^T \cdot [k_e] \cdot [R_e]}^{[K_e]} \cdot \{Q_e\} \end{aligned} \tag{4.23}$$

$$W_e = \frac{1}{2}\{Q_e\}^T \cdot [K_e] \cdot \{Q_e\} \tag{4.24}$$

D'où l'expression de la rigidité élémentaire en repère global :

$$[K_e] = [R_e]^T \cdot [k_e] \cdot [R_e] \tag{4.25}$$

Soit pour l'élément barre :

$$[K_e] = \frac{ES}{L}\begin{bmatrix} \cos^2\theta & \cos\theta\sin\theta & -\cos^2\theta & -\cos\theta\sin\theta \\ \cos\theta\sin\theta & \sin^2\theta & -\cos\theta\sin\theta & -\sin^2\theta \\ -\cos^2\theta & -\cos\theta\sin\theta & \cos^2\theta & \cos\theta\sin\theta \\ -\cos\theta\sin\theta & -\sin^2\theta & \cos\theta\sin\theta & \sin^2\theta \end{bmatrix} \tag{4.26}$$

avec d'après (4.13) $[k_e] = \frac{ES}{L}\begin{bmatrix} 1 & -1 \\ -1 & 1 \end{bmatrix}\begin{matrix}(u_i)\\(u_j)\end{matrix} = \frac{ES}{L}\begin{bmatrix} 1 & 0 & -1 & 0 \\ 0 & 0 & 0 & 0 \\ -1 & 0 & 1 & 0 \\ 0 & 0 & 0 & 0 \end{bmatrix}\begin{matrix}(u_i)\\(v_i)\\(u_j)\\(v_j)\end{matrix}$ [1]

et (4-21) $[R_e] = \begin{bmatrix} \cos(\theta) & \sin(\theta) & 0 & 0 \\ -\sin(\theta) & \cos(\theta) & 0 & 0 \\ 0 & 0 & \cos(\theta) & \sin(\theta) \\ 0 & 0 & -\sin(\theta) & \cos(\theta) \end{bmatrix}$

Ce qui donne pour le barreau du chapitre 4.2.1 (nœud 1 vers 2 $\Rightarrow \theta$=-90°) :

$$[R_1] = \begin{bmatrix} 0 & -1 & 0 & 0 \\ 1 & 0 & 0 & 0 \\ 0 & 0 & 0 & -1 \\ 0 & 0 & 1 & 0 \end{bmatrix} \quad \text{et} \quad [K_1] = \frac{ES}{L}\begin{bmatrix} 0 & 0 & 0 & 0 \\ 0 & 1 & 0 & -1 \\ 0 & 0 & 0 & 0 \\ 0 & -1 & 0 & 1 \end{bmatrix}\begin{matrix}(U_1)\\(V_1)\\(U_2)\\(V_2)\end{matrix}$$

En appliquant (4.22) aux vecteurs charges, le travail élémentaire des forces (4.16) s'écrit :

$$\begin{aligned} T_e &= \{q_e\}^T\left(\{f_e^v\}+\{f_e^s\}+\{p_e\}\right) = \left([R_e]\cdot\{Q_e\}\right)^T\left(\{f_e^v\}+\{f_e^s\}+\{p_e\}\right) \\ &= \{Q_e\}^T\left(\underbrace{[R_e]^T\cdot\{f_e^v\}}_{\{F_e^v\}} + \underbrace{[R_e]^T\cdot\{f_e^s\}}_{\{F_e^s\}} + \underbrace{[R_e]^T\cdot\{p_e\}}_{\{P_e\}}\right) \\ &= \{Q_e\}^T\left(\{F_e^v\}+\{F_e^s\}+\{P_e\}\right) \end{aligned} \tag{4.27}$$

1. On notera qu'il a été nécessaire de transformer la matrice $[k_e]$ initialement de dimensions 2×2 en une matrice 4×4 pour permettre la projection des u_i et u_j sur les axes globaux X et Y.

d'où l'expression finale de l'énergie potentielle :

$$\begin{aligned} E &= W - T = \sum_e W_e - \sum_e T_e \\ &= \sum_e \frac{1}{2}\{Q_e\}^T \cdot [K_e] \cdot \{Q_e\} - \{Q_e\}^T \left(\{F_e^v\} + \{F_e^s\} + \{P_e\}\right) \end{aligned} \quad (4.28)$$

Matrices booléennes d'assemblage

Les matrices de rigidité et vecteurs forces des différents éléments étant exprimés dans le repère global, il reste néanmoins à positionner chacun d'entre eux dans une matrice de rigidité $[K]$ et un vecteur charges $\{F\}$ caractérisant l'ensemble de la structure.

Considérant une structure à n nœuds, le vecteur global des déplacements $\{Q\}$ aura un nombre de lignes égal à n fois le nombre de degrés de liberté par nœud. Il en est d'ailleurs de même pour le vecteur $\{F\}$. Pour ce qui concerne la matrice $[K]$, matrice carrée de mêmes dimensions, l'assemblage s'effectuera en positionnant chacune des matrices de rigidité élémentaires $[K_e]$ en fonction des degrés de liberté des nœuds de l'élément considéré.

Ce positionnement est mis en œuvre au niveau informatique via une matrice booléenne d'assemblage $[A_e]$ qui permet de placer les degrés de liberté associés à un élément donné dans le vecteur global des déplacements $\{Q\}$. On a donc :

$$\{Q_e\} = [A_e] \cdot \{Q\} \quad (4.29)$$

Exemple : soit deux éléments barres de connectivité 1, 2 et 3

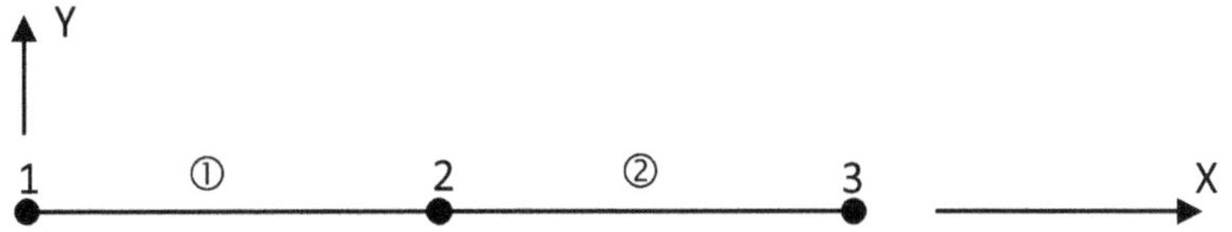

Figure 4.6 – Assemblage de deux éléments barres.

Des vecteurs des déplacements en repère global des éléments barres 1 et 2 :

$$\{Q_1\} = \begin{Bmatrix} U_1 \\ V_1 \\ U_2 \\ V_2 \end{Bmatrix}, \qquad \{Q_2\} = \begin{Bmatrix} U_2 \\ V_2 \\ U_3 \\ V_3 \end{Bmatrix}$$

et du vecteur global

$$\{Q\} = \begin{Bmatrix} U_1 \\ V_1 \\ U_2 \\ V_2 \\ U_3 \\ V_3 \end{Bmatrix},$$

on déduit pour $[A_1]$ et $[A_2]$:

$$\{Q_1\} = \begin{Bmatrix} U_1 \\ V_1 \\ U_2 \\ V_2 \end{Bmatrix} = \underbrace{\begin{bmatrix} 1 & 0 & 0 & 0 & 0 & 0 \\ 0 & 1 & 0 & 0 & 0 & 0 \\ 0 & 0 & 1 & 0 & 0 & 0 \\ 0 & 0 & 0 & 1 & 0 & 0 \end{bmatrix}}_{[A_1]} \cdot \begin{Bmatrix} U_1 \\ V_1 \\ U_2 \\ V_2 \\ U_3 \\ V_3 \end{Bmatrix}$$

$$\{Q_2\} = \begin{Bmatrix} U_2 \\ V_2 \\ U_3 \\ V_3 \end{Bmatrix} = \underbrace{\begin{bmatrix} 0 & 0 & 1 & 0 & 0 & 0 \\ 0 & 0 & 0 & 1 & 0 & 0 \\ 0 & 0 & 0 & 0 & 1 & 0 \\ 0 & 0 & 0 & 0 & 0 & 1 \end{bmatrix}}_{[A_2]} \cdot \begin{Bmatrix} U_1 \\ V_1 \\ U_2 \\ V_2 \\ U_3 \\ V_3 \end{Bmatrix}$$

En introduisant (4.29) dans l'expression de l'énergie potentielle (4.28), celle-ci devient :

$$\begin{aligned} E &= W - T \\ &= \sum_e \frac{1}{2}\{Q\}^T [A_e]^T [K_e][A_e]\{Q\} - \{Q\}^T [A_e]^T \left(\{F_e^v\} + \{F_e^s\} + \{P_e\}\right) \end{aligned} \tag{4.30}$$

$$E = \frac{1}{2}\{Q\}^T \left(\sum_e [A_e]^T \cdot [K_e] \cdot [A_e]\right)\{Q\} - \{Q\}^T \left(\sum_e [A_e]^T \left(\{F_e^v\} + \{F_e^s\} + \{P_e\}\right)\right) \tag{4.31}$$

Sachant que les termes $[A_e]^T \cdot [K_e] \cdot [A_e]$ et $[A_e]^T \left(\{F_e^v\} + \{F_e^s\} + \{P_e\}\right)$ correspondent respectivement aux positionnements de $[K_e]$ dans $[K]$ et des $\{F_e\}$ dans $\{F\}$, on obtient alors :

$$E = W - T = \sum_e W_e - \sum_e T_e = \frac{1}{2}\{Q\}^T \cdot [K] \cdot \{Q\} - \{Q\}^T \cdot \{F\} \tag{4.32}$$

avec :

$\sum_e [A_e]^T \cdot [K_e] \cdot [A_e] = [K]$: matrice de rigidité de la structure.

$\sum_e [A_e]^T \{P_e\} = \{P\}$: vecteur des charges nodales concentrées définies dans le repère global.

Comme l'équilibre est caractérisé par une variation nulle d'énergie potentielle par rapport au déplacement, le système s'écrit finalement :

$$\begin{aligned}\frac{dE}{dQ} &= \{dQ\}^T \cdot [K] \cdot \{Q\} - \{dQ\}^T \cdot \{F\} \\ &= \{dQ\}^T \left([K] \cdot \{Q\} - \{F\} \right) = 0 \Rightarrow [K] \cdot \{Q\} = \{F\}\end{aligned} \quad (4.33)$$

De par sa construction, la matrice $[K]$ est symétrique. Elle est encore singulière $(\det[K] = 0)$ du fait de l'absence de conditions d'appui. En d'autres termes, elle ne peut traduire pour l'instant qu'un mouvement de corps rigide.

4.2.5 Introduction des conditions d'appui

Pour fixer la structure au sol, des conditions d'appui sont introduites de telle manière à assurer sa stabilité d'ensemble.

Suivant la nature des degrés de liberté bloqués, ces supports peuvent reconstituer des appuis ponctuels, des appuis rotulés ou des encastrements mais également correspondre à des déplacements nuls[1] ou imposés[2].

Regroupant les déplacements connus[3] liés aux appuis au sein d'un vecteur $\{Q_B\}$ et ceux inconnus dans $\{Q_L\}$, le système $[K] \cdot \{Q\} = \{F\}$ peut être transformé de telle manière à séparer les degrés de liberté libres et bloqués soit :

$$[K] \cdot \{Q\} = \{F\} \Leftrightarrow \begin{bmatrix} [K_{LL}] & [K_{LB}] \\ [K_{BL}] & [K_{BB}] \end{bmatrix} \begin{Bmatrix} \{Q_L\} \\ \{Q_B\} \end{Bmatrix} = \begin{Bmatrix} \{F_{ext}\} \\ \{R\} \end{Bmatrix} \quad (4.34)$$

avec :

$\{R\}$: vecteur des réactions d'appui,

$\{F_{ext}\}$: vecteur des charges associées aux degrés de liberté libres.

Les déplacements inconnus $\{Q_L\}$ peuvent donc être déterminés en résolvant le système linéaire :

$$[K_{LL}] \cdot \{Q_L\} = \{F_{ext}\} - [K_{LB}] \cdot \{Q_B\} \Rightarrow \{Q_L\} \quad (4.35)$$

Pour être inversible et donc ne pas être singulière, $[K_{LL}]$ ne devra pas comporter de termes diagonaux nuls (cf. § 2.3.3 dans les compléments en ligne). Ceux-ci ne pourront pas non plus être négatifs du fait de son caractère définie positive (i.e. $\{Q_L\}^T \cdot [K_{LL}] \cdot \{Q_L\} > 0$).

Dans le cas contraire, on parlera de « pivot négatif ou nul », terme qui d'ailleurs est largement repris par les logiciels lorsque le calcul est interrompu pour ces raisons.

1. Appuis infiniment rigides.
2. Utilisation : dénivellation d'appui d'un pont nécessitée par un changement d'appareil d'appui par exemple.
3. Si les déplacements sur appuis sont pris égaux à zéro, l'introduction des conditions aux limites revient à barrer dans la matrice $[K]$, la ligne et la colonne du degré de liberté considéré.

Une fois $\{Q_L\}$ déterminé, les réactions d'appui peuvent être calculées à partir de :

$$\{R\} = [K_{BL}]\cdot\{Q_L\} + [K_{BB}]\cdot\{Q_B\} \tag{4.36}$$

Ce qui donne pour le calcul du barreau de la figure 4.3 :

$$[K]\cdot\{Q\} = [K_1]\cdot\{Q\} = \frac{ES}{L}\begin{bmatrix} 0 & 0 & 0 & 0 \\ 0 & 1 & 0 & -1 \\ 0 & 0 & 0 & 0 \\ 0 & -1 & 0 & 1 \end{bmatrix}\begin{Bmatrix} U_1 \\ V_1 \\ U_2 \\ V_2 \end{Bmatrix} = \begin{Bmatrix} R_{H_1} \\ R_{V_1} \\ 0 \\ -F \end{Bmatrix}$$

d'où

$$\begin{cases} U_2 = 0 \\ V_2 = -\dfrac{FL}{ES} \end{cases} \text{ et } \begin{cases} R_{H_1} = 0 \\ R_{V_1} = -\dfrac{ES}{L}V_2 = F \end{cases}$$

On notera par ailleurs que la force F est une force nodale et que le déplacement V_2 est négatif car exprimé dans le repère global.

De plus et comme $\{q_1\} = [R_1]\cdot\{Q_1\} \Leftrightarrow \begin{Bmatrix} u_1 \\ v_1 \\ u_2 \\ v_2 \end{Bmatrix} = \begin{bmatrix} 0 & -1 & 0 & 0 \\ 1 & 0 & 0 & 0 \\ 0 & 0 & 0 & -1 \\ 0 & 0 & 1 & 0 \end{bmatrix}\begin{Bmatrix} U_1 \\ V_1 \\ U_2 \\ V_2 \end{Bmatrix}$, on déduit :

$$u_2 = \frac{FL}{ES} \text{ puisque } u_2 = -V_2$$

4.2.6 Calcul des efforts internes en repère local

Une fois les déplacements en repère global connus et pour déterminer les efforts internes aux nœuds, il suffit de calculer pour chacun des éléments, les déplacements associés en repère local puis de les injecter dans la relation de rigidité élémentaire. On a donc :

$$\{f_e\}_{\text{interne}} = [k_e]\cdot\{q_e\} \tag{4.37}$$

avec : $\{q_e\} = [R_e]\cdot\{Q_e\}$ soit pour l'élément barre de la figure 4.3 :

$$\frac{ES}{L}\begin{bmatrix} 1 & -1 \\ -1 & 1 \end{bmatrix}\begin{Bmatrix} u_1 \\ u_2 \end{Bmatrix} = \begin{Bmatrix} -N_1 \\ N_1 \end{Bmatrix} = \begin{Bmatrix} -F \\ F \end{Bmatrix} \Rightarrow N_1 = F$$ [1].

1. Hypothèse : effort normal positif = traction, convention nœud sur barre.

4.3 Organigramme général de résolution

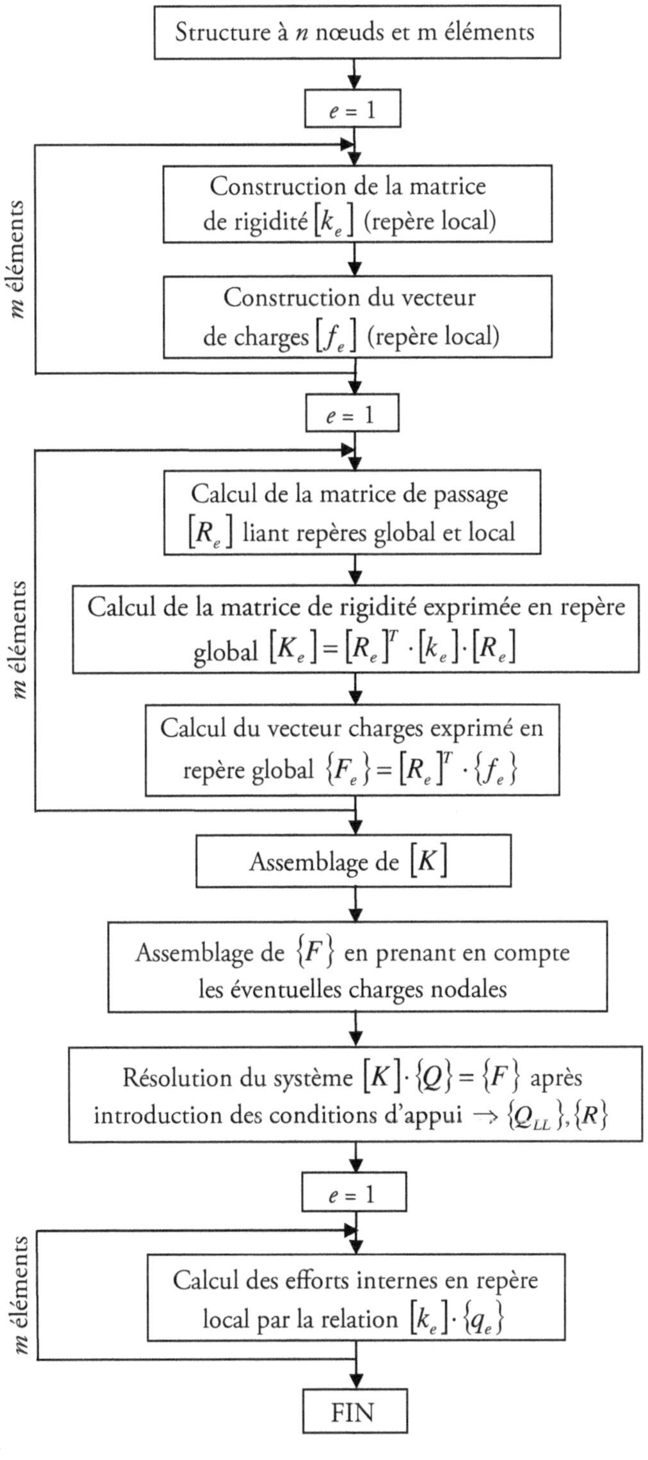

5 • ÉLÉMENTS DE BARRE ET DE RESSORT

5.1 Élément de barre

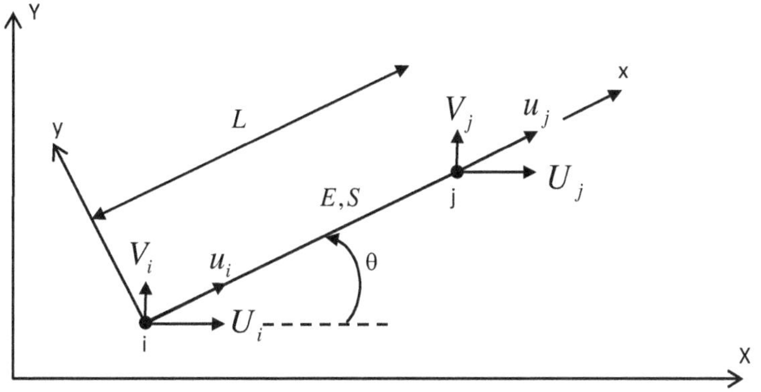

Figure 5.1 – Élément barre 2D.

Comme vu au chapitre 4, l'élément de barre est un élément à 2 nœuds comportant un seul degré de liberté dans son repère local et deux (2D) ou trois (3D) dans le repère global. Ses caractéristiques géométriques et matérielles se résument à une section constante S et un module d'élasticité longitudinal E .

Fonctionnant en traction ou compression uniquement, l'hypothèse généralement retenue dans les logiciels du marché est d'associer un effort normal N positif à une traction. De plus et afin de simplifier les développements, seul le cas plan sera traité.

5.2 Matrices de rigidité élémentaires

L'élément barre possédant un seul degré de liberté en repère local et deux dans le repère global, il est nécessaire, pour envisager ce changement de base, d'exprimer $[k_e]$ sous la forme d'une matrice de dimensions 4 × 4. Pour ce faire, on reprend l'expression de $[k_e]$ établie en (4.13) et on ajoute deux lignes et deux colonnes de zéros associées à des v_i et v_j fictifs.

On a alors :

$$\left[k_e\right]=\frac{ES}{L}\begin{bmatrix}1 & -1\\ -1 & 1\end{bmatrix}\begin{matrix}(u_i)\\(u_j)\end{matrix}=\frac{ES}{L}\begin{bmatrix}1 & 0 & -1 & 0\\ 0 & 0 & 0 & 0\\ -1 & 0 & 1 & 0\\ 0 & 0 & 0 & 0\end{bmatrix}\begin{matrix}(u_i)\\(v_i)\\(u_j)\\(v_j)\end{matrix} \tag{5.1}$$

Le changement de base est alors possible en posant que :

$$\left[K_e\right]=\left[R_e\right]^T\cdot\left[k_e\right]\cdot\left[R_e\right] \quad \text{avec } \left[R_e\right]=\begin{bmatrix}\cos\theta & \sin\theta & 0 & 0\\ -\sin\theta & \cos\theta & 0 & 0\\ 0 & 0 & \cos\theta & \sin\theta\\ 0 & 0 & -\sin\theta & \cos\theta\end{bmatrix} \tag{5.2}$$

On retrouve alors la forme générique (4.26) de la matrice de rigidité $\left[K_e\right]$ en repère global :

$$\left[K_e\right]=\frac{ES}{L}\begin{bmatrix}\cos^2\theta & \cos\theta\sin\theta & -\cos^2\theta & -\cos\theta\sin\theta\\ \cos\theta\sin\theta & \sin^2\theta & -\cos\theta\sin\theta & -\sin^2\theta\\ -\cos^2\theta & -\cos\theta\sin\theta & \cos^2\theta & \cos\theta\sin\theta\\ -\cos\theta\sin\theta & -\sin^2\theta & \cos\theta\sin\theta & \sin^2\theta\end{bmatrix} \tag{5.3}$$

5.3 Élément de ressort

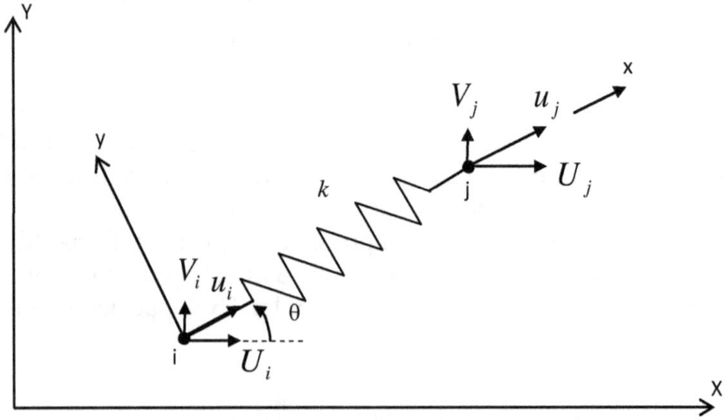

Figure 5.2 – Élément ressort 2D.

De par son fonctionnement également uniaxial, l'élément ressort suit exactement les mêmes règles de construction que l'élément barre. Sa seule différence se situe dans le terme de rigidité k. Les matrices de rigidité élémentaires sont donc tout à fait similaires, la valeur de k se substituant à la rigidité $\frac{ES}{L}$ de l'élément barre.

$$[k_e] = k \cdot \begin{bmatrix} 1 & -1 \\ -1 & 1 \end{bmatrix} \begin{matrix} (u_i) \\ (u_j) \end{matrix} = k \cdot \begin{bmatrix} 1 & 0 & -1 & 0 \\ 0 & 0 & 0 & 0 \\ -1 & 0 & 1 & 0 \\ 0 & 0 & 0 & 0 \end{bmatrix} \begin{matrix} (u_i) \\ (v_i) \\ (u_j) \\ (v_j) \end{matrix} \tag{5.4}$$

De ce fait et en cas de nécessité, l'élément barre peut être substitué à un élément ressort en remplaçant k par une combinaison de termes E, S et L.

5.4 Exemple 1 : console

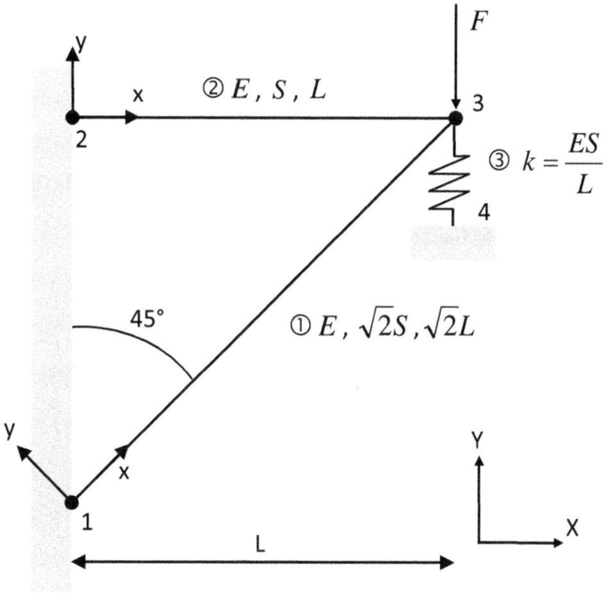

Figure 5.3 – Exemple 1 : système de 2 barres en console.

Tableau 5.1 – Exemple 1 : connectivité élémentaire.

Élément	Nœud I	Nœud j	Longueur	Section
1 (barre)	1	3	$\sqrt{2}L$	$\sqrt{2}S$
2 (barre)	2	3	L	S
3 (ressort)	4	3	–	–

Application numérique : E = 2.1 10^{11} N/m², L = 10 m, S = 0.0001 m², F = 10000 N

5.4.1 Calcul sans ressort

■ Matrices de rigidité en repère local

En appliquant (5.1) aux deux éléments, on déduit pour $[k_1]$ et $[k_2]$:

$$[k_1]=\frac{E\sqrt{2}S}{\sqrt{2}L}\begin{bmatrix}1 & 0 & -1 & 0\\ 0 & 0 & 0 & 0\\ -1 & 0 & 1 & 0\\ 0 & 0 & 0 & 0\end{bmatrix}\begin{matrix}(u_1)\\(v_1)\\(u_3)\\(v_3)\end{matrix} \tag{5.5}$$

$$[k_2]=\frac{ES}{L}\begin{bmatrix}1 & 0 & -1 & 0\\ 0 & 0 & 0 & 0\\ -1 & 0 & 1 & 0\\ 0 & 0 & 0 & 0\end{bmatrix}\begin{matrix}(u_2)\\(v_2)\\(u_3)\\(v_3)\end{matrix}$$

■ Matrices de rigidité en repère global

La forme générique (5.3) étant directement utilisable, on obtient pour :

L'élément 2 : nœuds 2 → 3, θ = 0°

$$[K_2]=\frac{ES}{L}\begin{bmatrix}1 & 0 & -1 & 0\\ 0 & 0 & 0 & 0\\ -1 & 0 & 1 & 0\\ 0 & 0 & 0 & 0\end{bmatrix}\begin{matrix}(U_2)\\(V_2)\\(U_3)\\(V_3)\end{matrix} \tag{5.6}$$

L'élément 1 : nœuds 1 → 3, θ = 45°

$$[K_1]=\frac{ES}{L}\begin{bmatrix}\frac{1}{2} & \frac{1}{2} & -\frac{1}{2} & -\frac{1}{2}\\ \frac{1}{2} & \frac{1}{2} & -\frac{1}{2} & -\frac{1}{2}\\ -\frac{1}{2} & -\frac{1}{2} & \frac{1}{2} & \frac{1}{2}\\ -\frac{1}{2} & -\frac{1}{2} & \frac{1}{2} & \frac{1}{2}\end{bmatrix}\begin{matrix}(U_1)\\(V_1)\\(U_3)\\(V_3)\end{matrix} \tag{5.7}$$

■ Système $[K]\cdot\{Q\}=\{F\}$

Pour établir le système $[K]\cdot\{Q\}=\{F\}$, il est tout d'abord nécessaire de construire la matrice de rigidité de la structure $[K]$ en positionnant (5.6) et (5.7) suivant les degrés de liberté requis. On remarquera d'ailleurs que le terme diagonal associé à V_2 est nul. Ceci provient du fait que l'élément barre ne peut projeter d'effort sur l'axe global vertical Y. Ensuite, le vecteur charges $\{F\}$ est défini en appliquant d'une part la force F négativement (car opposée à Y) suivant le degré de liberté associé à V_3 et d'autre part les réactions horizontales et verticales aux nœuds 1 et 2.

$$[K]\cdot\{Q\}=\{F\}\Leftrightarrow\frac{ES}{L}\begin{bmatrix}\frac{1}{2} & \frac{1}{2} & 0 & 0 & -\frac{1}{2} & -\frac{1}{2}\\ \frac{1}{2} & \frac{1}{2} & 0 & 0 & -\frac{1}{2} & -\frac{1}{2}\\ 0 & 0 & 1 & 0 & -1 & 0\\ 0 & 0 & 0 & 0 & 0 & 0\\ -\frac{1}{2} & -\frac{1}{2} & -1 & 0 & 1+\frac{1}{2} & \frac{1}{2}\\ -\frac{1}{2} & -\frac{1}{2} & 0 & 0 & \frac{1}{2} & \frac{1}{2}\end{bmatrix}\cdot\begin{Bmatrix}U_1\\ V_1\\ U_2\\ V_2\\ U_3\\ V_3\end{Bmatrix}=\begin{Bmatrix}R_{H_1}\\ R_{V_1}\\ R_{H_2}\\ R_{V_2}\\ 0\\ -F\end{Bmatrix} \quad (5.8)$$

■ Introduction des conditions d'appui

Dans la mesure où les appuis sont infiniment rigides et comme indiqué en § 4.2.5, l'introduction des conditions aux limites aux nœuds 1 et 2 revient à barrer la ligne et la colonne du degré de liberté considéré.

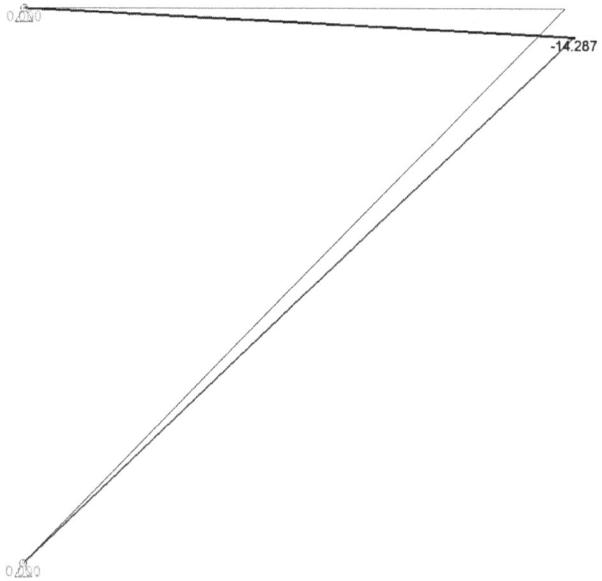

Figure 5.4 – Exemple 1 : déformée sans ressort (Effel).

Le système (5.8) se réduit donc aux termes liés aux déplacements U_3 et V_3 :

$$\frac{ES}{L}\begin{bmatrix}1+\frac{1}{2} & \frac{1}{2}\\ \frac{1}{2} & \frac{1}{2}\end{bmatrix}\cdot\begin{Bmatrix}U_3\\ V_3\end{Bmatrix}=\frac{ES}{2L}\begin{bmatrix}3 & 1\\ 1 & 1\end{bmatrix}\cdot\begin{Bmatrix}U_3\\ V_3\end{Bmatrix}=\begin{Bmatrix}0\\ -F\end{Bmatrix} \quad (5.9)$$

d'où
$$\begin{cases} U_3 = \dfrac{FL}{ES} = 4.762\,\text{mm} \\ V_3 = -\dfrac{3FL}{ES} = -14.286\,\text{mm} \end{cases} \tag{5.10}$$

Il suffit alors d'injecter les résultats (5.10) dans (5.8) pour obtenir les réactions aux appuis :

$$R_{V_1} = R_{H_1} = \frac{ES}{L}\left(-\frac{U_3}{2} - \frac{V_3}{2}\right) = F \; ; \; R_{H_2} = \frac{ES}{L}\left(-U_3\right) = -F \; ; \; R_{V_2} = 0 \tag{5.11}$$

■ Efforts dans les barres

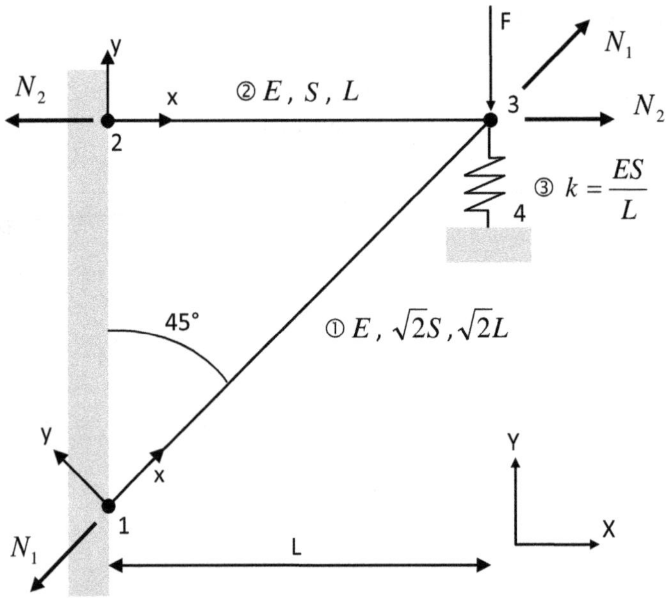

Figure 5.5 – Exemple 1 : efforts dans les barres.

La détermination des efforts dans les barres est basée sur l'application de la relation (4.37). Il est néanmoins nécessaire de calculer préalablement les déplacements dans le repère local de chacun des éléments. Ainsi, nous avons pour :

L'élément 1 : nœuds 1 → 3, θ = 45°

Comme d'après (4.22) $\{q_1\} = [R_1]\cdot\{Q_1\} \Leftrightarrow \begin{Bmatrix} u_1 \\ v_1 \\ u_3 \\ v_3 \end{Bmatrix} = \dfrac{\sqrt{2}}{2}\begin{bmatrix} 1 & 1 & 0 & 0 \\ -1 & 1 & 0 & 0 \\ 0 & 0 & 1 & 1 \\ 0 & 0 & -1 & 1 \end{bmatrix}\begin{Bmatrix} U_1 \\ V_1 \\ U_3 \\ V_3 \end{Bmatrix}$,

On déduit alors de (4.37) :

$$\begin{Bmatrix} -N_1 \\ 0 \\ N_1 \\ 0 \end{Bmatrix} = [k_1]\cdot\{q_1\} = [k_1]\cdot[R_1]\cdot\{Q_1\}$$
$$= \frac{E\sqrt{2}S}{\sqrt{2}L}\begin{bmatrix} 1 & 0 & -1 & 0 \\ 0 & 0 & 0 & 0 \\ -1 & 0 & 1 & 0 \\ 0 & 0 & 0 & 0 \end{bmatrix}\frac{\sqrt{2}}{2}\begin{bmatrix} 1 & 1 & 0 & 0 \\ -1 & 1 & 0 & 0 \\ 0 & 0 & 1 & 1 \\ 0 & 0 & -1 & 1 \end{bmatrix}\cdot\begin{Bmatrix} U_1 \\ V_1 \\ U_3 \\ V_3 \end{Bmatrix} = \begin{Bmatrix} \sqrt{2}P \\ 0 \\ -\sqrt{2}P \\ 0 \end{Bmatrix} \quad (5.12)$$

d'où la valeur de l'effort normal et de la contrainte dans l'élément 1 :

$$N_1 = \frac{ES}{L}\frac{\sqrt{2}}{2}(U_3 + V_3) = -\sqrt{2}P = -14142\,\text{N}$$
$$\Rightarrow \sigma_{xx_1} = \frac{N_1}{\sqrt{2}S} = -100\,\text{MPa} \quad (5.13)$$

Comme indiqué précédemment, l'hypothèse retenue pour les efforts normaux est d'associer une valeur positive à une traction. Cela revient dans notre cas à retenir comme convention, l'action du nœud sur la barre d'où le signe « – » appliqué à l'effort normal du nœud de départ.

L'élément 2 : nœuds 2 → 3, $\theta = 0°$

Les repères local et global étant confondus, il est possible de déterminer directement l'effort dans la barre n°2 car $[R_2] = [I]$ (i.e. $u_3 = U_3$). On a donc :

$$\frac{ES}{L}\begin{bmatrix} 1 & -1 \\ -1 & 1 \end{bmatrix}\begin{Bmatrix} u_2 \\ u_3 \end{Bmatrix} = \begin{Bmatrix} -N_2 \\ N_2 \end{Bmatrix} = \begin{Bmatrix} -F \\ F \end{Bmatrix}$$
$$\Rightarrow N_2 = F = 10000N \Rightarrow \sigma_{xx_2} = \frac{N_2}{S} = 100\,\text{MPa} \quad (5.14)$$

5.4.2 Calcul avec ressort

■ Matrice de rigidité du ressort en repère local

L'élément ressort étant orienté de 4 vers 3, on peut écrire d'après (5.4) que :

$$[k_3] = \underbrace{\frac{ES}{L}}_{k}\begin{bmatrix} 1 & 0 & -1 & 0 \\ 0 & 0 & 0 & 0 \\ -1 & 0 & 1 & 0 \\ 0 & 0 & 0 & 0 \end{bmatrix}\begin{matrix} (u_4) \\ (v_4) \\ (u_3) \\ (v_3) \end{matrix} \quad (5.15)$$

Matrice de rigidité du ressort en repère global

Il est alors possible, en appliquant (5.3) avec un changement de base $\theta = 90°$, de calculer la matrice de rigidité de l'élément ressort en repère global $\left[K_3\right]$, soit :

$$\left[K_3\right] = \frac{ES}{L}\begin{bmatrix} 0 & 0 & 0 & 0 \\ 0 & 1 & 0 & -1 \\ 0 & 0 & 0 & 0 \\ 0 & -1 & 0 & 1 \end{bmatrix}\begin{matrix} (U_4) \\ (V_4) \\ (U_3) \\ (V_3) \end{matrix} \tag{5.16}$$

Système $[K]\cdot\{Q\} = \{F\}$

La construction du système d'équations revient à ajouter (5.16) à (5.8) ce qui donne :

$$\frac{ES}{L}\begin{bmatrix} 1+\frac{1}{2} & \frac{1}{2} & 0 & 0 & -\frac{1}{2} & -\frac{1}{2} & 0 & 0 \\ \frac{1}{2} & 1+\frac{1}{2} & 0 & 0 & -\frac{1}{2} & -\frac{1}{2} & 0 & 0 \\ 0 & 0 & 1 & 0 & -1 & 0 & 0 & 0 \\ 0 & 0 & 0 & 0 & 0 & 0 & 0 & 0 \\ -\frac{1}{2} & -\frac{1}{2} & -1 & 0 & 1+\frac{1}{2} & \frac{1}{2} & 0 & 0 \\ -\frac{1}{2} & -\frac{1}{2} & 0 & 0 & \frac{1}{2} & 1+\frac{1}{2} & 0 & -1 \\ 0 & 0 & 0 & 0 & 0 & 0 & 1 & 0 \\ 0 & 0 & 0 & 0 & 0 & -1 & 0 & 1 \end{bmatrix}\begin{Bmatrix} U_1 \\ V_1 \\ U_2 \\ V_2 \\ U_3 \\ V_3 \\ U_4 \\ V_4 \end{Bmatrix} = \begin{Bmatrix} R_{H1} \\ R_{V1} \\ R_{H2} \\ R_{v2} \\ 0 \\ -F \\ R_{H4} \\ R_{V4} \end{Bmatrix} \tag{5.17}$$

Introduction des conditions d'appui

L'introduction des conditions aux limites aux nœuds 1, 2 et 4 permet de trouver un système très similaire à (5.9) :

$$\frac{ES}{L}\begin{bmatrix} 1+\frac{1}{2} & \frac{1}{2} \\ \frac{1}{2} & 1+\frac{1}{2} \end{bmatrix}\begin{Bmatrix} U_3 \\ V_3 \end{Bmatrix} = \frac{ES}{2L}\begin{bmatrix} 3 & 1 \\ 1 & 3 \end{bmatrix}\begin{Bmatrix} U_3 \\ V_3 \end{Bmatrix} = \begin{Bmatrix} 0 \\ -F \end{Bmatrix} \tag{5.18}$$

d'où

$$\begin{cases} U_3 = \dfrac{FL}{4ES} = 1.190\,\text{mm} \\ V_3 = -\dfrac{3FL}{4ES} = -3.571\,\text{mm} \end{cases} \tag{5.19}$$

En effet, la seule différence se situe au niveau de la rigidité associée à V_3 qui comporte un terme $\frac{ES}{L}$ supplémentaire dû à la présence du ressort.

Les réactions peuvent alors être calculées en injectant (5.19) dans (5.17) d'où :

$$\begin{cases} R_{V_1} = R_{H_1} = \dfrac{ES}{L}\left(-\dfrac{U_3}{2}-\dfrac{V_3}{2}\right) = \dfrac{F}{4} \\ R_{H_2} = \dfrac{ES}{L}\left(-U_3\right) = -\dfrac{F}{4} \\ R_{V_2} = R_{H_4} = 0 \\ R_{V_4} = \dfrac{ES}{L}\left(V_3\right) = \dfrac{3F}{4} \end{cases} \tag{5.20}$$

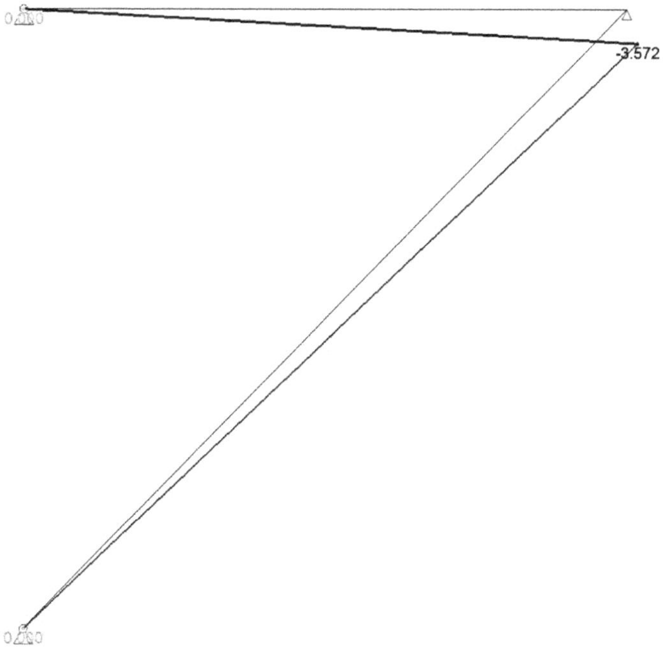

Figure 5.6 – Exemple 1 : déformée avec ressort (Effel).

Efforts dans les barres

En appliquant la même procédure qu'en § 5.4.1, on obtient pour :

L'élément 1 : nœuds 1 → 3, θ = 45°

Comme $\{q_1\} = [R_1]\cdot\{Q_1\} \Leftrightarrow \begin{Bmatrix} u_1 \\ v_1 \\ u_3 \\ v_3 \end{Bmatrix} = \dfrac{\sqrt{2}}{2}\begin{bmatrix} 1 & 1 & 0 & 0 \\ -1 & 1 & 0 & 0 \\ 0 & 0 & 1 & 1 \\ 0 & 0 & -1 & 1 \end{bmatrix}\begin{Bmatrix} U_1 \\ V_1 \\ U_3 \\ V_3 \end{Bmatrix}$

On a :

$$\begin{Bmatrix} -N_1 \\ 0 \\ N_1 \\ 0 \end{Bmatrix} = [k_1]\cdot\{q_1\} = [k_1]\cdot[R_1]\cdot\{Q_1\}$$

$$= \frac{E\sqrt{2}S}{\sqrt{2}L}\begin{bmatrix} 1 & 0 & -1 & 0 \\ 0 & 0 & 0 & 0 \\ -1 & 0 & 1 & 0 \\ 0 & 0 & 0 & 0 \end{bmatrix}\frac{\sqrt{2}}{2}\begin{bmatrix} 1 & 1 & 0 & 0 \\ -1 & 1 & 0 & 0 \\ 0 & 0 & 1 & 1 \\ 0 & 0 & -1 & 1 \end{bmatrix}\cdot\begin{Bmatrix} U_1 \\ V_1 \\ U_3 \\ V_3 \end{Bmatrix} = \begin{Bmatrix} \frac{\sqrt{2}F}{4} \\ 0 \\ -\frac{\sqrt{2}F}{4} \\ 0 \end{Bmatrix} \quad (5.21)$$

d'où :

$$N_1 = \frac{ES}{L}\frac{\sqrt{2}}{2}(U_3 + V_3) = -\frac{\sqrt{2}F}{4} = -3536N \Rightarrow \sigma_{xx_1} = \frac{N_1}{\sqrt{2}S} = -25\,\text{MPa} \quad (5.22)$$

L'élément 2 : nœuds 2 → 3, θ = 0°

$$\frac{ES}{L}\begin{bmatrix} 1 & -1 \\ -1 & 1 \end{bmatrix}\begin{Bmatrix} u_2 \\ u_3 \end{Bmatrix} = \begin{Bmatrix} -N_2 \\ N_2 \end{Bmatrix} = \begin{Bmatrix} -\frac{F}{4} \\ \frac{F}{4} \end{Bmatrix} \Rightarrow N_2 = \frac{F}{4} = 2500\,\text{N}$$

$$\Rightarrow \sigma_{xx_2} = \frac{N_2}{S} = 25\,\text{MPa} \quad (5.23)$$

L'élément 3 : nœuds 3 → 4, θ = 90°

$$N_3 = k\cdot V_3 = -\frac{3F}{4}$$

On notera qu'il est possible de trouver directement l'effort dans le ressort grâce à la relation liant rigidité et déplacement du nœud 3.

6 • ÉLÉMENTS DE POUTRE À DEUX NŒUDS

6.1 Équation générale des poutres planes

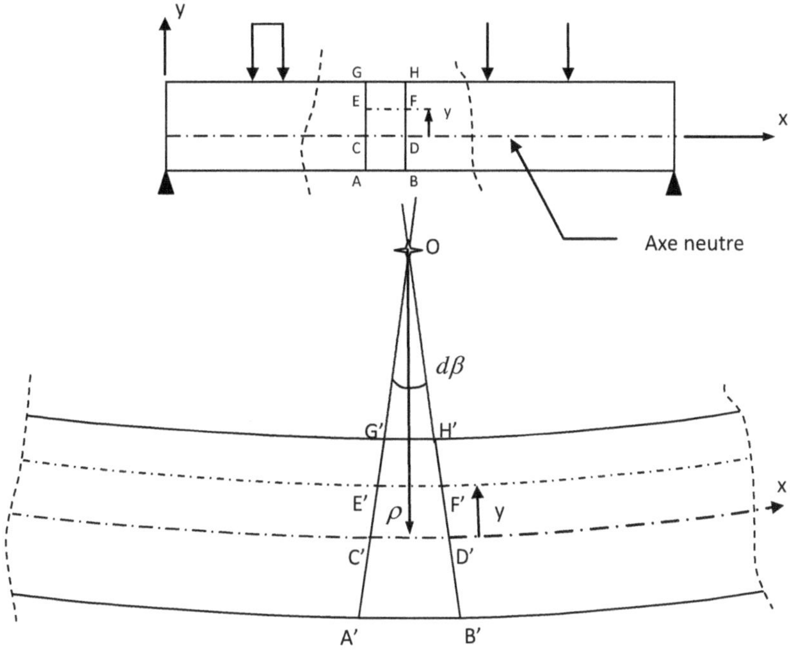

Figure 6.1 – Déformation d'une poutre en flexion.

Les sections droites d'une poutre en flexion restant droites après déformations (principe de Navier-Bernoulli), l'étude des déformations longitudinales sur un tronçon ABGH permet d'établir une relation linéaire entre la déformation longitudinale et le rayon de courbure ρ. En effet et de par sa définition (3.9)[1], la déformation à l'ordonnée y est égale à :

$$\varepsilon_{xx} = \frac{E'F' - EF}{EF} \tag{6.1}$$

1. Voir compléments en ligne.

Comme EF = CD et CD = C'D', on déduit que :

$$\varepsilon_{xx} = \frac{E'F' - EF}{EF} = \frac{(\rho - y)\cdot d\beta - \rho \cdot d\beta}{\rho \cdot d\beta} = -\frac{y}{\rho} \tag{6.2}$$

Enfin et en combinant l'équation d'équilibre de la section à celle liant contrainte et déformation, on retrouve la relation moment-courbure de la théorie des poutres :

$$\left.\begin{aligned} &\int_S \sigma_{xx}\cdot y \cdot dS - M_z = 0 \\ &\sigma_{xx} = E\cdot\varepsilon_{xx} = -\frac{E}{\rho}\cdot y \end{aligned}\right\} \Rightarrow M_z = -\frac{E}{\rho}\underbrace{\int_S y^2 \cdot dS}_{I_z} \Leftrightarrow -\frac{M_z}{EI_z} = \frac{1}{\rho} \tag{6.3}$$

avec $I_z = \int_S y^2 \cdot dS$: moment d'inertie autour de l'axe z (perpendiculaire au plan xy).

De plus et sous l'effet des charges extérieures, le point situé sur l'axe neutre à l'abscisse x subira un déplacement vertical $v(x)$ et une rotation $\beta(x)$. Par ailleurs et d'après la figure 6.2, on sait que $dx = \rho \cdot d\beta \Rightarrow \frac{d\beta}{dx} = \frac{1}{\rho}$ mais également que $\beta = \frac{dv}{dx}$ ce qui permet de déduire :

$$\frac{1}{\rho} = \frac{d\beta}{dx} = \frac{d^2v}{dx^2} \tag{6.4}$$

En égalisant (6.3) et (6.4), les relations moment-courbure et déformation-courbure deviennent :

$$\frac{1}{\rho} = -\frac{M_z}{EI_z} = \frac{d^2v}{dx^2} \tag{6.5}$$

$$\varepsilon_{xx} = -\frac{y}{\rho} = -y\frac{d^2v}{dx^2} \tag{6.6}$$

Sachant que l'effort tranchant correspond à la dérivée du moment fléchissant $\left(\frac{dM_z}{dx} = T_y\right)$ et que celle de l'effort tranchant[1] est équivalente à la charge répartie $\left(\frac{dT_y}{dx} = -q_y(x)\right)$, on obtient finalement :

$$EI_z\frac{d^2v}{dx^2} = -M_z(x) \tag{6.7}$$

$$EI_z\frac{d^3v}{dx^3} = -T_y(x) \tag{6.8}$$

$$EI_z\frac{d^4v}{dx^4} = q_y(x) \tag{6.9}$$

1 Cf. démonstration dans [9].

Les relations (6.7) et (6.9) sont les formes les plus connues de l'équation générale des poutres.

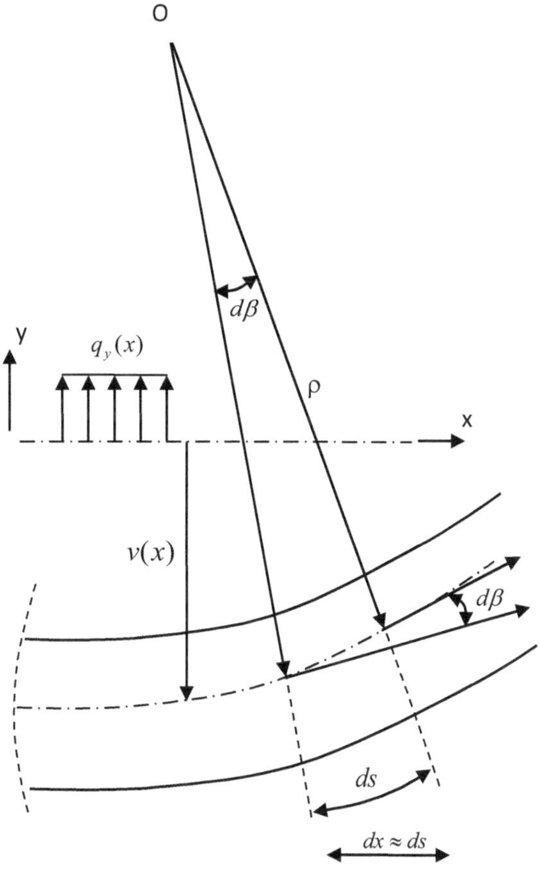

Figure 6.2 – Rotation et courbure.

6.2 Élément de poutre plane à 2 nœuds

Soit un élément de poutre plane de longueur L, de section S et d'inertie I constantes et dont le matériau a un module d'élasticité longitudinal E.
Cet élément à deux nœuds destiné au calcul des réseaux de poutres chargés dans leur plan fait appel à la théorie des poutres qui permet de ramener le problème tridimensionnel à un problème unidimensionnel en condensant ses caractéristiques au niveau de sa fibre moyenne. Chacun de ses nœuds possède trois degrés de liberté u_i, v_i et $\dfrac{dv_i}{dx}$ qui permettent de reconstituer les fonctions de déplacements axial $u(x)$ et transversal $v(x)$. Ses caractéristiques sont donc :
L : Longueur.

E : Module d'élasticité longitudinal.
S : Section axiale.
$I = I_z$: Moment d'inertie suivant l'axe z (perpendiculaire au plan xy).

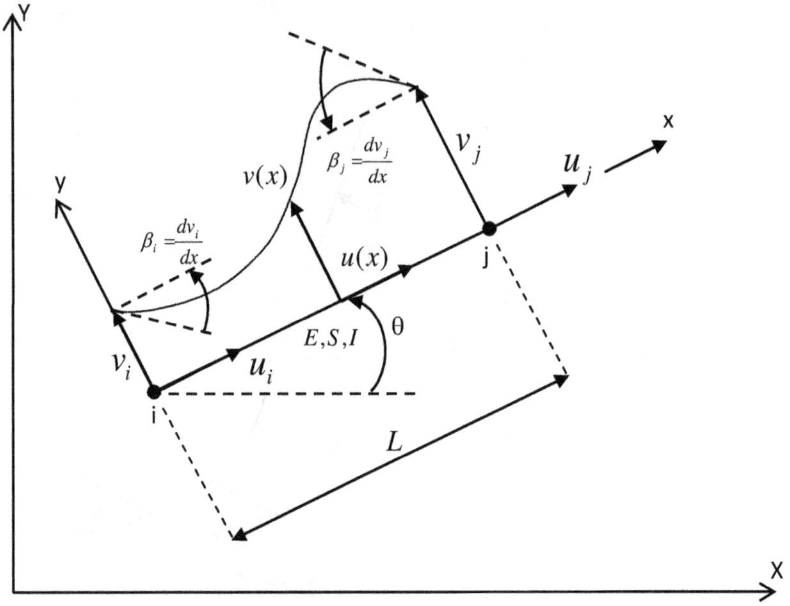

Figure 6.3 – Élément de poutre plane.

Les inconnues étant les déplacements en i et en j, la première opération consistera à exprimer ces champs de déplacement en fonction des valeurs nodales $u_i, v_i, \frac{dv_i}{dx}$ et $u_j, v_j, \frac{dv_j}{dx}$.

6.2.1 Matrices de rigidité élémentaire en repère local

■ Champ de déplacement axial $u(x)$

En l'absence de flexion, l'élément du fait de son raccourcissement ou de son allongement, a un comportement identique à celui d'une barre. $u(x)$ est donc encore une fois une fonction linéaire de la forme $u(x) = a_0 + a_1 x$. La déformation associée est bien évidemment homogène sur la section et vaut comme en (4.2) $\varepsilon_{xx} = \frac{du}{dx} = a_1$.

De plus et comme $u(0) = u_i$ en i et $u(L) = u_j$ en j, on obtient comme pour l'élément barre, la même fonction de déplacement que celle établie en (4.3) :

$$u(x) = (1 - \frac{x}{L}) \cdot u_i + \frac{x}{L} \cdot u_j \tag{6.10}$$

Champ de déplacement transversal $v(x)$

En flexion, chacun des nœuds de cet élément possède deux degrés de liberté, un en translation dans la direction transversale v et un associé à la rotation β autour de l'axe z perpendiculaire au plan xy. Quatre conditions aux limites $\left(v_i, \beta_i, v_j, \beta_j\right)$ peuvent donc être utilisées pour définir sa fonction d'approximation ce qui explique l'expression de $v(x)$ sous la forme d'un polynôme de degré 3.

$$v(x) = b_0 + b_1 \cdot x + b_2 \cdot x^2 + b_3 \cdot x^3 = \begin{Bmatrix} 1 & x & x^2 & x^3 \end{Bmatrix} \cdot \begin{Bmatrix} b_0 \\ b_1 \\ b_2 \\ b_3 \end{Bmatrix} \tag{6.11}$$

Cette approche revient en fait à intégrer la forme (6.9) de l'équation générale des poutres avec une charge répartie nulle. L'équation du moment fléchissant sera alors d'après (6.7) une fonction linéaire.

À partir des conditions aux limites de $v(x)$ (*i.e.* $v(0) = v_i, v'(0) = \beta_i, v(L) = v_j, v'(L) = \beta_j$), le vecteur des déplacements nodaux s'écrit :

$$\begin{Bmatrix} v_i \\ \beta_i \\ v_j \\ \beta_j \end{Bmatrix} = \begin{bmatrix} 1 & 0 & 0 & 0 \\ 0 & 1 & 0 & 0 \\ 1 & L & L^2 & L^3 \\ 0 & 1 & 2L & 3L^2 \end{bmatrix} \begin{Bmatrix} b_0 \\ b_1 \\ b_2 \\ b_3 \end{Bmatrix} = \left[R\right] \cdot \begin{Bmatrix} b_0 \\ b_1 \\ b_2 \\ b_3 \end{Bmatrix} \tag{6.12}$$

Soit en injectant (6.12) dans (6.11),

$$\begin{aligned} v(x) &= \begin{Bmatrix} 1 & x & x^2 & x^3 \end{Bmatrix} \cdot \left[R\right]^{-1} \cdot \begin{Bmatrix} v_i \\ \beta_i \\ v_j \\ \beta_j \end{Bmatrix} \\ v(x) &= \begin{Bmatrix} 1 & x & x^2 & x^3 \end{Bmatrix} \cdot \begin{bmatrix} 1 & 0 & 0 & 0 \\ 0 & 1 & 0 & 0 \\ -3/L^2 & -2/L & 3/L^2 & -1/L \\ 2/L^3 & 1/L^2 & -2/L^3 & 1/L^2 \end{bmatrix} \cdot \begin{Bmatrix} v_i \\ \beta_i \\ v_j \\ \beta_j \end{Bmatrix} \end{aligned} \tag{6.13}$$

D'où finalement,

$$v(x) = \begin{Bmatrix} 1 - \dfrac{3x^2}{L^2} + \dfrac{2x^3}{L^3} & x - \dfrac{2x^2}{L} + \dfrac{x^3}{L^2} & \dfrac{3x^2}{L^2} - \dfrac{2x^3}{L^3} & -\dfrac{x^2}{L} + \dfrac{x^3}{L^2} \end{Bmatrix} \cdot \begin{Bmatrix} v_i \\ \beta_i \\ v_j \\ \beta_j \end{Bmatrix} \tag{6.14}$$

C'est d'ailleurs grâce à cette relation que certains logiciels arrivent à tracer la déformée entre les nœuds. Ils calculent les valeurs de $v(x)$ en certains points intermédiaires[1] et reconstituent ensuite la déformée. Ceci permet de se limiter à la géométrie de la structure et donc de réduire le nombre de nœuds.

■ Champ de déformation

En regroupant les résultats (6.10) et (6.14) dans (6.15), le champ de déplacement complet de l'élément s'écrit :

$$\begin{Bmatrix} u(x) \\ v(x) \end{Bmatrix} =$$

$$\begin{bmatrix} 1-\dfrac{x}{L} & 0 & 0 & \dfrac{x}{L} & 0 & 0 \\ 0 & 1-\dfrac{3x^2}{L^2}+\dfrac{2x^3}{L^3} & x-\dfrac{2x^2}{L}+\dfrac{x^3}{L^2} & 0 & \dfrac{3x^2}{L^2}-\dfrac{2x^3}{L^3} & -\dfrac{x^2}{L}+\dfrac{x^3}{L^2} \end{bmatrix} \begin{Bmatrix} u_i \\ v_i \\ \beta_i \\ u_j \\ v_j \\ \beta_j \end{Bmatrix} \quad (6.15)$$

$$\begin{Bmatrix} u(x) \\ v(x) \end{Bmatrix} = [N]\cdot\{q_e\}$$

La déformation de la poutre résultant de la concomitance de la flexion (6.6) et des variations de longueur (4.2), on a :

$$\varepsilon_{xx} = \frac{du}{dx} - y\frac{d^2v}{dx^2} \quad (6.16)$$

Le champ de déformation devient alors :

$$\varepsilon_{xx} =$$

$$\begin{Bmatrix} -\dfrac{1}{L} & \left(\dfrac{6}{L^2}-\dfrac{12x}{L^3}\right)\cdot y & \left(\dfrac{4}{L}-\dfrac{6x}{L^2}\right)\cdot y & \dfrac{1}{L} & \left(-\dfrac{6}{L^2}+\dfrac{12x}{L^3}\right)\cdot y & \left(\dfrac{2}{L}-\dfrac{6x}{L^2}\right)\cdot y \end{Bmatrix} \begin{Bmatrix} u_i \\ v_i \\ \beta_i \\ u_j \\ v_j \\ \beta_j \end{Bmatrix}$$

$$\varepsilon_{xx} = [B]\cdot\{q_e\} \quad (6.17)$$

1. Au quart, à la moitié et aux trois quarts de la longueur de l'élément par exemple.

■ Matrice de rigidité élémentaire

Reprenant l'expression de l'énergie de déformation élémentaire (4.11),

$$W_e = \frac{1}{2}\int_{V_e}\{\varepsilon\}^T \cdot \{\sigma\}\cdot dV_e = \frac{1}{2}\int_{V_e}\{q_e\}^T \cdot [B]^T \cdot [H]\cdot[B]\cdot\{q_e\}\cdot dV_e$$
$$= \frac{1}{2}\{q_e\}^T \cdot [k_e]\cdot\{q_e\} \tag{6.18}$$

et sachant que la matrice $[H]$, les vecteurs contrainte et déformation se réduisent respectivement aux seuls termes E, σ_{xx} et ε_{xx}, W_e s'écrit :

$$W_e = \frac{1}{2}\int_{V_e}\sigma_{xx}\cdot\varepsilon_{xx}\cdot dV_e = \frac{1}{2}\int_{V_e}([B]\cdot\{q_e\})^T E[B]\cdot\{q_e\}\cdot dV_e$$
$$W_e = \frac{1}{2}\{q_e\}^T \cdot \overbrace{\left(E\int_{V_e}[B]^T\cdot[B]\cdot dV_e\right)}^{[k_e]}\cdot\{q_e\} \tag{6.19}$$

d'où l'expression finale de la matrice de rigidité élémentaire :

$$[k_e] = E\int_{V_e}[B]^T\cdot[B]\cdot dV_e = E\int_0^L\left(\int_{S_e}dS_e\right)\cdot[B]^T\cdot[B]\cdot dx$$

$$= E\int_0^L\left(\int_{S_e}dS_e\right)\cdot\begin{Bmatrix} -\frac{1}{L} \\ \left(\frac{6}{L^2}-\frac{12x}{L^3}\right)\cdot y \\ \left(\frac{4}{L}-\frac{6x}{L^2}\right)\cdot y \\ \frac{1}{L} \\ \left(-\frac{6}{L^2}+\frac{12x}{L^3}\right)\cdot y \\ \left(\frac{2}{L}-\frac{6x}{L^2}\right)\cdot y \end{Bmatrix}. \tag{6.20}$$

$$\left\{-\frac{1}{L} \quad \left(\frac{6}{L^2}-\frac{12x}{L^3}\right)\cdot y \quad \left(\frac{4}{L}-\frac{6x}{L^2}\right)\cdot y \quad \frac{1}{L} \quad \left(-\frac{6}{L^2}+\frac{12x}{L^3}\right)\cdot y \quad \left(\frac{2}{L}-\frac{6x}{L^2}\right)\cdot y\right\}\cdot dx$$

Rigidité du nœud i

Facteur de transmission du nœud i vers j

$$[k_e] = \begin{bmatrix} \frac{ES}{L} & 0 & 0 & -\frac{ES}{L} & 0 & 0 \\ 0 & \frac{12EI}{L^3} & \frac{6EI}{L^2} & 0 & -\frac{12EI}{L^3} & \frac{6EI}{L^2} \\ 0 & \frac{6EI}{L^2} & \frac{4EI}{L} & 0 & -\frac{6EI}{L^2} & \frac{2EI}{L} \\ -\frac{ES}{L} & 0 & 0 & \frac{ES}{L} & 0 & 0 \\ 0 & -\frac{12EI}{L^3} & -\frac{6EI}{L^2} & 0 & \frac{12EI}{L^3} & -\frac{6EI}{L^2} \\ 0 & \frac{6EI}{L^2} & \frac{2EI}{L} & 0 & -\frac{6EI}{L^2} & \frac{4EI}{L} \end{bmatrix} \quad (6.21)$$

Facteur de transmission du nœud j vers i

Rigidité du nœud j

avec :

$\int_{S_e} dS_e = S$ (section constante). $\int_{S_e} y^2 \cdot dS_e = I$ (inertie constante).

$\int_{S_e} y \cdot dS_e = 0$ (moment statique nul par rapport à la fibre moyenne).

On notera que les termes en « EI » sont bien liés aux degrés de liberté associés à la flexion de l'élément poutre.

6.2.2 Matrices de rigidité élémentaire en repère global

L'élément de poutre plane possédant deux nœuds à trois degrés de liberté, la matrice de changement de base s'écrit en vertu de (4.22) :

$$\{q_e\} = [R_e]\cdot\{Q_e\} \Leftrightarrow \begin{Bmatrix} u_i \\ v_i \\ \beta_i \\ u_j \\ v_j \\ \beta_j \end{Bmatrix} = \begin{bmatrix} \cos(\theta) & \sin(\theta) & 0 & 0 & 0 & 0 \\ -\sin(\theta) & \cos(\theta) & 0 & 0 & 0 & 0 \\ 0 & 0 & 1 & 0 & 0 & 0 \\ 0 & 0 & 0 & \cos(\theta) & \sin(\theta) & 0 \\ 0 & 0 & 0 & -\sin(\theta) & \cos(\theta) & 0 \\ 0 & 0 & 0 & 0 & 0 & 1 \end{bmatrix} \begin{Bmatrix} U_i \\ V_i \\ \mathrm{B}_i \\ U_j \\ V_j \\ \mathrm{B}_j \end{Bmatrix} \quad (6.22)$$

On notera cependant l'ajout du «1» associé aux rotations autour des axes z et Z qui sont colinéaires dans le cas plan. La matrice de rigidité élémentaire en repère global est ensuite obtenue en appliquant (4.25), soit :

$$[K_e]=[R_e]^T[k_e][R_e]=$$

$$\begin{bmatrix}
\frac{ES}{L}\cos^2\theta+\frac{12EI}{L^3}\sin^2\theta & \left(\frac{ES}{L}-\frac{12EI}{L^3}\right)\cos\theta\sin\theta & -\frac{6EI}{L^2}\sin\theta & -\frac{ES}{L}\cos^2\theta-\frac{12EI}{L^3}\sin^2\theta & \left(-\frac{ES}{L}+\frac{12EI}{L^3}\right)\cos\theta\sin\theta & -\frac{6EI}{L^2}\sin\theta \\
\left(\frac{ES}{L}-\frac{12EI}{L^3}\right)\cos\theta\sin\theta & \frac{ES}{L}\sin^2\theta+\frac{12EI}{L^3}\cos^2\theta & \frac{6EI}{L^2}\cos\theta & \left(-\frac{ES}{L}+\frac{12EI}{L^3}\right)\cos\theta\sin\theta & -\frac{ES}{L}\sin^2\theta-\frac{12EI}{L^3}\cos^2\theta & \frac{6EI}{L^2}\cos\theta \\
-\frac{6EI}{L^2}\sin\theta & \frac{6EI}{L^2}\cos\theta & \frac{4EI}{L} & \frac{6EI}{L^2}\sin\theta & -\frac{6EI}{L^2}\cos\theta & \frac{2EI}{L} \\
-\frac{ES}{L}\cos^2\theta-\frac{12EI}{L^3}\sin^2\theta & \left(-\frac{ES}{L}+\frac{12EI}{L^3}\right)\cos\theta\sin\theta & \frac{6EI}{L^2}\sin\theta & \frac{ES}{L}\cos^2\theta+\frac{12EI}{L^3}\sin^2\theta & \left(\frac{ES}{L}-\frac{12EI}{L^3}\right)\cos\theta\sin\theta & \frac{6EI}{L^2}\sin\theta \\
\left(-\frac{ES}{L}+\frac{12EI}{L^3}\right)\cos\theta\sin\theta & -\frac{ES}{L}\sin^2\theta-\frac{12EI}{L^3}\cos^2\theta & -\frac{6EI}{L^2}\cos\theta & \left(\frac{ES}{L}-\frac{12EI}{L^3}\right)\cos\theta\sin\theta & \frac{ES}{L}\sin^2\theta+\frac{12EI}{L^3}\cos^2\theta & -\frac{6EI}{L^2}\cos\theta \\
-\frac{6EI}{L^2}\sin\theta & \frac{6EI}{L^2}\cos\theta & \frac{2EI}{L} & \frac{6EI}{L^2}\sin\theta & -\frac{6EI}{L^2}\cos\theta & \frac{4EI}{L}
\end{bmatrix}$$

(6.23)

6.2.3 Vecteur Charges exprimé en repère local

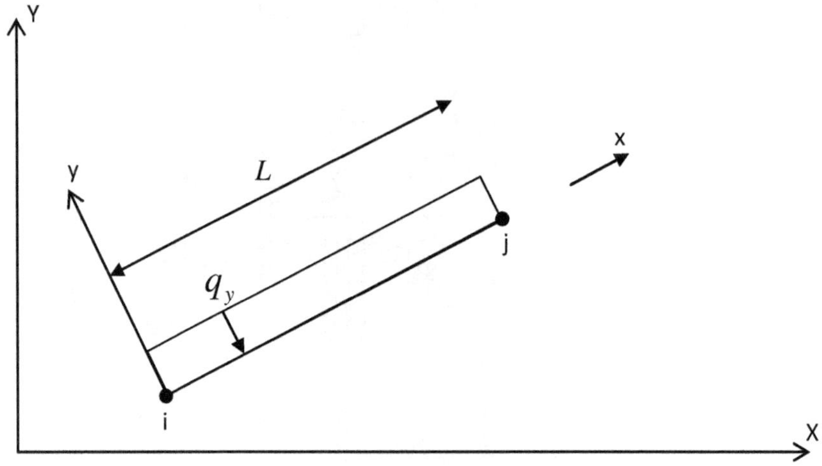

Figure 6.4 – Élément de poutre plane chargé uniformément.

Considérant une poutre plane chargée uniformément, le vecteur charges $\{f_e\}$ se réduit à celui des forces nodales de surface (4.18) soit $\{f_e^s\} = \int_{S_e} [N]^T \cdot \{f^s\} \cdot dS_e$.

$$\{f_e\} = \{f_e^s\} = \int_{S_e} [N]^T \cdot \{f^s\} \cdot dS_e = \int_0^L [N]^T \cdot \begin{Bmatrix} 0 \\ -q_y \end{Bmatrix} dx$$

$$= \begin{Bmatrix} F_{iy} \\ M_{iz} \\ F_{jy} \\ M_{jz} \end{Bmatrix} = \int_0^L \begin{Bmatrix} 1 - \frac{3x^2}{L^2} + \frac{2x^3}{L^3} \\ x - \frac{2x^2}{L} + \frac{x^3}{L^2} \\ \frac{3x^2}{L^2} - \frac{2x^3}{L^3} \\ -\frac{x^2}{L} + \frac{x^3}{L^3} \end{Bmatrix} \cdot \begin{Bmatrix} 0 \\ -q_y \end{Bmatrix} \cdot dx = \begin{Bmatrix} -\frac{q_y L}{2} \\ -\frac{q_y L^2}{12} \\ -\frac{q_y L}{2} \\ \frac{q_y L^2}{12} \end{Bmatrix} \quad (6.24)$$

D'une manière générale et dans le cas de forces orientées dans le sens y négatif, le vecteur charges d'un élément de poutre plane soumis à un système de charges transversales est égal à l'inverse des réactions et moments d'encastrement de la poutre bi-encastrée subissant le même chargement. En d'autres termes, ce vecteur traduit les actions nodales équivalentes au chargement appliqué sur la poutre (cf. tableau 6.1 des charges nodales équivalentes).

Tableau 6.1 – Charges nodales équivalentes.

Type de chargement	F_{iy}	M_{iz}	F_{jy}	M_{jz}
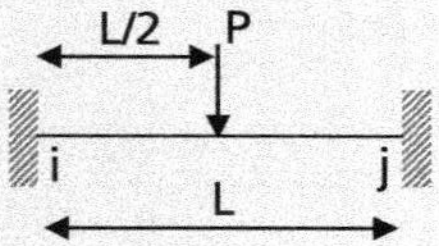	$-\frac{P}{2}$	$-\frac{PL}{8}$	$-\frac{P}{2}$	$\frac{PL}{8}$
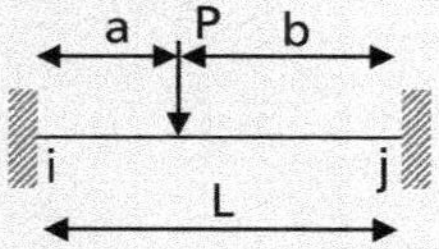	$-\frac{Pb^2}{L^3}(2a+L)$	$-\frac{Pab^2}{L^2}$	$-\frac{Pa^2}{L^3}(L+2b)$	$\frac{Pa^2b}{L^2}$
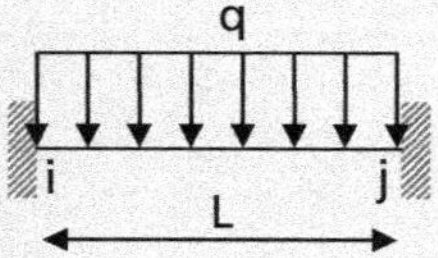	$-\frac{qL}{2}$	$-\frac{qL^2}{12}$	$-\frac{qL}{2}$	$\frac{qL^2}{12}$
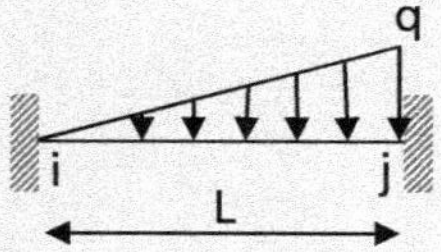	$-\frac{3qL}{20}$	$-\frac{qL^2}{30}$	$-\frac{7qL}{20}$	$\frac{qL^2}{20}$
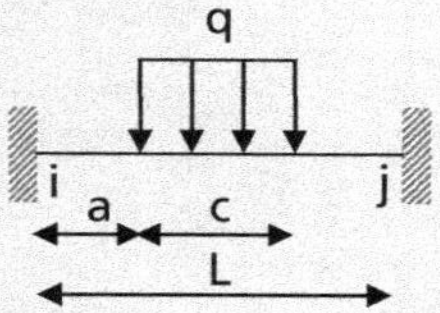	$-q\cdot\left\{\begin{matrix} c \\ -\frac{\left((a+c)^3-a^3\right)}{L^2} \\ +\frac{\left((a+c)^4-a^4\right)}{2L^3}\end{matrix}\right\}$	$-\frac{q}{12L^2}\cdot\left\{\begin{matrix} 6L^2\left((a+c)^2-a^2\right) \\ -8L\left((a+c)^3-a^3\right) \\ +3\left((a+c)^4-a^4\right)\end{matrix}\right\}$	$-q\cdot\left\{\begin{matrix} \frac{\left((a+c)^3-a^3\right)}{L^2} \\ -\frac{\left((a+c)^4-a^4\right)}{2L^3}\end{matrix}\right\}$	$\frac{q}{12L^2}\cdot\left\{\begin{matrix} 4L\left((a+c)^3-a^3\right) \\ -3\left((a+c)^4-a^4\right)\end{matrix}\right\}$

6.2.4 Calcul des efforts internes en repère local

Une fois les déplacements en repère global connus, il suffit de calculer pour chacun des éléments, les déplacements associés en repère local puis de les injecter dans la relation de rigidité élémentaire pour obtenir les efforts aux nœuds correspondants. On a donc :

$$\begin{Bmatrix} N_i \\ T_i \\ M_i \\ N_j \\ T_j \\ M_j \end{Bmatrix} = [k_e]\cdot\{q_e\} - \{f_e\}$$

$$\begin{Bmatrix} N_i \\ T_i \\ M_i \\ N_j \\ T_j \\ M_j \end{Bmatrix} = \begin{bmatrix} \frac{ES}{L} & 0 & 0 & -\frac{ES}{L} & 0 & 0 \\ 0 & \frac{12EI}{L^3} & \frac{6EI}{L^2} & 0 & -\frac{12EI}{L^3} & \frac{6EI}{L^2} \\ 0 & \frac{6EI}{L^2} & \frac{4EI}{L} & 0 & -\frac{6EI}{L^2} & \frac{2EI}{L} \\ -\frac{ES}{L} & 0 & 0 & \frac{ES}{L} & 0 & 0 \\ 0 & -\frac{12EI}{L^3} & -\frac{6EI}{L^2} & 0 & \frac{12EI}{L^3} & -\frac{6EI}{L^2} \\ 0 & \frac{6EI}{L^2} & \frac{2EI}{L} & 0 & -\frac{6EI}{L^2} & \frac{4EI}{L} \end{bmatrix} \begin{Bmatrix} u_i \\ v_i \\ \beta_i \\ u_j \\ v_j \\ \beta_j \end{Bmatrix} - \{f_e\} \qquad (6.25)$$

avec :

$\{q_e\} = [R_e]\cdot\{Q_e\}$.

$\{f_e\}$: vecteur des charges nodales équivalentes au chargement appliqué sur la poutre.

6.3 Élément de poutre tridimensionnel à 2 nœuds

La formulation de cet élément revient à superposer les effets de traction-compression à ceux de flexion autour des axes z et y. La matrice de rigidité liée au plan xz qui reste semblable à celle établie au § 6.2.1, comporte, du fait de la prise en compte du sens direct de z vers x, une inversion de signe des termes associés à β_y.

6.3.1 Prise en compte de la torsion

Il reste maintenant à prendre en compte la torsion de l'élément pour couvrir l'ensemble des six degrés de liberté. Partant d'une hypothèse de torsion libre, la fonction $\beta_x(x)$ devra être évaluée à partir des deux rotations d'extrémités β_{ix} et β_{jx}.

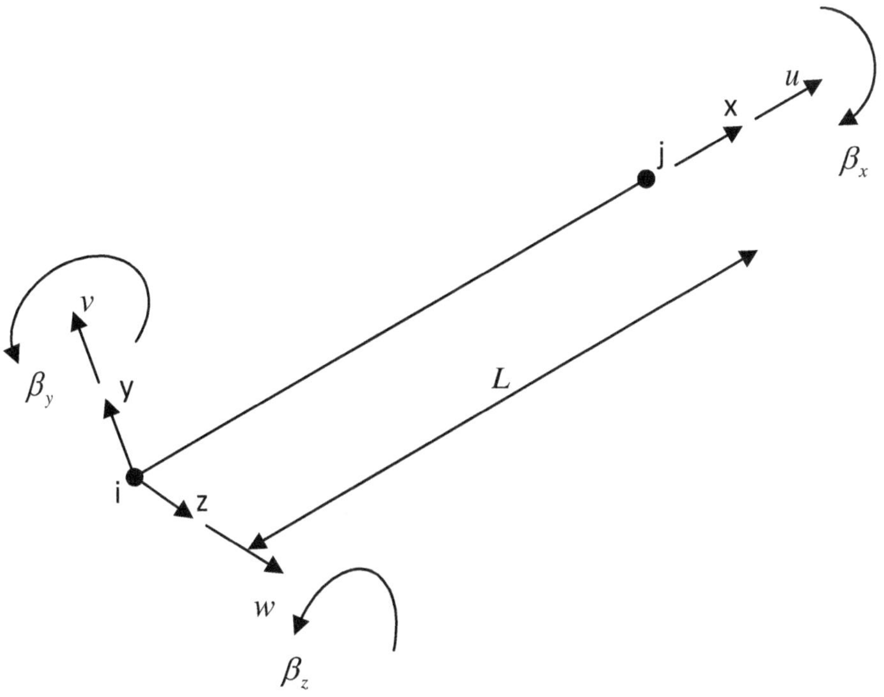

Figure 6.5 – Élément de poutre 3D.

L'approche sera alors identique à celle utilisée pour l'élément barre, d'où :

$$\beta_x(x) = a_0 + a_1 x \qquad (6.26)$$

avec en $x = 0$, $\beta_x(0) = \beta_{ix}$ et $x = L$, $\beta_x(L) = \beta_{jx}$.
ce qui donne :

$$\beta_x(x) = (1 - \frac{x}{L}) \cdot \beta_{ix} + \frac{x}{L} \cdot \beta_{jx} \qquad (6.27)$$

Les sections droites restant planes (torsion sans gauchissement), on peut établir pour la déformation de torsion que :

$$\gamma = r \cdot \frac{d\beta_x}{dx} = r \cdot \begin{bmatrix} -\frac{1}{L} & \frac{1}{L} \end{bmatrix} \cdot \begin{Bmatrix} \beta_{ix} \\ \beta_{jx} \end{Bmatrix} \qquad (6.28)$$

d'où l'expression de l'énergie de déformation :

$$W_T = \frac{1}{2}\int_{V_e} \{\gamma\}^T \cdot \{\tau\} \cdot dV_e$$

$$W_T = \frac{1}{2}\int_{V_e} r \cdot \{\beta_{ix} \quad \beta_{jx}\} \cdot \begin{Bmatrix} -\dfrac{1}{L} \\ \dfrac{1}{L} \end{Bmatrix} \cdot G \cdot r \cdot \left\{ -\frac{1}{L} \quad \frac{1}{L} \right\} \cdot \begin{Bmatrix} \beta_{ix} \\ \beta_{jx} \end{Bmatrix} \cdot dV_e \tag{6.29}$$

$$W_T = \frac{1}{2}\{\beta_{ix} \quad \beta_{jx}\} \cdot [k_T] \cdot \begin{Bmatrix} \beta_{ix} \\ \beta_{jx} \end{Bmatrix}$$

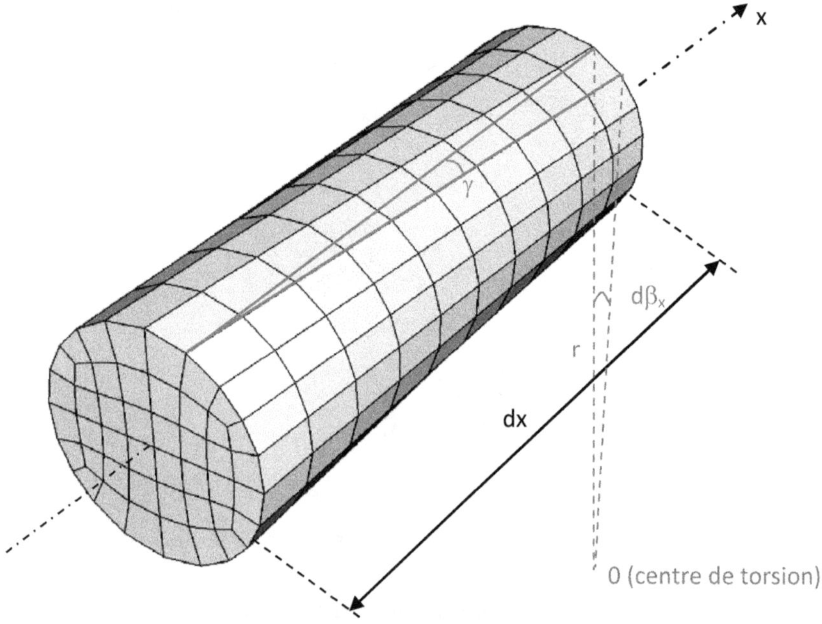

Figure 6.6 – Relation entre angle et déformation de torsion.

La matrice de rigidité associée à la torsion est alors égale à :

$$[k_T] = \int_0^L \underbrace{\int_s r^2 \cdot dS_e}_{J} \begin{Bmatrix} -\dfrac{1}{L} \\ \dfrac{1}{L} \end{Bmatrix} \cdot G \cdot \left\{ -\frac{1}{L} \quad \frac{1}{L} \right\} dx = GJ \int_0^L \begin{bmatrix} \dfrac{1}{L^2} & -\dfrac{1}{L^2} \\ -\dfrac{1}{L^2} & \dfrac{1}{L^2} \end{bmatrix} \cdot dx \tag{6.30}$$

$$[k_T] = \frac{GJ}{L}\begin{bmatrix} 1 & -1 \\ -1 & 1 \end{bmatrix}$$

avec J : Moment d'inertie de torsion.

Bien évidemment, cette matrice de rigidité est très similaire à celle de l'élément barre (5.1).

6.3.2 Prise en compte de la déformation d'effort tranchant

Considérant une poutre console à deux nœuds, la relation de rigidité dans le plan xy s'écrit :

$$\begin{bmatrix} \frac{ES}{L} & 0 & 0 & -\frac{ES}{L} & 0 & 0 \\ 0 & \frac{12EI_z}{L^3} & \frac{6EI_z}{L^2} & 0 & -\frac{12EI_z}{L^3} & \frac{6EI_z}{L^2} \\ 0 & \frac{6EI_z}{L^2} & \frac{4EI_z}{L} & 0 & -\frac{6EI_z}{L^2} & \frac{2EI_z}{L} \\ -\frac{ES}{L} & 0 & 0 & \frac{ES}{L} & 0 & 0 \\ 0 & -\frac{12EI_z}{L^3} & -\frac{6EI_z}{L^2} & 0 & \frac{12EI_z}{L^3} & -\frac{6EI_z}{L^2} \\ 0 & \frac{6EI_z}{L^2} & \frac{2EI_z}{L} & 0 & -\frac{6EI_z}{L^2} & \frac{4EI_z}{L} \end{bmatrix} \cdot \begin{Bmatrix} u_i \\ v_i \\ \beta_i \\ u_j \\ v_j \\ \beta_j \end{Bmatrix} = \begin{Bmatrix} N_i \\ T_i \\ M_i \\ N_j \\ T_j \\ M_j \end{Bmatrix} \qquad (6.31)$$

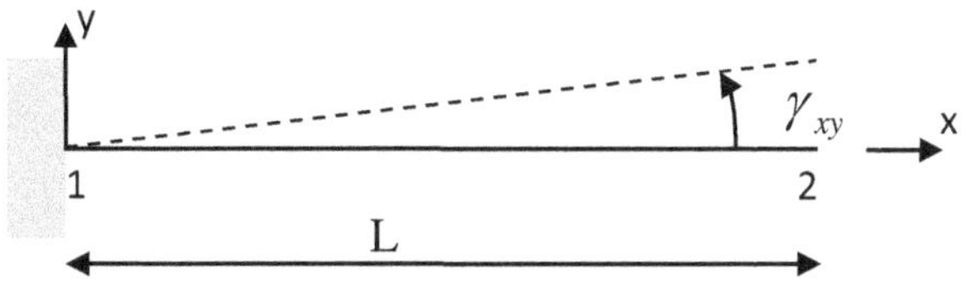

Figure 6.7 – Déformation d'effort tranchant.

Après introduction des conditions d'appui, celle-ci devient :

$$\frac{EI_z}{L^3}\begin{bmatrix} 12 & -6L \\ -6L & 4L^2 \end{bmatrix} \cdot \begin{Bmatrix} v_j \\ \beta_j \end{Bmatrix} = \begin{Bmatrix} T_j \\ M_j \end{Bmatrix} \Rightarrow \begin{Bmatrix} v_j \\ \beta_j \end{Bmatrix} = \begin{bmatrix} \frac{L^3}{3EI_z} & \frac{L^2}{2EI_z} \\ \frac{L^2}{2EI_z} & \frac{L}{EI_z} \end{bmatrix} \cdot \begin{Bmatrix} T_j \\ M_j \end{Bmatrix} \qquad (6.32)$$

On sait par ailleurs d'après (3.20)[1] que :

$$\tau_{xy} = G \cdot \gamma_{xy} \qquad (6.33)$$

En posant :

$$T_y = \tau_{xy} \cdot S_{1,y} \qquad (6.34)$$

avec $S_{1,y}$: section d'effort tranchant dans la direction y.

1. Voir compléments en ligne.

Et en combinant (6.33) et (6.34), on obtient finalement que :

$$\gamma_{xy} = \frac{T_y}{GS_{1,y}} \tag{6.35}$$

Le déplacement additionnel Δv_i dû à l'effort tranchant peut alors être calculé à partir de :

$$\Delta v_i = \gamma_{xy} \cdot L = \frac{T_y L}{GS_{1,y}} \tag{6.36}$$

Finalement et après cumul des effets dus à la flexion et au cisaillement, on obtient :

$$\begin{Bmatrix} v_j \\ \beta_j \end{Bmatrix} = \begin{bmatrix} \dfrac{L^3}{3EI_z} + \dfrac{L}{GS_{1,y}} & \dfrac{L^2}{2EI_z} \\ \dfrac{L^2}{2EI_z} & \dfrac{L}{EI_z} \end{bmatrix} \cdot \begin{Bmatrix} T_j \\ M_j \end{Bmatrix}$$

$$\Rightarrow \begin{Bmatrix} T_j \\ M_j \end{Bmatrix} = \begin{bmatrix} \dfrac{12EI_z}{L^3(1+\varphi_y)} & \dfrac{-6EI_z}{L^2(1+\varphi_y)} \\ \dfrac{-6EI_z}{L^2(1+\varphi_y)} & \dfrac{EI_z(4+\varphi_y)}{L(1+\varphi_y)} \end{bmatrix} \cdot \begin{Bmatrix} v_j \\ \beta_j \end{Bmatrix} \tag{6.37}$$

avec $\varphi_y = \dfrac{12EI_z}{GS_{1,y}L^2}$.

6.3.3 Matrice de rigidité

Après assemblage des relations (6.21), (6.30) et (6.37), la matrice de rigidité de l'élément poutre tridimensionnel correspondant au modèle de Timoshenko a pour expression :

$$
\begin{bmatrix}
\frac{ES}{L} & 0 & 0 & 0 & 0 & 0 & -\frac{ES}{L} & 0 & 0 & 0 & 0 & 0 \\
0 & \frac{12EI_z}{L^3\left(1+\varphi_y\right)} & 0 & 0 & 0 & \frac{6EI_z}{L^2\left(1+\varphi_y\right)} & 0 & -\frac{12EI_z}{L^3\left(1+\varphi_y\right)} & 0 & 0 & 0 & \frac{6EI_z}{L^2\left(1+\varphi_y\right)} \\
0 & 0 & \frac{12EI_y}{L^3\left(1+\varphi_z\right)} & 0 & -\frac{6EI_y}{L^2\left(1+\varphi_z\right)} & 0 & 0 & 0 & -\frac{12EI_y}{L^3\left(1+\varphi_z\right)} & 0 & -\frac{6EI_y}{L^2\left(1+\varphi_z\right)} & 0 \\
0 & 0 & 0 & \frac{GJ}{L} & 0 & 0 & 0 & 0 & 0 & -\frac{GJ}{L} & 0 & 0 \\
0 & 0 & -\frac{6EI_y}{L^2\left(1+\varphi_z\right)} & 0 & \frac{\left(4+\varphi_z\right)EI_y}{L\left(1+\varphi_z\right)} & 0 & 0 & 0 & \frac{6EI_y}{L^2\left(1+\varphi_z\right)} & 0 & \frac{\left(2-\varphi_z\right)EI_y}{L\left(1+\varphi_z\right)} & 0 \\
0 & \frac{6EI_z}{L^2\left(1+\varphi_y\right)} & 0 & 0 & 0 & \frac{\left(4+\varphi_y\right)EI_z}{L\left(1+\varphi_y\right)} & 0 & -\frac{6EI_z}{L^2\left(1+\varphi_y\right)} & 0 & 0 & 0 & \frac{\left(2-\varphi_y\right)EI_z}{L\left(1+\varphi_y\right)} \\
-\frac{ES}{L} & 0 & 0 & 0 & 0 & 0 & \frac{ES}{L} & 0 & 0 & 0 & 0 & 0 \\
0 & -\frac{12EI_z}{L^3\left(1+\varphi_y\right)} & 0 & 0 & 0 & -\frac{6EI_z}{L^2\left(1+\varphi_y\right)} & 0 & \frac{12EI_z}{L^3\left(1+\varphi_y\right)} & 0 & 0 & 0 & -\frac{6EI_z}{L^2\left(1+\varphi_y\right)} \\
0 & 0 & -\frac{12EI_y}{L^3\left(1+\varphi_z\right)} & 0 & \frac{6EI_y}{L^2\left(1+\varphi_z\right)} & 0 & 0 & 0 & \frac{12EI_y}{L^3\left(1+\varphi_z\right)} & 0 & \frac{6EI_y}{L^2\left(1+\varphi_z\right)} & 0 \\
0 & 0 & 0 & -\frac{GJ}{L} & 0 & 0 & 0 & 0 & 0 & \frac{GJ}{L} & 0 & 0 \\
0 & 0 & -\frac{6EI_y}{L^2\left(1+\varphi_z\right)} & 0 & \frac{\left(2-\varphi_z\right)EI_y}{L\left(1+\varphi_z\right)} & 0 & 0 & 0 & \frac{6EI_y}{L^2\left(1+\varphi_z\right)} & 0 & \frac{\left(4+\varphi_z\right)EI_y}{L\left(1+\varphi_z\right)} & 0 \\
0 & \frac{6EI_z}{L^2\left(1+\varphi_y\right)} & 0 & 0 & 0 & \frac{\left(2-\varphi_y\right)EI_z}{L\left(1+\varphi_y\right)} & 0 & -\frac{6EI_z}{L^2\left(1+\varphi_y\right)} & 0 & 0 & 0 & \frac{\left(4+\varphi_y\right)EI_z}{L\left(1+\varphi_y\right)}
\end{bmatrix}
\quad (6.38)
$$

On notera l'apparition de deux termes supplémentaires $\varphi_y = \dfrac{12EI_z}{GS_{1,y}L^2}$ et $\varphi_z = \dfrac{12EI_y}{GS_{1,z}L^2}$ correspondant à la prise en compte par l'élément de la déformation d'effort tranchant. Ces deux paramètres sont liés aux sections d'effort tranchant $S_{1,y}$ et $S_{1,z}$ respectivement associées aux axes y et z.

À titre d'exemple, la section d'effort tranchant d'une section rectangulaire est égale à 5/6 de sa section axiale, celle d'une section circulaire à 9/10.

Si ces sections sont nulles, la formulation de l'élément revient à celle de l'élément de poutre classique dit élancé, φ_y et φ_z étant pris égaux à zéro dans ce cas. On sera d'ailleurs dans la même configuration lorsque L est grand.

6.3.4 Contraintes dans les poutres

Les contraintes peuvent ensuite être déduites des efforts grâce aux relations issues de la résistance des matériaux, à savoir pour :

– Les contraintes normales :

$$\sigma_{xx} = \frac{N}{S} \pm \frac{M_y}{I_y} \cdot z \pm \frac{M_z}{I_z} \cdot y \tag{6.39}$$

La relation (6.39) correspond en fait au cas le plus général c'est-à-dire la flexion composée déviée.

– Les contraintes tangentielles :

$$\tau_y = \frac{T_y}{S_y} \text{ et } \tau_z = \frac{T_z}{S_z} \tag{6.40}$$

où S_y et S_z représentent les sections de cisaillement.

6.4 Exemple 2 : poutre continue

Soit la poutre continue suivante formée de trois éléments et quatre nœuds : deux éléments poutres élancées et un élément ressort de rigidité k_y. Une charge P est appliquée au point A, milieu de la 1re travée. On désire étudier le comportement de cette structure pour différentes valeurs de k_y.

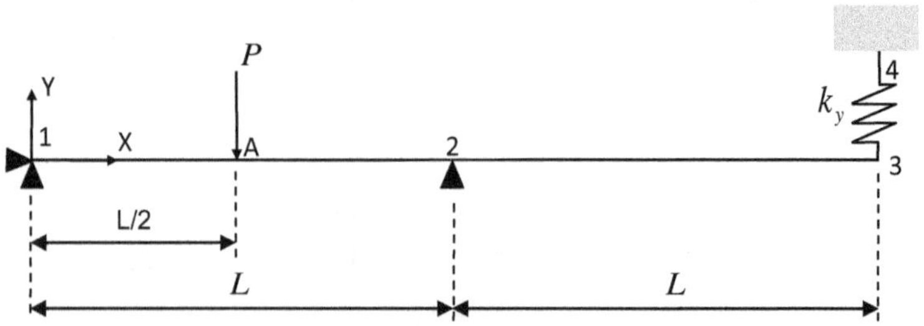

Figure 6.8 – Exemple 2 : poutre continue comportant un appui élastique.

Tableau 6.2 – Exemple 2 : connectivité élémentaire.

Élément	Nœud i	Nœud j	Section	Inertie
1 (poutre)	1	2	S	I
2 (poutre)	2	3	S	I
3 (ressort)	3	4	–	–

Application numérique : E = 2.1 10^{11} N/m², L = 10 m, S = 0.00285 m², I = 0.00001943 m⁴ (IPE200), P = 1000 N.

La matrice de rigidité de chacun des éléments poutres prenant la forme (6.21), on obtient aisément en choisissant des repères locaux élémentaires colinéaires au repère global $XY\left[k_1\right]=\left[K_1\right]=\left[k_2\right]=\left[K_2\right]=\left[k_e\right]$. De plus et dans une hypothèse de petits déplacements, les mouvements horizontaux sont forcément nuls en raison de l'absence de charge dans cette direction. Le système à résoudre se réduit donc aux seuls termes de flexion (termes en EI).
Par ailleurs, les actions d'encastrement d'une poutre bi-encastrée subissant une charge ponctuelle centrée ont d'après le tableau 6.1 du chapitre 6.2.3 les valeurs suivantes (figure 6.9).

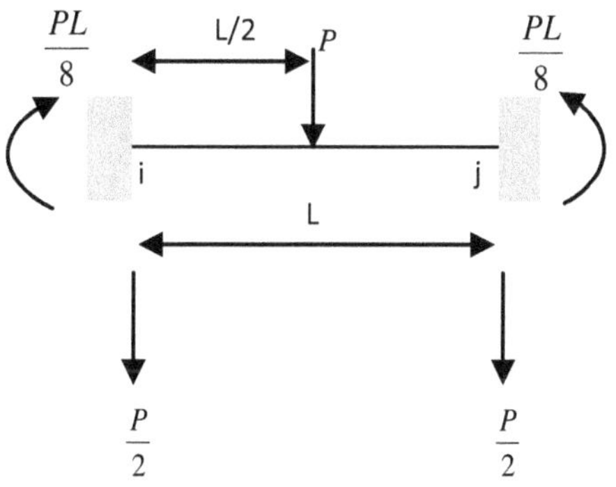

Figure 6.9 – charges nodales équivalentes à *P*.

6.4.1 $k_y = 0$

Dans ce cas, il s'agit d'une poutre sur deux appuis simples $\left(v_1 = v_2 = 0\right)$ subissant une charge centrée *P*. Le porte à faux n'étant pas chargé, il est possible de considérer uniquement l'élément 1 en posant que $V_3 = L \cdot \beta_2$.

Le système à résoudre se réduit donc à :

$$\begin{bmatrix} \frac{12EI}{L^3} & \frac{6EI}{L^2} & -\frac{12EI}{L^3} & \frac{6EI}{L^2} \\ \frac{6EI}{L^2} & \frac{4EI}{L} & -\frac{6EI}{L^2} & \frac{2EI}{L} \\ -\frac{12EI}{L^3} & -\frac{6EI}{L^2} & \frac{12EI}{L^3} & -\frac{6EI}{L^2} \\ \frac{6EI}{L^2} & \frac{2EI}{L} & -\frac{6EI}{L^2} & \frac{4EI}{L} \end{bmatrix} \cdot \begin{Bmatrix} v_1 \\ \beta_1 \\ v_2 \\ \beta_2 \end{Bmatrix} = \begin{Bmatrix} -\frac{P}{2} \\ -\frac{PL}{8} \\ -\frac{P}{2} \\ \frac{PL}{8} \end{Bmatrix} + \begin{Bmatrix} R_{V_1} \\ 0 \\ R_{V_2} \\ 0 \end{Bmatrix} \tag{6.41}$$

$$\Rightarrow \beta_1 = -\frac{PL^2}{16EI} = -\beta_2 = -0.00153 rad$$

Soit pour les réactions d'appui :

$$\begin{cases} R_{V_1} = \frac{P}{2} + \frac{6EI}{L^2}(\beta_1 + \beta_2) = \frac{P}{2} \\ R_{V_2} = \frac{P}{2} - \frac{6EI}{L^2}(\beta_1 + \beta_2) = \frac{P}{2} \end{cases} \tag{6.42}$$

et les efforts dans l'élément 1 $\begin{Bmatrix} N_1 \\ T_1 \\ M_1 \\ N_2 \\ T_2 \\ M_2 \end{Bmatrix} = [k_1] \cdot \{q_1\} - \{f_1\}$ qui est équivalent à :

$$\begin{Bmatrix} N_1 \\ T_1 \\ M_1 \\ N_2 \\ T_2 \\ M_2 \end{Bmatrix} = \begin{bmatrix} \frac{ES}{L} & 0 & 0 & -\frac{ES}{L} & 0 & 0 \\ 0 & \frac{12EI}{L^3} & \frac{6EI}{L^2} & 0 & -\frac{12EI}{L^3} & \frac{6EI}{L^2} \\ 0 & \frac{6EI}{L^2} & \frac{4EI}{L} & 0 & -\frac{6EI}{L^2} & \frac{2EI}{L} \\ -\frac{ES}{L} & 0 & 0 & \frac{ES}{L} & 0 & 0 \\ 0 & -\frac{12EI}{L^3} & -\frac{6EI}{L^2} & 0 & \frac{12EI}{L^3} & -\frac{6EI}{L^2} \\ 0 & \frac{6EI}{L^2} & \frac{2EI}{L} & 0 & -\frac{6EI}{L^2} & \frac{4EI}{L} \end{bmatrix} \cdot \begin{Bmatrix} u_1 \\ v_1 \\ \beta_1 \\ u_2 \\ v_2 \\ \beta_2 \end{Bmatrix} - \begin{Bmatrix} 0 \\ -\frac{P}{2} \\ -\frac{PL}{8} \\ 0 \\ -\frac{P}{2} \\ \frac{PL}{8} \end{Bmatrix} \tag{6.43}$$

Ce qui permet de montrer que les moments sur appuis sont bien nuls.

$$\begin{cases} M_1 = \dfrac{PL}{8} + \dfrac{4EI}{L}\beta_1 + \dfrac{2EI}{L}\beta_2 = \dfrac{PL}{8} + \dfrac{2EI}{L}\beta_1 = \dfrac{PL}{8} - \dfrac{PL}{8} = 0 \\ M_2 = -\dfrac{PL}{8} + \dfrac{2EI}{L}\beta_1 + \dfrac{4EI}{L}\beta_2 = -\dfrac{PL}{8} + \dfrac{2EI}{L}\beta_2 = -\dfrac{PL}{8} + \dfrac{PL}{8} = 0 \end{cases} \quad (6.44)$$

Le moment fléchissant au milieu de la première travée peut être déterminé à partir de l'équation générale des poutres (6.7) et de la double dérivation de (6.14) ce qui donne :

$$M\left(\frac{L}{2}\right) = -EI\frac{d^2v}{dx^2} = -\frac{PL}{8} \quad (6.45)$$

Auquel il faut ajouter le moment au centre de la poutre bi-encastrée décrite à la figure (6.9), soit finalement au point A :

$$M_A = M\left(\frac{L}{2}\right) - \frac{PL}{8} = -\frac{PL}{8} - \frac{PL}{8} = -\frac{PL}{4} = -2500\,\text{Nm} \quad (6.46)$$

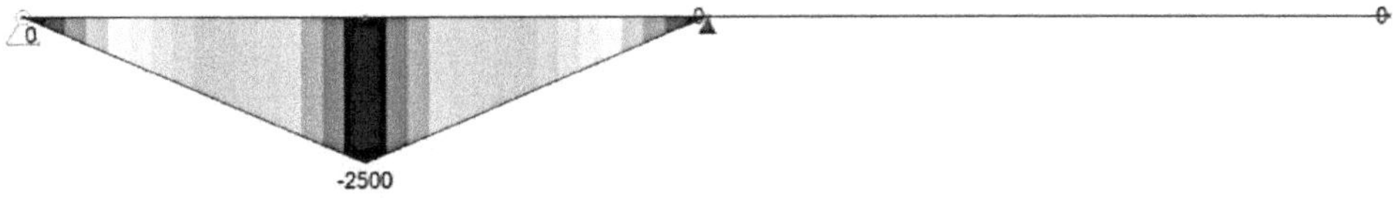

Figure 6.10 – Exemple 2 : diagramme (Effel) du moment fléchissant $k_y = 0$.

Enfin, le déplacement au même endroit peut être calculé en $x = \dfrac{L}{2}$ à partir de la relation (6.14), d'où :

$$v(x = \frac{L}{2}) = \begin{Bmatrix} \frac{1}{2} & \frac{L}{8} & \frac{1}{2} & -\frac{L}{8} \end{Bmatrix} \begin{Bmatrix} v_1 \\ \beta_1 \\ v_2 \\ \beta_2 \end{Bmatrix} = \frac{L}{8}(\beta_1 - \beta_2) = -\frac{PL^3}{64EI} \quad (6.47)$$

auquel il faut ajouter le déplacement au même endroit de la poutre bi-encastrée correspondante $\left(-\dfrac{PL^3}{192EI}\right)$ soit finalement au point A :

$$v_A = -\frac{PL^3}{64EI} - \frac{PL^3}{192EI} = -\frac{PL^3}{48EI} = -5.106\,\text{mm} \quad (6.48)$$

De plus et comme $v_3 = L \cdot \beta_2$, on a $v_3 = \dfrac{PL^3}{16EI} = 15.318\,\text{mm}$.

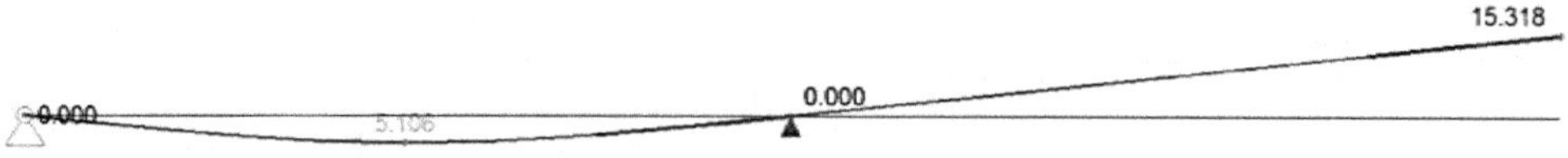

Figure 6.11 – Exemple 2 : déformée (Effel) $k_y = 0$.

6.4.2 $k_y \to \infty$

La rigidité étant infinie à l'appui 3, la poutre est désormais sur trois appuis simples $\left(v_1 = v_2 = v_3 = 0\right)$. Il s'agit donc d'une poutre continue à deux travées. L'assemblage des éléments 1 et 2 au nœud 2 revient à additionner les rigidités des degrés de liberté correspondants ce qui permet de trouver des termes en $\frac{12EI}{L^3} + \frac{12EI}{L^3}$ et $\frac{4EI}{L} + \frac{4EI}{L}$ respectivement associés à v_2 et β_2 alors que ceux en $\frac{6EI}{L^2} - \frac{6EI}{L^2}$ s'annulent. Une fois assemblé, le système a pour expression :

$$\begin{bmatrix} \frac{12EI}{L^3} & \frac{6EI}{L^2} & -\frac{12EI}{L^3} & \frac{6EI}{L^2} & 0 & 0 \\ \frac{6EI}{L^2} & \frac{4EI}{L} & -\frac{6EI}{L^2} & \frac{2EI}{L} & 0 & 0 \\ -\frac{12EI}{L^3} & -\frac{6EI}{L^2} & \frac{12EI}{L^3} + \frac{12EI}{L^3} & \frac{6EI}{L^2} - \frac{6EI}{L^2} & -\frac{12EI}{L^3} & \frac{6EI}{L^2} \\ \frac{6EI}{L^2} & \frac{2EI}{L} & \frac{6EI}{L^2} - \frac{6EI}{L^2} & \frac{4EI}{L} + \frac{4EI}{L} & -\frac{6EI}{L^2} & \frac{2EI}{L} \\ 0 & 0 & -\frac{12EI}{L^3} & -\frac{6EI}{L^2} & \frac{12EI}{L^3} & -\frac{6EI}{L^2} \\ 0 & 0 & \frac{6EI}{L^2} & \frac{2EI}{L} & -\frac{6EI}{L^2} & \frac{4EI}{L} \end{bmatrix} \cdot \begin{Bmatrix} v_1 \\ \beta_1 \\ v_2 \\ \beta_2 \\ v_3 \\ \beta_3 \end{Bmatrix} = \begin{Bmatrix} -\frac{P}{2} \\ -\frac{PL}{8} \\ -\frac{P}{2} \\ \frac{PL}{8} \\ 0 \\ 0 \end{Bmatrix} + \begin{Bmatrix} R_{V_1} \\ 0 \\ R_{V_2} \\ 0 \\ R_{V_3} \\ 0 \end{Bmatrix} \tag{6.49}$$

Assemblage au nœud 2

qui après introduction des conditions d'appui, devient :

$$\begin{bmatrix} \frac{4EI}{L} & \frac{2EI}{L} & 0 \\ \frac{2EI}{L} & \frac{8EI}{L} & \frac{2EI}{L} \\ 0 & \frac{2EI}{L} & \frac{4EI}{L} \end{bmatrix} \cdot \begin{Bmatrix} \beta_1 \\ \beta_2 \\ \beta_3 \end{Bmatrix} = \begin{Bmatrix} -\frac{PL}{8} \\ \frac{PL}{8} \\ 0 \end{Bmatrix} \Rightarrow \begin{cases} \beta_1 = -\frac{3PL^2}{64EI} = -0.00115 \text{ rad} \\ \beta_2 = \frac{PL^2}{32EI} = 0.00077 \text{ rad} \\ \beta_3 = -\frac{PL^2}{64EI} = -0.00038 \text{ rad} \end{cases} \tag{6.50}$$

d'où les réactions aux nœuds d'appui :

$$\begin{aligned} R_{V_1} &= \frac{6EI}{L^2}\left(\beta_1 + \beta_2\right) + \frac{P}{2} = \frac{13P}{32} = 406.25\,\text{N} \\ R_{V_2} &= \frac{6EI}{L^2}\left(-\beta_1 + \beta_3\right) + \frac{P}{2} = \frac{11P}{16} = 687.50\,\text{N} \\ R_{V_3} &= -\frac{6EI}{L^2}\left(\beta_2 + \beta_3\right) = \frac{-3P}{32} = -93.75\,\text{N} \end{aligned} \tag{6.51}$$

Les efforts dans l'élément 1 sont obtenus en posant $\begin{Bmatrix} N_1 \\ T_1 \\ M_1 \\ N_2 \\ T_2 \\ M_2 \end{Bmatrix} = [k_1] \cdot \{q_1\} - \{f_1\}$ soit,

$$\begin{Bmatrix} N_1 \\ T_1 \\ M_1 \\ N_2 \\ T_2 \\ M_2 \end{Bmatrix} = \begin{bmatrix} \frac{ES}{L} & 0 & 0 & -\frac{ES}{L} & 0 & 0 \\ 0 & \frac{12EI}{L^3} & \frac{6EI}{L^2} & 0 & -\frac{12EI}{L^3} & \frac{6EI}{L^2} \\ 0 & \frac{6EI}{L^2} & \frac{4EI}{L} & 0 & -\frac{6EI}{L^2} & \frac{2EI}{L} \\ -\frac{ES}{L} & 0 & 0 & \frac{ES}{L} & 0 & 0 \\ 0 & -\frac{12EI}{L^3} & -\frac{6EI}{L^2} & 0 & \frac{12EI}{L^3} & -\frac{6EI}{L^2} \\ 0 & \frac{6EI}{L^2} & \frac{2EI}{L} & 0 & -\frac{6EI}{L^2} & \frac{4EI}{L} \end{bmatrix} \cdot \begin{Bmatrix} u_1 \\ v_1 \\ \beta_1 \\ u_2 \\ v_2 \\ \beta_2 \end{Bmatrix} - \begin{Bmatrix} 0 \\ -\frac{P}{2} \\ -\frac{PL}{8} \\ 0 \\ -\frac{P}{2} \\ \frac{PL}{8} \end{Bmatrix} \tag{6.52}$$

$$\Rightarrow \begin{Bmatrix} N_1 \\ T_1 \\ M_1 \\ N_2 \\ T_2 \\ M_2 \end{Bmatrix} = \begin{Bmatrix} 0 \\ \dfrac{13P}{32} \\ 0 \\ 0 \\ \dfrac{19P}{32} \\ -\dfrac{3PL}{32} \end{Bmatrix} = \begin{Bmatrix} 0 \\ 406.25 \\ 0 \\ 0 \\ 593.75 \\ -937.50 \end{Bmatrix} \qquad (6.52\ \textit{suite})$$

et ceux de l'élément 2 à partir de $\begin{Bmatrix} N_2 \\ T_2 \\ M_2 \\ N_3 \\ T_3 \\ M_3 \end{Bmatrix} = [k_2]\cdot\{q_2\} - \{f_2\}$ soit,

$$\begin{Bmatrix} N_2 \\ T_2 \\ M_2 \\ N_3 \\ T_3 \\ M_3 \end{Bmatrix} = \begin{bmatrix} \dfrac{ES}{L} & 0 & 0 & -\dfrac{ES}{L} & 0 & 0 \\ 0 & \dfrac{12EI}{L^3} & \dfrac{6EI}{L^2} & 0 & -\dfrac{12EI}{L^3} & \dfrac{6EI}{L^2} \\ 0 & \dfrac{6EI}{L^2} & \dfrac{4EI}{L} & 0 & -\dfrac{6EI}{L^2} & \dfrac{2EI}{L} \\ -\dfrac{ES}{L} & 0 & 0 & \dfrac{ES}{L} & 0 & 0 \\ 0 & -\dfrac{12EI}{L^3} & -\dfrac{6EI}{L^2} & 0 & \dfrac{12EI}{L^3} & -\dfrac{6EI}{L^2} \\ 0 & \dfrac{6EI}{L^2} & \dfrac{2EI}{L} & 0 & -\dfrac{6EI}{L^2} & \dfrac{4EI}{L} \end{bmatrix} \cdot \begin{Bmatrix} u_2 \\ v_2 \\ \beta_2 \\ u_3 \\ v_3 \\ \beta_3 \end{Bmatrix} \qquad (6.53)$$

$$= \begin{Bmatrix} 0 \\ \dfrac{3P}{32} \\ \dfrac{3PL}{32} \\ 0 \\ -\dfrac{3P}{32} \\ 0 \end{Bmatrix} = \begin{Bmatrix} 0 \\ 93.75 \\ 937.50 \\ 0 \\ -93.75 \\ 0 \end{Bmatrix}$$

On notera que le moment M_2 de l'élément 1 est l'opposé de celui trouvé dans l'élément 2. Notre convention étant de type « forces à gauche » avec un sens positif pour le moment correspondant à celui du trièdre direct, il est normal que le moment du nœud de départ soit égal au moment fléchissant (signe opposé pour celui du nœud d'arrivée).
De plus et en appliquant la même procédure qu'en (6.45) et (6.46), il est également possible de calculer le moment fléchissant au milieu de la 1re travée ce qui permet de trouver au point A : $M_A = -2031$ N.m.

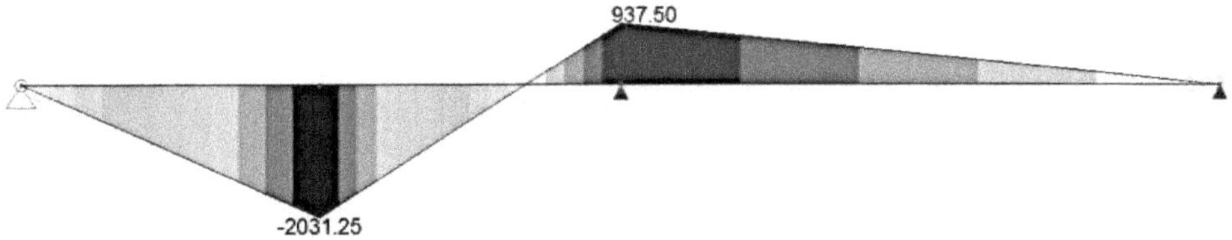

Figure 6.12 – Exemple 2 : diagramme (Effel) du moment fléchissant $k_y \to \infty$.

Dans la pratique, les logiciels éléments finis transforment automatiquement les signes des efforts normaux, efforts tranchants ou moments fléchissants de telle manière à afficher les éléments de réduction dans les conventions les plus fréquentes, généralement une traction positive et des moments associés au sens direct. De plus et en appliquant les relations (6.7) et (6.14) à un nombre limité de points intermédiaires (cf. note[1] § 6.2.1), il est possible de reconstituer la déformée et les diagrammes du moment fléchissant ou de l'effort tranchant sur l'élément lui-même. Ceci permet ainsi dans notre exemple d'obtenir une déformée en ne disposant que des rotations nodales.

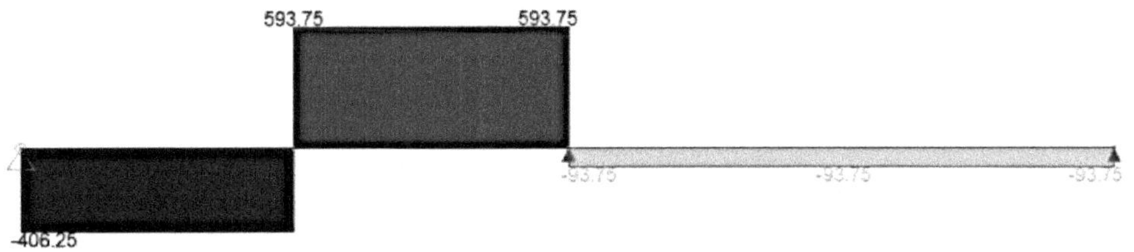

Figure 6.13 – Exemple 2 : diagramme (Effel) de l'effort tranchant $k_y \to \infty$.

Pour assurer la discontinuité de l'effort tranchant au niveau de la charge P, Advance Design™ a ajouté automatiquement un nœud à cet endroit. Ceci s'avère nécessaire car une seule valeur d'effort tranchant peut être calculée à une position donnée sur l'élément. La même problématique se présentera également pour les couples ponctuels.
Par ailleurs et en s'inspirant de la même méthodologie qu'en (6.47) et (6.48), on déduit pour les déplacements en travée :

Pour la travée 1

$$v(x=\frac{L}{2})=\left\{\frac{1}{2}\quad \frac{L}{8}\quad \frac{1}{2}\quad -\frac{L}{8}\right\}\begin{Bmatrix}v_1\\ \beta_1\\ v_2\\ \beta_2\end{Bmatrix}-\frac{PL^3}{192EI}=-\frac{23PL^3}{1536EI}=-3.67\,\text{mm} \tag{6.54}$$

Pour la travée 2

$$v(x=\frac{L}{2})=\left\{\frac{1}{2}\quad \frac{L}{8}\quad \frac{1}{2}\quad -\frac{L}{8}\right\}\begin{Bmatrix}v_2\\ \beta_2\\ v_3\\ \beta_3\end{Bmatrix}=\frac{3PL^3}{512EI}=1.436\,\text{mm} \tag{6.55}$$

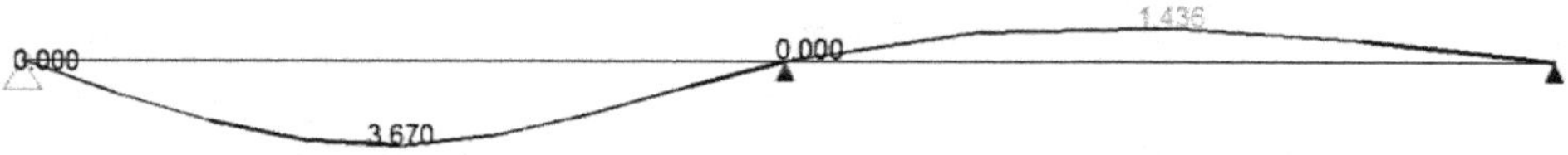

Figure 6.14 – Exemple 2 : déformée (Effel) $k_y \rightarrow \infty$.

7 • ÉLÉMENTS ISOPARAMÉTRIQUES

7.1 Problématique du maillage

Les modélisations filaires abordées aux chapitres 5 et 6 ont montré que le strict respect des singularités géométriques (positions des appuis, des charges, des attaches, etc.) suffisait à obtenir en statique des résultats identiques à ceux de la théorie des poutres. Ceci s'explique par la conformité des fonctions de forme choisies avec la dite théorie. Hormis quelques cas comme les charges (forces ou moments) ponctuelles, la discrétisation intermédiaire des éléments s'avère rarement nécessaire en statique.
Il n'en est pas de même pour les modélisations surfaciques ou volumiques qui nécessitent une discrétisation beaucoup plus fine. En effet et afin de coller au mieux à la géométrie, cette reconstitution requiert surtout au niveau des singularités, des éléments de petites tailles.
Cette opération est prise en charge par un outil appelé *mailleur* dont le rôle va être d'établir automatiquement, dans le respect de la géométrie étudiée, la forme des éléments, leur connectivité et les coordonnées des nœuds. Ceci étant et comme on peut le voir à la figure 7.1, la taille et la forme des éléments peuvent varier significativement. Enfin, deux grands types de maillage sont possibles à partir de bases quadrangulaires (carrés, hexaèdres, etc.) ou triangulaires (triangles, tétraèdres, etc.).

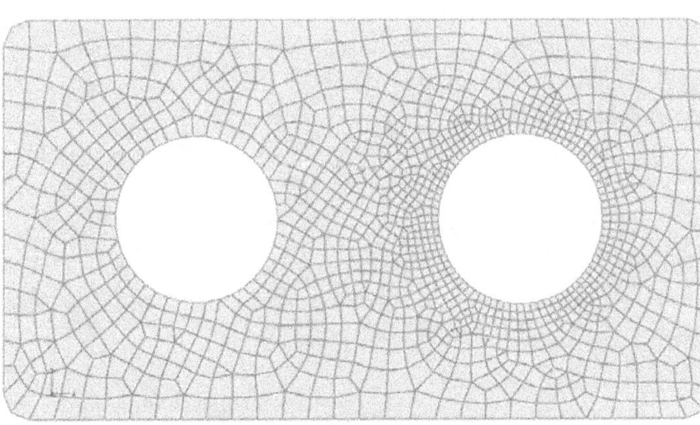

Figure 7.1 – Exemple de maillage (Abaqus).

Les éléments pouvant être de tailles et de formes quelconques, il n'est pas envisageable, pour établir leurs caractéristiques élémentaires, de reprendre stricto sensu la méthodologie utilisée pour les poutres et barres. Les matrices de rigidité et vecteurs charges variant systématiquement, une méthodologie permettant de calculer ces caractéristiques quelles que soient les géométrie et configuration des éléments, s'avérera beaucoup plus rentable au niveau calcul.
Celle-ci consistera, pour chaque type d'élément, à définir un élément de référence de géométrie conventionnelle (appelé également élément « parent ») de telle manière à obtenir la géométrie de n'importe quel élément réel de forme semblable à partir d'une transformation géométrique biunivoque (i.e. bijective).
En d'autres termes, pour chacun des points $P'(\xi,\eta)$ de l'élément « parent » défini dans un repère unitaire correspondra, via la transformation T_e, un point et un seul de l'élément réel $P(x,y)$.

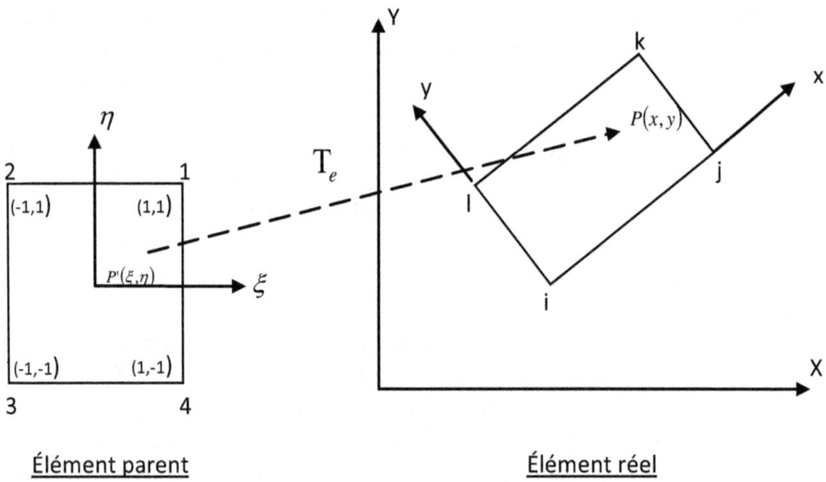

Figure 7.2 – Transformation géométrique T_e.

La transformation T_e permet de calculer les coordonnées (x,y) de chacun des points de l'élément réel à partir de celles du point correspondant de l'élément de référence. On a donc :

$$\mathrm{T}_e : \xi,\eta \rightarrow \begin{cases} x(\xi,\eta) \\ y(\xi,\eta) \end{cases} \tag{7.1}$$

T_e est bien évidemment dépendante de la géométrie de l'élément réel et donc des coordonnées des nœuds le définissant. De ce fait, une transformation doit être envisagée pour chacun des éléments du modèle.

$$\mathrm{T}_e : \xi,\eta \rightarrow \begin{cases} x\left(\xi,\eta,x_i,x_j,x_k,x_l\right) \\ y\left(\xi,\eta,y_i,y_j,y_k,y_l\right) \end{cases} \tag{7.2}$$

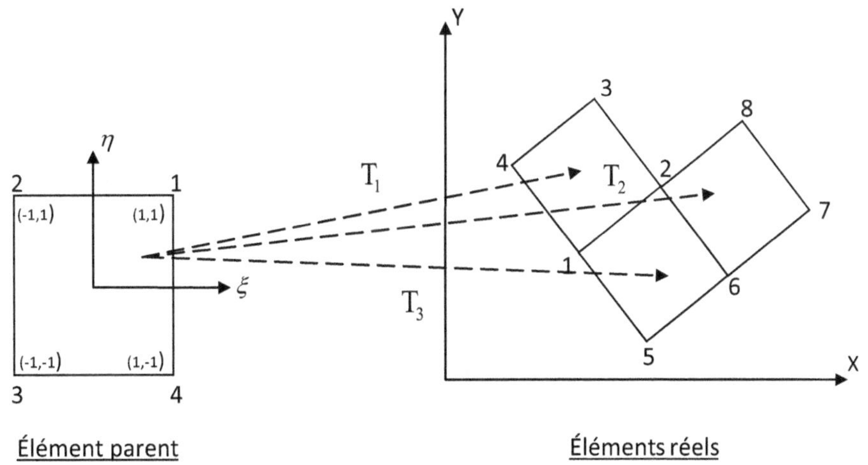

Figure 7.3 – T_1, T_2, T_3 transformations associées aux éléments réels 1, 2 et 3.

Du fait du caractère biunivoque de la transformation, chacun des points de l'élément de référence devra coïncider avec un point de l'élément réel et un seul. Il en résulte une correspondance entre nœuds géométriques des éléments réel et de référence. En d'autres termes, il n'est pas par exemple possible d'associer un élément parent triangulaire à un élément réel carré.
Chaque point de coordonnées x, y, z de l'élément réel peut donc être repéré à partir des coordonnées de ses nœuds et de variables $\overline{N_i}(x,y,z)$, similaires aux fonctions de forme vues précédemment, soit :

$$x = \sum_{i=1}^{n_1} \overline{N_i}(x,y,z) \cdot x_i$$

$$y = \sum_{i=1}^{n_1} \overline{N_i}(x,y,z) \cdot y_i \qquad (7.3)$$

$$z = \sum_{i=1}^{n_1} \overline{N_i}(x,y,z) \cdot z_i$$

avec :

$$\overline{N_i}(x,y,z) = \delta_{ij} \begin{cases} \delta_{ij} = 1 \text{ si i = j} \\ \delta_{ij} = 0 \text{ si i} \neq \text{j} \end{cases}.$$

n_1 : nombre de nœuds géométriques de l'élément réel.

Par ailleurs, la notion de fonctions de forme abordée au chapitre 4.1 nous a permis d'établir pour les déplacements que :

$$u(x,y,z) = \sum_{i=1}^{n_2} N_i(x,y,z) \cdot u_i$$

$$v(x,y,z) = \sum_{i=1}^{n_2} N_i(x,y,z) \cdot v_i \qquad (7.4)$$

$$w(x,y,z) = \sum_{i=1}^{n_2} N_i(x,y,z) \cdot w_i$$

avec n_2 : nombre de nœuds utilisés pour le calcul des déplacements.
n_1 correspondant à la définition de la géométrie et n_2 à celle des déplacements, il serait tout à fait possible d'envisager n_1 supérieur à n_2 ou n_1 inférieur à n_2, les éléments étant respectivement qualifiés dans ces cas, de super-paramétriques ou sub-paramétriques.
Le nombre de fonctions de forme étant directement lié à celui des nœuds de l'élément considéré, il est rarement nécessaire de complexifier les calculs en enrichissant ou au contraire en appauvrissant celui de la géométrie. De ce fait, les fonctions de forme associées au calcul des déplacements seront également utilisées pour la définition de la géométrie des éléments d'où le nom d'*éléments isoparamétriques* $\left(i.e.\ n_1 = n_2 \Leftrightarrow \overline{N_i} = N_i\right)$.

7.2 Familles d'éléments

La notion de transformation géométrique évoquée au chapitre précédent a permis d'établir que plusieurs éléments réels pouvaient être générés à partir d'un seul élément « parent » de même type. De manière très synthétique, la transformation s'effectuera par un ou plusieurs changements de variables liant géométrie de l'élément « parent » à celles des éléments réels. Pour ce faire, l'élément de référence sera défini dans un repère unitaire dont les coordonnées (ξ,η,ζ) varieront suivant le cas entre 0 et 1, ou –1 et 1.
Bien évidemment, les caractéristiques de ces éléments sont établies comme vu précédemment, à partir de leurs fonctions de forme. En complément des notions vues au chapitre 4.1, ces transformations doivent :

- Permettre le mouvement de corps rigide (déplacement sans déformation),
- Être capable de reproduire au minimum une déformation constante,
- Garantir la continuité des déplacements sur l'élément et aux frontières de celui-ci.

Cependant, il faut faire le distinguo au niveau des DDL pris en compte ce qui se traduit par deux grandes catégories d'éléments dans les bibliothèques élémentaires des logiciels éléments finis. La première, appelée **famille C_0**, assure uniquement la continuité des translations u,v,w. L'élément barre en fait partie. On a alors :

$$\varepsilon_\xi = \frac{du}{d\xi} = Cte \Rightarrow u(\xi) = a_0 + a_1 \cdot \xi$$

$$x = -1 \Rightarrow u(-1) = u_1$$
$$x = 1 \Rightarrow u(1) = u_2$$

d'où :

$$u(\xi) = \frac{1}{2}(1-\xi)\cdot u_1 + \frac{1}{2}(1+\xi)\cdot u_2 \;=\; \sum_{i=1}^{i=2} N_i \cdot u_i \qquad (7.5)$$

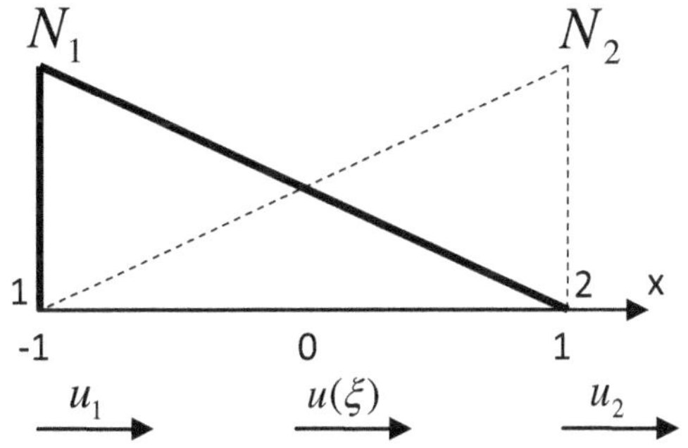

Figure 7.4 – Élément barre.

Ces nouvelles fonctions de forme sont tout à fait équivalentes à celles trouvées en (4.3), le changement de variable $\xi = 2\frac{x}{L} - 1$ permettant de passer des unes aux autres. Ceci nous permet également d'évoquer les propriétés très particulières des fonctions de forme. Celles-ci sont en effet égales à l'unité aux nœuds auxquels elles sont rattachées, zéro ailleurs[1]. De plus, la somme des fonctions de forme est dans ce cas égale à 1[2] ce qui permet de démontrer la condition de mouvement de corps rigide (MCR), soit :

Translation d'ensemble $\qquad u_0 \Leftrightarrow u_1 = u_2 = u_0$

d'où
$$u(\xi) = N_1 \cdot u_0 + N_2 \cdot u_0 = u_0 \qquad (7.6)$$

La famille $\mathbf{C_1}$ qui constitue la deuxième catégorie, assure à la fois la continuité des translations et des rotations. L'élément poutre à deux nœuds associant à la fois translations et rotations nodales est donc de ce fait un élément de cette famille.

Les chapitres 7.2.1 et 7.2.2 décrivent les éléments de base les plus généralement utilisés. Cette liste reste néanmoins non exhaustive, les principes décrits ci-après pouvant être déclinés à des éléments plus performants.

1. En i $N_i = 1$, en $i \neq j$ $N_i = 0$.
2. $\sum_{i=1}^{n} N_i = 1$.

7.2.1 Famille C_0

Les éléments de cette famille garantissant la continuité des translations, leurs fonctions d'approximation devront, pour satisfaire au critère de la déformation constante, être au minimum de degré 1. Le terme constant de ces fonctions permettra alors de respecter la condition de mouvement de corps rigide (MCR). Enfin et en raison de la nature de la fonction d'interpolation (un polynôme), la continuité des déplacements sera assurée à la fois sur l'élément et à ses frontières si celui-ci est conforme (cf. § 8.3.3). On parlera alors de continuité d'ordre 0.

L'approximation nodale bidimensionnelle est basée sur l'écriture d'une série de termes produits faisant intervenir les coordonnées de l'élément « parent » pondérées par un coefficient a_i.

$$u(\xi,\eta) = \sum_{i=1}^{n} a_i \cdot \xi^j \cdot \eta^k \tag{7.7}$$

Ces fonctions sont souvent linéaires, quadratiques et parfois cubiques. Si celles-ci comportent tous les termes d'un polynôme de degré un, deux ou trois, les éléments correspondants sont dits complets. Le choix de ce degré étant intimement lié au nombre de nœuds de l'élément, il sera parfois impossible d'intégrer tous ces termes. Dans ce cas et sachant que l'on néglige prioritairement les termes de degrés les plus élevés, il s'agira alors d'éléments incomplets. Pour déterminer les différents termes de ces polynômes, il est possible de s'inspirer de la logique du triangle de Pascal.

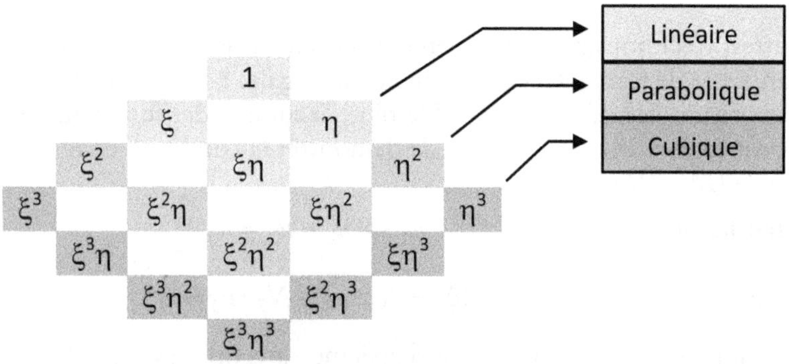

Figure 7.5 – Éléments quadrangulaires complets.

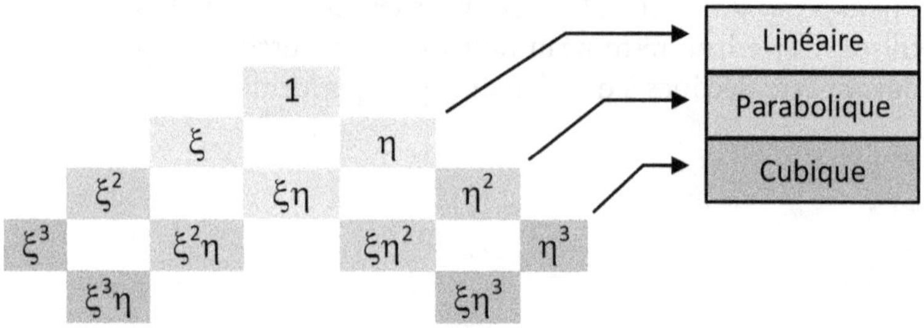

Figure 7.6 – Éléments quadrangulaires incomplets.

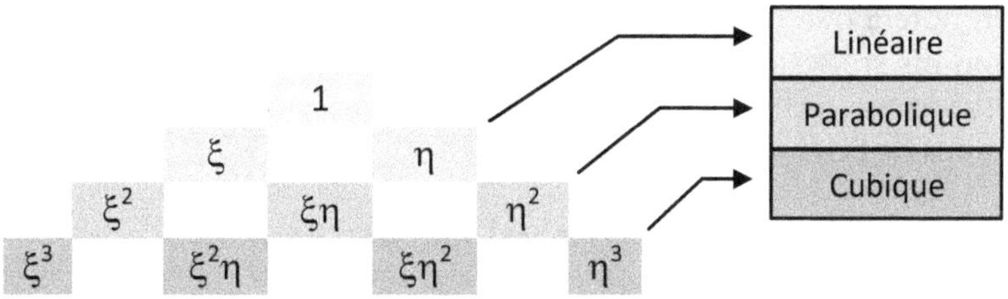

Figure 7.7 – Éléments triangulaires.

■ Éléments à base quadrangulaire

□ Quadrangle bilinéaire Q4 (4 nœuds)

Horizontalement, quatre valeurs nodales u_1, u_2, u_3 et u_4 de déplacements sont définies d'où l'expression du champ de déplacement correspondant :

$$u(\xi,\eta) = a_0 + a_1 \cdot \xi + a_2 \cdot \eta + a_3 \cdot \xi \cdot \eta = \sum_{i=1}^{4} N_i \cdot u_i \tag{7.8}$$

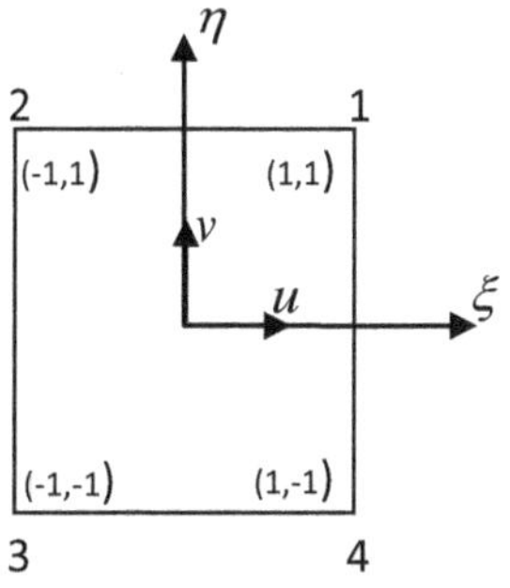

Figure 7.8 – Élément Q4.

Il s'agit en fait de l'équation d'un plan. Le champ de déplacement vertical peut être déterminé suivant la même approche en posant que : $v(\xi,\eta) = \sum_{i=1}^{4} N_i \cdot v_i$ [1].

Pour chacun des segments de l'élément, il est possible de définir l'équation d'une droite fonction des valeurs nodales d'où son caractère bilinéaire. Ses fonctions de forme ont donc pour expressions :

$$N_1 = \frac{1}{4}(1+\xi)\cdot(1+\eta) \quad N_2 = \frac{1}{4}(1-\xi)\cdot(1+\eta)$$

$$N_3 = \frac{1}{4}(1-\xi)\cdot(1-\eta) \quad N_4 = \frac{1}{4}(1+\xi)\cdot(1-\eta) \tag{7.9}$$

1. De ce fait, seul le déplacement *u* sera traité dans ce qui suit.

On notera que ces expressions peuvent être également obtenues en effectuant les produits croisés des fonctions de forme de l'élément barre (7.5). De manière plus synthétique, celles-ci peuvent s'exprimer en fonction de coordonnées ξ_i,η_i des nœuds de l'élément en posant :

$$N_i = \frac{1}{4}(1+\xi_i \cdot \xi)\cdot(1+\eta_i \cdot \eta) \tag{7.10}$$

□ Quadrangle quadratique complet Q9

Cet élément est quadratique, chacun de ces segments comportant trois nœuds. Ceux-ci permettent une approximation parabolique sur chacun de ses côtés.
Néanmoins, la fonction d'approximation n'aurait pu être totalement parabolique sans le nœud milieu, le terme $\eta^2 \cdot \xi^2$ étant obtenu grâce au nœud n°9.
C'est pourquoi, il est dit complet ce qui signifie qu'il couvre tous les termes du degré de la fonction d'approximation visée (parabolique).

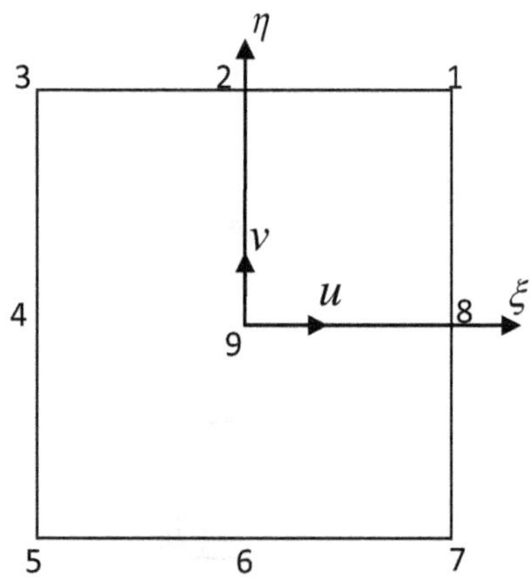

Figure 7.9 – Élément Q9.

On a donc :

$$\begin{aligned} u(\xi,\eta) &= \sum_{i=1}^{9} N_i \cdot u_i \\ &= a_0 + a_1 \cdot \xi + a_2\eta + a_3 \cdot \xi \cdot \eta + a_4 \cdot \xi^2 + a_5 \cdot \eta^2 \\ &\qquad + a_6 \cdot \xi \cdot \eta^2 + a_7 \cdot \eta \cdot \xi^2 + a_8 \cdot \eta^2 \cdot \xi^2 \\ &= \{a\}^T \cdot \{X\} \end{aligned} \tag{7.11}$$

avec :

$$\{a\}^T = \{a_0 \quad a_1 \quad a_2 \quad a_3 \quad a_4 \quad a_5 \quad a_6 \quad a_7 \quad a_8\}$$

$$\{X\}^T = \{1 \quad \xi \quad \eta \quad \xi\eta \quad \xi^2 \quad \eta^2 \quad \xi\eta^2 \quad \eta\xi^2 \quad \eta^2\xi^2\}$$

Pour établir les fonctions de forme de cet élément, il suffit de reprendre la méthodologie décrite au chapitre 6.2.1 en posant que :

$$\begin{Bmatrix} u(1,1) \\ u(0,1) \\ u(-1,1) \\ u(-1,0) \\ u(-1,-1) \\ u(0,-1) \\ u(1,-1) \\ u(1,0) \\ u(0,0) \end{Bmatrix} = [R]\cdot\{a\} \tag{7.12}$$

avec

$$[R] = \begin{bmatrix} 1 & 1 & 1 & 1 & 1 & 1 & 1 & 1 & 1 \\ 1 & 0 & 1 & 0 & 0 & 1 & 0 & 0 & 0 \\ 1 & -1 & 1 & -1 & 1 & 1 & -1 & 1 & 1 \\ 1 & -1 & 0 & 0 & 1 & 0 & 0 & 0 & 0 \\ 1 & -1 & -1 & 1 & 1 & 1 & -1 & -1 & 1 \\ 1 & 0 & -1 & 0 & 0 & 1 & 0 & 0 & 0 \\ 1 & 1 & -1 & -1 & 1 & 1 & 1 & -1 & 1 \\ 1 & 1 & 0 & 0 & 1 & 0 & 0 & 0 & 0 \\ 1 & 0 & 0 & 0 & 0 & 0 & 0 & 0 & 0 \end{bmatrix}$$

puis d'effectuer le produit matriciel : $\{N\} = \{X\}^T \cdot [R]^{-1}$. D'où les fonctions de forme de l'élément Q9 **:**

$$\begin{aligned}
N_1 &= \frac{1}{4}(1+\xi)\cdot(1+\eta)\cdot\xi\cdot\eta & N_2 &= \frac{1}{2}(1-\xi^2)\cdot(1+\eta)\cdot\eta \\
N_3 &= -\frac{1}{4}(1-\xi)\cdot(1+\eta)\cdot\xi\cdot\eta & N_4 &= -\frac{1}{2}(1-\xi)\cdot(1-\eta^2)\cdot\xi \\
N_5 &= \frac{1}{4}(1-\xi)\cdot(1-\eta)\cdot\xi\cdot\eta & N_6 &= -\frac{1}{2}(1-\xi^2)\cdot(1-\eta)\cdot\eta \\
N_7 &= -\frac{1}{4}(1+\xi)\cdot(1-\eta)\cdot\xi\cdot\eta & N_8 &= \frac{1}{2}(1+\xi)\cdot(1-\eta^2)\cdot\xi \\
N_9 &= (1-\xi^2)\cdot(1-\eta^2)
\end{aligned} \tag{7.13}$$

□ Quadrangle quadratique incomplet Q8

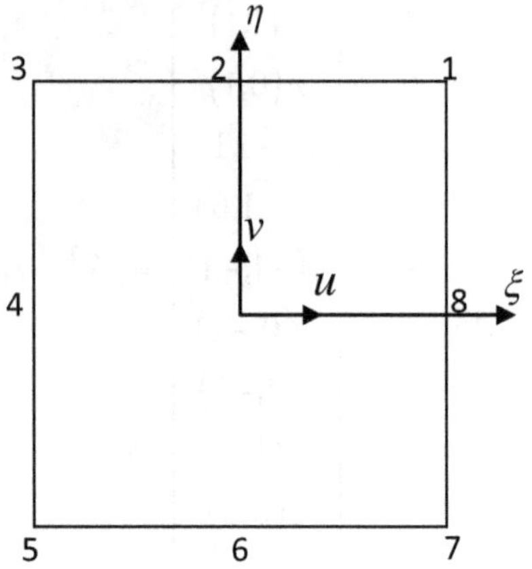

Figure 7.10 – Élément Q8.

On reprend la relation (7.11) en supprimant le terme en $\eta^2 \cdot \xi^2$. On a donc :

$$u(\xi,\eta) = \sum_{i=1}^{8} N_i \cdot u_i$$

$$u(\xi,\eta) = a_0 + a_1 \cdot \xi + a_2 \cdot \eta + a_3 \cdot \xi \cdot \eta + a_4 \cdot \xi^2 + a_5 \cdot \eta^2 + a_6 \cdot \xi \cdot \eta^2 + a_7 \cdot \eta \cdot \xi^2 \quad (7.14)$$

$$u(\xi,\eta) = \{a\}^T \cdot \{X\}$$

avec :

$$\{a\}^T = \{a_0 \quad a_1 \quad a_2 \quad a_3 \quad a_4 \quad a_5 \quad a_6 \quad a_7\}$$

$$\{X\}^T = \{1 \quad \xi \quad \eta \quad \xi\eta \quad \xi^2 \quad \eta^2 \quad \xi\eta^2 \quad \eta\xi^2\}$$

Comme,

$$\begin{Bmatrix} u(1,1) \\ u(0,1) \\ u(-1,1) \\ u(-1,0) \\ u(-1,-1) \\ u(0,-1) \\ u(1,-1) \\ u(1,0) \end{Bmatrix} = [R] \cdot \{a\} \quad (7.15)$$

avec

$$[R]=\begin{bmatrix}1&1&1&1&1&1&1&1\\1&0&1&0&0&1&0&0\\1&-1&1&-1&1&1&-1&1\\1&-1&0&0&1&0&0&0\\1&-1&-1&1&1&1&-1&-1\\1&0&-1&0&0&1&0&0\\1&1&-1&-1&1&1&1&-1\\1&1&0&0&1&0&0&0\end{bmatrix}$$

On déduit pour les fonctions de forme de l'élément Q8 : $\{N\}=\{X\}^T[R]^{-1}\Rightarrow$

$$\begin{aligned}N_1&=-\frac{1}{4}(1+\xi)\cdot(1+\eta)\cdot(1-\xi-\eta) & N_2&=\frac{1}{2}(1-\xi^2)\cdot(1+\eta)\\N_3&=-\frac{1}{4}(1-\xi)\cdot(1+\eta)\cdot(1+\xi-\eta) & N_4&=\frac{1}{2}(1-\xi)\cdot(1-\eta^2)\\N_5&=-\frac{1}{4}(1-\xi)\cdot(1-\eta)\cdot(1+\xi+\eta) & N_6&=\frac{1}{2}(1-\xi^2)\cdot(1-\eta)\\N_7&=-\frac{1}{4}(1+\xi)\cdot(1-\eta)\cdot(1-\xi+\eta) & N_8&=\frac{1}{2}(1+\xi)\cdot(1-\eta^2)\end{aligned}\qquad(7.16)$$

□ Hexaèdre trilinéaire H8

$$u(\xi,\eta,\zeta)=\sum_{i=1}^{8}N_i\cdot u_i$$

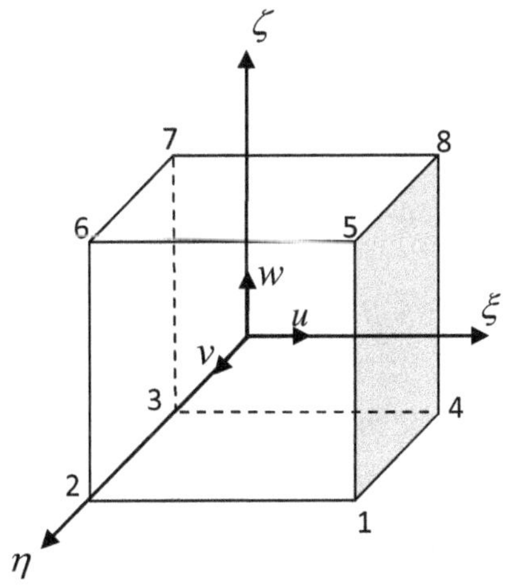

Figure 7.11 – Élément H8.

S'inspirant de la relation (7.10), on trouve pour l'hexaèdre H8 :

$$N_i = \frac{1}{8}(1+\xi_i \cdot \xi)\cdot(1+\eta_i \cdot \eta)\cdot(1+\zeta_i \cdot \zeta) \tag{7.17}$$

■ Éléments à base triangulaire

□ Triangle linéaire T3

$$u(\xi,\eta) = a_0 + a_1 \cdot \xi + a_2 \cdot \eta = \sum_{i=1}^{3} N_i \cdot u_i$$

$$\begin{aligned} N_1(\xi,\eta) &= 1-\xi-\eta \\ N_2(\xi,\eta) &= \xi \\ N_3(\xi,\eta) &= \eta \end{aligned} \tag{7.18}$$

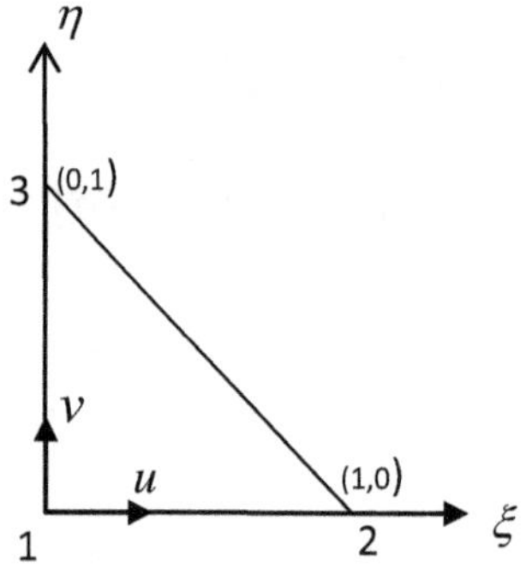

Figure 7.12 – Élément T3.

□ Triangle quadratique T6

$$u(\xi,\eta) = a_0 + a_1 \cdot \xi + a_2 \cdot \eta + a_3 \cdot \xi^2 + a_4 \cdot \eta^2 + a_5 \cdot \xi \cdot \eta$$

$$u(\xi,\eta) = \sum_{i=1}^{6} N_i \cdot u_i$$

$$\begin{aligned} N_1(\xi,\eta) &= -(1-\xi-\eta)\cdot(1-2(1-\xi-\eta)) \\ N_2(\xi,\eta) &= 4\cdot\xi\cdot(1-\xi-\eta) \\ N_3(\xi,\eta) &= -\xi\cdot(1-2\xi) \\ N_4(\xi,\eta) &= 4\xi\cdot\eta \\ N_5(\xi,\eta) &= -\eta\cdot(1-2\eta) \\ N_6(\xi,\eta) &= 4\eta\cdot(1-\xi-\eta) \end{aligned} \tag{7.19}$$

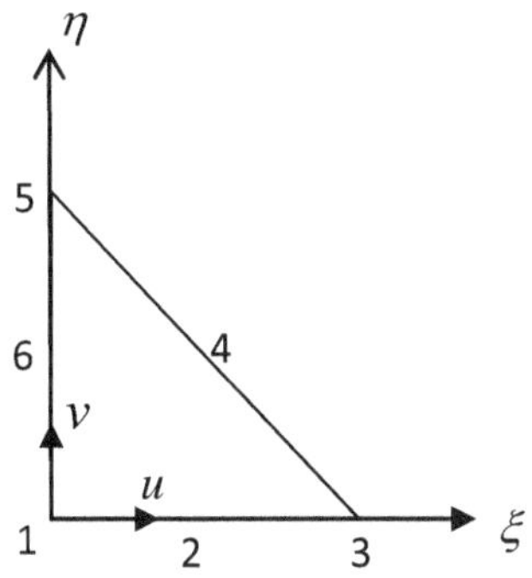

Figure 7.13 – Élément T6.

- **Tétraèdre linéaire T4**

$$u(\xi,\eta,\zeta) = \sum_{i=1}^{4} N_i \cdot u_i$$

Par déclinaison de la relation (7.18), on trouve :

$$\begin{aligned} N_1(\xi,\eta,\zeta) &= 1-\xi-\eta-\zeta \\ N_2(\xi,\eta,\zeta) &= \xi \\ N_3(\xi,\eta,\zeta) &= \eta \\ N_4(\xi,\eta,\zeta) &= \zeta \end{aligned} \quad (7.20)$$

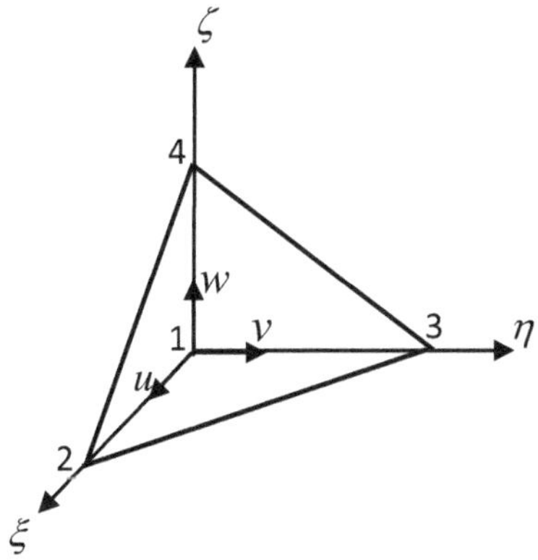

Figure 7.14 – Élément T4.

7.2.2 Famille C_1

Comme pour la famille C_0, les fonctions de forme C_1 doivent approximer le champ de déplacement à partir des valeurs nodales et assurer non seulement la continuité des déplacements nodaux u_i, v_i, w_i mais aussi celle des rotations nodales

$\frac{du_i}{dx}, \frac{du_i}{dy}, \ldots, \frac{dw_i}{dz}$. De ce fait, les fonctions de forme doivent être au minimum de degré 2 pour satisfaire au critère de la déformation constante ; la condition de mouvement de corps rigide étant quant à elle assurée par les deux premiers termes de cette même fonction.
Ces éléments ont une continuité dite d'ordre 1, la continuité des déplacements étant assurée à la fois sur l'élément et à ses frontières si celui-ci est conforme (cf. § 8.3.3). L'élément poutre tel que celui décrit au chapitre 6.2.1 fait partie de cette famille.

Plaque Q4 (semi C1)

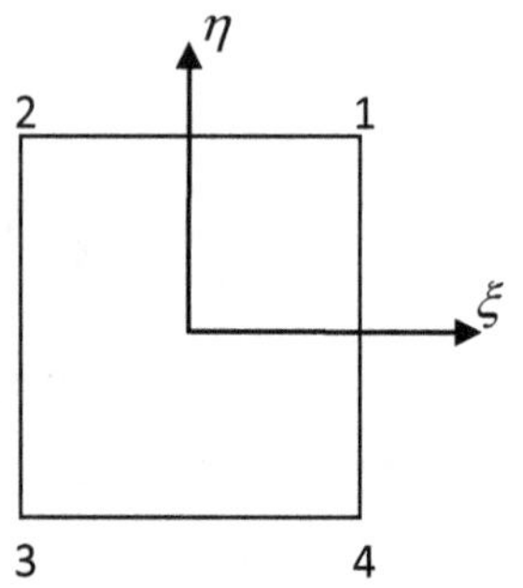

Figure 7.15 – Élément Plaque Q4.

Sachant que cet élément à trois degrés de liberté par nœud $\{w_i\} = \begin{Bmatrix} w_i \\ \frac{\partial w_i}{\partial \xi} \\ \frac{\partial w_i}{\partial \eta} \end{Bmatrix}$, la fonction d'approximation s'écrit :

$$\begin{aligned} w(\xi,\eta) &= a_0 + a_1 \cdot \xi + a_2 \cdot \eta + a_3 \cdot \xi \cdot \eta + a_4 \cdot \xi^2 + a_5 \cdot \eta^2 + a_6 \cdot \xi^2 \cdot \eta \\ &\quad + a_7 \cdot \xi \cdot \eta^2 + a_8 \cdot \xi^3 + a_9 \cdot \eta^3 + a_{10} \cdot \xi^3 \cdot \eta + a_{11} \cdot \xi \cdot \eta^3 \\ &= \{a\}^T \cdot \{X\} \end{aligned} \tag{7.21}$$

avec :

$$\{a\}^T = \{a_0 \quad a_1 \quad a_2 \quad a_3 \quad a_4 \quad a_5 \quad a_6 \quad a_7 \quad a_8 \quad a_9 \quad a_{10} \quad a_{11}\}$$

$$\{X\}^T = \{1 \quad \xi \quad \eta \quad \xi\eta \quad \xi^2 \quad \eta^2 \quad \xi^2\eta \quad \xi\eta^2 \quad \xi^3 \quad \eta^3 \quad \xi^3\eta \quad \xi\eta^3\}$$

La démarche est bien évidemment identique à celle vue au § 7.2.1.

Il est néanmoins nécessaire de calculer les dérivées correspondant aux rotations nodales, soit :

$$w_\xi(\xi,\eta) = \frac{\partial w}{\partial \xi} = \\ a_1 + a_3 \cdot \eta + 2a_4 \cdot \xi + 2a_6 \cdot \xi \cdot \eta + a_7 \cdot \eta^2 + 3a_8 \cdot \xi^2 + 3a_{10} \cdot \xi^2 \cdot \eta + a_{11} \cdot \eta^3 \tag{7.22}$$

$$w_\eta(\xi,\eta) = \frac{\partial w}{\partial \eta} = \\ a_2 + a_3 \cdot \xi + 2a_5 \cdot \eta + a_6 \cdot \xi^2 + 2a_7 \cdot \xi \cdot \eta + 3a_9 \cdot \eta^2 + a_{10} \cdot \xi^3 + 3a_{11} \cdot \xi \cdot \eta^2 \tag{7.23}$$

d'où :

$$\left\{ \begin{matrix} w(1,1) \\ w_\xi(1,1) \\ w_\eta(1,1) \\ w(-1,1) \\ w_\xi(-1,1) \\ w_\eta(-1,1) \\ w(-1,-1) \\ w_\xi(-1,-1) \\ w_\eta(-1,-1) \\ w(1,-1) \\ w_\xi(1,-1) \\ w_\eta(1,-1) \end{matrix} \right\} = [R] \cdot \{a\} \tag{7.24}$$

avec :

$$[R] = \begin{bmatrix} 1 & 1 & 1 & 1 & 1 & 1 & 1 & 1 & 1 & 1 & 1 & 1 \\ 0 & 1 & 0 & 1 & 2 & 0 & 2 & 1 & 3 & 0 & 3 & 1 \\ 0 & 0 & 1 & 1 & 0 & 2 & 1 & 2 & 0 & 3 & 1 & 3 \\ 1 & -1 & 1 & -1 & 1 & 1 & 1 & -1 & -1 & 1 & -1 & -1 \\ 0 & 1 & 0 & 1 & -2 & 0 & -2 & 1 & 3 & 0 & 3 & 1 \\ 0 & 0 & 1 & -1 & 0 & 2 & 1 & -2 & 0 & 3 & -1 & -3 \\ 1 & -1 & -1 & 1 & 1 & 1 & -1 & -1 & -1 & -1 & 1 & 1 \\ 0 & 1 & 0 & -1 & -2 & 0 & 2 & 1 & 3 & 0 & -3 & -1 \\ 0 & 0 & 1 & -1 & 0 & -2 & 1 & 2 & 0 & 3 & -1 & -3 \\ 1 & 1 & -1 & -1 & 1 & 1 & -1 & 1 & 1 & -1 & -1 & -1 \\ 0 & 1 & 0 & -1 & 2 & 0 & -2 & 1 & 3 & 0 & -3 & -1 \\ 0 & 0 & 1 & 1 & 0 & -2 & 1 & -2 & 0 & 3 & 1 & 3 \end{bmatrix}$$

En posant que $\{N\} = \{X\}^T \cdot [R]^{-1}$, on obtient pour cet élément plaque :

$$\{N\}^T = \begin{bmatrix} \frac{-1}{8}\cdot(\xi+1)\cdot(1+\eta)\cdot(\eta^2-\eta+\xi^2-\xi-2) \\ \frac{1}{8}\cdot(\xi-1)\cdot(\xi+1)^2\cdot(1+\eta) \\ \frac{1}{8}\cdot(\eta-1)\cdot(1+\eta)^2\cdot(\xi+1) \\ \frac{1}{8}\cdot(\xi-1)\cdot(1+\eta)\cdot(\eta^2-\eta+\xi^2+\xi-2) \\ \frac{1}{8}\cdot(\xi+1)\cdot(\xi-1)^2\cdot(1+\eta) \\ \frac{-1}{8}\cdot(\eta-1)\cdot(1+\eta)^2\cdot(\xi-1) \\ \frac{-1}{8}\cdot(\xi-1)\cdot(\eta-1)\cdot(\eta^2+\eta+\xi^2+\xi-2) \\ \frac{-1}{8}\cdot(\xi+1)\cdot(\xi-1)^2\cdot(\eta-1) \\ \frac{-1}{8}\cdot(1+\eta)\cdot(\eta-1)^2\cdot(\xi-1) \\ \frac{1}{8}\cdot(\xi+1)\cdot(\eta-1)\cdot(\eta^2+\eta+\xi^2-\xi-2) \\ \frac{-1}{8}\cdot(\xi-1)\cdot(\xi+1)^2\cdot(\eta-1) \\ \frac{1}{8}\cdot(1+\eta)\cdot(\eta-1)^2\cdot(\xi+1) \end{bmatrix} \tag{7.25}$$

Plaque Q4 (C1)

Dans ce cas de figure, la fonction d'approximation est complète et a donc 16 coefficients.

$$\begin{aligned} w(\xi,\eta) &= a_0 + a_1 \cdot \xi + a_2 \cdot \eta + a_3 \cdot \xi \cdot \eta + a_4 \cdot \xi^2 + a_5 \cdot \eta^2 + a_6 \cdot \xi^2 \cdot \eta \\ &+ a_7 \cdot \xi \cdot \eta^2 + a_8 \cdot \xi^3 + a_9 \cdot \eta^3 + a_{10} \cdot \xi^3 \cdot \eta + a_{11} \cdot \xi \cdot \eta^3 \\ &+ a_{12} \cdot \xi^3 \cdot \eta^2 + a_{13} \cdot \xi^2 \cdot \eta^3 + a_{14} \cdot \xi^2 \cdot \eta^2 + a_{15} \cdot \xi^3 \cdot \eta^3 = \{a\}^T \cdot \{X\} \end{aligned} \quad (7.26)$$

Avec :

$$\{a\}^T = \{a_0 \quad a_1 \quad a_2 \quad a_3 \quad a_4 \quad a_5 \quad a_6 \quad a_7 \quad a_8 \quad a_9 \quad a_{10} \quad a_{11} \quad a_{12} \quad a_{13} \quad a_{14} \quad a_{15}\}$$

$$\{X\}^T = \{1 \ \xi \ \eta \ \xi\eta \ \xi^2 \ \eta^2 \ \xi^2\eta \ \xi\eta^2 \ \xi^3 \ \eta^3 \ \xi^3\eta \ \xi\eta^3 \ \xi^3\eta^2 \ \xi^2\eta^3 \ \xi^2\eta^2 \ \xi^3\eta^3\}$$

Cet élément nécessite donc quatre degrés de liberté par nœud $\{w_i\} = \begin{Bmatrix} w_i \\ \dfrac{\partial w_i}{\partial \xi} \\ \dfrac{\partial w_i}{\partial \eta} \\ \dfrac{\partial^2 w_i}{\partial \xi \partial \eta} \end{Bmatrix}$

ce qui explique l'introduction de la dérivée seconde par rapport à ξ et η.

$$\begin{aligned} w_\xi(\xi,\eta) &= \frac{\partial w}{\partial \xi} \\ &= a_1 + a_3 \cdot \eta + 2a_4 \cdot \xi + 2a_6 \cdot \xi \cdot \eta + a_7 \cdot \eta^2 + 3a_8 \cdot \xi^2 \\ &+ 3a_{10} \cdot \xi^2 \cdot \eta + a_{11} \cdot \eta^3 + 3a_{12} \cdot \xi^2 \cdot \eta^2 + 2a_{13} \cdot \xi \cdot \eta^3 \\ &+ 2a_{14} \cdot \xi \cdot \eta^2 + 3a_{15} \cdot \xi^2 \cdot \eta^3 \end{aligned} \quad (7.27)$$

$$\begin{aligned} w_\eta(\xi,\eta) &= \frac{\partial w}{\partial \eta} \\ &= a_2 + a_3 \cdot \xi + 2a_5 \cdot \eta + a_6 \cdot \xi^2 + 2a_7 \cdot \xi \cdot \eta + 3a_9 \cdot \eta^2 \\ &+ a_{10} \cdot \xi^3 + 3a_{11} \cdot \xi \cdot \eta^2 + 2a_{12} \cdot \xi^3 \cdot \eta + 3a_{13} \cdot \xi^2 \cdot \eta^2 \\ &+ 2a_{14} \cdot \xi^2 \cdot \eta + 3a_{15} \cdot \xi^3 \cdot \eta^2 \end{aligned} \quad (7.28)$$

$$\begin{aligned} w_{\xi\eta}(\xi,\eta) &= \frac{\partial^2 w}{\partial \xi \partial \eta} \\ &= a_3 + 2a_6 \cdot \xi + 2a_7 \cdot \eta + 3a_{10} \cdot \xi^2 + 3a_{11} \cdot \eta^2 \\ &+ 6a_{12} \cdot \xi^2 \cdot \eta + 6a_{13} \cdot \xi \cdot \eta^2 + 4a_{14} \cdot \xi \cdot \eta + 9a_{15} \cdot \xi^2 \cdot \eta^2 \end{aligned} \quad (7.29)$$

$$\left\{\begin{matrix} w(1,1) \\ w_{\xi}(1,1) \\ w_{\eta}(1,1) \\ w_{\xi\eta}(1,1) \\ w(-1,1) \\ \cdot \\ \cdot \\ \cdot \\ w(1,-1) \\ w_{\xi}(1,-1) \\ w_{\eta}(1,-1) \\ w_{\xi\eta}(1,-1) \end{matrix}\right\} = [R]\cdot\{a\} \tag{7.30}$$

Avec :

$$[R] = \begin{bmatrix}
1 & 1 & 1 & 1 & 1 & 1 & 1 & 1 & 1 & 1 & 1 & 1 & 1 & 1 & 1 & 1 \\
0 & 1 & 0 & 1 & 2 & 0 & 2 & 1 & 3 & 0 & 3 & 1 & 3 & 2 & 2 & 3 \\
0 & 0 & 1 & 1 & 0 & 2 & 1 & 2 & 0 & 3 & 1 & 3 & 2 & 3 & 2 & 3 \\
0 & 0 & 0 & 1 & 0 & 0 & 2 & 2 & 0 & 0 & 3 & 3 & 6 & 6 & 4 & 9 \\
1 & -1 & 1 & -1 & 1 & 1 & 1 & -1 & -1 & 1 & -1 & -1 & -1 & 1 & 1 & -1 \\
0 & 1 & 0 & 1 & -2 & 0 & -2 & 1 & 3 & 0 & 3 & 1 & 3 & -2 & -2 & 3 \\
0 & 0 & 1 & -1 & 0 & 2 & 1 & -2 & 0 & 3 & -1 & -3 & -2 & 3 & 2 & -3 \\
0 & 0 & 0 & 1 & 0 & 0 & -2 & 2 & 0 & 0 & 3 & 3 & 6 & -6 & -4 & 9 \\
1 & -1 & -1 & 1 & 1 & 1 & -1 & -1 & -1 & -1 & 1 & 1 & -1 & -1 & 1 & 1 \\
0 & 1 & 0 & -1 & -2 & 0 & 2 & 1 & 3 & 0 & -3 & -1 & 3 & 2 & -2 & -3 \\
0 & 0 & 1 & -1 & 0 & -2 & 1 & 2 & 0 & 3 & -1 & -3 & 2 & 3 & -2 & -3 \\
0 & 0 & 0 & 1 & 0 & 0 & -2 & -2 & 0 & 0 & 3 & 3 & -6 & -6 & 4 & 9 \\
1 & 1 & -1 & -1 & 1 & 1 & -1 & 1 & 1 & -1 & -1 & -1 & 1 & -1 & 1 & -1 \\
0 & 1 & 0 & -1 & 2 & 0 & -2 & 1 & 3 & 0 & -3 & -1 & 3 & -2 & 2 & -3 \\
0 & 0 & 1 & 1 & 0 & -2 & 1 & -2 & 0 & 3 & 1 & 3 & -2 & 3 & -2 & 3 \\
0 & 0 & 0 & 1 & 0 & 0 & 2 & -2 & 0 & 0 & 3 & 3 & -6 & 6 & -4 & 9
\end{bmatrix}$$

Comme $\{N\} = \{X\}^T \cdot [R]^{-1}$, les fonctions de forme s'écrivent :

$$\{N\}^T = \begin{bmatrix} \frac{1}{16}\cdot(\xi-2)\cdot(\xi+1)^2\cdot(\eta-2)\cdot(1+\eta)^2 \\ \frac{-1}{16}\cdot(\xi-1)\cdot(\xi+1)^2\cdot(\eta-2)\cdot(1+\eta)^2 \\ \frac{-1}{16}\cdot(\xi-2)\cdot(\xi+1)^2\cdot(\eta-1)\cdot(1+\eta)^2 \\ \frac{1}{16}\cdot(\xi-1)\cdot(\xi+1)^2\cdot(\eta-1)\cdot(1+\eta)^2 \\ \frac{-1}{16}\cdot(\xi+2)\cdot(\xi-1)^2\cdot(\eta-2)\cdot(1+\eta)^2 \\ \frac{-1}{16}\cdot(\xi+1)\cdot(\xi-1)^2\cdot(\eta-2)\cdot(1+\eta)^2 \\ \frac{1}{16}\cdot(\xi+2)\cdot(\xi-1)^2\cdot(\eta-1)\cdot(1+\eta)^2 \\ \frac{1}{16}\cdot(\xi+1)\cdot(\xi-1)^2\cdot(\eta-1)\cdot(1+\eta)^2 \\ \frac{1}{16}\cdot(\xi+2)\cdot(\xi-1)^2\cdot(2+\eta)\cdot(\eta-1)^2 \\ \frac{1}{16}\cdot(\xi+1)\cdot(\xi-1)^2\cdot(2+\eta)\cdot(\eta-1)^2 \\ \frac{1}{16}\cdot(\xi+2)\cdot(\xi-1)^2\cdot(1+\eta)\cdot(\eta-1)^2 \\ \frac{1}{16}\cdot(\xi+1)\cdot(\xi-1)^2\cdot(1+\eta)\cdot(\eta-1)^2 \\ \frac{-1}{16}\cdot(\xi-2)\cdot(\xi+1)^2\cdot(2+\eta)\cdot(\eta-1)^2 \\ \frac{1}{16}\cdot(\xi-1)\cdot(\xi+1)^2\cdot(2+\eta)\cdot(\eta-1)^2 \\ \frac{-1}{16}\cdot(\xi-2)\cdot(\xi+1)^2\cdot(1+\eta)\cdot(\eta-1)^2 \\ \frac{1}{16}\cdot(\xi-1)\cdot(\xi+1)^2\cdot(1+\eta)\cdot(\eta-1)^2 \end{bmatrix} \tag{7.31}$$

7.3 Caractéristiques élémentaires

7.3.1 Matrice de rigidité élémentaire

Reprenant l'expression de la matrice de rigidité élémentaire en repère local (4.12), on pose que :

$$[k_e] = \int_{V_e} [B]^T \cdot [H] \cdot [B] \cdot dV_e = \iiint [B]^T \cdot [H] \cdot [B] \cdot dxdydz \tag{7.32}$$

La relation (7.32) fait intervenir une matrice $[B]$ déduite des relations (3.13)[1] et (4.4). Par déclinaison de (4.10), celle-ci peut également être développée en une série de sous matrices $[B_i]$ associées à chacun des nœuds de l'élément, soit :

$$\{\varepsilon\} = [B] \cdot \{q_e\} = \begin{bmatrix} B_1 & B_2 & . & B_i & . & B_n \end{bmatrix} \cdot \{q_e\} \tag{7.33}$$

avec $[B_i] = \begin{bmatrix} \frac{\partial N_i}{\partial x} & 0 & 0 \\ 0 & \frac{\partial N_i}{\partial y} & 0 \\ 0 & 0 & \frac{\partial N_i}{\partial z} \\ \frac{\partial N_i}{\partial y} & \frac{\partial N_i}{\partial x} & 0 \\ \frac{\partial N_i}{\partial y} & 0 & \frac{\partial N_i}{\partial x} \\ 0 & \frac{\partial N_i}{\partial z} & \frac{\partial N_i}{\partial y} \end{bmatrix}$. La détermination de $[B]$ nécessitera de faire le calcul des différentes dérivées partielles $\frac{\partial N_i}{\partial x}, \frac{\partial N_i}{\partial y}, \frac{\partial N_i}{\partial z}$ associées à chacun des nœuds. Ceci étant et comme vu en 7.2, les fonctions de forme N_i sont définies dans un repère unitaire (ξ, η, ζ) et non dans le repère local (x, y, z). La transformation géométrique T_e issue de (7.1) permet néanmoins d'écrire que :

$$\begin{aligned} \frac{\partial N_i}{\partial \xi} &= \frac{\partial N_i}{\partial x} \cdot \frac{\partial x}{\partial \xi} + \frac{\partial N_i}{\partial y} \cdot \frac{\partial y}{\partial \xi} + \frac{\partial N_i}{\partial z} \cdot \frac{\partial z}{\partial \xi} \\ \frac{\partial N_i}{\partial \eta} &= \frac{\partial N_i}{\partial x} \cdot \frac{\partial x}{\partial \eta} + \frac{\partial N_i}{\partial y} \cdot \frac{\partial y}{\partial \eta} + \frac{\partial N_i}{\partial z} \cdot \frac{\partial z}{\partial \eta} \\ \frac{\partial N_i}{\partial \zeta} &= \frac{\partial N_i}{\partial x} \cdot \frac{\partial x}{\partial \zeta} + \frac{\partial N_i}{\partial y} \cdot \frac{\partial y}{\partial \zeta} + \frac{\partial N_i}{\partial z} \cdot \frac{\partial z}{\partial \zeta} \end{aligned} \tag{7.34}$$

1. Voir compléments en ligne.

soit sous une forme matricielle :

$$\begin{Bmatrix} \dfrac{\partial N_i}{\partial \xi} \\ \dfrac{\partial N_i}{\partial \eta} \\ \dfrac{\partial N_i}{\partial \zeta} \end{Bmatrix} = \begin{bmatrix} \dfrac{\partial x}{\partial \xi} & \dfrac{\partial y}{\partial \xi} & \dfrac{\partial z}{\partial \xi} \\ \dfrac{\partial x}{\partial \eta} & \dfrac{\partial y}{\partial \eta} & \dfrac{\partial z}{\partial \eta} \\ \dfrac{\partial x}{\partial \zeta} & \dfrac{\partial y}{\partial \zeta} & \dfrac{\partial z}{\partial \zeta} \end{bmatrix} \cdot \begin{Bmatrix} \dfrac{\partial N_i}{\partial x} \\ \dfrac{\partial N_i}{\partial y} \\ \dfrac{\partial N_i}{\partial z} \end{Bmatrix} = [J] \cdot \begin{Bmatrix} \dfrac{\partial N_i}{\partial x} \\ \dfrac{\partial N_i}{\partial y} \\ \dfrac{\partial N_i}{\partial z} \end{Bmatrix} \tag{7.35}$$

$[J]$ correspond à la matrice jacobienne de la transformation T_e. En inversant (7.35), on obtient :

$$\begin{Bmatrix} \dfrac{\partial N_i}{\partial x} \\ \dfrac{\partial N_i}{\partial y} \\ \dfrac{\partial N_i}{\partial z} \end{Bmatrix} = [J]^{-1} \cdot \begin{Bmatrix} \dfrac{\partial N_i}{\partial \xi} \\ \dfrac{\partial N_i}{\partial \eta} \\ \dfrac{\partial N_i}{\partial \zeta} \end{Bmatrix} \tag{7.36}$$

Par ailleurs et comme d'après (7.3) $\begin{cases} x = \sum_{i=1}^{n} N_i \cdot x_i \\ y = \sum_{i=1}^{n} N_i \cdot y_i \\ z = \sum_{i=1}^{n} N_i \cdot z_i \end{cases}$, $[J]$ devient :

$$[J] = \begin{bmatrix} \sum_{i=1}^{n} \dfrac{\partial N_i}{\partial \xi} \cdot x_i & \sum_{i=1}^{n} \dfrac{\partial N_i}{\partial \xi} \cdot y_i & \sum_{i=1}^{n} \dfrac{\partial N_i}{\partial \xi} \cdot z_i \\ \sum_{i=1}^{n} \dfrac{\partial N_i}{\partial \eta} \cdot x_i & \sum_{i=1}^{n} \dfrac{\partial N_i}{\partial \eta} \cdot y_i & \sum_{i=1}^{n} \dfrac{\partial N_i}{\partial \eta} \cdot z_i \\ \sum_{i=1}^{n} \dfrac{\partial N_i}{\partial \zeta} \cdot x_i & \sum_{i=1}^{n} \dfrac{\partial N_i}{\partial \zeta} \cdot y_i & \sum_{i=1}^{n} \dfrac{\partial N_i}{\partial \zeta} \cdot z_i \end{bmatrix}$$

$$[J] = \begin{bmatrix} \dfrac{\partial N_1}{\partial \xi} & . & \dfrac{\partial N_i}{\partial \xi} & . & \dfrac{\partial N_n}{\partial \xi} \\ \dfrac{\partial N_1}{\partial \eta} & . & \dfrac{\partial N_i}{\partial \eta} & . & \dfrac{\partial N_n}{\partial \eta} \\ \dfrac{\partial N_1}{\partial \zeta} & . & \dfrac{\partial N_i}{\partial \zeta} & . & \dfrac{\partial N_n}{\partial \zeta} \end{bmatrix} \cdot \begin{bmatrix} x_1 & y_1 & z_1 \\ . & . & . \\ x_i & y_i & z_i \\ . & . & . \\ x_n & y_n & z_n \end{bmatrix} \tag{7.37}$$

Pour calculer l'intégrale sur le volume V_e et sachant que $\left[B\right]$ est désormais fonction des coordonnées unitaires, il reste à effectuer un changement de variables entre les repères (x,y,z) et (ξ,η,ζ). Ce changement de variables représente en fait les relations géométriques liant, via la transformation T_e, éléments réel et de référence. Ces relations sont obtenues à partir du jacobien de la transformation. La matrice rigidité élémentaire exprimée dans le repère (ξ,η,ζ) a donc pour expression :

$$\begin{aligned}\left[k_e\right] &= \iiint \left[B\right]^T \cdot \left[H\right] \cdot \left[B\right] \cdot dxdydz \\ &= \int_{-1}^{1}\int_{-1}^{1}\int_{-1}^{1} \left[B\right]^T \cdot \left[H\right] \cdot \left[B\right] \cdot \det\left[J\right] \cdot d\xi d\eta d\zeta\end{aligned} \tag{7.38}$$

avec :

$$\begin{Bmatrix} dx \\ dy \\ dz \end{Bmatrix} = \left[J\right] \cdot \begin{Bmatrix} d\xi \\ d\eta \\ d\zeta \end{Bmatrix} \quad \text{et} \quad dxdydz = \det\left[J\right] \cdot d\xi d\eta d\zeta$$

En appliquant ces résultats à la matrice de rigidité de l'élément barre (4.13), on s'aperçoit que le jacobien ou son inverse représentent le rapport des dimensions des éléments réel et de référence. On a donc d'après le changement de variable établi en 7.2 :

$$\xi = 2\frac{x}{L} - 1 \Rightarrow d\xi = \frac{2}{L} \cdot dx \tag{7.39}$$

ce qui donne comme prévu pour $\left[k_e\right]$:

$$\begin{aligned}\left[k_e\right] &= \int_{V_e} \left[B\right]^T \cdot \left[H\right] \cdot \left[B\right] \cdot dV_e = ES\int_0^L \left[B\right]^T \cdot \left[B\right] \cdot dx \\ &= ES\int_{-1}^{1} \begin{Bmatrix} -\frac{1}{2} \\ \frac{1}{2} \end{Bmatrix} \cdot \begin{Bmatrix} -\frac{1}{2} & \frac{1}{2} \end{Bmatrix} \cdot \frac{2}{L} \cdot d\xi \\ &= \frac{2ES}{L}\int_{-1}^{1} \begin{bmatrix} \frac{1}{4} & -\frac{1}{4} \\ -\frac{1}{4} & \frac{1}{4} \end{bmatrix} \cdot d\xi = \frac{ES}{L}\begin{bmatrix} 1 & -1 \\ -1 & 1 \end{bmatrix}\end{aligned} \tag{7.40}$$

7.3.2 Vecteurs charges élémentaires

Pour les forces de volume (4.17), la démarche est similaire à celle suivie pour la rigidité élémentaire, le changement de base s'effectuant toujours via le déterminant du jacobien.

$$\left\{f_e^v\right\} = \int_{v_e} \left[N\right]^T \cdot \left\{f^v\right\} \cdot dV_e = \int_{-1}^{1}\int_{-1}^{1}\int_{-1}^{1} \left[N\right]^T \cdot \left\{f^v\right\} \cdot \det\left[J\right] \cdot d\xi d\eta d\zeta \tag{7.41}$$

Pour ce qui concerne les forces de surface (4.18), le calcul consistera à exprimer la quantité dS_e en fonction des coordonnées normées des arêtes ou facettes des éléments surfaciques ou volumiques.

7.4 Intégration numérique

Le calcul des matrices de rigidité des éléments barre (7.40) et poutre (6.21) a permis d'établir celles-ci en fonction de paramètres tels que longueur, section, inerties, etc. Ces matrices sont généralement codées de manière explicite dans les logiciels de calcul par éléments finis.

Cette approche n'est bien sûr pas envisageable pour les éléments surfaciques et volumiques dont les formes et configurations varient systématiquement. La solution numérique s'impose alors. Ceci étant, il est indispensable de disposer d'une méthode permettant une intégration exacte des quantités recherchées.

La méthode de Gauss qui est la plus couramment utilisée, répond à cette condition. Bien que sa maîtrise ne soit pas fondamentale pour les utilisateurs courants, il est néanmoins important de bien assimiler la notion de points d'intégration ou « points de Gauss » pour comprendre les différentes approches utilisées pour le postraitement des résultats. C'est pourquoi, l'intégration numérique à 1 dimension est développée ci-après.

Soit une fonction f d'une seule variable ξ, l'intégrale de f sur l'intervalle $[a,b]$ pourra être évaluée numériquement par la méthode de Gauss en posant que :

$$\int_a^b f(\xi) \cdot d\xi = \sum_{i=1}^{r} w_i \cdot f(\xi_i) \tag{7.42}$$

ce qui revient à remplacer l'intégrale de la fonction polynomiale $f(\xi)$ par une combinaison linéaire de valeurs de f aux points ξ_i (appelés points d'intégration) et de coefficients w_i (appelés poids). Les r abscisses sont déterminées de manière à intégrer exactement des polynômes d'ordre $n \leq 2r-1$.

Pour les éléments isoparamétriques, l'intervalle $[a,b]$ sera bien évidemment égal à $[-1,1]$.

L'intégration numérique consiste alors à faire passer un polynôme $\psi(\xi)$ par un certain nombre de valeurs de $f(\xi)$ de telle manière à obtenir $\int_a^b \psi(\xi) \cdot d\xi$ comme approximation de $\int_a^b f(\xi) \cdot d\xi$. On a donc :

$$f(\xi) \approx \psi(\xi) = a_1 + a_2 \cdot \xi + ... + a_{2r} \cdot \xi^{2r-1} \tag{7.43}$$

En injectant (7.43) dans les deux membres de (7.42), on obtient :

$$\begin{aligned}\int_a^b f(\xi) \cdot d\xi &= a_1 \int_a^b d\xi + a_2 \int_a^b \xi \cdot d\xi + ... + a_{2r} \int_a^b \xi^{2r-1} \cdot d\xi \\ &= a_1(w_1 + w_2 + ... + w_r) + a_2(w_1 \cdot \xi_1 + w_2 \cdot \xi_2 + ... + w_r \cdot \xi_r) \\ &\quad + ... + a_{2r}(w_1 \cdot \xi_1^{2r-1} + w_2 \cdot \xi_2^{2r-1} + ... + w_r \cdot \xi_r^{2r-1})\end{aligned} \tag{7.44}$$

Sachant que $\int_{-1}^{1} \xi^\alpha \cdot d\xi$ est égal à 0 si α est impair et $\frac{2}{1+\alpha}$ lorsque α est pair, l'équation (7-44) peut alors s'écrire sous la forme d'un système linéaire de $2r$ équations :

$$\begin{aligned}
2 &= w_1 + w_2 + \dots\dots + w_r \\
0 &= w_1\xi_1 + w_2\xi_2 + \dots\dots + w_r\xi_r \\
\frac{2}{3} &= w_1\xi_1^2 + w_2\xi_2^2 + \dots\dots + w_r\xi_r^2 \\
&\cdot \\
&\cdot \\
0 &= w_1\xi_1^{2r-1} + w_2\xi_2^{2r-1} + \dots\dots + w_r\xi_r^{2r-1}
\end{aligned} \tag{7.45}$$

ce qui permet de trouver les différentes valeurs de ξ_i et w_i.

Exemple : Calcul des coefficients de Gauss à 2 points

$$\int_{-1}^{1} f(\xi)\cdot d\xi = \sum_{i=1}^{2} w_i \cdot f(\xi_i) = w_1 \cdot f(\xi_1) + w_2 \cdot f(\xi_2)$$

Cette intégrale sera évaluée de façon exacte si le polynôme est de degré inférieur ou égal à $2r-1=3$. Les coefficients sont obtenus en résolvant le système linéaire suivant :

$$\left.\begin{aligned}
2 &= w_1 + w_2 \\
0 &= w_1 \cdot \xi_1 + w_2 \cdot \xi_2 \\
\frac{2}{3} &= w_1 \cdot \xi_1^2 + w_2 \cdot \xi_2^2 \\
0 &= w_1 \cdot \xi_1^3 + w_2 \cdot \xi_2^3
\end{aligned}\right\} \Rightarrow \left\{\begin{aligned}
w_1 &= w_2 = 1 \\
\xi_1 &= -\xi_2 = \pm\frac{1}{\sqrt{3}}
\end{aligned}\right.$$

Tableau 7.1 – Tables de Gauss-Legendre (1 dimension).

r	ξ_i	w_i	**degré maximum du polynôme à intégrer**
1	0	2	1
2	$\pm\frac{1}{\sqrt{3}}$	1	3
3	0	8/9	5
	$\pm\sqrt{\frac{3}{5}}$	5/9	
4	$\pm\sqrt{\frac{3-2\sqrt{6/5}}{7}}$	$\frac{1}{2}+\frac{1}{6\sqrt{6/5}}$	7
	$\pm\sqrt{\frac{3+2\sqrt{6/5}}{7}}$	$\frac{1}{2}-\frac{1}{6\sqrt{6/5}}$	

La généralisation au plan se fera aisément en posant que :

$$A = \int_{-1}^{1}\int_{-1}^{1} f(\xi,\eta)\cdot d\xi d\eta = \sum_i \sum_j w_i \cdot w_j \cdot f(\xi_i,\eta_j) \tag{7.46}$$

8 • ÉLÉMENTS DE MEMBRANE

Les éléments membranes sont destinés à modéliser des structures planes travaillant uniquement dans leur plan. Leurs nœuds possèdent uniquement deux degrés de liberté u et v. Ils ont une épaisseur constante notée e et suivent l'hypothèse de contrainte plane décrite au chapitre 3.3.4[1]. La relation contrainte-déformation issue de (3.27)[1] s'écrit alors :

$$\begin{Bmatrix} \sigma_{xx} \\ \sigma_{yy} \\ \tau_{xy} \end{Bmatrix} = \frac{E}{1-\nu^2} \begin{bmatrix} 1 & \nu & 0 \\ \nu & 1 & 0 \\ 0 & 0 & \dfrac{1-\nu}{2} \end{bmatrix} \cdot \begin{Bmatrix} \varepsilon_{xx} \\ \varepsilon_{yy} \\ \gamma_{xy} \end{Bmatrix} = [H] \cdot \{\varepsilon\} \tag{8.1}$$

Avec $[H] = \dfrac{E}{1-\nu^2} \begin{bmatrix} 1 & \nu & 0 \\ \nu & 1 & 0 \\ 0 & 0 & \dfrac{1-\nu}{2} \end{bmatrix}$.

Le vecteur déformation s'écrit quant à lui en adaptant (3.13)[1] au cas plan, soit :

$$\{\varepsilon\} = \begin{Bmatrix} \varepsilon_{xx} \\ \varepsilon_{yy} \\ \gamma_{xy} \end{Bmatrix} = \begin{bmatrix} \dfrac{\partial}{\partial x} & 0 \\ 0 & \dfrac{\partial}{\partial y} \\ \dfrac{\partial}{\partial y} & \dfrac{\partial}{\partial x} \end{bmatrix} \cdot \begin{Bmatrix} u \\ v \end{Bmatrix} = [\partial] \begin{Bmatrix} u \\ v \end{Bmatrix} \tag{8.2}$$

Si nécessaire la déformation ε_{zz} pourra être calculée à partir de la relation (3.26)[1]. Ceci nous amène à évoquer le cas des éléments en déformation plane dont les caractéristiques sont très similaires aux membranes. Ce sont bien évidemment toujours des éléments plans travaillant dans leur plan. La déformation transversale ε_{zz} étant cette fois prise égale à zéro (cf. § 3.3.4)[1], seule l'expression de la matrice

1. Voir compléments en ligne.

$[H]$ changera. Il suffira alors de la remplacer dans (8.1) par son expression en déformation plane, soit :

$$[H] = \frac{E}{(1+\nu)\cdot(1-2\nu)} \begin{bmatrix} 1-\nu & \nu & 0 \\ \nu & 1-\nu & 0 \\ 0 & 0 & \dfrac{1-2\nu}{2} \end{bmatrix} \tag{8.3}$$

La contrainte σ_{zz} pourra également être évaluée à partir de (3.24)[1]. Dans cette hypothèse, les résultats seront donnés par unité de profondeur suivant z.

8.1 Exemple 3 : élément quadrangle

Soit la structure suivante modélisée avec deux éléments isoparamétriques **membranes** carrés à quatre nœuds d'épaisseur e :

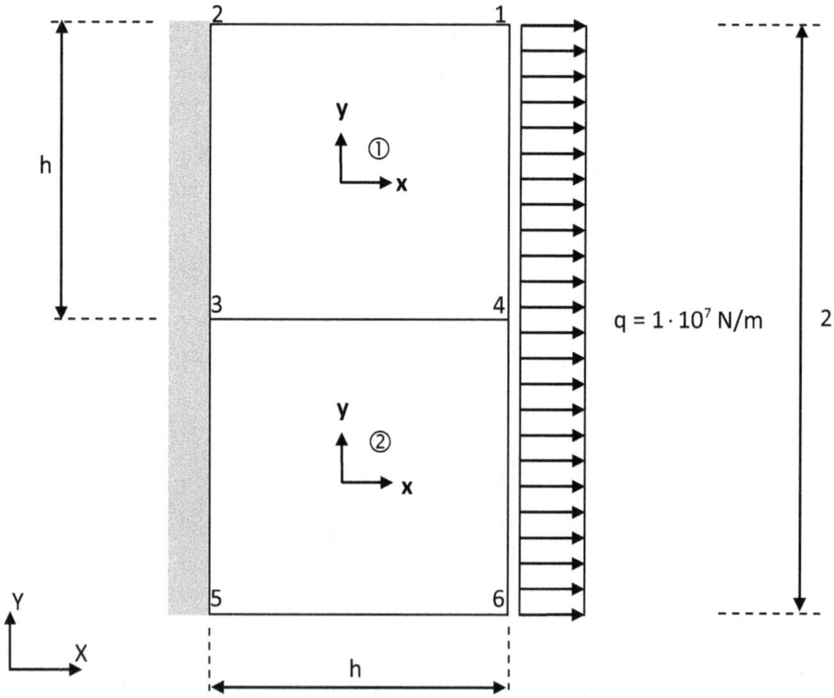

Figure 8.1 – Exemple 3 : deux éléments membranes quadrangles.

Application numérique : E = $2.1\cdot10^{11}$ N/m², ν = **variable**, q = $1\cdot10^{7}$ N/m, h = 1 m, e = 0.1 m.

1 Voir compléments en ligne.

Tableau 8.1 – Exemple 3 : connectivité élémentaire.

	Nœuds			
Élément	**I**	**J**	**K**	**L**
1	1	2	3	4
2	4	3	5	6

L'élément utilisé est un quadrangle de type Q4. Ses fonctions de forme sont égales à celles établies en (7.9), soit :

$$\begin{aligned} N_2 &= \frac{1}{4}(1-\xi)\cdot(1+\eta) \quad N_1 = \frac{1}{4}(1+\xi)\cdot(1+\eta) \\ N_3 &= \frac{1}{4}(1-\xi)\cdot(1-\eta) \quad N_4 = \frac{1}{4}(1+\xi)\cdot(1-\eta) \end{aligned} \tag{8.4}$$

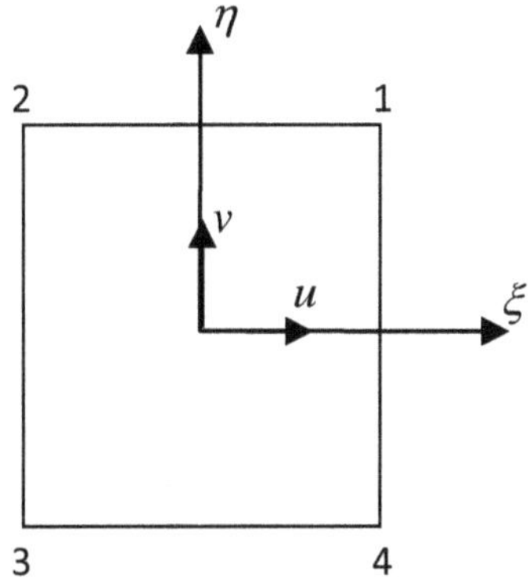

Figure 8.2 – Élément de référence Q4.

8.1.1 Calcul de la matrice jacobienne et de son inverse

Du fait de la symétrie par rapport à Y, un seul élément est nécessaire au calcul. Retenant l'élément 1, la matrice jacobienne de sa transformation est obtenue à partir de la relation (7.37) :

$$[J] = \begin{bmatrix} \dfrac{\partial N_1}{\partial \xi} & \dfrac{\partial N_2}{\partial \xi} & \dfrac{\partial N_3}{\partial \xi} & \dfrac{\partial N_4}{\partial \xi} \\ \dfrac{\partial N_1}{\partial \eta} & \dfrac{\partial N_2}{\partial \eta} & \dfrac{\partial N_3}{\partial \eta} & \dfrac{\partial N_4}{\partial \eta} \end{bmatrix} \cdot \begin{bmatrix} x_1 & y_1 \\ x_2 & y_2 \\ x_3 & y_3 \\ x_4 & y_4 \end{bmatrix} \tag{8.5}$$

soit pour cet élément :

$$[J]=\frac{1}{4}\begin{bmatrix}(1+\eta) & -(1+\eta) & -(1-\eta) & (1-\eta)\\(1+\xi) & (1-\xi) & -(1-\xi) & -(1+\xi)\end{bmatrix}\cdot\begin{bmatrix}x_1 & y_1\\x_2 & y_2\\x_3 & y_3\\x_4 & y_4\end{bmatrix} \tag{8.6}$$

$$[J]=\frac{1}{4}\left[\begin{matrix}x_1-x_2-x_3+x_4+\eta(x_1-x_2+x_3-x_4)\\x_1+x_2-x_3-x_4+\xi(x_1-x_2+x_3-x_4)\end{matrix}\right.$$
$$\left.\begin{matrix}y_1-y_2-y_3+y_4+\eta(y_1-y_2+y_3-y_4)\\y_1+y_2-y_3-y_4+\xi(y_1-y_2+y_3-y_4)\end{matrix}\right] \tag{8.7}$$

Bien que la connectivité des éléments réel et de référence soit identique, les coordonnées x_i, y_i correspondent bien à celles de l'élément réel.

$$[J]=\frac{1}{4}\begin{bmatrix}h+h+\eta(0) & 0+\eta(0)\\0+\xi(0) & \frac{h}{2}+\frac{h}{2}+\frac{h}{2}+\frac{h}{2}+\xi(0)\end{bmatrix}=\begin{bmatrix}\frac{h}{2} & 0\\0 & \frac{h}{2}\end{bmatrix} \tag{8.8}$$

Le déterminant et l'inverse de $[J]$ sont donc respectivement égaux à $\det[J]=\frac{h^2}{4}$ et :

$$[J]^{-1}=\frac{1}{\frac{h^2}{4}}\begin{bmatrix}\frac{h}{2} & 0\\0 & \frac{h}{2}\end{bmatrix}=\frac{2}{h}\begin{bmatrix}1 & 0\\0 & 1\end{bmatrix} \tag{8.9}$$

Ce qui permet de déduire les relations entre les $\frac{\partial N_i}{\partial x},\frac{\partial N_i}{\partial y}$ et $\frac{\partial N_i}{\partial \xi},\frac{\partial N_i}{\partial \eta}$:

$$\begin{aligned}\frac{\partial N_i}{\partial x}&=\frac{2}{h}\frac{\partial N_i}{\partial \xi}\\\frac{\partial N_i}{\partial y}&=\frac{2}{h}\frac{\partial N_i}{\partial \eta}\end{aligned} \tag{8.10}$$

La valeur $2/h$ correspond au rapport entre les coordonnées ξ et x ou η et y. Par ailleurs, les termes non diagonaux nuls de $[J]$ caractérisent le fait que l'élément n'a pas subi de rotation durant la transformation.

8.1.2 Matrice de rigidité élémentaire en repère local

■ Expression générale de $[k_1]$

Reprenant l'expression (7.38) de la rigidité élémentaire, on obtient en l'adaptant au cas plan :

$$[k_1] = e \cdot \int_{-1}^{1}\int_{-1}^{1} [B]^T \cdot [H] \cdot [B] \cdot \det[J] \cdot d\xi d\eta \qquad (8.11)$$

$$[k_1] = \frac{Ee}{1-\nu^2} \cdot \int_{-1}^{1}\int_{-1}^{1} [B]^T \cdot \begin{bmatrix} 1 & \nu & 0 \\ \nu & 1 & 0 \\ 0 & 0 & \frac{1-\nu}{2} \end{bmatrix} \cdot [B] \cdot \frac{h^2}{4} \cdot d\xi d\eta \qquad (8.12)$$

avec d'après (4.4), (4.10) et (8.2) :

$$\begin{Bmatrix} u \\ v \end{Bmatrix} = [N] \cdot \{q_1\} = \begin{bmatrix} N_1 & 0 & N_2 & 0 & N_3 & 0 & N_4 & 0 \\ 0 & N_1 & 0 & N_2 & 0 & N_3 & 0 & N_4 \end{bmatrix} \cdot \begin{Bmatrix} u_1 \\ v_1 \\ u_2 \\ v_2 \\ u_3 \\ v_3 \\ u_4 \\ u_4 \end{Bmatrix} \qquad (8.13)$$

$$[B] = [\partial][N]$$

$$= \begin{bmatrix} \frac{\partial N_1}{\partial x} & 0 & \frac{\partial N_2}{\partial x} & 0 & \frac{\partial N_3}{\partial x} & 0 & \frac{\partial N_4}{\partial x} & 0 \\ 0 & \frac{\partial N_1}{\partial y} & 0 & \frac{\partial N_2}{\partial y} & 0 & \frac{\partial N_3}{\partial y} & 0 & \frac{\partial N_4}{\partial y} \\ \frac{\partial N_1}{\partial y} & \frac{\partial N_1}{\partial x} & \frac{\partial N_2}{\partial y} & \frac{\partial N_2}{\partial x} & \frac{\partial N_3}{\partial y} & \frac{\partial N_3}{\partial x} & \frac{\partial N_4}{\partial y} & \frac{\partial N_4}{\partial x} \end{bmatrix} \qquad (8.14)$$

Qui grâce à la transformation (8.10) devient :

$$[B] = \frac{1}{4} \cdot \frac{2}{h} \cdot$$

$$\begin{bmatrix} (1+\eta) & 0 & -(1+\eta) & 0 & -(1-\eta) & 0 & (1-\eta) & 0 \\ 0 & (1+\xi) & 0 & (1-\xi) & 0 & -(1-\xi) & 0 & -(1+\xi) \\ (1+\xi) & (1+\eta) & (1-\xi) & -(1+\eta) & -(1-\xi) & -(1-\eta) & -(1+\xi) & (1-\eta) \end{bmatrix} \qquad (8.15)$$

Le calcul (8.12) permet alors de trouver pour $\left[k_1\right]$:

$$\left[k_1\right]=\frac{Ee}{1-\nu^2}\begin{bmatrix}
\frac{3-\nu}{6} & \frac{1+\nu}{8} & \frac{-3-\nu}{12} & \frac{-1+3\nu}{8} & \frac{-3+\nu}{12} & \frac{-1-\nu}{8} & \frac{\nu}{6} & \frac{1-3\nu}{8} \\
\frac{1+\nu}{8} & \frac{3-\nu}{6} & \frac{1-3\nu}{8} & \frac{\nu}{6} & \frac{-1-\nu}{8} & \frac{-3+\nu}{12} & \frac{-1+3\nu}{8} & \frac{-3-\nu}{12} \\
\frac{-3-\nu}{12} & \frac{1-3\nu}{8} & \frac{3-\nu}{6} & \frac{-1-\nu}{8} & \frac{\nu}{6} & \frac{-1+3\nu}{8} & \frac{-3+\nu}{12} & \frac{1+\nu}{8} \\
\frac{-1+3\nu}{8} & \frac{\nu}{6} & \frac{-1-\nu}{8} & \frac{3-\nu}{6} & \frac{1-3\nu}{8} & \frac{-3-\nu}{12} & \frac{1+\nu}{8} & \frac{-3+\nu}{12} \\
\frac{-3+\nu}{12} & \frac{-1-\nu}{8} & \frac{\nu}{6} & \frac{1-3\nu}{8} & \frac{3-\nu}{6} & \frac{1+\nu}{8} & \frac{-3-\nu}{12} & \frac{-1+3\nu}{8} \\
\frac{-1-\nu}{8} & \frac{-3+\nu}{12} & \frac{-1+3\nu}{8} & \frac{-3-\nu}{12} & \frac{1+\nu}{8} & \frac{3-\nu}{6} & \frac{1-3\nu}{8} & \frac{\nu}{6} \\
\frac{\nu}{6} & \frac{-1+3\nu}{8} & \frac{-3+\nu}{12} & \frac{1+\nu}{8} & \frac{-3-\nu}{12} & \frac{1-3\nu}{8} & \frac{3-\nu}{6} & \frac{-1-\nu}{8} \\
\frac{1-3\nu}{8} & \frac{-3-\nu}{12} & \frac{1+\nu}{8} & \frac{-3+\nu}{12} & \frac{-1+3\nu}{8} & \frac{\nu}{6} & \frac{-1-\nu}{8} & \frac{3-\nu}{6}
\end{bmatrix} \quad (8.16)$$

- **Calcul de deux termes de [k_1] par intégration numérique**

Considérant une intégration numérique à deux points à la fois suivant ξ et η, il y a donc quatre points de Gauss situés aux coordonnées $\xi_i = \pm\frac{1}{\sqrt{3}}$, $\eta_i = \pm\frac{1}{\sqrt{3}}$.

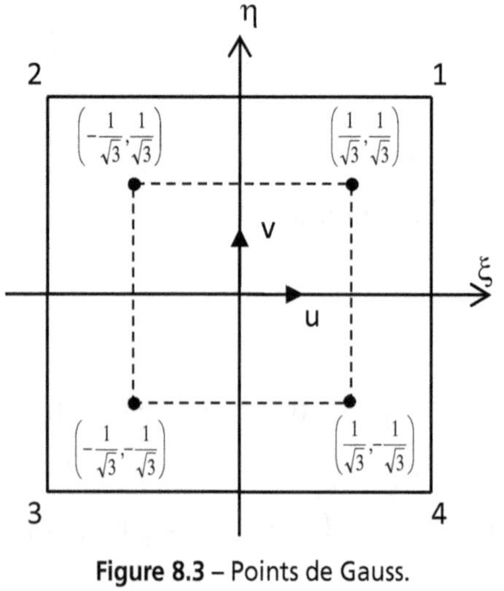

Figure 8.3 – Points de Gauss.

Pour $\nu = 1/3$, les deux termes k_{11} et k_{12} de la matrice de rigidité sont donc égaux à :

$$k_{11} = \frac{Ee}{1-\nu^2}\int_{-1}^{1}\int_{-1}^{1}\left(\left(\frac{1+\eta}{4}\right)^2 + \frac{1-\nu}{2}\left(\frac{1+\xi}{4}\right)^2\right)d\xi d\eta = \frac{Ee}{1-\nu^2}\frac{3-\nu}{6} = 1.05\cdot 10^{10}\ \text{N/m}$$

$$= \frac{Ee}{1-\nu^2}\left[\begin{array}{l} 1\cdot 1\cdot\left(\frac{1+\frac{1}{\sqrt{3}}}{4}\right)^2 + \frac{1-\nu}{2}\cdot 1\cdot 1\cdot\left(\frac{1+\frac{1}{\sqrt{3}}}{4}\right)^2 \\ +1\cdot 1\cdot\left(\frac{1-\frac{1}{\sqrt{3}}}{4}\right)^2 + \frac{1-\nu}{2}\cdot 1\cdot 1\cdot\left(\frac{1-\frac{1}{\sqrt{3}}}{4}\right) \\ +1\cdot 1\cdot\left(\frac{1-\frac{1}{\sqrt{3}}}{4}\right)^2 + \frac{1-\nu}{2}\cdot 1\cdot 1\cdot\left(\frac{1+\frac{1}{\sqrt{3}}}{4}\right)^2 \\ +1\cdot 1\cdot\left(\frac{1+\frac{1}{\sqrt{3}}}{4}\right)^2 + \frac{1-\nu}{2}\cdot 1\cdot 1\cdot\left(\frac{1-\frac{1}{\sqrt{3}}}{4}\right) \end{array}\right] \quad (8.17)$$

$$= 1.05\cdot 10^{10}\ \text{N/m}$$

$$k_{12} = \frac{Ee}{1-\nu^2}\int_{-1}^{1}\int_{-1}^{1}\left(\frac{1+\nu}{2}\left(\frac{1+\xi}{4}\right)\left(\frac{1+\eta}{4}\right)\right)d\xi d\eta = \frac{Ee}{1-\nu^2}\frac{1+\nu}{8} = 3.9375\cdot 10^{9}\ \text{N/m}$$

$$= \frac{Ee}{1-\nu^2}\left[\begin{array}{l} 1\cdot 1\cdot\frac{1+\nu}{2}\cdot\left(\frac{1+\frac{1}{\sqrt{3}}}{4}\right)\left(\frac{1+\frac{1}{\sqrt{3}}}{4}\right) + 1\cdot 1\cdot\frac{1+\nu}{2}\cdot\left(\frac{1-\frac{1}{\sqrt{3}}}{4}\right)\left(\frac{1+\frac{1}{\sqrt{3}}}{4}\right) \\ +1\cdot 1\cdot\frac{1+\nu}{2}\cdot\left(\frac{1-\frac{1}{\sqrt{3}}}{4}\right)\left(\frac{1-\frac{1}{\sqrt{3}}}{4}\right) + 1\cdot 1\cdot\frac{1+\nu}{2}\cdot\left(\frac{1+\frac{1}{\sqrt{3}}}{4}\right)\left(\frac{1-\frac{1}{\sqrt{3}}}{4}\right) \end{array}\right] \quad (8.18)$$

$$= 3.9375\cdot 10^{9}\ \text{N/m}$$

8.1.3 Vecteur charges en repère local

On sait d'après (4.18) que $\{f_1^s\} = \int_{s_2} [N]^T \cdot \{f^s\} \cdot dS_1$.

Considérant uniquement la face chargée $(\xi = 1)$ de l'élément 1, seules les fonctions de forme N_1 et N_4 interviennent dans le calcul de $\{f_1^s\}$, les charges nodales associées aux nœuds 2 et 3 étant forcément nulles. ξ valant tout le temps 1 le long de la face 1-4 et comme $dy = \frac{h}{2} \cdot d\eta$, on a :

$$\{f_1^s\} = \begin{Bmatrix} F_{1x} \\ F_{1y} \\ F_{2x} \\ F_{2y} \\ F_{3x} \\ F_{3y} \\ F_{4x} \\ F_{4y} \end{Bmatrix}$$

$$= \left\{ \begin{matrix} \begin{Bmatrix} F_{1x} \\ F_{1y} \end{Bmatrix} = \int_{-1}^{1} \begin{bmatrix} N_1 & 0 \\ 0 & N_1 \end{bmatrix} \begin{Bmatrix} q \\ 0 \end{Bmatrix} \frac{h}{2} d\eta = \int_{-1}^{1} \frac{1}{4}(1+1)(1+\eta)\frac{qh}{2} d\eta = \begin{Bmatrix} \frac{qh}{2} \\ 0 \end{Bmatrix} \\ \begin{Bmatrix} F_{2x} \\ F_{2y} \end{Bmatrix} = \begin{Bmatrix} 0 \\ 0 \end{Bmatrix} \\ \begin{Bmatrix} F_{3x} \\ F_{3y} \end{Bmatrix} = \begin{Bmatrix} 0 \\ 0 \end{Bmatrix} \\ \begin{Bmatrix} F_{4x} \\ F_{4y} \end{Bmatrix} = \int_{-1}^{1} \begin{bmatrix} N_4 & 0 \\ 0 & N_4 \end{bmatrix} \begin{Bmatrix} q \\ 0 \end{Bmatrix} \frac{h}{2} d\eta = \int_{-1}^{1} \frac{1}{4}(1+1)(1-\eta)\frac{qh}{2} d\eta = \begin{Bmatrix} \frac{qh}{2} \\ 0 \end{Bmatrix} \end{matrix} \right\} \quad (8.19)$$

$$= \begin{Bmatrix} \frac{qh}{2} \\ 0 \\ 0 \\ 0 \\ 0 \\ 0 \\ \frac{qh}{2} \\ 0 \end{Bmatrix}$$

8.1.4 Système $[K]\cdot\{Q\} = \{F\}$

La structure étant symétrique, il est possible de résoudre le problème en ne prenant en compte qu'un seul des deux éléments, l'élément 1 en l'occurrence. De plus et toujours en raison de cette symétrie, on sait que $V_4 = 0$. Il reste donc trois inconnues : U_1, V_1 et U_4.

La matrice de rigidité et le vecteur charges de la structure se réduisent respectivement à $[k_1]$ (8.16) et $\{f_1^s\}$ (8.19). Aucun changement de base n'est en effet nécessaire puisque les repères xy et XY sont colinéaires. Le système s'écrit :

$$[K]\cdot\{Q\} = [k_1]\cdot\{Q\} = \{f_1^s\} = \{F\} \tag{8.20}$$

Avec :

$[K] =$

$$\frac{Ee}{1-\nu^2}\begin{bmatrix} \frac{3-\nu}{6} & \frac{1+\nu}{8} & \frac{-3-\nu}{12} & \frac{-1+3\nu}{8} & \frac{-3+\nu}{12} & \frac{-1-\nu}{8} & \frac{\nu}{6} & \frac{1-3\nu}{8} \\ \frac{1+\nu}{8} & \frac{3-\nu}{6} & \frac{1-3\nu}{8} & \frac{\nu}{6} & \frac{-1-\nu}{8} & \frac{-3+\nu}{12} & \frac{-1+3\nu}{8} & \frac{-3-\nu}{12} \\ \frac{-3-\nu}{12} & \frac{1-3\nu}{8} & \frac{3-\nu}{6} & \frac{-1-\nu}{8} & \frac{\nu}{6} & \frac{-1+3\nu}{8} & \frac{-3+\nu}{12} & \frac{1+\nu}{8} \\ \frac{-1+3\nu}{8} & \frac{\nu}{6} & \frac{-1-\nu}{8} & \frac{3-\nu}{6} & \frac{1-3\nu}{8} & \frac{-3-\nu}{12} & \frac{1+\nu}{8} & \frac{-3+\nu}{12} \\ \frac{-3+\nu}{12} & \frac{-1-\nu}{8} & \frac{\nu}{6} & \frac{1-3\nu}{8} & \frac{3-\nu}{6} & \frac{1+\nu}{8} & \frac{-3-\nu}{12} & \frac{-1+3\nu}{8} \\ \frac{-1-\nu}{8} & \frac{-3+\nu}{12} & \frac{-1+3\nu}{8} & \frac{-3-\nu}{12} & \frac{1+\nu}{8} & \frac{3-\nu}{6} & \frac{1-3\nu}{8} & \frac{\nu}{6} \\ \frac{\nu}{6} & \frac{-1+3\nu}{8} & \frac{-3+\nu}{12} & \frac{1+\nu}{8} & \frac{-3-\nu}{12} & \frac{1-3\nu}{8} & \frac{3-\nu}{6} & \frac{-1-\nu}{8} \\ \frac{1-3\nu}{8} & \frac{-3-\nu}{12} & \frac{1+\nu}{8} & \frac{-3+\nu}{12} & \frac{-1+3\nu}{8} & \frac{\nu}{6} & \frac{-1-\nu}{8} & \frac{3-\nu}{6} \end{bmatrix} \tag{8.21}$$

Ce qui donne après introduction des conditions d'appui et de symétrie (termes en pointillés) :

$$\frac{Ee}{1-\nu^2}\begin{bmatrix} \frac{3-\nu}{6} & \frac{1+\nu}{8} & \frac{\nu}{6} \\ \frac{1+\nu}{8} & \frac{3-\nu}{6} & \frac{-1+3\nu}{8} \\ \frac{\nu}{6} & \frac{-1+3\nu}{8} & \frac{3-\nu}{6} \end{bmatrix} \cdot \begin{Bmatrix} U_1 \\ V_1 \\ U_4 \end{Bmatrix} = \begin{Bmatrix} \frac{qh}{2} \\ 0 \\ \frac{qh}{2} \end{Bmatrix} \tag{8.22}$$

8.1.5 $\nu = 0$

Déplacements

Le système (8.22) devient pour $\nu = 0$:

$$Ee \cdot \begin{bmatrix} \frac{1}{2} & \frac{1}{8} & 0 \\ \frac{1}{8} & \frac{1}{2} & \frac{-1}{8} \\ 0 & \frac{-1}{8} & \frac{1}{2} \end{bmatrix} \cdot \begin{Bmatrix} U_1 \\ V_1 \\ U_4 \end{Bmatrix} = \begin{Bmatrix} \frac{qh}{2} \\ 0 \\ \frac{qh}{2} \end{Bmatrix} \tag{8.23}$$

Ce qui permet de déduire après résolution :

$$\begin{cases} U_1 = \frac{qh}{Ee} = 0.476\,\text{mm} \\ V_1 = 0 \\ U_4 = \frac{qh}{Ee} = 0.476\,\text{mm} = U_1 \end{cases} \tag{8.24}$$

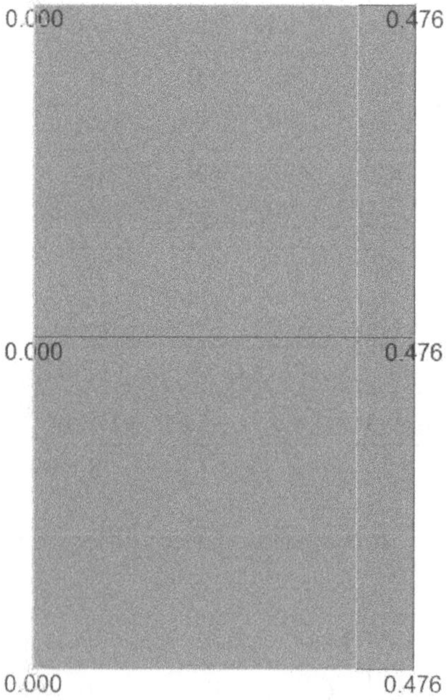

Figure 8.4 – Exemple 3 : déformée (Effel) pour $\nu = 0$.

Réactions

En injectant les déplacements (8.24) dans (8.20), on obtient pour les réactions :

$$
\begin{aligned}
R_{X2} &= \frac{E\cdot e}{\left(1-\nu^2\right)}\cdot\left[\left(\frac{-3-\nu}{12}\right)\cdot U_1+\left(\frac{1-3\nu}{8}\right)\cdot V_1+\left(\frac{-3+\nu}{12}\right)\cdot U_4\right]\\
R_{X2} &= Ee\cdot\left[-\frac{U_1}{4}+\frac{V_1}{8}-\frac{U_4}{4}\right]=-\frac{EeU_1}{2}=-\frac{qh}{2}\\
R_{Y2} &= \frac{E\cdot e}{\left(1-\nu^2\right)}\cdot\left[\left(\frac{-1+3\nu}{8}\right)\cdot U_1+\left(\frac{\nu}{6}\right)\cdot V_1+\left(\frac{1+\nu}{8}\right)\cdot U_4\right]\\
R_{Y2} &= Ee\cdot\left[-\frac{U_1}{8}+0+\frac{U_4}{8}\right]=0\\
R_{X3} &= \frac{E\cdot e}{\left(1-\nu^2\right)}\cdot\left[\left(\frac{-3+\nu}{12}\right)\cdot U_1+\left(\frac{-1-\nu}{8}\right)\cdot V_1+\left(\frac{-3-\nu}{12}\right)\cdot U_4\right]\\
R_{X3} &= Ee\cdot\left[-\frac{U_1}{4}-\frac{V_1}{8}-\frac{U_4}{4}\right]=-\frac{EeU_1}{2}=-\frac{qh}{2}\\
R_{Y3} &= \frac{E\cdot e}{\left(1-\nu^2\right)}\cdot\left[\left(\frac{-1-\nu}{8}\right)\cdot U_1+\left(\frac{-3+\nu}{12}\right)\cdot V_1+\left(\frac{1-3\nu}{8}\right)\cdot U_4\right]\\
R_{Y3} &= Ee\cdot\left[-\frac{U_1}{8}+0+\frac{U_4}{8}\right]=0
\end{aligned}
\tag{8.25}
$$

On notera que la réaction R_{X3} est à multiplier par deux en raison de la symétrie.

Déformations et contraintes

Les déformations pouvant être calculées grâce aux expressions (4.10) et (8.15),

$$
\{\varepsilon\}=[B]\cdot\{q_1\}=[B]\cdot\begin{Bmatrix}u_1\\v_1\\u_2\\v_2\\u_3\\v_3\\u_4\\u_4\end{Bmatrix}
\tag{8.26}
$$

On déduit les déformations et contraintes dans l'élément 1 en appliquant (8.2) et (8.1) :

$$
\{\varepsilon\}=\begin{Bmatrix}\varepsilon_{xx}\\\varepsilon_{yy}\\\gamma_{xy}\end{Bmatrix}=\frac{2}{h}\cdot\frac{1}{4}\begin{Bmatrix}(1+\eta)\cdot u_1+(1-\eta)\cdot u_4\\(1+\varepsilon)\cdot v_1\\(1+\xi)\cdot u_1+(1+\eta)\cdot v_1-(1+\xi)\cdot u_4\end{Bmatrix}=\begin{Bmatrix}\dfrac{u_1}{h}\\0\\0\end{Bmatrix}
\tag{8.27}
$$

$$\{\sigma\} = \begin{Bmatrix} \sigma_{xx} \\ \sigma_{yy} \\ \tau_{xy} \end{Bmatrix} = \begin{Bmatrix} \frac{q}{e} \\ 0 \\ 0 \end{Bmatrix} = \begin{Bmatrix} 100\,\text{MPa} \\ 0 \\ 0 \end{Bmatrix} \quad (8.28)$$

8.1.6 $\nu = 1/3$

■ **Déplacements**

En posant maintenant $\nu = 1/3$, le système (8.22) s'écrit :

$$Ee \cdot \begin{bmatrix} \frac{1}{2} & \frac{3}{16} & \frac{1}{16} \\ \frac{3}{16} & \frac{1}{2} & 0 \\ \frac{1}{16} & 0 & \frac{1}{2} \end{bmatrix} \cdot \begin{Bmatrix} U_1 \\ V_1 \\ U_4 \end{Bmatrix} = \begin{Bmatrix} \frac{qh}{2} \\ 0 \\ \frac{qh}{2} \end{Bmatrix} \quad (8.29)$$

Ce qui donne pour les déplacements :

$$\begin{cases} U_1 = \frac{28}{27}\frac{qh}{Ee} = 0.494\,\text{mm} \\ V_1 = -\frac{7}{18}\frac{qh}{Ee} = -0.185\,\text{mm} \\ U_4 = \frac{47}{54}\frac{qh}{Ee} = 0.414\,\text{mm} \end{cases} \quad (8.30)$$

Figure 8.5 – Exemple 3 : déformée (Effel) pour $\nu = 1/3$.

Réactions

Les réactions sont alors égales :

$$
\begin{aligned}
R_{X2} &= \frac{E\cdot e}{\left(1-\nu^2\right)}\cdot\left[\left(\frac{-3-\nu}{12}\right)\cdot U_1+\left(\frac{1-3\nu}{8}\right)\cdot V_1+\left(\frac{-3+\nu}{12}\right)\cdot U_4\right]\\
R_{X2} &= \frac{Ee}{32}\left[-10U_1+0-8U_4\right]=-\frac{13}{24}qh=-5.417\,\mathrm{MN}\\
R_{Y2} &= \frac{E\cdot e}{\left(1-\nu^2\right)}\cdot\left[\left(\frac{-1+3\nu}{8}\right)\cdot U_1+\left(\frac{\nu}{6}\right)\cdot V_1+\left(\frac{1+\nu}{8}\right)\cdot U_4\right]\\
R_{Y2} &= \frac{9Ee}{8}\left[0+\frac{V_1}{18}+\frac{U_4}{6}\right]=1.389\,\mathrm{MN}\\
R_{X3} &= \frac{E\cdot e}{\left(1-\nu^2\right)}\cdot\left[\left(\frac{-3+\nu}{12}\right)\cdot U_1+\left(\frac{-1-\nu}{8}\right)\cdot V_1+\left(\frac{-3-\nu}{12}\right)\cdot U_4\right]\\
R_{X3} &= \frac{9Ee}{8}\left[-\frac{2U_1}{9}-\frac{V_1}{6}-\frac{5U_4}{18}\right]=-4.583\,\mathrm{MN}\\
R_{Y3} &= \frac{E\cdot e}{\left(1-\nu^2\right)}\cdot\left[\left(\frac{-1-\nu}{8}\right)\cdot U_1+\left(\frac{-3+\nu}{12}\right)\cdot V_1+\left(\frac{1-3\nu}{8}\right)\cdot U_4\right]\\
R_{Y3} &= \frac{9Ee}{8}\left[-\frac{U_1}{6}-\frac{2V_1}{9}+0\right]\neq 0
\end{aligned}
\tag{8.31}
$$

La réaction R_{X3} est encore une fois à multiplier par deux en raison de la symétrie. Celle au nœud 3 dans la direction Y est non nulle. Cependant, cette valeur s'annule avec celle de l'élément limitrophe qui grâce à la symétrie permet de bien trouver R_{Y3} égale à zéro.

Contraintes

En appliquant à nouveau la relation (8.26), on trouve pour $\nu = 1/3$:

$$
\begin{aligned}
\{\varepsilon\} &= \begin{Bmatrix}\varepsilon_{xx}\\ \varepsilon_{yy}\\ \gamma_{xy}\end{Bmatrix} = \frac{2}{h}\cdot\frac{1}{4}\begin{Bmatrix}(1+\eta)\cdot u_1+(1-\eta)\cdot u_4\\ (1+\varepsilon)\cdot v_1\\ (1+\xi)\cdot u_1+(1+\eta)\cdot v_1-(1+\xi)\cdot u_4\end{Bmatrix}\\
&= \frac{q}{Eh}\begin{Bmatrix}\dfrac{103+9\eta}{108}\\ -\dfrac{7(1+\xi)}{36}\\ -\dfrac{(4+7\eta-3\xi)}{36}\end{Bmatrix}
\end{aligned}
\tag{8.32}
$$

$$\{\sigma\} = \begin{Bmatrix} \sigma_{xx} \\ \sigma_{yy} \\ \tau_{xy} \end{Bmatrix} = \frac{q}{e} \begin{Bmatrix} \dfrac{(96+9\eta-7\xi)}{96} \\ \dfrac{(40+9\eta-63\xi)}{288} \\ -\dfrac{(4+7\eta-3\xi)}{96} \end{Bmatrix} \tag{8.33}$$

soit en fonction des coordonnées ξ, η :

$\xi = -1; \eta = 1$

$$\{\sigma\} = \begin{Bmatrix} \sigma_{xx} \\ \sigma_{yy} \\ \tau_{xy} \end{Bmatrix} = \begin{Bmatrix} 116.7\,\text{MPa} \\ 38.9\,\text{MPa} \\ -14.6\,\text{MPa} \end{Bmatrix}$$

$\xi = 1; \eta = 1$

$$\{\sigma\} = \begin{Bmatrix} \sigma_{xx} \\ \sigma_{yy} \\ \tau_{xy} \end{Bmatrix} = \begin{Bmatrix} 102\,\text{MPa} \\ -4.86\,\text{MPa} \\ -8.33\,\text{MPa} \end{Bmatrix}$$

$\xi = 0; \eta = 0$

$$\{\sigma\} = \begin{Bmatrix} \sigma_{xx} \\ \sigma_{yy} \\ \tau_{xy} \end{Bmatrix} = \frac{q}{e} \begin{Bmatrix} 1 \\ \dfrac{40}{288} \\ -\dfrac{4}{96} \end{Bmatrix} = \begin{Bmatrix} 100\,\text{MPa} \\ 13.89\,\text{MPa} \\ -4.17\,\text{MPa} \end{Bmatrix} \tag{8.34}$$

$\xi = -1; \eta = -1$

$$\{\sigma\} = \begin{Bmatrix} \sigma_{xx} \\ \sigma_{yy} \\ \tau_{xy} \end{Bmatrix} = \begin{Bmatrix} 97.9\,\text{MPa} \\ 32.6\,\text{MPa} \\ 0 \end{Bmatrix}$$

$\xi = 1; \eta = -1$

$$\{\sigma\} = \begin{Bmatrix} \sigma_{xx} \\ \sigma_{yy} \\ \tau_{xy} \end{Bmatrix} = \begin{Bmatrix} 83.3\,\text{MPa} \\ -11.1\,\text{MPa} \\ 6.25\,\text{MPa} \end{Bmatrix}$$

La comparaison des résultats obtenus avec les deux valeurs de coefficient de Poisson met en évidence le raccourcissement transversal associé à $\nu = 1/3$. En effet, la charge répartie q provoque dans ce cas des contraintes normales horizontales mais également transversales. On notera également l'apparition de contraintes de cisaillement.

8.2 Exemple 4 : élément triangulaire

Soit la structure suivante modélisée avec deux éléments isoparamétriques **membranes** triangulaires à trois nœuds d'épaisseur e :

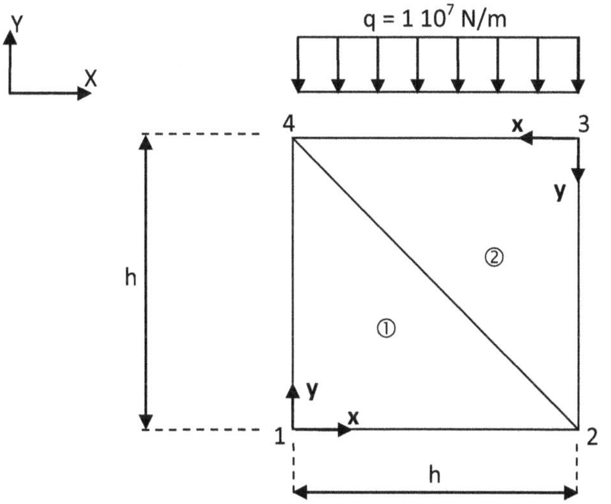

Figure 8.6 – Exemple 4 : deux éléments membranes triangulaires.

Application numérique : E = 2.1 10^{11} N/m^2, $\nu = 0.3$, $q = 1\ 10^7$ N/m, $h = 1$ m, $e = 0.1$ m

Tableau 8.2 – Exemple 4 : connectivité élémentaire.

	Nœuds		
Élément	**I**	**J**	**K**
1	1	2	4
2	3	4	2

Les fonctions de forme de l'élément de référence associé sont d'après (7.18) égales à :

$$\begin{cases} N_1(\xi,\eta) = 1 - \xi - \eta \\ N_2(\xi,\eta) = \xi \\ N_3(\xi,\eta) = \eta \end{cases} \tag{8.35}$$

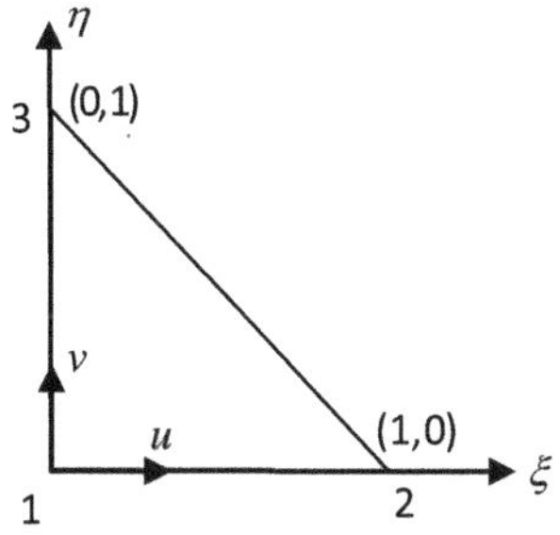

Figure 8.7 – Élément de référence T3.

8.2.1 Calcul de la matrice jacobienne et de son inverse

Le principe de calcul du jacobien étant celui décrit en (7.37), on a pour l'élément 1 :

$$[J_1]=\begin{bmatrix} \dfrac{\partial N_1}{\partial \xi} & \dfrac{\partial N_2}{\partial \xi} & \dfrac{\partial N_3}{\partial \xi} \\ \dfrac{\partial N_1}{\partial \eta} & \dfrac{\partial N_2}{\partial \eta} & \dfrac{\partial N_3}{\partial \eta} \end{bmatrix}\cdot\begin{bmatrix} x_1 & y_1 \\ x_2 & y_2 \\ x_4 & y_4 \end{bmatrix}=\begin{bmatrix} -1 & 1 & 0 \\ -1 & 0 & 1 \end{bmatrix}\cdot\begin{bmatrix} x_1 & y_1 \\ x_2 & y_2 \\ x_4 & y_4 \end{bmatrix} \tag{8.36}$$

ce qui donne :

$$[J_1]=\begin{bmatrix} x_2-x_1 & y_2-y_1 \\ x_4-x_1 & y_4-y_1 \end{bmatrix}=\begin{bmatrix} h & 0 \\ 0 & h \end{bmatrix} \quad \text{et } \det[\mathrm{J}_1]=h^2 \tag{8.37}$$

De la même façon, nous avons pour l'élément 2 :

$$[J_2]=\begin{bmatrix} -1 & 1 & 0 \\ -1 & 0 & 1 \end{bmatrix}\cdot\begin{bmatrix} x_3 & y_3 \\ x_4 & y_4 \\ x_2 & y_2 \end{bmatrix} \tag{8.38}$$

soit :

$$[J_2]=\begin{bmatrix} x_4-x_3 & y_4-y_3 \\ x_2-x_3 & y_2-y_3 \end{bmatrix}=\begin{bmatrix} h & 0 \\ 0 & h \end{bmatrix} \quad \text{et } \det[\mathrm{J}_2]=h^2 \tag{8.39}$$

d'où finalement :

$$[J_1]^{-1}=[J_2]^{-1}=\frac{1}{h}\begin{bmatrix} 1 & 0 \\ 0 & 1 \end{bmatrix} \tag{8.40}$$

De ce fait, les relations entre les $\dfrac{\partial N_i}{\partial x},\dfrac{\partial N_i}{\partial y}$ et $\dfrac{\partial N_i}{\partial \xi},\dfrac{\partial N_i}{\partial \eta}$ sont égales à :

$$\begin{cases} \dfrac{\partial N_i}{\partial x}=\dfrac{1}{h}\dfrac{\partial N_i}{\partial \xi} \\ \dfrac{\partial N_i}{\partial y}=\dfrac{1}{h}\dfrac{\partial N_i}{\partial \eta} \end{cases} \tag{8.41}$$

On notera par ailleurs qu'en (8.37) et (8.39) le déterminant du jacobien est égal à deux fois l'aire du triangle ce qui constitue une des particularités de l'élément triangulaire à trois nœuds.

8.2.2 Matrice de rigidité élémentaire en repère local

Reprenant la même démarche qu'en § 8.1.2, on a :

$$[B]=\begin{bmatrix} \frac{\partial N_1}{\partial x} & 0 & \frac{\partial N_2}{\partial x} & 0 & \frac{\partial N_3}{\partial x} & 0 \\ 0 & \frac{\partial N_1}{\partial y} & 0 & \frac{\partial N_2}{\partial y} & 0 & \frac{\partial N_3}{\partial y} \\ \frac{\partial N_1}{\partial y} & \frac{\partial N_1}{\partial x} & \frac{\partial N_2}{\partial y} & \frac{\partial N_2}{\partial x} & \frac{\partial N_3}{\partial y} & \frac{\partial N_3}{\partial x} \end{bmatrix} = \frac{1}{h}\underbrace{\begin{bmatrix} -1 & 0 & 1 & 0 & 0 & 0 \\ 0 & -1 & 0 & 0 & 0 & 1 \\ -1 & -1 & 0 & 1 & 1 & 0 \end{bmatrix}}_{[B_1]} \quad (8.42)$$

On sait en vertu de (7.38) que :

$$[k_1]=\frac{eEh^2}{\left(1-\nu^2\right)}\frac{1}{h}\frac{1}{h}\int_0^1\int_0^{1-\xi}[B_1]^T\cdot\begin{bmatrix} 1 & \nu & 0 \\ \nu & 1 & 0 \\ 0 & 0 & \frac{1-\nu}{2} \end{bmatrix}\cdot[B_1]\cdot\det[J_1]\cdot d\xi d\eta \quad (8.43)$$

Les $\frac{\partial N_i}{\partial \xi}$ et $\frac{\partial N_i}{\partial \eta}$ étant indépendants de ξ,η , il est possible de considérer chacun des termes de la matrice $[k_1]$ comme une constante et d'intégrer une seule fois le produit $d\xi d\eta$, soit :

$$\int_0^1\int_0^{1-\xi} d\xi d\eta = \int_0^1[\eta]_0^{1-\xi}\cdot d\xi = \int_0^1(1-\xi)\cdot d\xi = \left[\xi-\frac{\xi^2}{2}\right]_0^1 = \frac{1}{2} \quad (8.44)$$

d'où finalement :

$$[k_1]=\frac{Ee}{4\left(1-\nu^2\right)}\begin{bmatrix} 3-\nu & 1+\nu & -2 & -1+\nu & -1+\nu & -2\nu \\ 1+\nu & 3-\nu & -2\nu & -1+\nu & -1+\nu & -2 \\ -2 & -2\nu & 2 & 0 & 0 & 2\nu \\ -1+\nu & -1+\nu & 0 & 1-\nu & 1-\nu & 0 \\ -1+\nu & -1+\nu & 0 & 1-\nu & 1-\nu & 0 \\ -2\nu & -2 & 2\nu & 0 & 0 & 2 \end{bmatrix} \quad (8.45)$$

qui est aussi égale à $[k_2]$ puisque les deux éléments sont semblables.

8.2.3 Matrices de rigidité élémentaire en repère global

La démarche étant identique à celle décrite en § 4.2.4, les matrices de changement de repère $[R_1]$ et $[R_2]$ sont de la forme :

$$[R_e]=\begin{bmatrix}\cos\theta & \sin\theta & 0 & 0 & 0 & 0\\ -\sin\theta & \cos\theta & 0 & 0 & 0 & 0\\ 0 & 0 & \cos\theta & \sin\theta & 0 & 0\\ 0 & 0 & -\sin\theta & \cos\theta & 0 & 0\\ 0 & 0 & 0 & 0 & \cos\theta & \sin\theta\\ 0 & 0 & 0 & 0 & -\sin\theta & \cos\theta\end{bmatrix} \tag{8.46}$$

On déduit alors pour les matrices $[K_1]$ et $[K_2]$ en repère global :

Élément 1 : $\theta = 0$

$$[R_1]=[I]\Rightarrow[K_1]=[R_1]^T\cdot[k_1]\cdot[R_1]=[k_1] \tag{8.47}$$

Élément 2 : $\theta = \pi$

$$[R_2]=-[I]\Rightarrow[K_2]=[R_2]^T\cdot[k_2]\cdot[R_2]=[k_2] \tag{8.48}$$

8.2.4 Vecteur charges en repère local et global

On sait en vertu de (4.18) que $\{f_2^s\}=\int_{s_2}[N]^T\cdot\{f^s\}\cdot dS_2$.

La face 3-4 de l'élément 2 étant la seule chargée, seules les fonctions de forme N_1 et N_2 seront concernées pour le calcul. En posant le changement de base $dx = h\cdot d\xi$, on obtient :

$$\{f_2^s\}=\left\{\begin{matrix}\begin{Bmatrix}F_{3x}\\F_{3y}\\F_{4x}\\F_{4y}\end{Bmatrix}=\int_0^1\begin{bmatrix}N_1 & 0\\0 & N_1\\N_2 & 0\\0 & N_2\end{bmatrix}\cdot\begin{Bmatrix}0\\q\end{Bmatrix}\cdot h\cdot d\xi=\begin{Bmatrix}0\\\dfrac{qh}{2}\\0\\\dfrac{qh}{2}\end{Bmatrix}\\ \begin{Bmatrix}F_{2x}\\F_{2y}\end{Bmatrix}=\begin{Bmatrix}0\\0\end{Bmatrix}\end{matrix}\right\}=\begin{Bmatrix}0\\\dfrac{qh}{2}\\0\\\dfrac{qh}{2}\\0\\0\end{Bmatrix} \tag{8.49}$$

Comme $\{F_2^s\} = [R_2]^T \cdot \{f_2^s\}$, on déduit :

$$\{F_2^s\} = \begin{Bmatrix} 0 \\ -\dfrac{qh}{2} \\ 0 \\ -\dfrac{qh}{2} \\ 0 \\ 0 \end{Bmatrix} \tag{8.50}$$

8.2.5 Assemblage des matrices élémentaires

En divisant chacune des matrices $[K_1]$ et $[K_2]$ en neuf sous matrices 2×2 K_{ij} (i nœud de départ, j nœud d'arrivée), les matrices de rigidité élémentaires deviennent :

$$[K_1] = \begin{bmatrix} K_{11} & K_{12} & K_{14} \\ K_{21} & K_{22} & K_{24} \\ K_{41} & K_{42} & K_{44} \end{bmatrix} \quad \text{et} \quad [K_2] = \begin{bmatrix} K_{33} & K_{34} & K_{32} \\ K_{43} & K_{44} & K_{42} \\ K_{23} & K_{24} & K_{22} \end{bmatrix} \tag{8.51}$$

d'où la matrice de rigidité de la structure :

$$[K] = \begin{bmatrix} (K_{11})_1 & (K_{12})_1 & 0 & (K_{14})_1 \\ (K_{21})_1 & (K_{22})_1 + (K_{22})_2 & (K_{23})_2 & (K_{24})_1 + (K_{24})_2 \\ 0 & (K_{32})_2 & (K_{33})_2 & (K_{34})_2 \\ (K_{41})_1 & (K_{42})_1 + (K_{42})_2 & (K_{43})_2 & (K_{44})_1 + (K_{44})_2 \end{bmatrix} \tag{8.52}$$

d'où :

$$[K] =$$

$$\frac{Ee}{4(1-\nu^2)} \begin{bmatrix} 3-\nu & 1+\nu & -2 & -1+\nu & 0 & 0 & -1+\nu & -2\nu \\ 1+\nu & 3-\nu & -2\nu & -1+\nu & 0 & 0 & -1+\nu & -2 \\ -2 & -2\nu & 2+1-\nu & 0 & -1+\nu & -1+\nu & 0 & 2\nu+1-\nu \\ -1+\nu & -1+\nu & 0 & 1-\nu+2 & -2\nu & -2 & 1-\nu+2\nu & 0 \\ 0 & 0 & -1+\nu & -2\nu & 3-\nu & 1+\nu & -2 & -1+\nu \\ 0 & 0 & -1+\nu & -2 & 1+\nu & 3-\nu & -2\nu & -1+\nu \\ -1+\nu & -1+\nu & 0 & 1-\nu+2\nu & -2 & -2\nu & 1-\nu+2 & 0 \\ -2\nu & -2 & 2\nu+1-\nu & 0 & -1+\nu & -1+\nu & 0 & 2+1-\nu \end{bmatrix}$$

(8.53)

soit après simplification :

$$[K]=\frac{Ee}{4(1-\nu^2)}\begin{bmatrix} 3-\nu & 1+\nu & -2 & -1+\nu & 0 & 0 & -1+\nu & -2\nu \\ 1+\nu & 3-\nu & -2\nu & -1+\nu & 0 & 0 & -1+\nu & -2 \\ -2 & -2\nu & 3-\nu & 0 & -1+\nu & -1+\nu & 0 & 1+\nu \\ -1+\nu & -1+\nu & 0 & 3-\nu & -2\nu & -2 & 1+\nu & 0 \\ 0 & 0 & -1+\nu & -2\nu & 3-\nu & 1+\nu & -2 & -1+\nu \\ 0 & 0 & -1+\nu & -2 & 1+\nu & 3-\nu & -2\nu & -1+\nu \\ -1+\nu & -1+\nu & 0 & 1+\nu & -2 & -2\nu & 3-\nu & 0 \\ -2\nu & -2 & 1+\nu & 0 & -1+\nu & -1+\nu & 0 & 3-\nu \end{bmatrix} \quad (8.54)$$

Ceci étant, il aurait été tout à fait possible d'utiliser les matrices booléennes d'assemblage vues en § 4.2.4. Il suffirait alors de poser que $[A_1]$ et $[A_2]$ sont respectivement égales à :

$$[A_1]=\begin{bmatrix} 1 & 0 & 0 & 0 & 0 & 0 & 0 & 0 \\ 0 & 1 & 0 & 0 & 0 & 0 & 0 & 0 \\ 0 & 0 & 1 & 0 & 0 & 0 & 0 & 0 \\ 0 & 0 & 0 & 1 & 0 & 0 & 0 & 0 \\ 0 & 0 & 0 & 0 & 0 & 0 & 1 & 0 \\ 0 & 0 & 0 & 0 & 0 & 0 & 0 & 1 \end{bmatrix} \quad [A_2]=\begin{bmatrix} 0 & 0 & 0 & 0 & 1 & 0 & 0 & 0 \\ 0 & 0 & 0 & 0 & 0 & 1 & 0 & 0 \\ 0 & 0 & 0 & 0 & 0 & 0 & 1 & 0 \\ 0 & 0 & 0 & 0 & 0 & 0 & 0 & 1 \\ 0 & 0 & 1 & 0 & 0 & 0 & 0 & 0 \\ 0 & 0 & 0 & 1 & 0 & 0 & 0 & 0 \end{bmatrix} \quad (8.55)$$

et de calculer ensuite :

$$[K]=[A_1]^T\cdot[K_1]\cdot[A_1]+[A_2]^T\cdot[K_2]\cdot[A_2] \quad (8.56)$$

8.2.6 Conditions d'appui : nœuds 1, 2 et 4 bloqués

■ Déplacements

Les nœuds 1,2 et 4 étant bloqués dans les directions horizontale et verticale, le vecteur charges $\{F\}$ en repère global s'écrit :

$$\{F\}=\begin{Bmatrix} R_{X1} \\ R_{Y1} \\ R_{X2} \\ R_{Y2} \\ 0 \\ -\dfrac{qh}{2} \\ R_{X4} \\ R_{Y4}-\dfrac{qh}{2} \end{Bmatrix} \quad (8.57)$$

Le système $[K]\cdot\{Q\}=\{F\}$ associé à (8.54) et (8.57) devient après introduction des conditions d'appui :

$$\frac{Ee}{4(1-\nu^2)}\begin{bmatrix}3-\nu & 1+\nu\\ 1+\nu & 3-\nu\end{bmatrix}\cdot\begin{Bmatrix}U_3\\ V_3\end{Bmatrix}=\begin{Bmatrix}0\\ -\dfrac{qh}{2}\end{Bmatrix} \tag{8.58}$$

ce qui donne pour les déplacements au nœud 3 :

$$\begin{cases} U_3 = \dfrac{qh(1+\nu)^2}{4Ee} = 0.201\,\text{mm} \\ V_3 = -\dfrac{qh(1+\nu)(3-\nu)}{4Ee} = -0.418\,\text{mm}\end{cases} \tag{8.59}$$

Figure 8.8 – Exemple 4 : déformée (Effel) avec nœuds 1, 2 et 4 bloqués.

Réactions

Les réactions aux nœuds bloqués peuvent être obtenues directement à partir de la matrice de rigidité du système (8.54) et de la relation :

$$\begin{Bmatrix}R_{X1}\\ R_{Y1}\\ R_{X2}\\ R_{Y2}\\ 0\\ 0\\ R_{X4}\\ R_{Y4}\end{Bmatrix}=[K]\cdot\begin{Bmatrix}0\\0\\0\\0\\U_3\\V_3\\0\\0\end{Bmatrix}-\begin{Bmatrix}0\\0\\0\\0\\0\\-\dfrac{qh}{2}\\0\\-\dfrac{qh}{2}\end{Bmatrix}=\begin{Bmatrix}0\\0\\\dfrac{qh(1-\nu)}{8}\\\dfrac{qh(3+\nu)}{8}\\0\\0\\-\dfrac{qh(1-\nu)}{8}\\\dfrac{qh(5-\nu)}{8}\end{Bmatrix}=\begin{Bmatrix}0\\0\\875000\,\text{N}\\4125000\,\text{N}\\0\\0\\-875000\,\text{N}\\5875000\,\text{N}\end{Bmatrix} \tag{8.60}$$

□ Contraintes

Les nœuds 1, 2 et 4 de l'élément 1 étant tous bloqués, les contraintes dans cet élément sont bien évidemment toutes nulles. Concernant l'élément 2 et afin d'évaluer les déplacements dans son repère local, il est tout d'abord nécessaire de faire le changement de base inverse suivant :

$$\{q_2\} = [R_2]\cdot\{Q_2\} = -[I]\cdot\{Q_2\} = -\{Q_2\} \tag{8.61}$$

Avant de calculer les contraintes proprement dites, il faut évaluer les déformations au moyen de la relation (4.10) en posant que $\{\varepsilon\} = [B]\cdot\{q_2\}$, $[B]$ correspondant dans ce cas à l'expression trouvée en (8.42). On a :

$$\{\varepsilon\} = -\frac{1}{h}\begin{bmatrix} -1 & 0 & 1 & 0 & 0 & 0 \\ 0 & -1 & 0 & 0 & 0 & 1 \\ -1 & -1 & 0 & 1 & 1 & 0 \end{bmatrix}\begin{Bmatrix} u_3 \\ v_3 \\ u_4 \\ v_4 \\ u_2 \\ v_2 \end{Bmatrix} \tag{8.62}$$

d'où les contraintes dans l'élément :

$$\{\sigma_2\} = \begin{Bmatrix} \sigma_{xx} \\ \sigma_{yy} \\ \tau_{xy} \end{Bmatrix} = \frac{E}{1-\nu^2}\begin{bmatrix} 1 & \nu & 0 \\ \nu & 1 & 0 \\ 0 & 0 & \dfrac{1-\nu}{2} \end{bmatrix}\cdot\{\varepsilon\} = \begin{Bmatrix} \dfrac{q(1-\nu)}{4e} \\ -\dfrac{q(3+\nu)}{4e} \\ -\dfrac{q(1-\nu)}{4e} \end{Bmatrix} = \begin{Bmatrix} 17.5\,\text{MPa} \\ -82.5\,\text{MPa} \\ -17.5\,\text{MPa} \end{Bmatrix} \tag{8.63}$$

8.2.7 Conditions d'appui : nœuds 1, 2 et 3 bloqués

■ Déplacements

Répétant le processus du § 8.2.6 en considérant maintenant les nœuds 1, 2 et 3 bloqués, le vecteur $\{F\}$ et le système à résoudre deviennent respectivement :

$$\{F\} = \begin{Bmatrix} R_{X1} \\ R_{Y1} \\ R_{X2} \\ R_{Y2} \\ R_{X3} \\ R_{Y3} - \dfrac{qh}{2} \\ 0 \\ -\dfrac{qh}{2} \end{Bmatrix} \tag{8.64}$$

$$\frac{Ee}{4(1-\nu^2)}\begin{bmatrix}3-\nu & 0\\ 0 & 3-\nu\end{bmatrix}\cdot\begin{Bmatrix}U_4\\ V_4\end{Bmatrix}=\begin{Bmatrix}0\\ -\dfrac{qh}{2}\end{Bmatrix} \tag{8.65}$$

d'où les déplacements au nœud 4 :

$$\begin{cases}U_4=0\\ V_4=-\dfrac{2qh(1-\nu^2)}{Ee(3-\nu)}=-0.321\,\text{mm}\end{cases} \tag{8.66}$$

Figure 8.9 – Exemple 4 : déformée (Effel) avec nœuds 1, 2 et 3 bloqués.

■ Réactions

Le calcul des réactions devient :

$$\begin{Bmatrix}R_{X1}\\ R_{Y1}\\ R_{X2}\\ R_{Y2}\\ R_{X3}\\ R_{Y3}\\ 0\\ 0\end{Bmatrix}=[K]\cdot\begin{Bmatrix}0\\ 0\\ 0\\ 0\\ 0\\ 0\\ U_4\\ V_4\end{Bmatrix}-\begin{Bmatrix}0\\ 0\\ 0\\ 0\\ 0\\ -\dfrac{qh}{2}\\ 0\\ -\dfrac{qh}{2}\end{Bmatrix}=\begin{Bmatrix}\dfrac{qh\nu}{3-\nu}\\ \dfrac{qh}{3-\nu}\\ -\dfrac{qh(1+\nu)}{2(3-\nu)}\\ 0\\ \dfrac{qh(1-\nu)}{2(3-\nu)}\\ \dfrac{qh(2-\nu)}{3-\nu}\\ 0\\ 0\end{Bmatrix}=\begin{Bmatrix}1111111\text{N}\\ 3703703\text{N}\\ -2407407\text{N}\\ 0\\ 1296296\text{N}\\ 6296296\text{N}\\ 0\\ 0\end{Bmatrix} \tag{8.67}$$

Contraintes

Le repère local de l'élément 1 étant confondu avec le repère global, on sait que $\{q_1\}=[R_1]\cdot\{Q_1\}=[I]\cdot\{Q_1\}=\{Q_1\}$ d'où pour les contraintes dans cet élément :

$$\{\sigma_1\}=\begin{Bmatrix}\sigma_{xx}\\ \sigma_{yy}\\ \tau_{xy}\end{Bmatrix}=[H]\cdot\{\varepsilon\}=[H]\cdot\frac{1}{h}\begin{bmatrix}-1 & 0 & 1 & 0 & 0 & 0\\ 0 & -1 & 0 & 0 & 0 & 1\\ -1 & -1 & 0 & 1 & 1 & 0\end{bmatrix}\cdot\begin{Bmatrix}u_1\\ v_1\\ u_2\\ v_2\\ u_4\\ v_4\end{Bmatrix} \quad (8.68)$$

d'où $$\{\sigma_1\}=\begin{Bmatrix}\sigma_{xx}\\ \sigma_{yy}\\ \tau_{xy}\end{Bmatrix}=\begin{Bmatrix}-\dfrac{2q\nu}{e(3-\nu)}\\ -\dfrac{2q}{e(3-\nu)}\\ 0\end{Bmatrix}=\begin{Bmatrix}-22\,\text{MPa}\\ -74\,\text{MPa}\\ 0\end{Bmatrix}.$$

La démarche de calcul étant identique à celle établie en § 8.2.6, les contraintes dans l'élément 2 sont égales :

$$\{\sigma_2\}=\begin{Bmatrix}\sigma_{xx}\\ \sigma_{yy}\\ \tau_{xy}\end{Bmatrix}=[H]\cdot\{\varepsilon\}=[H]\frac{1}{h}\begin{bmatrix}-1 & 0 & 1 & 0 & 0 & 0\\ 0 & -1 & 0 & 0 & 0 & 1\\ -1 & -1 & 0 & 1 & 1 & 0\end{bmatrix}\begin{Bmatrix}u_3\\ v_3\\ u_4\\ v_4\\ u_2\\ v_2\end{Bmatrix} \quad (8.69)$$

soit $$\{\sigma_2\}=\begin{Bmatrix}\sigma_{xx}\\ \sigma_{yy}\\ \tau_{xy}\end{Bmatrix}=\begin{Bmatrix}0\\ 0\\ \dfrac{q(1-\nu)}{e(3-\nu)}\end{Bmatrix}=\begin{Bmatrix}0\\ 0\\ 26\,\text{MPa}\end{Bmatrix}.$$

8.2.8 Propriétés de l'élément triangle

Les déplacements obtenus aux chapitres 8.2.6 et 8.2.7 mettent en évidence une dissymétrie de comportement étrange, les deux modélisations devant amener normalement aux mêmes résultats. Ceci est dû au fait que l'élément triangle ne répartit pas uniformément les rigidités. Pour éviter cet inconvénient, il est donc conseillé de réaliser des maillages les plus symétriques possible ou à défaut d'utiliser des éléments de petites tailles.

Considérant maintenant le modèle précédent appuyé uniquement aux nœuds 1 et 2, on s'aperçoit même que l'élément triangle introduit des dissymétries sur des modèles symétriques. Pour calculer ces nouveaux déplacements, il suffit de reprendre la matrice de rigidité $\left[K\right]$ (8.54) et de résoudre le système $\left[K_{LL1}\right]\cdot\left\{Q_{L1}\right\}=\left\{F_{ext}\right\}$ avec :

$$\left[K\right]=$$

$$\frac{Ee}{4\left(1-\nu^2\right)}\begin{bmatrix} 3-\nu & 1+\nu & -2 & -1+\nu & 0 & 0 & -1+\nu & -2\nu \\ 1+\nu & 3-\nu & -2\nu & -1+\nu & 0 & 0 & -1+\nu & -2 \\ -2 & -2\nu & 3-\nu & 0 & -1+\nu & -1+\nu & 0 & 1+\nu \\ -1+\nu & -1+\nu & 0 & 3-\nu & -2\nu & -2 & 1+\nu & 0 \\ 0 & 0 & -1+\nu & -2\nu & 3-\nu & 1+\nu & -2 & -1+\nu \\ 0 & 0 & -1+\nu & -2 & 1+\nu & 3-\nu & -2\nu & -1+\nu \\ -1+\nu & -1+\nu & 0 & 1+\nu & -2 & -2\nu & 3-\nu & 0 \\ -2\nu & -2 & 1+\nu & 0 & -1+\nu & -1+\nu & 0 & 3-\nu \end{bmatrix} \quad (8.70)$$

$\left[K_{LL1}\right]$ (bloc encadré : lignes et colonnes 5 à 8)

et $\left\{F_{ext}\right\}=\begin{Bmatrix} 0 \\ -\dfrac{qh}{2} \\ 0 \\ -\dfrac{qh}{2} \end{Bmatrix}$ résultant de (8.50) et correspondant aux efforts aux nœuds 3 et 4 de l'élément 2.

On obtient alors :

$$\left[K_{LL1}\right]\cdot\left\{Q_{L1}\right\}=\left\{F_{ext}\right\}\Rightarrow\begin{cases} U_3=-\dfrac{4qh\nu\left(1+\nu\right)}{Ee\left(\nu^2-2\nu-7\right)}=0.0989\,\text{mm} \\ V_3=\dfrac{qh\left(1+\nu\right)\left(\nu^2-4\nu+7\right)}{Ee\left(\nu^2-2\nu-7\right)}=-0.486\,\text{mm} \\ U_4=\dfrac{2qh\nu\left(1-\nu^2\right)}{Ee\left(\nu^2-2\nu-7\right)}=-0.0346\,\text{mm} \\ V_4=\dfrac{qh\left(\nu+7\right)\left(1-\nu^2\right)}{Ee\left(\nu^2-2\nu-7\right)}=-0.421\,\text{mm} \end{cases} \quad (8.71)$$

Figure 8.10 – Exemple 4 : déformée (Effel) avec nœuds 1 et 2 bloqués.

La même structure modélisée avec un élément quadrangle Q4 donnerait, a contrario de l'élément triangle, des résultats symétriques. Pour ce faire, on reprend la matrice de rigidité trouvée en (8.21) :

$$[K]=$$

$$\frac{Ee}{1-\nu^2}\begin{bmatrix} \frac{3-\nu}{6} & \frac{1+\nu}{8} & \frac{-3-\nu}{12} & \frac{-1+3\nu}{8} & \frac{-3+\nu}{12} & \frac{-1-\nu}{8} & \frac{\nu}{6} & \frac{1-3\nu}{8} \\ \frac{1+\nu}{8} & \frac{3-\nu}{6} & \frac{1-3\nu}{8} & \frac{\nu}{6} & \frac{-1-\nu}{8} & \frac{-3+\nu}{12} & \frac{-1+3\nu}{8} & \frac{-3-\nu}{12} \\ \frac{-3-\nu}{12} & \frac{1-3\nu}{8} & \frac{3-\nu}{6} & \frac{-1-\nu}{8} & \frac{\nu}{6} & \frac{-1+3\nu}{8} & \frac{-3+\nu}{12} & \frac{1+\nu}{8} \\ \frac{-1+3\nu}{8} & \frac{\nu}{6} & \frac{-1-\nu}{8} & \frac{3-\nu}{6} & \frac{1-3\nu}{8} & \frac{-3-\nu}{12} & \frac{1+\nu}{8} & \frac{-3+\nu}{12} \\ \frac{-3+\nu}{12} & \frac{-1-\nu}{8} & \frac{\nu}{6} & \frac{1-3\nu}{8} & \frac{3-\nu}{6} & \frac{1+\nu}{8} & \frac{-3-\nu}{12} & \frac{-1+3\nu}{8} \\ \frac{-1-\nu}{8} & \frac{-3+\nu}{12} & \frac{-1+3\nu}{8} & \frac{-3-\nu}{12} & \frac{1+\nu}{8} & \frac{3-\nu}{6} & \frac{1-3\nu}{8} & \frac{\nu}{6} \\ \frac{\nu}{6} & \frac{-1+3\nu}{8} & \frac{-3+\nu}{12} & \frac{1+\nu}{8} & \frac{-3-\nu}{12} & \frac{1-3\nu}{8} & \frac{3-\nu}{6} & \frac{-1-\nu}{8} \\ \frac{1-3\nu}{8} & \frac{-3-\nu}{12} & \frac{1+\nu}{8} & \frac{-3+\nu}{12} & \frac{-1+3\nu}{8} & \frac{\nu}{6} & \frac{-1-\nu}{8} & \frac{3-\nu}{6} \end{bmatrix} \quad (8.72)$$

$[K_{LL2}]$

et on résout $[K_{LL2}]\cdot\{Q_{L2}\}=\{F_{ext}\}$ d'où :

$$\begin{cases} U_3 = -\dfrac{6qh\nu\left(1-\nu^2\right)}{Ee\left(6\nu^2+\nu-9\right)} = 0.0956\,\text{mm} \\ V_3 = -\dfrac{qh(\nu-9)\left(1-\nu^2\right)}{Ee\left(6\nu^2+\nu-9\right)} = -0.462\,\text{mm} \\ U_4 = \dfrac{6qh\nu\left(1-\nu^2\right)}{Ee\left(6\nu^2+\nu-9\right)} = -0.0956\,\text{mm} \\ V_4 = -\dfrac{qh(\nu-9)\left(1-\nu^2\right)}{Ee\left(6\nu^2+\nu-9\right)} = -0.462\,\text{mm} \end{cases} \tag{8.73}$$

Figure 8.11 – déformée (Effel) avec nœuds 1 et 2 bloqués (Q4).

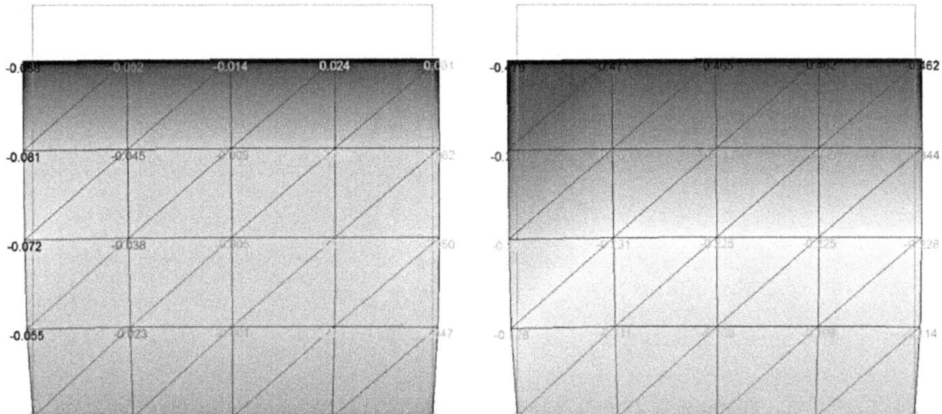

Figure 8.12 – Déplacements /X (Effel) – T3 / Déplacements /Y (Effel) – T3.

Bien évidemment, la diminution de la taille des éléments triangulaires fera disparaître peu à peu la dissymétrie, l'idéal étant bien sûr de réaliser un maillage le plus homogène possible (cf. figure 8.13).
Dans le cas contraire et comme il est possible de le constater à la figure 8.12, les résultats pourront être parfois assez curieux, ceci se traduisant dans notre cas par des différences entre les déplacements latéraux et verticaux. Bien évidemment, tout rentrera dans l'ordre avec un maillage plus homogène.

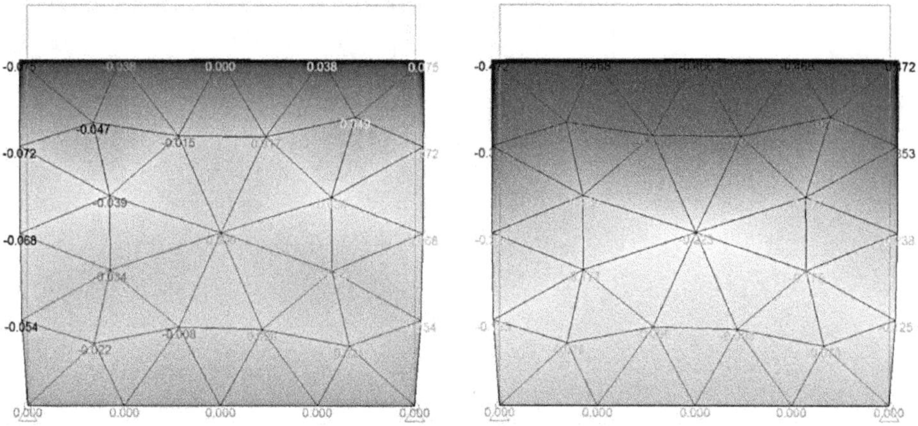

Figure 8.13 – Déplacements /X (Effel) – T3 / Déplacements /Y (Effel) – T3.

En conséquence, l'utilisation de triangles hétérogènes peut perturber assez sensiblement les résultats. En effet et sachant qu'en théorie, le déplacement vertical de cette membrane doit être égal à :

$$\varepsilon = \frac{\Delta v}{h} = \frac{\sigma}{E} = \frac{-qh/he}{E} \Rightarrow \Delta v = -\frac{qh}{Ee} = -0.476\,\text{mm}$$ [1]

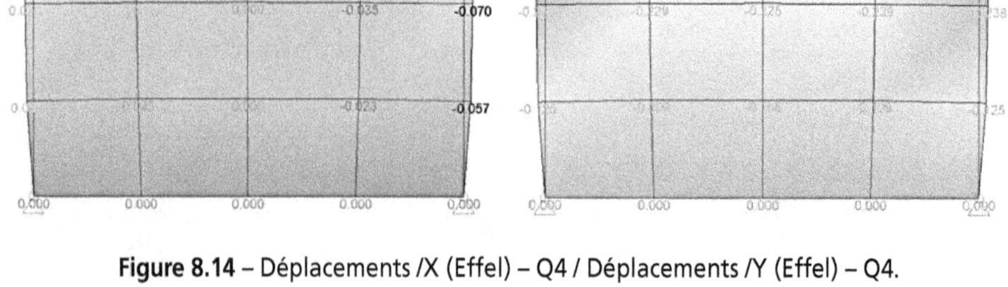

Figure 8.14 – Déplacements /X (Effel) – Q4 / Déplacements /Y (Effel) – Q4.

1. On néglige dans ce calcul l'effet dû au coefficient de Poisson. De ce fait, on retrouve le résultat (8.24).

La comparaison démontre un bon comportement des maillages triangles et quadrangles homogènes, le premier dissymétrique restant approximatif.

8.3 Exemple 5 : étude d'une plaque trouée

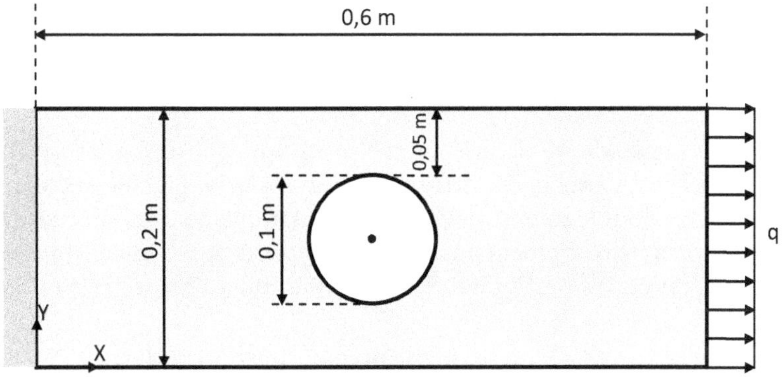

Figure 8.15 – Exemple 7 : plaque rectangulaire trouée.

Application numérique : L = 0.60 m, E = 2.1 10^{11} N/m^2, ν = 0.3, h = 0.20 m, q = 1 10^6 N/m, e = 1 cm (épaisseur de la tôle), r = 5 cm (rayon du trou).

8.3.1 Principe de la modélisation géométrique

Comme vu précédemment, l'approche par éléments finis est essentiellement basée sur une notion d'éléments. Chacun de ces éléments doit être décrit suivant son type à partir des nœuds sommets caractérisant sa géométrie. On parlera alors de connectivité élémentaire.

Cette approche par discrétisation élémentaire pouvant devenir très lourde dans le cas de structures complexes, il a été fait appel à des techniques empruntées à la CAO (Conception Assistée par Ordinateur) qui permettent une description précise de la géométrie avec un minimum d'entrées de données. De manière très synthétique, il s'agit en fait de décrire la structure à partir de points, de lignes, de surfaces ou de volumes, chacune de ces entités géométriques devant être associée à un type d'élément. Par exemple, une ligne géométrique pourra être discrétisée avec des éléments poutres, une surface avec des éléments membranes, un volume avec à des éléments hexaédriques.

Figure 8.16 – modélisation géométrique.

Dans notre cas d'étude, cette modélisation se réduira à la création d'une surface rectangulaire de 0.6 par 0.2 m et à la soustraction d'un disque de 0.05 m de rayon. Cependant, cette séquence pourra varier en fonction du logiciel utilisé, certains prenant en charge automatiquement la création de la plaque trouée dès génération du rectangle et du cercle. Finalement et comme indiqué à la figure 8.16, le modèle comportera une surface trouée et cinq lignes, quatre pour le rectangle, une pour le cercle.

8.3.2 La problématique du maillage

Une fois la géométrie définie, la phase suivante consiste à transformer celle-ci en un modèle éléments finis. Cette opération est prise en charge par un outil appelé « mailleur » dont le rôle est de définir automatiquement les coordonnées des nœuds et la connectivité élémentaire. Les formes pouvant être complexes, le succès de cette opération n'est pas garanti, l'utilisateur doit alors itérer en modifiant les différents paramètres de maillage.

Pour réaliser cette tâche, le mailleur fait appel à diverses informations relatives aux tailles d'éléments qui sont généralement imposées par l'utilisateur. Deux approches complémentaires sont généralement mises à la disposition de celui-ci pour les définir.

La première permet de spécifier une taille minimale pour les éléments, le mailleur prenant ensuite en charge la discrétisation proprement dite. Très souvent utilisée en première approche, elle a pour principal avantage sa rapidité qui permet d'obtenir un premier résultat et donc une première évaluation du comportement du modèle.

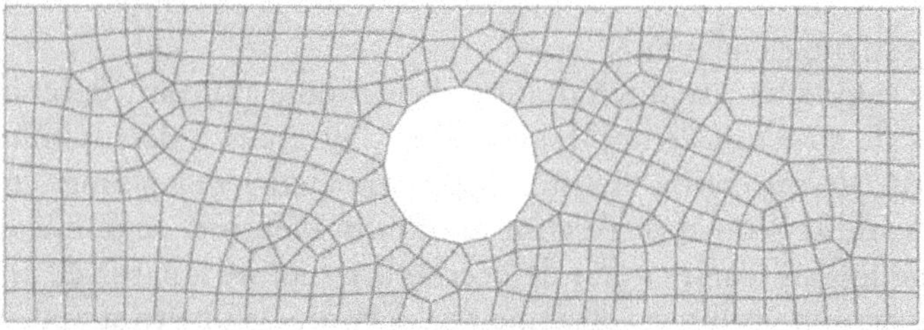

Figure 8.17 – Maillage avec une taille minimale de 0,02 m.

Pour piloter le mailleur plus précisément, une deuxième technique consiste à définir un nombre de divisions ou des tailles minimales d'éléments sur les lignes géométriques. Le mailleur suit alors ces informations tout en essayant d'assurer une certaine progressivité dans les tailles d'éléments. Ainsi et pour obtenir le maillage de la figure 8.18, les lignes verticales, horizontales et le cercle ont été scindées respectivement en 12, 40 et 26 divisions.

Il est également possible d'imposer des tailles d'éléments sur certaines zones tout en laissant le mailleur gérer le complémentaire avec une taille minimale d'élément.

Enfin, cette approche automatique a pour grand intérêt d'autoriser la modification, l'augmentation ou la diminution des tailles de mailles à volonté.

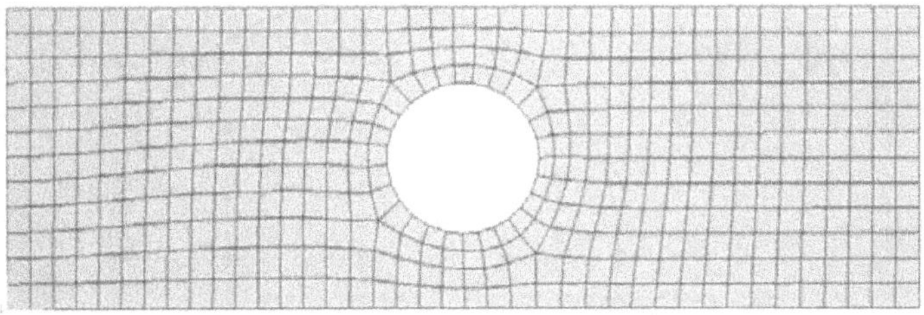

Figure 8.18 – Divisions des lignes.

Ceci étant, la forme de l'élément n'a pas été évoquée jusqu'à maintenant. En effet généralement, les mailleurs offrent deux possibilités : les maillages en quadrangles ou en triangles, le mixe des deux étant peu conseillé compte tenu de leurs différences de formulation.

Incluant les maillages volumiques hexaédriques ou tétraédriques dans ces deux options, l'approche triangulaire reste la plus simple et la plus rapide. Le succès du maillage est dans ce cas quasiment garanti ce qui a pour corollaire un très grand nombre d'éléments de dimensions et d'orientations très diverses. Ce sont ses principaux désavantages.

Le maillage quadrangulaire n'a pas tous ces inconvénients. Il nécessite néanmoins beaucoup de soins avec des structures de géométries complexes. Bien que les mailleurs soient de plus en plus performants, il est parfois nécessaire de « reprendre les commandes » et ainsi de le piloter presque manuellement.

Dans ce cas, il est utile de se rappeler que la forme de base idéale est soit la surface à quatre cotés, soit le volume à six faces. De ce fait et pour mailler une structure en quadrangles, il est souvent nécessaire de partitionner la géométrie en entités de ce type. Cependant, cette règle n'est qu'indicative, les mailleurs quadrangles ou hexaédriques arrivant suivant leurs origines à discrétiser des formes plus évoluées. Néanmoins et sans ce travail préalable, le mailleur pourra être mis en défaut.

Ceci étant, certaines formes comme le cercle posent un léger problème, le quadrangle n'étant pas l'idéal pour reconstituer une géométrie curviligne. On utilise alors une astuce qui consiste, comme décrit à la figure 8.19, à insérer une forme carrée dans le cercle et à couper les différents segments ainsi obtenus avec le même nombre de divisions.

Prenant comme exemple un disque à mailler en quadrangles, on voit figure 8.19 que chacun des éléments a bien quatre faces. Si la discrétisation devait être augmentée, il suffirait alors de prendre chacun des segments et de les fractionner en un nombre égal de divisions. La même démarche peut également être utilisée pour les objets cylindriques.

En plus d'une grande souplesse en terme de maillage, l'approche géométrique a également l'avantage de permettre l'attribution de données comme les conditions d'appui ou les charges à des entités géométriques. On pourra par exemple lier la charge répartie q ou des conditions d'appui à des lignes géométriques différentes. Dans ce cas, les attributs correspondants seront transmis automatiquement aux nœuds et aux éléments lors de l'opération de maillage.

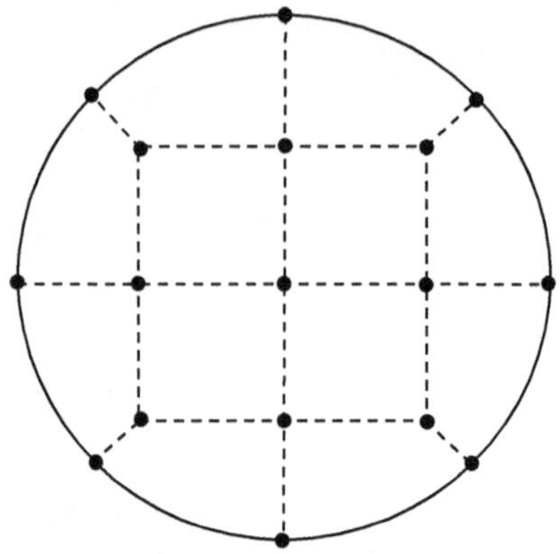

Figure 8.19 – Maillage d'un cercle avec des quadrangles.

8.3.3 Continuité - convergence-conformité

L'approximation polynomiale décrite au chapitre 4.1, base de la méthode des éléments finis fait que la solution obtenue n'est pas forcément exacte. En d'autres termes, les fonctions de forme des éléments utilisés reconstituent la forme des déplacements de la structure avec plus ou moins de précision. La solution exacte est donc sensée être approchée lorsque la taille des éléments diminue.

Néanmoins, cette convergence monotone du champ de déplacement ne peut être effective qu'à condition de satisfaire à la condition de mouvement de corps rigide (MCR), au critère de la déformation constante, et de garantir la continuité des déplacements sur l'élément et aux frontières de celui-ci (cf. § 7.2). Dans ce cas, l'élément est qualifié de conforme.

A contrario, les éléments non conformes qui n'assurent pas la continuité aux frontières ont une convergence lente et non assurée. Cependant, certains d'entre eux ont des performances parfois supérieures à leurs homologues conformes. Ceci doit être vérifié par la technique du patch test. De plus, [3] précise que l'élément doit posséder une base polynomiale complète jusqu'à l'ordre n pour garantir la convergence des dérivées de u,v ou w d'ordre n.

8.3.4 Discontinuité du champ de contraintes-déformations

La continuité du champ de déplacement étant garantie dans la majorité des cas (les éléments utilisés sont généralement conformes et convergents), il n'en est pas de même pour les champs de déformations, de contraintes et d'efforts. Ceux-ci sont en effet continus sur l'élément mais en aucune façon sur ses frontières. Dans ce cas de figure, les équations d'équilibre de volume (3.5)[1] et de surface (3.6)[1] ne sont pas forcément satisfaites.

Deux modes de visualisation des contraintes, des déformations ou des efforts sont généralement disponibles dans les codes de calcul pour aider l'utilisateur à vérifier l'équilibre de son modèle : les modes lissé ou non lissé[2].

1. Voir compléments en ligne.
2. On utilise également parfois le terme de moyenné.

Le premier consiste à lisser les champs de contraintes, de déformations ou d'efforts en rendant ces valeurs continues. Considérant un nœud précis[1], le principe revient à calculer en ce point les valeurs des contraintes, des déformations ou des efforts dans les éléments liés à ce nœud et à en retenir la moyenne. Par exemple et pour un nœud i connecté à m éléments, la contrainte lissée ou moyennée σ_{xx} en i sera donnée par :

$$\left(\sigma_{xx}\right)_i = \frac{\sum_{e=1}^{m}\left[\left(\sigma_{xx}\right)_i\right]_e}{m} \tag{8.74}$$

Généralement, ce calcul est effectué à partir des valeurs calculées aux points de Gauss. Bien évidemment, ce mode de calcul ne permet plus d'estimer les discontinuités des contraintes, des déformations ou des efforts. Il a de plus comme principal inconvénient d'écrêter ces valeurs en cas de fortes discontinuités.

Le deuxième mode de visualisation en valeurs non lissées ou non moyennées revient à afficher l'évolution des contraintes, des déformations ou des efforts sur les éléments pris un à un. On peut se servir dans ce cas de la méthodologie de calcul utilisée pour les exemples 3 et 4 aux chapitres 8.1.6 ou 8.2.6. Certains logiciels se limitent cependant à une seule valeur calculée au centre de gravité de l'élément.

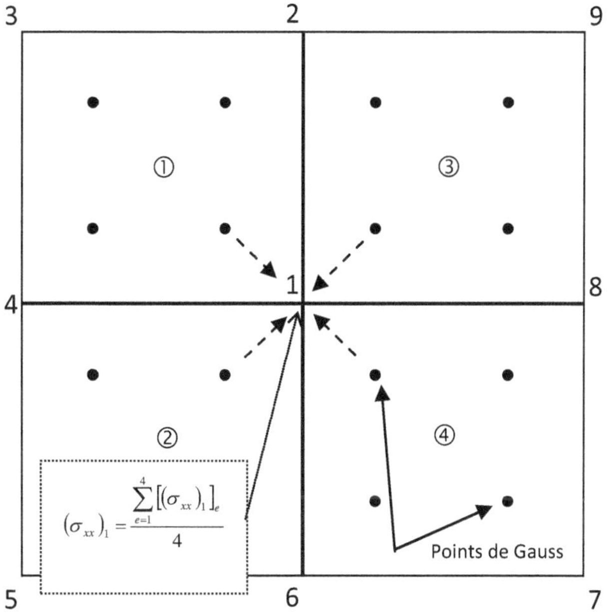

Figure 8.20 – Calcul de la contrainte moyennée σ_{xx} au nœud 1.

1. Dans notre exemple de la figure 8.20, le nœud 1.

8.3.5 Validation du modèle

■ Maillage en quadrangles

Choisissant de discrétiser notre cas d'étude en quadrangles, la principale difficulté se situe au niveau du maillage du trou circulaire. Pour résoudre ce problème, il suffit d'inscrire ce cercle dans un carré (cf. figure 8.21) soit une approche inverse à celle décrite au chapitre 8.3.2. La périphérie du trou est alors divisée en quatre aires de dimensions égales garantissant ainsi un maillage symétrique et homogène.

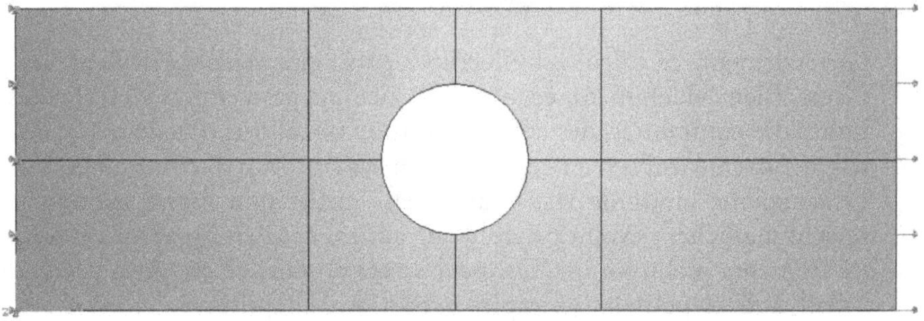

Figure 8.21 – Exemple 7 : modèle géométrique Abaqus.

En l'absence de solution connue, la mise au point d'un modèle de calcul par éléments finis passe en premier lieu par une vérification de la convergence des déplacements. Dans un deuxième temps, on compare les solutions lissées et non lissées pour valider les contraintes et estimer leurs discontinuités.
Pour valider notre modèle, trois densités de maillage imposant respectivement 24, 32 et 48 divisions au niveau du trou circulaire ont été retenues. Choisissant dans un premier temps un élément linéaire Q4, les déplacements obtenus avec le logiciel Abaqus™ se résument aux courbes de la figure 8.24.
On retiendra donc une valeur de 0.36 mm pour le déplacement maximal. L'affichage en mode non lissé met en évidence l'évolution des discontinuités de contraintes. L'élément utilisé étant un Q4, l'évolution des contraintes sur celui-ci est linéaire (cf. § 8.1.6). On reconstitue en fait le champ de contraintes à partir de tronçons de droites d'où une convergence plus lente que pour son homologue quadratique (Q8).

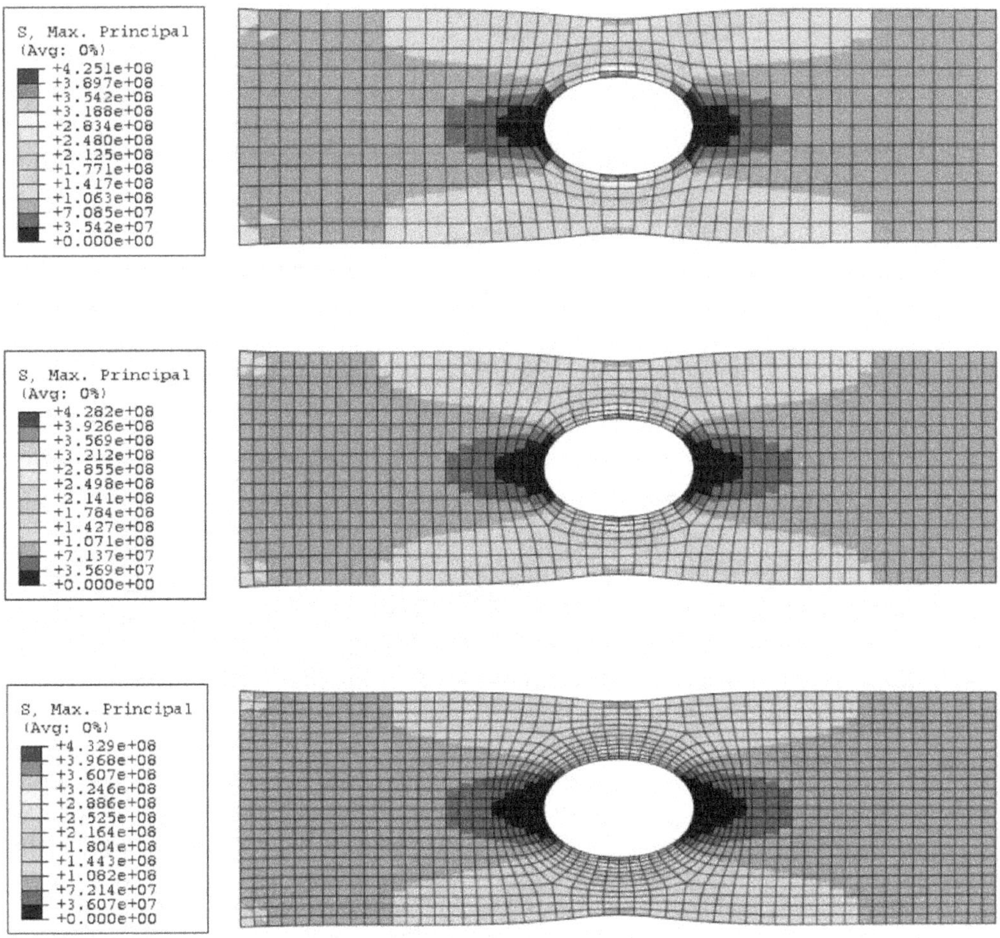

Figure 8.22 – Contraintes σ_{max} non lissées – Élément Q4 (Abaqus).

On s'aperçoit dans le cas de l'utilisation d'un Q8 que les contraintes lissées et non lissées sont tout à fait équivalentes, les variations entre les deux étant négligeables. On notera également que la continuité des contraintes non lissées est quasi parfaite quelle que soit la densité de maillage.
La contrainte maximale retenue sera donc comprise entre 433 (Q4) et 438 MPa (Q8), valeur tout à fait comparable à celle calculée à partir du coefficient de concentration de contrainte $(K = 2.16)$ issu des courbes de Peterson (cf. [4]).

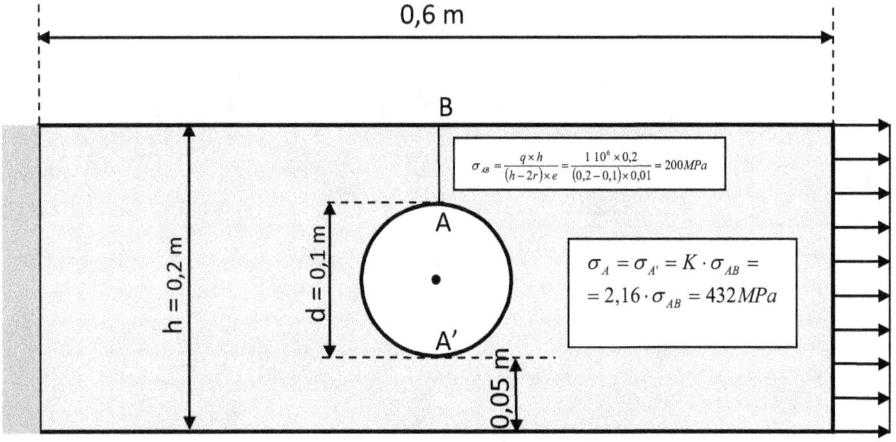

Figure 8.23 – Calcul de la contrainte au point A.

Finalement, les deux types de maillage Q4 et Q8 donnent des résultats tout à fait similaires, le deuxième convergeant plus rapidement du fait de sa formulation mais avec bien sûr un nombre de nœuds plus important à nombre de divisions égal. Tout est en fait une affaire de compromis entre rapidité de convergence et temps de calcul.

Maillage en triangles

Le maillage en triangles est bien évidemment beaucoup plus simple. Il suffit de reprendre la description géométrique de la figure 8.16, soit un rectangle et un cercle, et d'imposer les mêmes nombres de divisions au niveau du trou. De plus, deux sortes de maillage en éléments T3 et T6 sont envisagées successivement.
Par rapport à un Q4, le T3 est beaucoup plus lent à converger vers la solution. Ceci tient au fait que la reconstitution de la continuité des contraintes est plus délicate, celles-ci étant constantes sur l'élément (cf. § 8.2.6). On s'aperçoit par ailleurs que les contraintes non lissées sont beaucoup plus proches de l'objectif que celles lissées et ce toujours pour la même raison. De plus, il est légèrement plus rigide que son homologue quadrangle.
Le même modèle maillé en T6 donne de bien meilleurs résultats dès le premier type de discrétisation. Néanmoins et bien que la continuité soit quasi réalisée sans moyennage, les contraintes maximales lissées et non lissées sont dans tous les cas différentes, l'une tendant peu à peu vers l'autre.

Critères d'évaluation de la qualité d'un modèle

L'utilisateur ayant généralement peu de références pour valider son modèle, celui-ci sera immanquablement amené à s'interroger sur la qualité des résultats obtenus. Pour ce faire, il devra développer une méthodologie propre lui permettant de s'assurer de leur stabilité.

En préalable, deux options s'offrent à lui, soit un maillage en quadrangles, soit celui en triangles. Généralement et à densité de maillage constante, ce dernier converge plus lentement et génère plus d'éléments ce qui est un léger handicap. Comme indiqué précédemment, il a cependant pour principal avantage de libérer l'utilisateur des opérations géométriques[1] nécessitées par les mailleurs quadrangles. Il s'agit en fait d'un compromis entre le temps passé pour la modélisation et celui nécessité par le calcul.

Pour valider son modèle, l'utilisateur devra dans un premier temps contrôler la stabilité des déplacements. Les modèles éléments finis convergeant assez vite dans ce cas[2], une variation inférieure à 5% entre deux maillages successifs constitue un critère d'acceptation.

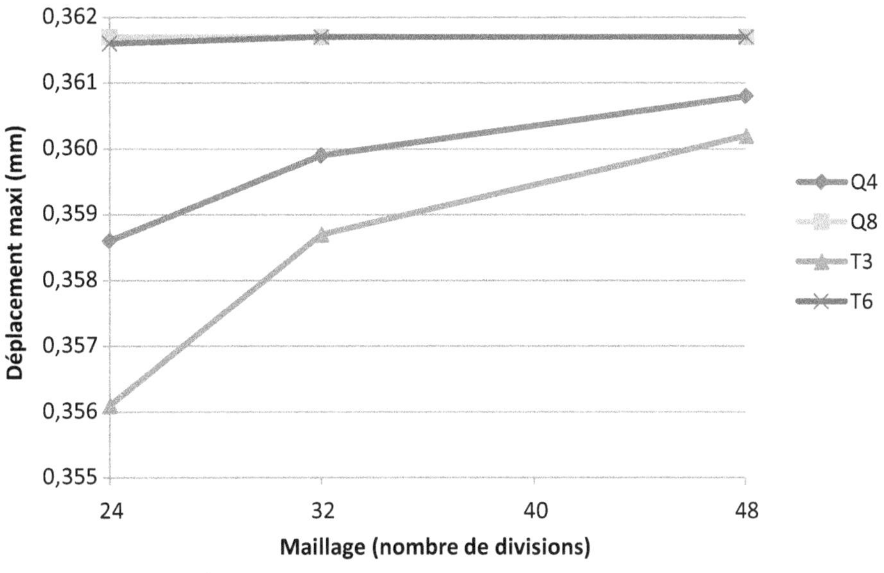

Figure 8.24 – Évolution du déplacement maximum en fonction du maillage.

1. Ces opérations ont pour but d'obtenir un maximum de surfaces à 4 côtés ou de cubes à 6 faces.
2. Les éléments utilisés sont très souvent conformes.

Généralement, les déplacements obtenus avec des éléments quadrangles sont assez rapidement représentatifs, ceux associés à des triangles évoluant plus lentement.
Ceci vérifié, il devra examiner les tracés des contraintes non lissées et statuer sur leur continuité. Bien évidemment, plus l'élément utilisé est riche, plus cette continuité est établie rapidement. Pour les éléments linéaires, celle-ci peut évoluer assez lentement et contraindre[1] l'utilisateur à se contenter de maillages de densité insuffisante. Dans ce cas, il sera préférable de retenir les contraintes non lissées à celles lissées, ces dernières pouvant être altérées éventuellement par de fortes variations entre éléments.
Une autre approche consiste à comparer les maximums des contraintes lissées et non lissées puis à vérifier leur convergence. Ceci étant, on se méfiera dans ce cas de figure des discontinuités géométriques ou des changements de matériaux qui peuvent provoquer des concentrations de contraintes non convergentes[2].

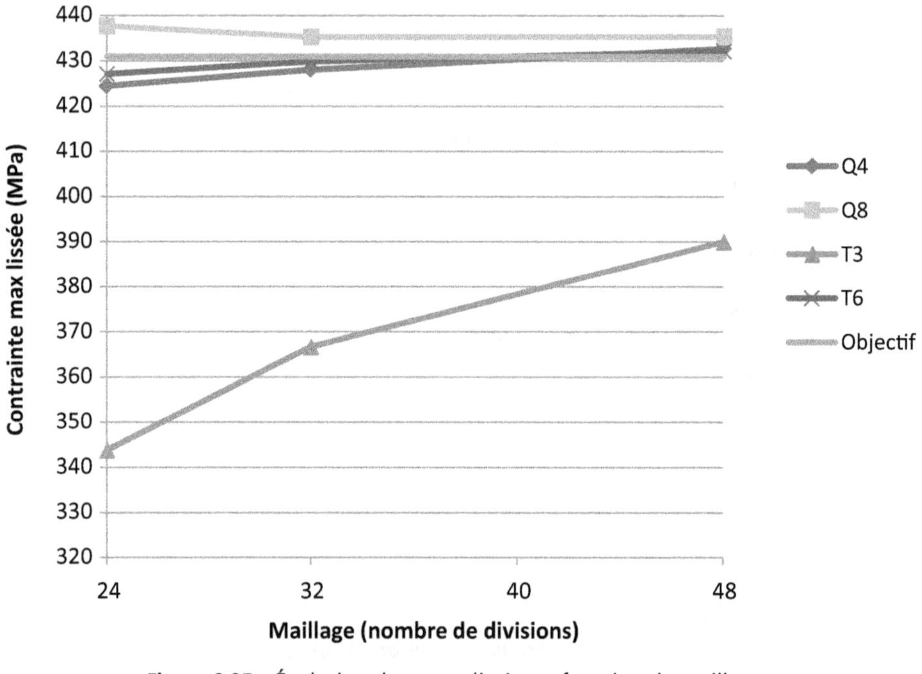

Figure 8.25 – Évolution de σ_{max} lissée en fonction du maillage.

1. Pour des raisons de capacités informatiques ou de temps de calcul par exemple.
2. La contrainte ne fait qu'augmenter au fur et à mesure que la taille des éléments diminue.

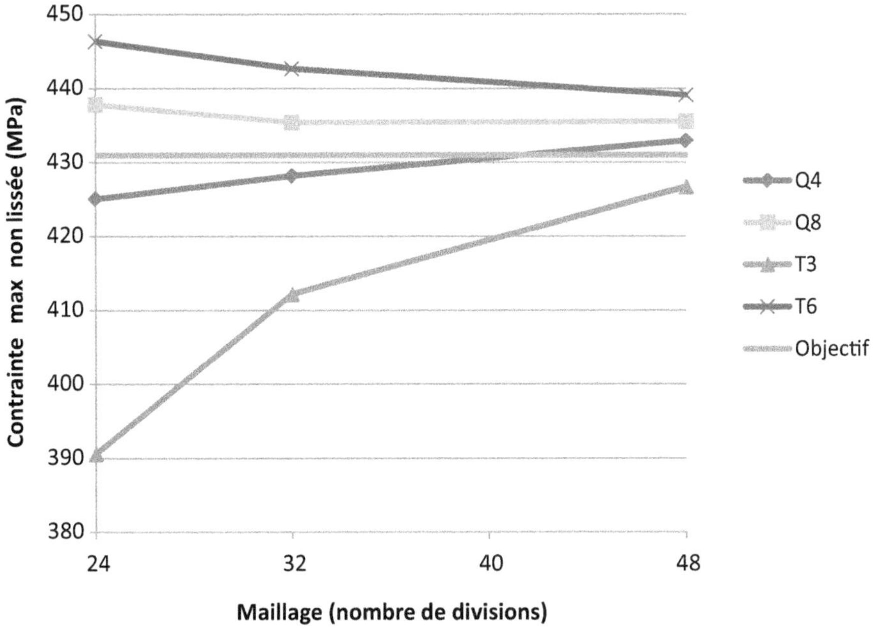

Figure 8.26 – Évolution de σ_{max} non lissée en fonction du maillage.

9 • ÉLÉMENTS DE PLAQUE

9.1 Rappels sur les théories des plaques

9.1.1 Théorie des plaques minces

La théorie de Kirchhoff relative aux plaques minces qui revient à ne pas prendre en compte le cisaillement transverse, est applicable lorsque le rapport de la plus petite de leurs dimensions sur l'épaisseur est supérieur ou égal à 20[1] (cf. [5]).

■ Relations moments-courbures

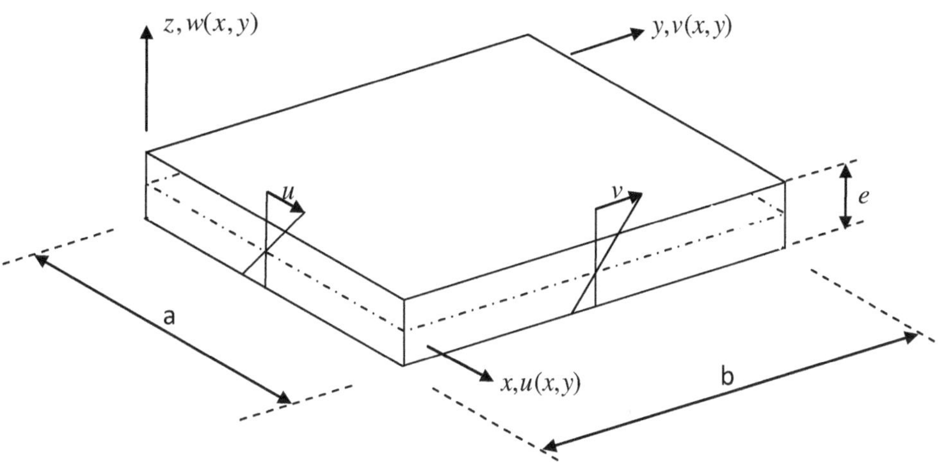

Figure 9.1 – Plaques minces de côtés a, b.

Les déplacements horizontaux peuvent être exprimés en fonction de w en posant que :

$$u = -z \cdot \frac{\partial w}{\partial x}$$
$$v = -z \cdot \frac{\partial w}{\partial y} \qquad (9.1)$$

1. $\frac{a}{e}$ ou $\frac{b}{e} \geq 20$.

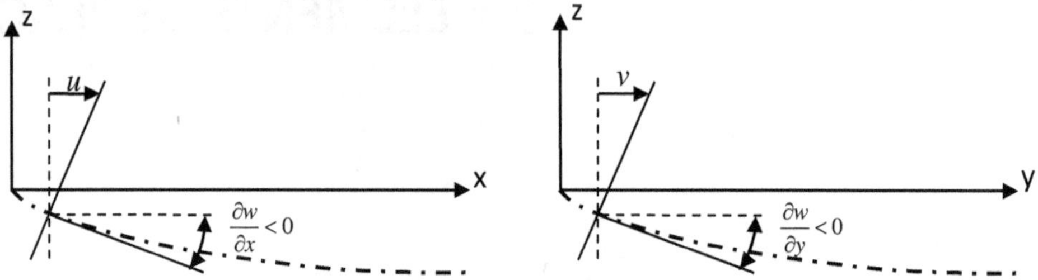

Figure 9.2 – Calcul des déplacements horizontaux.

Les déformations correspondantes sont donc égales à :

$$\begin{aligned} \varepsilon_{xx} &= \frac{\partial u}{\partial x} = -z \cdot \frac{\partial^2 w}{\partial x^2} \\ \varepsilon_{yy} &= \frac{\partial v}{\partial y} = -z \cdot \frac{\partial^2 w}{\partial y^2} \end{aligned} \tag{9.2}$$

La relation (9.2) est analogue à l'expression (6.6) issue de la théorie des poutres (cf. § 6.1). La théorie de Kirchhoff s'apparente en fait à celle des poutres élancées. Le comportement des structures planes en flexion relevant de l'hypothèse de contrainte plane (cf. 3.3.4)[1], la relation entre contraintes et déformations normales s'écrit d'après (3.27)[1] :

$$\begin{aligned} \sigma_{xx} &= \frac{E}{1-\nu^2}\left(\varepsilon_x + \nu \cdot \varepsilon_y\right) = -\frac{E \cdot z}{1-\nu^2}\left(\frac{\partial^2 w}{\partial x^2} + \nu \cdot \frac{\partial^2 w}{\partial y^2}\right) \\ \sigma_{yy} &= \frac{E}{1-\nu^2}\left(\varepsilon_y + \nu \cdot \varepsilon_x\right) = -\frac{E \cdot z}{1-\nu^2}\left(\frac{\partial^2 w}{\partial y^2} + \nu \cdot \frac{\partial^2 w}{\partial x^2}\right) \end{aligned} \tag{9.3}$$

d'où l'expression des moments de flexion M_{xx} et M_{yy} à partir des équations d'équilibre correspondantes :

$$\begin{aligned} M_{xx} \cdot dy &= \int_{-\frac{e}{2}}^{\frac{e}{2}} \sigma_{xx} \cdot z \cdot dzdy \\ M_{yy} \cdot dx &= \int_{-\frac{e}{2}}^{\frac{e}{2}} \sigma_{yy} \cdot z \cdot dzdx \end{aligned} \tag{9.4}$$

En injectant (9.3) dans (9.4), on obtient finalement :

$$\begin{aligned} M_{xx} &= -D \cdot \left(\frac{\partial^2 w}{\partial x^2} + \nu \cdot \frac{\partial^2 w}{\partial y^2}\right) \\ M_{yy} &= -D \cdot \left(\frac{\partial^2 w}{\partial y^2} + \nu \cdot \frac{\partial^2 w}{\partial x^2}\right) \end{aligned} \tag{9.5}$$

1. Voir compléments en ligne.

avec $D = \frac{E}{1-\nu^2} \int_{-\frac{e}{2}}^{\frac{e}{2}} z^2 \cdot dz = \frac{Ee^3}{12\left(1-\nu^2\right)}$.

On notera que le paramètre D est assimilable au terme EI de la théorie des poutres, la valeur $e^3/12$ correspondant à l'inertie d'une section rectangulaire de largeur unitaire. Encore une fois, on retrouve la similitude avec cette théorie puisque (9.5) est analogue à (6.7).

De la même façon et d'après (3.11)[1], (3.20)[1] et (9.1), on aura pour la contrainte de cisaillement :

$$\tau_{xy} = G \cdot \gamma_{xy} = G \cdot \left(\frac{\partial v}{\partial x} + \frac{\partial u}{\partial y} \right) = -2G \cdot z \cdot \frac{\partial^2 w}{\partial x \partial y} \tag{9.6}$$

On sait par ailleurs que ces contraintes de cisaillement, intégrées sur l'épaisseur, s'équilibrent avec un moment de torsion noté M_{xy} :

$$M_{xy} = \int_{-\frac{e}{2}}^{\frac{e}{2}} \tau_{xy} \cdot z \cdot dz \tag{9.7}$$

d'où

$$M_{xy} = -\frac{Ge^3}{6} \cdot \frac{\partial^2 w}{\partial x \partial y} \tag{9.8}$$

soit en fonction de D :

$$M_{xy} = -D\left(1-\nu\right) \cdot \frac{\partial^2 w}{\partial x \partial y} \tag{9.9}$$

Relations moments-contraintes

Les relations (9.3) et (9.5) ayant des termes communs, les contraintes normales peuvent être directement reliées aux moments de flexion M_{xx} et M_{yy} par :

$$\begin{aligned} \sigma_{xx} &= \frac{12z \cdot M_{xx}}{e^3} \\ \sigma_{yy} &= \frac{12z \cdot M_{yy}}{e^3} \end{aligned} \tag{9.10}$$

ce qui donne pour les fibres extrêmes de la plaque $\left(z = \pm\frac{e}{2} \right)$:

$$\begin{aligned} \sigma_{xx} &= \pm\frac{6M_{xx}}{e^2} \\ \sigma_{yy} &= \pm\frac{6M_{yy}}{e^2} \end{aligned} \tag{9.11}$$

1. Voir compléments en ligne.

L'expression (9.11) est de plus tout à fait équivalente à celle utilisée pour la vérification des poutres en flexion simple. En effet, (9.10) peut être aisément retrouvée à partir de (6.39)[1] en posant que l'inertie I est égale à $e^3/12$.
De même et pour la contrainte de cisaillement, (9.6) et (9.8) permettent de déduire :

$$\tau_{xy} = \frac{12z \cdot M_{xy}}{e^3} \tag{9.12}$$

soit pour $z = \pm\frac{e}{2}$:

$$\tau_{xy} = \pm\frac{6M_{xy}}{e^2} \tag{9.13}$$

Flexion des plaques sous charges latérales réparties

En étudiant l'équilibre d'un tronçon de plaque soumis à une charge répartie q, on obtient :

En sommant les forces par rapport à l'axe z

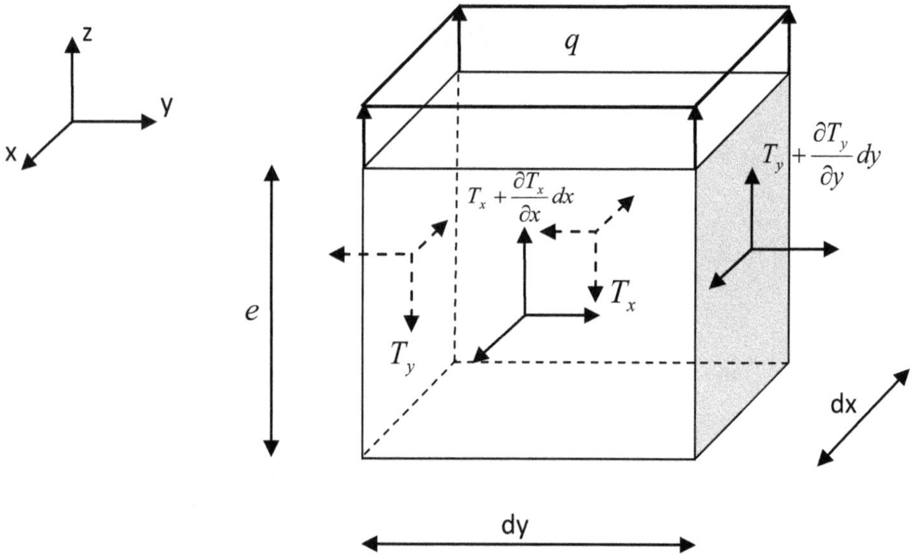

Figure 9.3 – Sommation des forces par rapport z.

$$\left(T_x + \frac{\partial T_x}{\partial x} dx\right) \cdot dy - T_x \cdot dy + \left(T_y + \frac{\partial T_y}{\partial y} dy\right) \cdot dx - T_y \cdot dx + q \cdot dx \cdot dy = 0$$

d'où après simplification :

$$\frac{\partial T_x}{\partial x} + \frac{\partial T_y}{\partial y} = -q \tag{9.14}$$

1 Avec $M = 0$; $M_y = 0$.

En sommant les moments par rapport à l'axe y

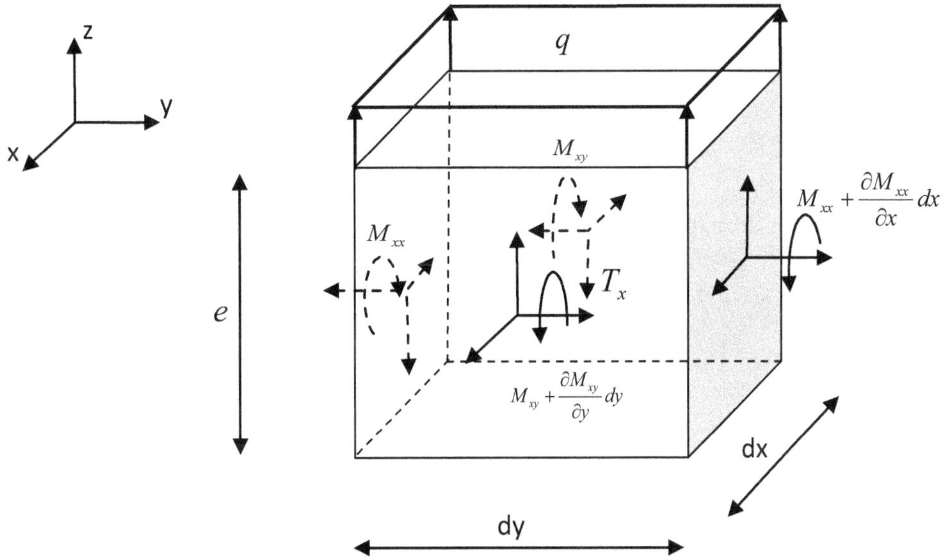

Figure 9.4 – Sommation des moments par rapport à l'axe y.

$$\left(M_{xx}+\frac{\partial M_{xx}}{\partial x}dx\right)\cdot dy - M_{xx}\cdot dy + \left(M_{xy}+\frac{\partial M_{xy}}{\partial y}dy\right)\cdot dx - M_{xy}\cdot dx - T_x\cdot dy\cdot dx = 0$$

d'où après simplification :

$$\frac{\partial M_{xx}}{\partial x}+\frac{\partial M_{xy}}{\partial y}=T_x \tag{9.15}$$

De la même manière et en étudiant l'équilibre suivant l'axe x, on trouvera comme troisième équation d'équilibre :

$$\frac{\partial M_{xy}}{\partial x}+\frac{\partial M_{yy}}{\partial y}=T_y \tag{9.16}$$

En reportant (9.15) et (9.16) dans (9.14), on déduit :

$$\frac{\partial}{\partial x}\left(\frac{\partial M_{xx}}{\partial x}+\frac{\partial M_{xy}}{\partial y}\right)+\frac{\partial}{\partial y}\left(\frac{\partial M_{xy}}{\partial x}+\frac{\partial M_{yy}}{\partial y}\right)+q=0 \tag{9.17}$$

soit :

$$\frac{\partial^2 M_{xx}}{\partial x^2}+2\frac{\partial^2 M_{xy}}{\partial x\partial y}+\frac{\partial^2 M_{yy}}{\partial y^2}=-q \tag{9.18}$$

En injectant maintenant (9.5) et (9.9) dans (9.18), on obtient la deuxième forme de cette équation en fonction de w :

$$\frac{\partial^4 w}{\partial x^4} + 2\frac{\partial^4 w}{\partial x^2 \partial y^2} + \frac{\partial^4 w}{\partial y^4} = \frac{q}{D} = \Delta\Delta(w) \tag{9.19}$$

L'expression (9.19) est en fait une extension de la relation (6.9) relative à la théorie des poutres élancées.

9.1.2 Théorie des plaques épaisses

La théorie de Henky-Mindlin relative aux plaques épaisses s'applique quand les rapports dimensions-épaisseur sont compris entre 4 et 20[1] (cf. [5]).

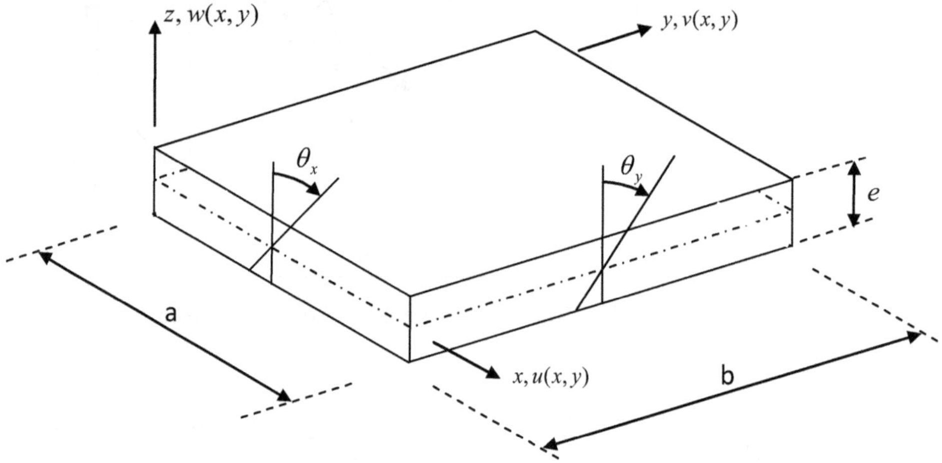

Figure 9.5 – Plaques épaisses de côtés a, b.

La prise en compte du cisaillement transverse revient à considérer que les points situés sur la normale au plan moyen de la plaque ne sont plus forcément sur cette même normale après déformation. Les déplacements horizontaux sont alors fonction de rotations $\theta_x(x,y)$ et $\theta_y(x,y)$ mesurées par rapport à la normale au plan moyen non déformé d'où :

$$\begin{aligned} u &= u(x,y) = z\cdot\theta_x(x,y) \\ v &= v(x,y) = z\cdot\theta_y(x,y) \end{aligned} \tag{9.20}$$

Les déformations relatives à la flexion sont par définition égales à :

$$\left\{\varepsilon_f\right\} = \begin{Bmatrix} \varepsilon_{xx} \\ \varepsilon_{yy} \\ \gamma_{xy} \end{Bmatrix} = \begin{Bmatrix} \dfrac{\partial u}{\partial x} \\ \dfrac{\partial v}{\partial y} \\ \dfrac{\partial v}{\partial x} + \dfrac{\partial u}{\partial y} \end{Bmatrix} = z\cdot\begin{Bmatrix} \dfrac{\partial \theta_x}{\partial x} \\ \dfrac{\partial \theta_y}{\partial y} \\ \dfrac{\partial \theta_y}{\partial x} + \dfrac{\partial \theta_x}{\partial y} \end{Bmatrix} \tag{9.21}$$

1. $4 < \frac{a}{e};\frac{b}{e} < 20$.

Supposant les déformations liées au cisaillement transverse constantes sur l'épaisseur, il est alors possible d'écrire que :

$$\{\varepsilon_c\} = \begin{Bmatrix} \gamma_{yz} \\ \gamma_{xz} \end{Bmatrix} = \begin{Bmatrix} \dfrac{\partial w}{\partial y} + \theta_y \\ \dfrac{\partial w}{\partial x} + \theta_x \end{Bmatrix} \tag{9.22}$$

Par conséquent, la non prise en compte du cisaillement transverse $\left(i.e.\ \gamma_{yz} = \gamma_{xz} = 0\right)$ revient à poser $\theta_x = -\dfrac{\partial w}{\partial x}$ et $\theta_y = -\dfrac{\partial w}{\partial y}$ ce qui permet de retrouver (9.1) à partir de (9.20).

L'hypothèse de contrainte plane nous permet donc de déduire :

Pour la flexion

$$\{\sigma_f\} = \begin{Bmatrix} \sigma_{xx} \\ \sigma_{yy} \\ \tau_{xy} \end{Bmatrix} = \frac{Ez}{1-\nu^2} \begin{bmatrix} 1 & \nu & 0 \\ \nu & 1 & 0 \\ 0 & 0 & \dfrac{1-\nu}{2} \end{bmatrix} \cdot \begin{Bmatrix} \dfrac{\partial \theta_x}{\partial x} \\ \dfrac{\partial \theta_y}{\partial y} \\ \dfrac{\partial \theta_y}{\partial x} + \dfrac{\partial \theta_x}{\partial y} \end{Bmatrix} = [H_f] \cdot \{\varepsilon_f\} \tag{9.23}$$

Pour le cisaillement

$$\{\sigma_c\} = \begin{Bmatrix} \tau_{yz} \\ \tau_{xz} \end{Bmatrix} = \frac{E}{2(1+\nu)} \begin{bmatrix} 1 & 0 \\ 0 & 1 \end{bmatrix} \cdot \begin{Bmatrix} \dfrac{\partial w}{\partial y} + \theta_y \\ \dfrac{\partial w}{\partial x} + \theta_x \end{Bmatrix} = [H_c] \cdot \{\varepsilon_c\} \tag{9.24}$$

L'énergie de déformation élastique totale sera alors égale à la somme des énergies de flexion et de cisaillement :

$$W = \frac{1}{2}\int_V \{\varepsilon\}^T \cdot \{\sigma\} \cdot dV = \frac{1}{2}\int_V \{\varepsilon_f\}^T \cdot \{\sigma_f\} \cdot dV + \frac{k}{2}\int_V \{\varepsilon_c\}^T \cdot \{\sigma_c\} \cdot dV \tag{9.25}$$

avec k : facteur de correction de cisaillement.

Ce coefficient k est généralement pris égal à 5/6 ce qui correspond à la section d'effort tranchant d'une section rectangulaire. Cela signifie que la théorie de Henky-Mindlin s'apparente à celle de Timoshenko relative aux poutres avec cisaillement transverse (cf. § 6.3.2).

$$W = \frac{1}{2}\int_V \{\varepsilon_f\}^T \cdot [H_f] \cdot \{\varepsilon_f\} \cdot dS \cdot dz + \frac{k}{2}\int_V \{\varepsilon_c\}^T [H_c] \cdot \{\varepsilon_c\} \cdot dS \cdot dz \tag{9.26}$$

soit après intégration sur l'épaisseur :

$$W = \frac{1}{2}\int_S \{\varepsilon_f\}^T \cdot [H1_f] \cdot \{\varepsilon_f\} \cdot dS + \frac{k}{2}\int_S \{\varepsilon_c\}^T \cdot [H1_c] \cdot \{\varepsilon_c\} \cdot dS \quad (9.27)$$

avec
$$[H1_f] = \frac{Ee^3}{12(1-\nu^2)}\begin{bmatrix} 1 & \nu & 0 \\ \nu & 1 & 0 \\ 0 & 0 & \frac{1-\nu}{2} \end{bmatrix}$$

$$[H1_c] = \frac{Eek}{2(1+\nu)}\begin{bmatrix} 1 & 0 \\ 0 & 1 \end{bmatrix}$$

9.2 Exemple 6 : plaque simplement appuyée sur 4 côtés

Soit une plaque rectangulaire de largeur *a*, de longueur *b* et d'épaisseur *e* subissant une charge répartie transversale q, on désire calculer le déplacement vertical w et les moments M_{xx} et M_{yy} au centre de la plaque en fonction d'une densité de maillage variable (2 × 2, 4 × 4, etc.), le but étant comparer les résultats à ceux de la théorie des plaques. L'effet du cisaillement sera dans ce cas négligé.

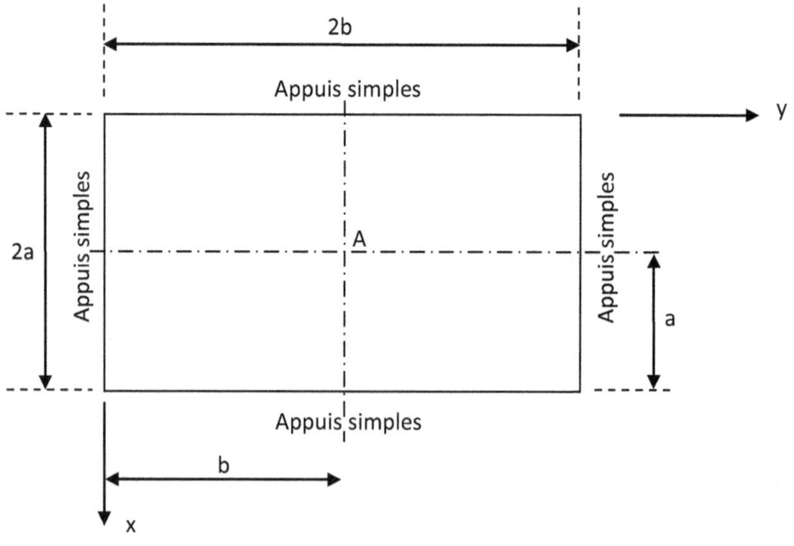

Figure 9.6 – Exemple 6 : plaque simplement appuyée en flexion.

Les bords de la plaque étant simplement appuyés, les déplacements w et les moments sont nuls sur tout le contour. D'après (9.5), on a par rapport à :

- $x\ (y = 0)$

$$(w)_{x=0} = 0$$

$$(M_{xx})_{x=0} = 0 = -D\cdot\left(\frac{\partial^2 w}{\partial x^2} + \nu\cdot\frac{\partial^2 w}{\partial y^2}\right)_{x=0} \Leftrightarrow \left(\frac{\partial^2 w}{\partial x^2} + \nu\cdot\frac{\partial^2 w}{\partial y^2}\right)_{x=0} = 0 \tag{9.28}$$

- $y\ (x = 0)$

$$(w)_{y=0} = 0$$

$$(M_{yy})_{y=0} = 0 = -D\cdot\left(\frac{\partial^2 w}{\partial y^2} + \nu\cdot\frac{\partial^2 w}{\partial x^2}\right)_{y=0} \Leftrightarrow \left(\frac{\partial^2 w}{\partial y^2} + \nu\cdot\frac{\partial^2 w}{\partial x^2}\right)_{y=0} = 0 \tag{9.29}$$

Pour résoudre l'équation générale des plaques (9.19) avec ce type de conditions d'appui, une méthode consiste à décomposer les fonctions de déplacement et de charge en séries de fonctions sinus. On pose alors que :

$$w(x,y) = \sum_{m=1}^{\infty}\sum_{n=1}^{\infty} a_{mn}\cdot\sin\left(\frac{m\cdot\pi\cdot x}{2a}\right)\cdot\sin\left(\frac{n\cdot\pi\cdot y}{2b}\right) \tag{9.30}$$

$$q(x,y) = \sum_{m=1}^{\infty}\sum_{n=1}^{\infty} q_{mn}\cdot\sin\left(\frac{m\cdot\pi\cdot x}{2a}\right)\cdot\sin\left(\frac{n\cdot\pi\cdot y}{2b}\right) \tag{9.31}$$

avec a_{mn} et q_{mn} constantes.
Après calculs, ceci permet de trouver :

Pour les déplacements (cf. [6])

$$w(x,y) = \frac{16\cdot q}{\pi^6\cdot D}\sum_{m=1}^{\infty}\sum_{n=1}^{\infty}\frac{\sin\left(\frac{m\cdot\pi\cdot x}{2a}\right)\cdot\sin\left(\frac{n\cdot\pi\cdot y}{2b}\right)}{m\cdot n\cdot\left(\frac{m^2}{(2a)^2}+\frac{n^2}{(2b)^2}\right)^2} \tag{9.32}$$

Pour les moments

$$M_{xx}(x,y) = -D\cdot\left(\frac{\partial^2 w}{\partial x^2} + \nu\cdot\frac{\partial^2 w}{\partial y^2}\right)$$

$$M_{xx}(x,y) = \frac{16\cdot q}{\pi^6}\sum_{m=1}^{\infty}\sum_{n=1}^{\infty}\left(\frac{m^2\pi^2}{(2a)^2} + \nu\frac{n^2\pi^2}{(2b)^2}\right)\frac{\sin\left(\frac{m\cdot\pi\cdot x}{2a}\right)\cdot\sin\left(\frac{n\cdot\pi\cdot y}{2b}\right)}{m\cdot n\cdot\left(\frac{m^2}{(2a)^2}+\frac{n^2}{(2b)^2}\right)^2} \tag{9.33}$$

$$M_{yy}(x,y) = -D \cdot \left(\frac{\partial^2 w}{\partial y^2} + \nu \cdot \frac{\partial^2 w}{\partial x^2} \right)$$

$$M_{yy}(x,y) = \frac{16 \cdot q}{\pi^6} \sum_{m=1}^{\infty} \sum_{n=1}^{\infty} \left(\frac{n^2 \pi^2}{(2b)^2} + \nu \frac{m^2 \pi^2}{(2a)^2} \right) \frac{\sin\left(\frac{m \cdot \pi \cdot x}{2a}\right) \cdot \sin\left(\frac{n \cdot \pi \cdot y}{2b}\right)}{m \cdot n \cdot \left(\frac{m^2}{(2a)^2} + \frac{n^2}{(2b)^2} \right)^2} \quad (9.34)$$

9.2.1 Plaque carrée de 2 m de côté

Appliquer à une plaque carrée de 2 m de côté avec des séries de 10 termes[1], (9.32), (9.33) et (9.34) avec E = 2.1 10^{11} N/m^2, $\nu = 0.0$, $q = -1\ 10^4$ N/m^2, $a = b = 1$ m, e = 0.02 m permettront d'obtenir au centre de la plaque :

$$w(a,b) = -0.00464\,\text{m}$$

$$M_{xx}(a,b) = M_{yy}(a,b) = -1476\,\text{Nm}$$

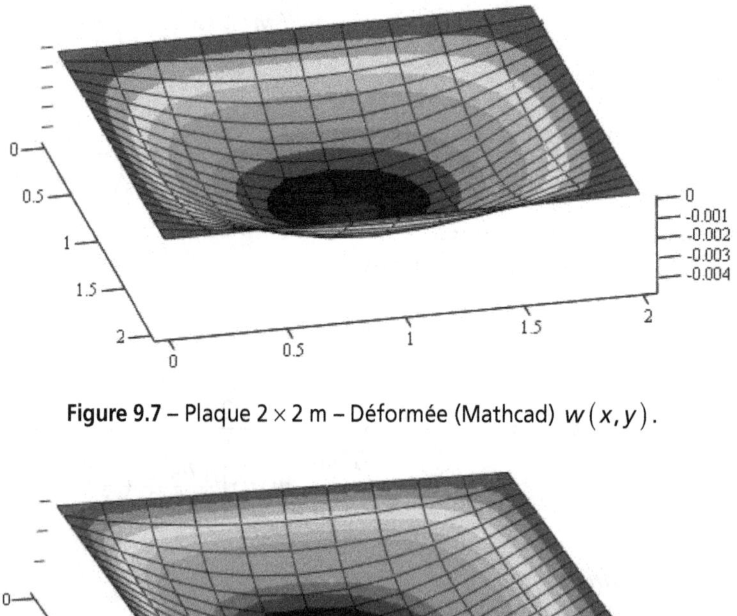

Figure 9.7 – Plaque 2 × 2 m – Déformée (Mathcad) $w(x,y)$.

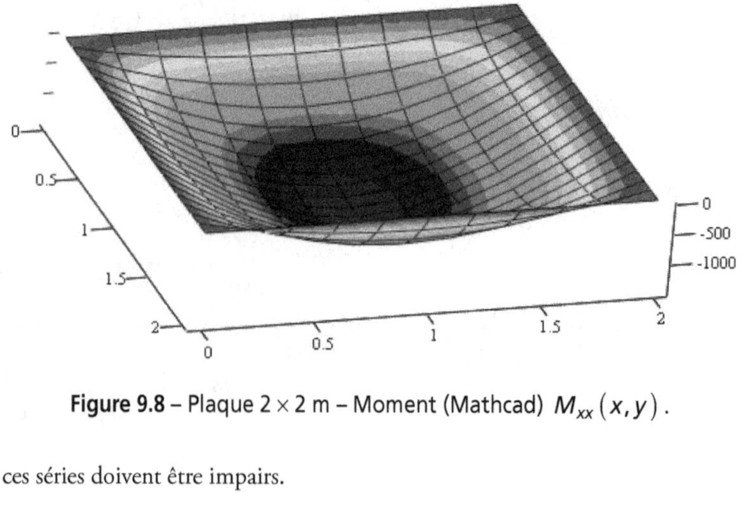

Figure 9.8 – Plaque 2 × 2 m – Moment (Mathcad) $M_{xx}(x,y)$.

1. Les termes de ces séries doivent être impairs.

Il est cependant important de préciser que les moments et autres efforts sont indiqués par unité de longueur le long de l'axe considéré et non autour de l'axe comme cela a été le cas lors de l'étude des systèmes de poutres.

9.2.2 Plaque rectangulaire de 2 m × 4 m

De même, l'étude d'une plaque rectangulaire de caractéristiques identiques[1] mais de longueur 4 m donnera au point A :

$$w(a,b) = -0.01053\,\text{m}$$
$$M_{xx}(a,b) = -4073\,\text{N.m}$$
$$M_{yy}(a,b) = -1865\,\text{N.m}$$

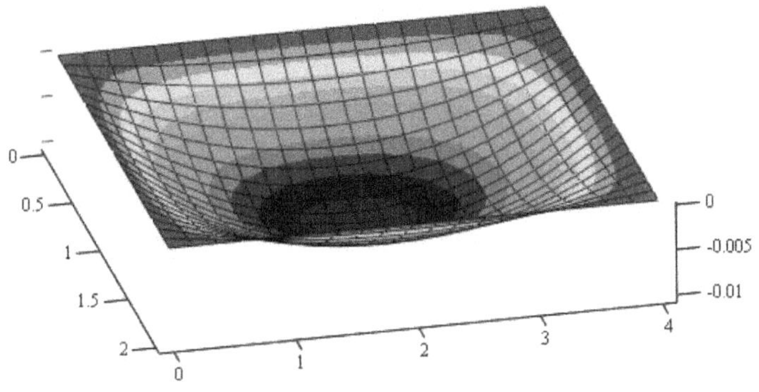

Figure 9.9 – Plaque 2 × 4 m – Déformée (Mathcad) $w(x,y)$.

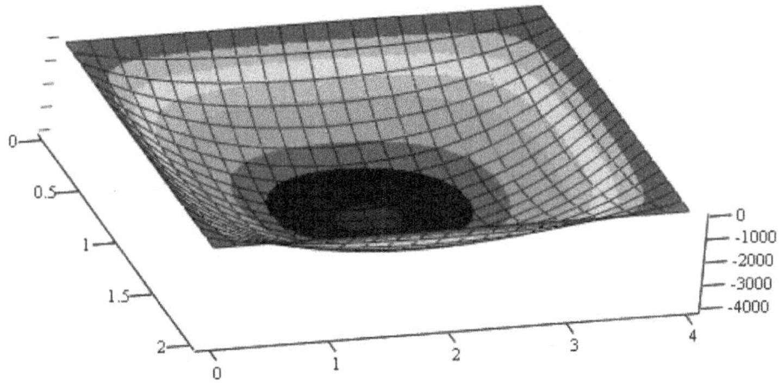

Figure 9.10 – Plaque 2 × 4 m – Moment (Mathcad) $M_{xx}(x,y)$.

1. À l'exception du coefficient de Poisson qui vaut dans ce cas 0.3.

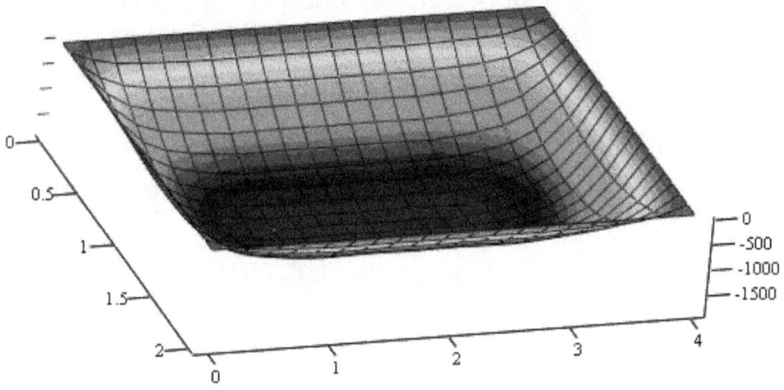

Figure 9.11 – Plaque 2 × 4 m – Moment (Mathcad) $M_{yy}(x, y)$.

9.2.3 Maillage 2 × 2

La division de chacun des côtés de la plaque de la figure 9.6 en deux segments entraîne la génération de quatre éléments. De plus et du fait de la symétrie, il est possible de réduire le problème à un seul élément. On pourra par exemple conserver celui formant le coin supérieur gauche de la plaque. On a donc : $\beta_{1y} = \beta_{3x} = \beta_{4x} = \beta_{4y} = 0$.

Les conditions d'appui nous permettent également de poser que $w_1 = w_2 = w_3 = 0$. Le problème se résume donc à cinq inconnues.

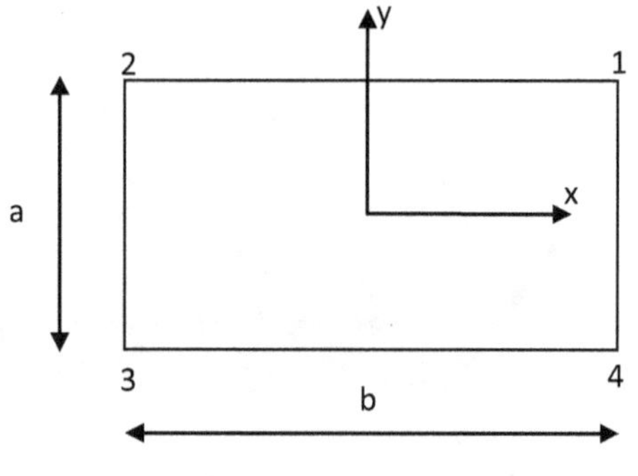

Figure 9.12 – Élément plaque de côtés a × b.

Par ailleurs et plutôt que de se servir de l'élément de plaque C1 décrit au chapitre 7.2.2 et qui reste relativement compliqué à mettre en œuvre, on préférera utiliser un élément Q4 (cf. § 7.2.1) comportant trois champs de déplacement indépendants $w(x, y)$, $\theta_x(x, y)$, $\theta_y(x, y)$ (cf. [7]), qui sous leurs formes isoparamétriques s'écrivent :

$$
\begin{aligned}
w(\xi,\eta) &= \sum_{i=1}^{4} N_i \cdot w_i \\
\theta_x(\xi,\eta) &= \sum_{i=1}^{4} N_i \cdot \beta_{iy} \\
\theta_y(\xi,\eta) &= -\sum_{i=1}^{4} N_i \cdot \beta_{ix}
\end{aligned}
\qquad (9.35)
$$

avec $N_i = \frac{1}{4}(1+\xi_i \cdot \xi)\cdot(1+\eta_i \cdot \eta)$.

- **Calcul de la matrice jacobienne et de son inverse**

La formulation de cet élément étant analogue à celle utilisée au chapitre 8.1.1, le jacobien est égal d'après (8.6) et (8.7) à :

$$
[J] = \frac{1}{4}\begin{bmatrix} (1+\eta) & -(1+\eta) & -(1-\eta) & (1-\eta) \\ (1+\xi) & (1-\xi) & -(1-\xi) & -(1+\xi) \end{bmatrix} \cdot \begin{bmatrix} x_1 & y_1 \\ x_2 & y_2 \\ x_3 & y_3 \\ x_4 & y_4 \end{bmatrix} = \begin{bmatrix} \frac{b}{2} & 0 \\ 0 & \frac{a}{2} \end{bmatrix} \qquad (9.36)
$$

Son determinant et son inverse ont donc pour expressions :

$$
\det[J] = \frac{ab}{4} \qquad [J]^{-1} = \begin{bmatrix} \frac{2}{b} & 0 \\ 0 & \frac{2}{a} \end{bmatrix} \qquad (9.37)
$$

d'où :

$$
\begin{aligned}
\frac{\partial N_i}{\partial x} &= \frac{2}{b}\frac{\partial N_i}{\partial \xi} \\
\frac{\partial N_i}{\partial y} &= \frac{2}{a}\frac{\partial N_i}{\partial \eta}
\end{aligned}
\qquad (9.38)
$$

- **Matrice de rigidité en repère local**

Reprenant l'expression de l'énergie de déformation (9.27) :

$$
W = \frac{1}{2}\int_S \{\varepsilon_f\}^T \cdot [H1_f]\cdot\{\varepsilon_f\}\cdot dS + \frac{k}{2}\int_S \{\varepsilon_c\}^T \cdot [H1_c]\cdot\{\varepsilon_c\}\cdot dS \qquad (9.39)
$$

La matrice de rigidité en repère local sera obtenue en posant :

$$
[k_1] = [k_{1f}] + [k_{1c}] =
$$

$$
\int_{-1}^{1}\int_{-1}^{1} [B_f]^T \cdot [H1_f]\cdot[B_f]\cdot\det[J]\cdot d\xi d\eta + \int_{-1}^{1}\int_{-1}^{1} [B_c]^T \cdot [H1_c]\cdot[B_c]\cdot\det[J]\cdot d\xi d\eta \qquad (9.40)
$$

avec :

- $\left[H1_f\right]=\dfrac{Ee^3}{12\left(1-\nu^2\right)}\begin{bmatrix}1 & \nu & 0\\ \nu & 1 & 0\\ 0 & 0 & \dfrac{1-\nu}{2}\end{bmatrix}$

- $\left[H1_c\right]=\dfrac{Eek}{2\left(1+\nu\right)}\begin{bmatrix}1 & 0\\ 0 & 1\end{bmatrix}$

- $\left\{\varepsilon_f\right\}=\left[B_f\right]\cdot\left\{q_1\right\}=\left[B_{f1}\ \ B_{f2}\ \ B_{f3}\ \ B_{f4}\right]\cdot\begin{Bmatrix}w_1\\ \beta_{1x}\\ \beta_{1y}\\ \cdot\\ \cdot\\ w_4\\ \beta_{4x}\\ \beta_{4y}\end{Bmatrix}$; $\left[B_{fi}\right]=\begin{bmatrix}0 & 0 & \dfrac{2}{b}\dfrac{\partial N_i}{\partial \xi}\\ 0 & -\dfrac{2}{a}\dfrac{\partial N_i}{\partial \eta} & 0\\ 0 & -\dfrac{2}{b}\dfrac{\partial N_i}{\partial \xi} & \dfrac{2}{a}\dfrac{\partial N_i}{\partial \eta}\end{bmatrix}$

- $\left\{\varepsilon_c\right\}=\left[B_c\right]\cdot\left\{q_1\right\}=\left[B_{c1}\quad B_{c2}\quad B_{c3}\quad B_{c4}\right]\cdot\left\{q_1\right\}$; $\left[B_{ci}\right]=\begin{bmatrix}\dfrac{2}{a}\dfrac{\partial N_i}{\partial \eta} & -N_i & 0\\ \dfrac{2}{b}\dfrac{\partial N_i}{\partial \xi} & 0 & N_i\end{bmatrix}$

■ Intégration réduite – blocage en cisaillement

L'élément décrit précédemment qui est basé sur la théorie de Henky-Mindlin, est de par sa conception, adapté au calcul des plaques épaisses. Il devrait donc se révéler peu efficace dans la mesure où notre plaque a un élancement géométrique égal à 100. L'expérience montre d'ailleurs que les résultats donnés par ce type d'élément se détériorent très rapidement lorsque l'allongement augmente.
Il s'avère en fait que la part de rigidité relative au cisaillement $\left[k_{1c}\right]$ est très surévaluée dans ce cas d'où la notion de blocage en cisaillement[1]. Pour pallier ce problème et afin de permettre une utilisation sans restriction de ce type d'élément, une technique consiste à sous intégrer $\left[k_{1c}\right]$. On parlera alors d'intégration réduite. De plus et dans la mesure où les termes relatifs à la flexion $\left[k_{1f}\right]$ sont intégrés de manière exacte (2 × 2 points de Gauss pour notre Q4), elle est dite sélective car réservée uniquement au cisaillement.

1. *Shear locking* en anglais. Ce verrouillage en cisaillement doit être analysé avec précaution dans la mesure où celui-ci peut amener à des erreurs grossières.

Dans notre cas, les termes associés à θ_x et θ_y seront intégrés avec deux points de Gauss dans la direction considérée et un seul perpendiculairement. Par exemple, ceci donnera pour le terme 2,2 de la matrice $\left[k_{1c}\right]$:

$$k_{1c22} = \frac{Eek}{2(1+\nu)}\frac{ab}{4}\int_{-1}^{1}\int_{-1}^{1} N_1^2 \cdot d\xi d\eta$$

$$= \frac{Eek}{2(1+\nu)}\frac{ab}{4}\cdot\left[2\cdot 1\cdot\left(\frac{1}{4}\right)^2 \overbrace{\left(\left(1+\frac{1}{\sqrt{3}}\right)^2(1+0)^2+\left(1-\frac{1}{\sqrt{3}}\right)^2(1+0)^2\right)}^{=1/3}\right] \tag{9.41}$$

À titre de comparaison et si une intégration à 2 × 2 points avait été faite, le terme entre crochets dans (9.41) aurait valu 4/9 au lieu de 1/3. La nouvelle matrice de rigidité ainsi obtenue par intégration réduite sera notée $[k_{1,\,réduite}]$ dans ce qui suit.

■ Vecteur charges en repère local

La charge répartie s'appliquant transversalement, soit suivant l'axe z, seuls les degrés de liberté associés à cette direction sont intéressés par ce calcul. Le vecteur des charges nodales peut alors être établi en ne prenant en compte que les déplacements verticaux w, soit d'après (4.18) :

$$\begin{aligned}\left\{f_z^s\right\} &= \int_{s_2}[N]^T\cdot\left\{f^s\right\}\cdot dS\\ &= \int_{-1}^{1}\int_{-1}^{1}\begin{bmatrix}N_1 & N_2 & N_3 & N_4\end{bmatrix}^T\cdot(-q)\cdot\det[J]\cdot d\xi d\eta\end{aligned} \tag{9.42}$$

On trouve ainsi pour chacun des nœuds de l'élément :

$$f_{1z} = f_{2z} = f_{3z} = f_{4z} = -\frac{qab}{4}.$$

■ Résolution du système $[K]\{q\} = \{F\}$

Le repère local de l'élément étant confondu avec le repère global, il n'a donc pas lieu d'effectuer de changement de base. Le système peut donc être résolu directement en posant $[K] = [k_{1,\,réduite}]$ matrice de rigidité de l'élément 1 obtenue par intégration réduite et $\{F\} = \left\{f_z^s\right\}$.

□ Plaque carrée

Dans le cas de la plaque carrée, l'écriture de cette matrice $[K] = [k_{1,\,réduite}]$ est considérablement simplifiée par le fait de la prise en compte de $\nu = 0$. On obtient après intégration :

$$
\frac{Ee}{576}\begin{bmatrix}
160 & -40a & 40a & -40 & -20a & 40a & -80 & -20a & 20a & -40 & -40a & 20a \\
 & 24e^2+20a^2 & -6e^2 & -20a & 10a^2 & -6e^2 & 20a & -12e^2+5a^2 & 6e^2 & 40a & -12e^2+10a^2 & 6e^2 \\
 & & 24e^2+20a^2 & -40a & 6e^2 & -12e^2+10a^2 & -20a & 6e^2 & -12e^2+5a^2 & 20a & -6e^2 & 10a^2 \\
 & & & 160 & -40a & -40a & -40 & -40a & -20a & -80 & -20a & -20a \\
 & & & & 24e^2+20a^2 & 6e^2 & 40a & -12e^2+10a^2 & -6e^2 & 20a & -12e^2+5a^2 & -6e^2 \\
 & & & & & 24e^2+20a^2 & -20a & 6e^2 & 10a^2 & 20a & -6e^2 & -12e^2+5a^2 \\
 & & & & & & 160 & 40a & -40a & -40 & 20a & -40a \\
 & & & & & & & 24e^2+20a^2 & -6e^2 & 20a & 10a^2 & -6e^2 \\
 & & SYM & & & & & & 24e^2+20a^2 & 40a & 6e^2 & -12e^2+10a^2 \\
 & & & & & & & & & 160 & 40a & 40a \\
 & & & & & & & & & & 24e^2+20a^2 & 6e^2 \\
 & & & & & & & & & & & 24e^2+20a^2
\end{bmatrix} \tag{9.43}
$$

Après introduction des conditions aux limites $w_1 = w_2 = w_3 = 0$ et $\beta_{1y} = \beta_{3x} = \beta_{4x} = \beta_{4y} = 0$, le système devient :

$$\frac{Ee}{576}\begin{bmatrix} 24e^2+20a^2 & 10a^2 & -6e^2 & 6e^2 & 40a \\ 10a^2 & 24e^2+20a^2 & 6e^2 & -6e^2 & 20a \\ -6e^2 & 6e^2 & 24e^2+20a^2 & 10a^2 & 20a \\ 6e^2 & -6e^2 & 10a^2 & 24e^2+20a^2 & 40a \\ 40a & 20a & 20a & 40a & 160 \end{bmatrix}\begin{Bmatrix} \beta_{1x} \\ \beta_{2x} \\ \beta_{2y} \\ \beta_{3y} \\ w_4 \end{Bmatrix} = \begin{Bmatrix} 0 \\ 0 \\ 0 \\ 0 \\ -\dfrac{qa^2}{4} \end{Bmatrix} \quad (9.44)$$

Ce qui permet d'obtenir après résolution :

$$\begin{Bmatrix} \beta_{1x} \\ \beta_{2x} \\ \beta_{2y} \\ \beta_{3y} \\ w_4 \end{Bmatrix} = \frac{q}{Ee\left(48e^2+25a^2\right)}\begin{Bmatrix} \dfrac{6a^3\left(11e^2+5a^2\right)}{e^2} \\ 42a^3 \\ 42a^3 \\ \dfrac{6a^3\left(11e^2+5a^2\right)}{e^2} \\ -\dfrac{3a^2\left(72e^4+110a^2e^2+25a^4\right)}{5e^2} \end{Bmatrix} \quad (9.45)$$

soit

$$w_4 = -0.357\cdot 10^{-2}\,\text{m}; \beta_{1x} = \beta_{3y} = 0.714\cdot 10^{-2}\,\text{rad}; \beta_{2x} = \beta_{2y} = 0.399\cdot 10^{-5}\,\text{rad}.$$

□ Plaque rectangulaire

En appliquant la même démarche au cas de la plaque rectangulaire, on déduit pour les déplacements et rotations :

$$w_4 = -0.8233\cdot 10^{-2}\,\text{m}$$
$$\beta_{1x} = 0.1646\cdot 10^{-1}\,\text{rad};\ \beta_{2x} = 0.202\cdot 10^{-5}\,\text{rad};$$
$$\beta_{2y} = 0.4041\cdot 10^{-5}\,\text{rad};\ \beta_{3y} = 0.8227\cdot 10^{-2}\,\text{rad}$$

■ Moments – contraintes de flexion

Les contraintes de flexion sont obtenues à partir de la relation contrainte – déformation (9.23) :

$$\left\{\sigma_f\right\}=\begin{Bmatrix}\sigma_{xx}\\ \sigma_{yy}\\ \tau_{xy}\end{Bmatrix}=\frac{Ez}{1-\nu^2}\begin{bmatrix}1 & \nu & 0\\ \nu & 1 & 0\\ 0 & 0 & \dfrac{1-\nu}{2}\end{bmatrix}\cdot\begin{Bmatrix}\dfrac{\partial\theta_x}{\partial x}\\ \dfrac{\partial\theta_y}{\partial y}\\ \dfrac{\partial\theta_y}{\partial x}+\dfrac{\partial\theta_x}{\partial y}\end{Bmatrix} \tag{9.46}$$

$$\left\{\sigma_f\right\}=\left[H_f\right]\cdot\left\{\varepsilon_f\right\}=\left[H_f\right]\cdot\left[B_f\right]\cdot\left\{q_1\right\}$$

avec z correspondant aux fibres inférieure et supérieure de la plaque, soit $z=\pm\dfrac{e}{2}$.

On sait par ailleurs d'après (9.10) et (9.12) que $\begin{Bmatrix}\sigma_{xx}\\ \sigma_{yy}\\ \tau_{xy}\end{Bmatrix}=\dfrac{12z}{e^3}\begin{Bmatrix}M_{xx}\\ M_{yy}\\ M_{xy}\end{Bmatrix}$ ce qui permet de déduire pour les moments :

$$\begin{Bmatrix}M_{xx}\\ M_{yy}\\ M_{xy}\end{Bmatrix}=\left[H1_f\right]\cdot\left[B_f\right]\cdot\left\{q_1\right\} \tag{9.47}$$

Pour l'exemple de la plaque carrée, les expressions obtenues pour les moments sont :

$$\begin{Bmatrix}M_{xx}\\ M_{yy}\\ M_{xy}\end{Bmatrix}=\frac{qa^2}{4\left(48e^2+25a^2\right)}\begin{Bmatrix}e^2\left(4\eta-18\right)+5a^2\left(\eta-1\right)\\ -e^2\left(4\xi+18\right)-5a^2\left(\xi+1\right)\\ 2e^2\left(4\xi-4\eta-8\right)+10a^2\left(\xi-\eta-2\right)\end{Bmatrix}$$

soit en fonction des coordonnées ξ, η :

$$\xi=-1;\ \eta=1 \qquad\qquad \xi=1;\ \eta=1$$

$$\{M\}=\begin{Bmatrix}M_{xx}\\ M_{yy}\\ M_{xy}\end{Bmatrix}=\begin{Bmatrix}-0.56\,\text{N.m}\\ -0.56\,\text{N.m}\\ -999\,\text{N.m}\end{Bmatrix}\quad \{M\}=\begin{Bmatrix}M_{xx}\\ M_{yy}\\ M_{xy}\end{Bmatrix}=\begin{Bmatrix}-0.56\,\text{N.m}\\ -1000\,\text{N.m}\\ -499\,\text{N.m}\end{Bmatrix}$$

$$\xi=0;\ \eta=0$$

$$\{M\}=\begin{Bmatrix}M_{xx}\\ M_{yy}\\ M_{xy}\end{Bmatrix}=\begin{Bmatrix}-500\,\text{N.m}\\ -500\,\text{N.m}\\ -499\,\text{N.m}\end{Bmatrix}$$

$\xi = -1;\ \eta = -1$

$$\{M\} = \begin{Bmatrix} M_{xx} \\ M_{yy} \\ M_{xy} \end{Bmatrix} = \begin{Bmatrix} -1000\,\text{N.m} \\ -0.56\,\text{N.m} \\ -499\,\text{N.m} \end{Bmatrix}$$

$\xi = 1;\ \eta = -1$

$$\{M\} = \begin{Bmatrix} M_{xx} \\ M_{yy} \\ M_{xy} \end{Bmatrix} = \begin{Bmatrix} -1000\,\text{N.m} \\ -1000\,\text{N.m} \\ 0\,\text{N.m} \end{Bmatrix}$$

d'où les valeurs des contraintes pour $z = +\dfrac{e}{2}$:

$\xi = -1;\ \eta = 1$

$$\{\sigma\} = \begin{Bmatrix} \sigma_{xx} \\ \sigma_{yy} \\ \tau_{xy} \end{Bmatrix} = \begin{Bmatrix} \approx 0 \\ \approx 0 \\ -15\,\text{MPa} \end{Bmatrix}$$

$\xi = 1;\ \eta = 1$

$$\{\sigma\} = \begin{Bmatrix} \sigma_{xx} \\ \sigma_{yy} \\ \tau_{xy} \end{Bmatrix} = \begin{Bmatrix} \approx 0 \\ -15\,\text{MPa} \\ -7.5\,\text{MPa} \end{Bmatrix}$$

$\xi = 0;\ \eta = 0$

$$\{\sigma\} = \begin{Bmatrix} \sigma_{xx} \\ \sigma_{yy} \\ \tau_{xy} \end{Bmatrix} = \begin{Bmatrix} -7.5\,\text{MPa} \\ -7.5\,\text{MPa} \\ -7.5\,\text{MPa} \end{Bmatrix}$$

$\xi = -1;\ \eta = -1$

$$\{\sigma\} = \begin{Bmatrix} \sigma_{xx} \\ \sigma_{yy} \\ \tau_{xy} \end{Bmatrix} = \begin{Bmatrix} -15\,\text{MPa} \\ \approx 0 \\ -7.5\,\text{MPa} \end{Bmatrix}$$

$\xi = 1;\ \eta = -1$

$$\{\sigma\} = \begin{Bmatrix} \sigma_{xx} \\ \sigma_{yy} \\ \tau_{xy} \end{Bmatrix} = \begin{Bmatrix} -15\,\text{MPa} \\ -15\,\text{MPa} \\ \approx 0 \end{Bmatrix}$$

Efforts tranchants – contraintes de cisaillement

Reprenant l'expression (9.24) liant contraintes et déformations de cisaillement :

$$\{\sigma_c\} = \begin{Bmatrix} \tau_{yz} \\ \tau_{xz} \end{Bmatrix} = \frac{E}{2(1+\nu)}\begin{bmatrix} 1 & 0 \\ 0 & 1 \end{bmatrix} \cdot \begin{Bmatrix} \dfrac{\partial w}{\partial y} + \theta_y \\ \dfrac{\partial w}{\partial x} + \theta_x \end{Bmatrix} = [H_c]\cdot\{\varepsilon_c\} = [H_c]\cdot[B_c]\cdot\{q_1\} \quad (9.48)$$

On pose que l'effort tranchant dans la direction x et y est égal à l'intégrale des contraintes de cisaillement sur l'épaisseur e. On a donc après correction des contraintes de cisaillement par le facteur k :

$$\{T\} = \begin{Bmatrix} T_{xz} \\ T_{yz} \end{Bmatrix} = k\int_{-\frac{e}{2}}^{\frac{e}{2}} \{\sigma_c\}\cdot dz = k\cdot e\cdot\{\sigma_c\} = [H1_c]\cdot\{\varepsilon_c\} = [H1_c]\cdot[B_c]\cdot\{q_1\} \quad (9.49)$$

avec $\left[H1_c\right]=\dfrac{Eek}{2(1+\nu)}\begin{bmatrix}1 & 0\\ 0 & 1\end{bmatrix}$.

9.2.4 Augmentation du maillage

Plaque carrée

Les résultats obtenus au chapitre précédent n'étant pas conformes avec la théorie des plaques, il est alors nécessaire d'augmenter le maillage afin d'approcher au mieux la solution objective. Pour ce faire, chacune des lignes d'appui a été divisée en un nombre de segments pair.

Tableau 9.1 – w_A en fonction du maillage.

	Déplacement au centre de la plaque (mm)		
Maillage	w_A	**Objectif**	**Erreur**
2 × 2	-3.57	-4.64	23.06%
4 × 4	-4.52	-4.64	2.59%
6 × 6	-4.60	-4.64	0.86%
8 × 8	-4.62	-4.64	0.43%
10 × 10	-4.63	-4.64	0.22%
12 × 12	-4.64	-4.64	0.00%
14 × 14	-4.64	-4.64	0.00%

Il apparaît après calculs que les déplacements sont très rapidement proches de la valeur escomptée et ce dès un maillage 4 × 4. Ceci était néanmoins prévisible puisque l'équation générale des plaques (9.19) suppose une fonction de déplacement w du quatrième degré. Notre élément de plaque ayant une fonction d'approximation linéaire en w, cinq points sont nécessaires pour la reconstituer soit quatre éléments.

Il est donc recommandé, avec ce type d'élément, d'avoir au minimum quatre divisions entre lignes d'appui. Bien évidemment, cette règle, qui n'a rien d'absolu, varie en fonction du degré de sophistication de l'élément choisi. En effet, nous verrons au chapitre 10 qu'il sera possible d'obtenir des résultats similaires à ceux du maillage 4 × 4 avec un élément dit à intégration réduite Q4R. Cet élément dont les caractéristiques sont similaires à celles du Q4 de base se différencie par une intégration réduite à un point des termes de rigidité de flexion, ceci ayant pour effet de réduire le caractère trop rigide du Q4.

Pour ce qui concerne les moments M_{xx} et M_{yy} qui sont égaux dans ce cas, le même constat est valable pour le maillage. Ceci étant, il faut distinguer les résultats lissés et non lissés qui n'évoluent pas de la même façon. En effet et comme constaté au chapitre 8.3.5, on s'aperçoit qu'il est préférable de retenir les efforts non lissés avec des maillages peu denses.

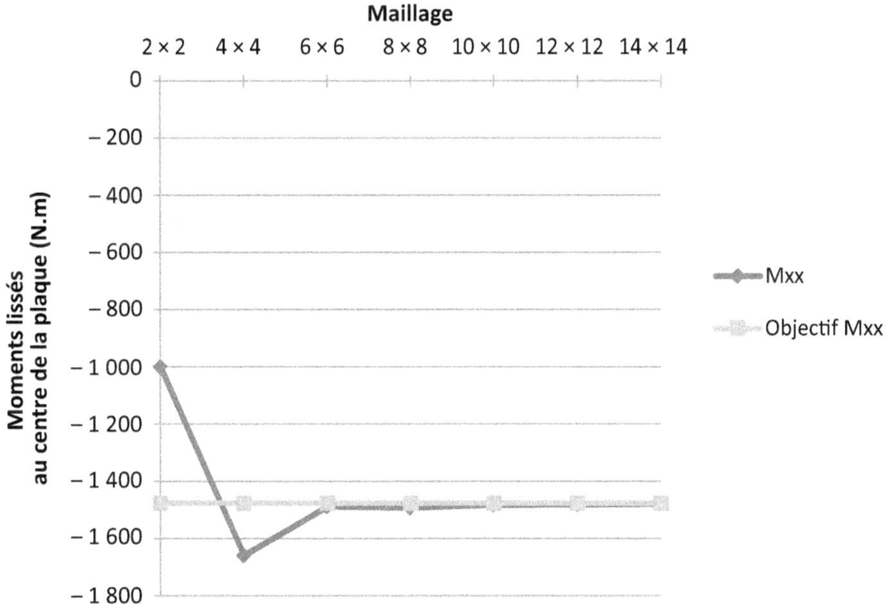

Figure 9.13 – Plaque carrée – Moments lissés (N.m).

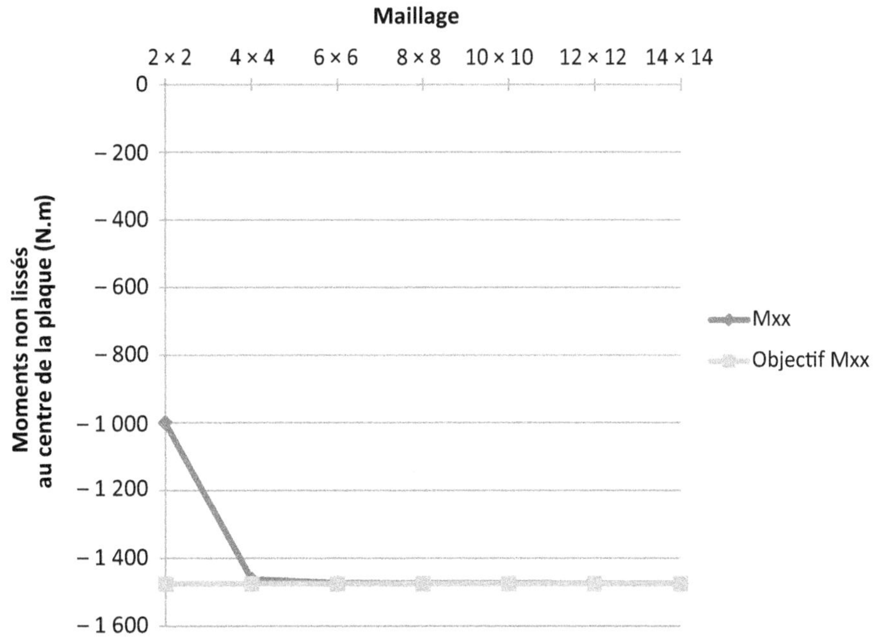

Figure 9.14 – Plaque carrée – Moments non lissés (N.m).

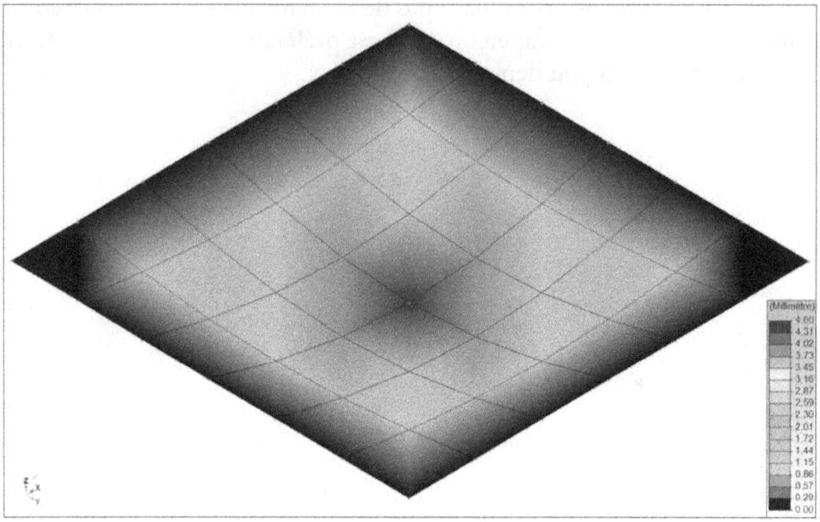

Figure 9.15 – Déformée (Effel) – maillage 6 × 6.

■ Plaque rectangulaire

Tableau 9.2 – w_A en fonction du maillage.

	Déplacement au centre de la plaque (mm)		
Maillage	**w**	**Objectif**	**Erreur**
2 × 2	-8.23	–10.53	21.84%
4 × 4	–10.39	–10.53	1.33%
6 × 6	–10.44	–10.53	0.85%
8 × 8	–10.48	–10.53	0.47%
10 × 10	–10.50	–10.53	0.28%
12 × 12	–10.51	–10.53	0.19%
14 × 14	–10.52	–10.53	0.09%

Les conclusions pour la plaque rectangulaire sont tout à fait similaires à celles établies à partir des résultats du tableau 9.1, les déplacements se rapprochant de la théorie dès un maillage à quatre divisions. Concernant les moments, la progression est toujours légèrement plus lente puisque les résultats sont conformes dès six mailles pour les valeurs lissées et quatre pour celles non lissées. On notera encore une fois une meilleure convergence des résultats non lissés.

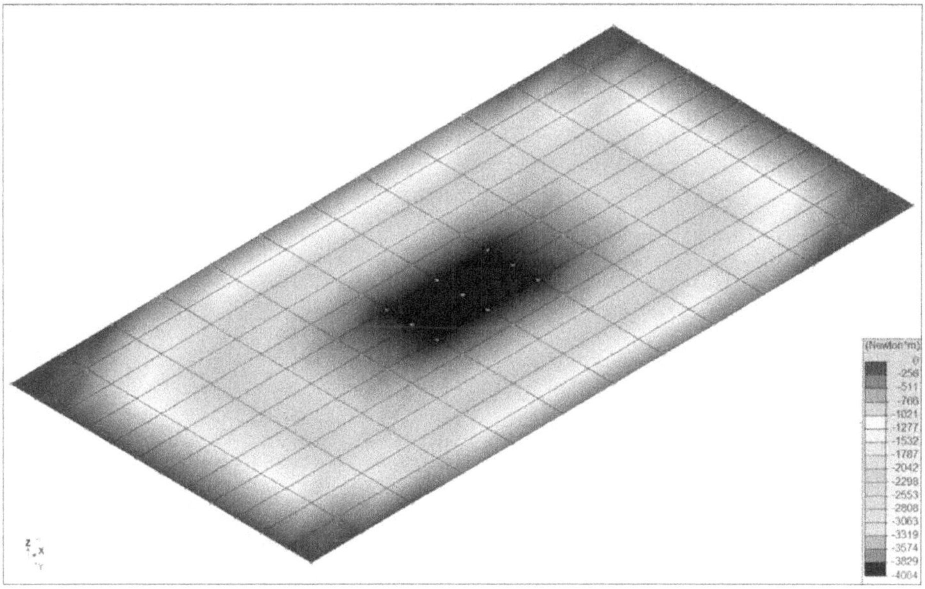

Figure 9.16 – Moments M_{xx} lissés (Effel) – maillage 12 × 12.

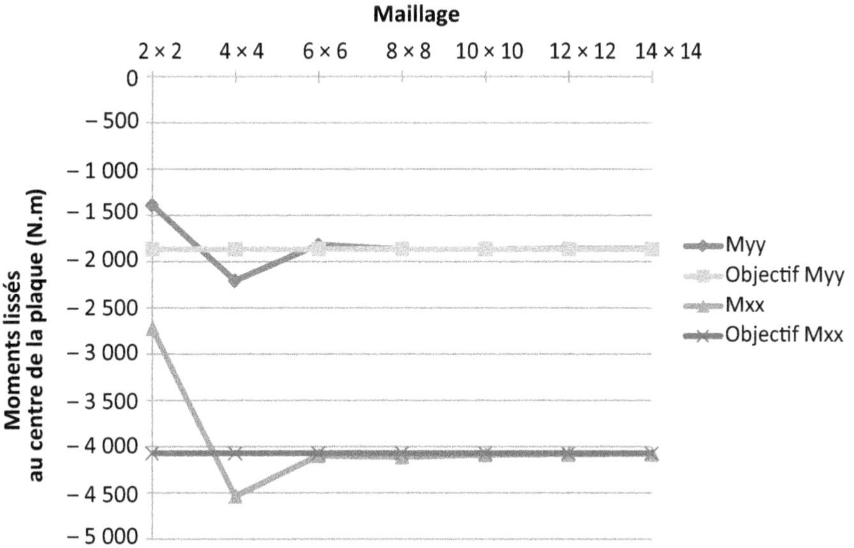

Figure 9.17 – Plaque rectangulaire – Moments lissés (N.m).

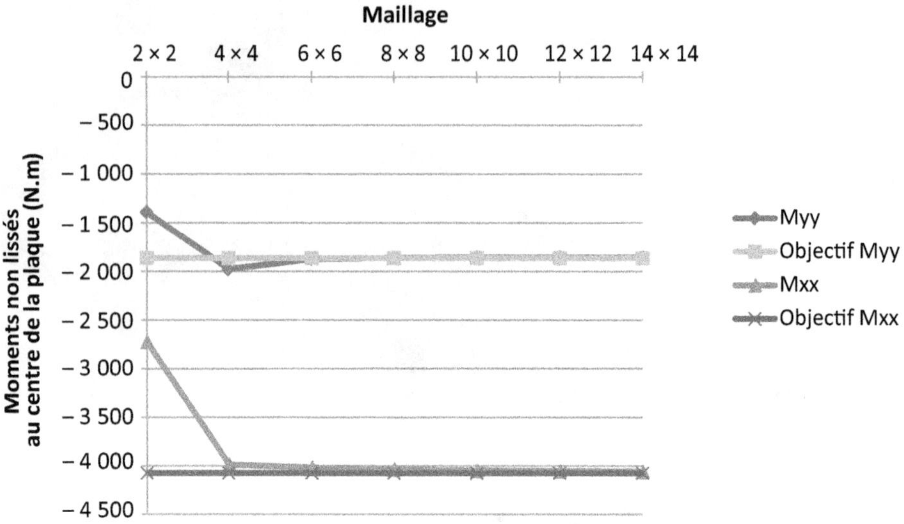

Figure 9.18 – Plaque rectangulaire – Moments non lissés (N.m).

10 • ÉLÉMENTS DE COQUE

10.1 Aspects théoriques

Une coque est un élément surfacique tridimensionnel prenant en compte simultanément les effets de membrane et de flexion. Les surfaces à modéliser peuvent être planes ou éventuellement gauches. On distinguera ainsi deux grandes familles d'éléments relatives aux coques ; les coques planes ou courbes qui sont elles-mêmes divisées en deux sous catégories : les coques peu profondes (shallow shell) ou profondes (deep shell). Du fait de son caractère tridimensionnel, l'élément coque possède six degrés de liberté par nœud.

Pour les structures formées de surfaces planes telles que les bâtiments constitués de voiles en béton armé ou les ponts caissons, le recours à un élément de coque plane se justifie amplement. Ceci étant, la même démarche est généralement adoptée pour les surfaces gauches car les éléments de coques courbes qui sont difficiles à formuler, sont d'une utilisation délicate.

La surface gauche est donc, dans ce cas, reconstituée par un assemblage de surfaces planes. Cette approche présente néanmoins plusieurs inconvénients. Le premier concerne la précision de cette reconstitution qui suppose des éléments de petites tailles et donc un nombre de facettes important. Les charges appliquées perpendiculairement sur ces facettes ne sont pas non plus parfaitement représentatives de la réalité du fait de la non prise en compte de la courbure dans le calcul des vecteurs charges.

Comme pour les arcs maillés avec des éléments de poutres droites, on constate des « poussées au vide » liées aux efforts de membrane. Bien évidemment, ces poussées n'existent pas dans la réalité puisque ces efforts sont toujours tangents à la courbure de la coque.

Le principe généralement le plus répandu pour la formulation d'un élément de coque plane consiste à considérer la superposition d'un élément de membrane à celui d'une plaque de même géométrie quadrangulaire ou triangulaire. Toutefois, cette approche suppose que ces deux effets sont découplés.

L'élément membrane amenant deux degrés de liberté en translation u et v, la plaque un seul en translation w et deux en rotation β_x et β_y, le sixième associé à la normale au plan de la coque β_z est donc absent ce qui pose un réel problème pour les éléments de coques coplanaires puisque les termes de rigidité associés sont nuls[1]. Il en résulte une singularité de la matrice de rigidité.

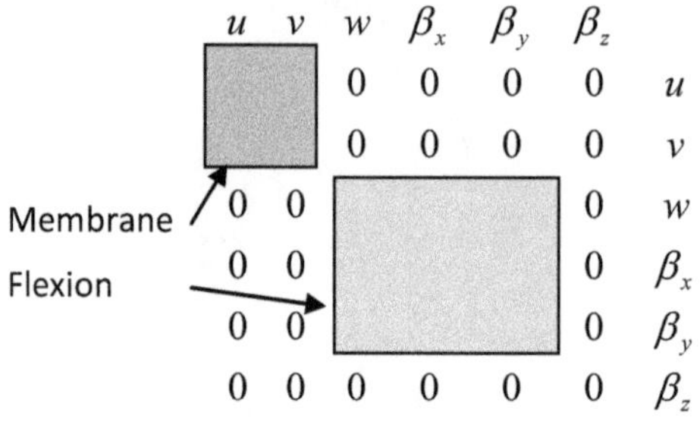

Figure 10.1 – nœud d'un élément coque (DDL)

Pour résoudre ce problème, une solution proposée par [8] consiste à associer des termes de rigidité fictifs faibles à la rotation β_z assurant ainsi la stabilité numérique du système sans en perturber la solution. On pose alors que l'énergie de déformation associée à l'élément est égale à :

$$W_e = W_e + W_e^{\beta_z} \tag{10.1}$$

Le principe de l'approximation polynomiale (cf. § 4.1) nous permet également d'écrire que β_z peut être exprimée à partir des fonctions de forme de l'élément et des rotations nodales, soit :

$$\beta_z = [N]\cdot\{\beta_{ze}\} \tag{10.2}$$

Ainsi et pour un élément à quatre nœuds de type Q4 (cf. § 7.2.1), on aura :

$$\beta_z = N_1 \cdot \beta_{z1} + N_2 \cdot \beta_{z2} + N_3 \cdot \beta_{z3} + N_4 \cdot \beta_{z4} \tag{10.3}$$

avec $N_i = \frac{1}{4}(1 + \xi_i \cdot \xi)\cdot(1 + \eta_i \cdot \eta)$.

Les déformations associées étant directement dépendantes des variations de β_z par rapport à x et y, on peut écrire pour un élément à n nœuds d'après (7.36) que :

$$\begin{Bmatrix} \dfrac{\partial \beta_z}{\partial x} \\ \dfrac{\partial \beta_z}{\partial y} \end{Bmatrix} = [J]^{-1} \cdot \begin{Bmatrix} \dfrac{\partial \beta_z}{\partial \xi} \\ \dfrac{\partial \beta_z}{\partial \eta} \end{Bmatrix} = \underbrace{[J]^{-1} \cdot \begin{bmatrix} \dfrac{\partial N_1}{\partial \xi} & \cdot & \dfrac{\partial N_i}{\partial \xi} & \cdot & \dfrac{\partial N_n}{\partial \xi} \\ \dfrac{\partial N_1}{\partial \eta} & \cdot & \dfrac{\partial N_i}{\partial \eta} & \cdot & \dfrac{\partial N_n}{\partial \eta} \end{bmatrix}}_{[B_{\beta_z}]} \cdot \{\beta_{ze}\} \tag{10.4}$$

En s'inspirant du principe utilisé pour la construction des matrices de rigidité (cf. § 4.2.2), on déduit :

$$[k_{\beta_z}] = \alpha \cdot \int_{S_e} [B_{\beta_z}]^T \cdot [H_{\beta_z}] \cdot [B_{\beta_z}] \cdot dS_e \tag{10.5}$$

1. Certains logiciels utilisent cependant des éléments de coque à 5 DDL par nœud.

avec $\left[H_{\beta_z}\right] = \frac{Ee^3}{12} \cdot \begin{bmatrix} 1 & 0 \\ 0 & 1 \end{bmatrix}$.

Le choix du terme $\frac{Ee^3}{12}$ provient du fait que cette démarche s'inspire de celle retenue pour le calcul de la part de rigidité associée à la flexion. Le coefficient α qui varie en fonction de la précision de l'ordinateur utilisé, doit être choisi suffisamment « petit[1] » pour ne pas affecter les résultats.

Pour établir la matrice de rigidité d'un élément de coque plane à quatre nœuds, il suffira donc de reprendre l'expression (8.12) obtenue pour la membrane quadrangulaire au chapitre 8.1 et de l'additionner à celle de la plaque (9.40) du chapitre 9.2.3.

On notera cependant que dans ce cas la formulation retenue pour la partie flexion, est celle de la plaque épaisse. Cet élément de coque « épaisse » reprend donc intégralement les développements relatifs au blocage en cisaillement (cf. § 9.2.3) et à la prise en compte du cisaillement transverse. Il serait également tout à fait possible de développer un élément de coque « mince » se basant la théorie de Kirchhoff.

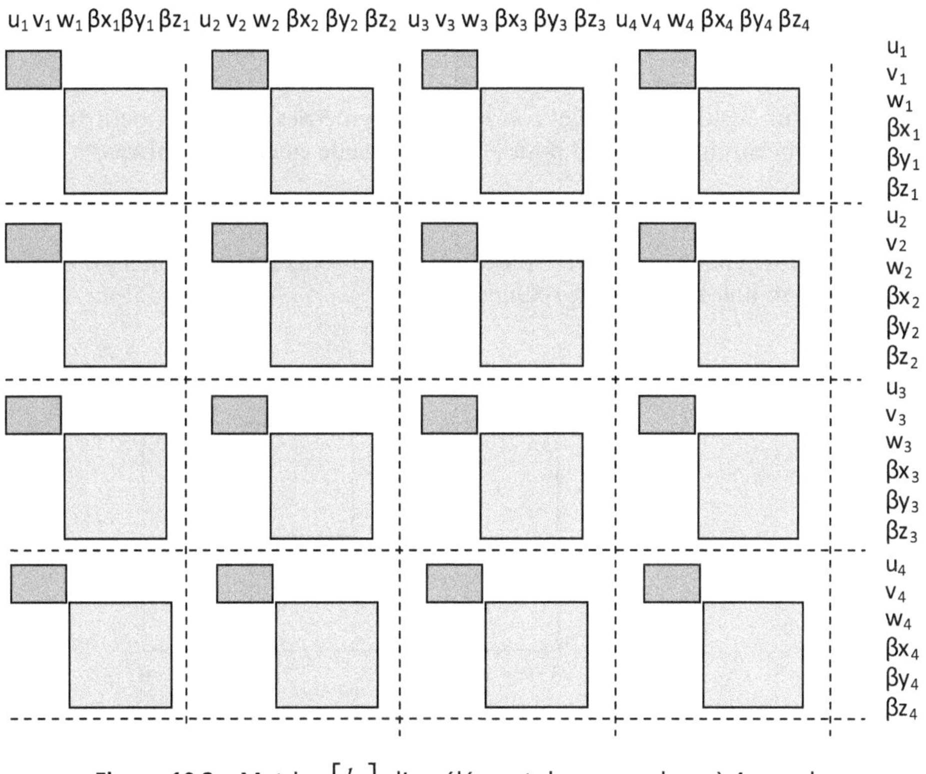

Figure 10.2 – Matrice $\left[k_e\right]$ d'un élément de coque plane à 4 nœuds.

1. De l'ordre de 10^{-3}-10^{-4}.

10.2 Exemple 7 : coque plate comprimée fléchie

Reprenant la géométrie de l'exemple 6 avec la même charge transversale q (cf. chapitre 9.2), on sollicite, de manière symétrique, la tranche de cette plaque par une charge uniformément répartie q_h.

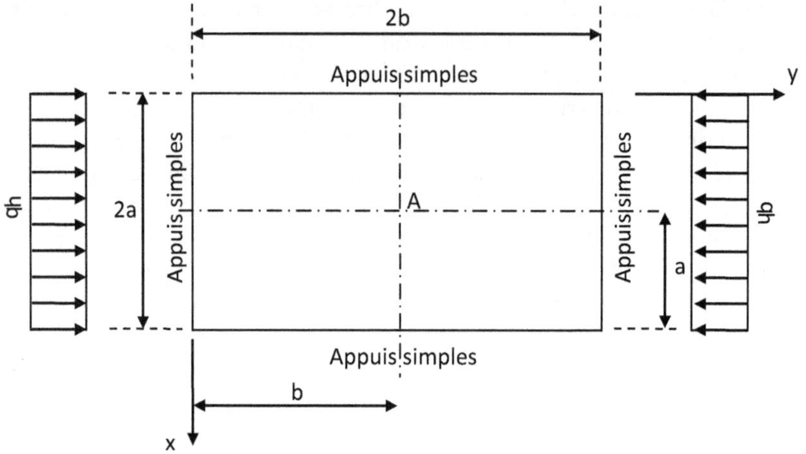

Figure 10.3 – Exemple 7 : coque comprimée – fléchie.

Avec un maillage 2 × 2, les conditions de symétries et d'appui permettent d'écrire comme au chapitre 9.2.3 pour le modèle maillé en éléments plaques :

$$\beta_{1y} = \beta_{3x} = \beta_{4x} = \beta_{4y} = w_1 = w_2 = w_3 = 0$$

De plus et pour simplifier le problème, on considérera uniquement le déplacement u_3 non nul. Il reste donc six inconnues.

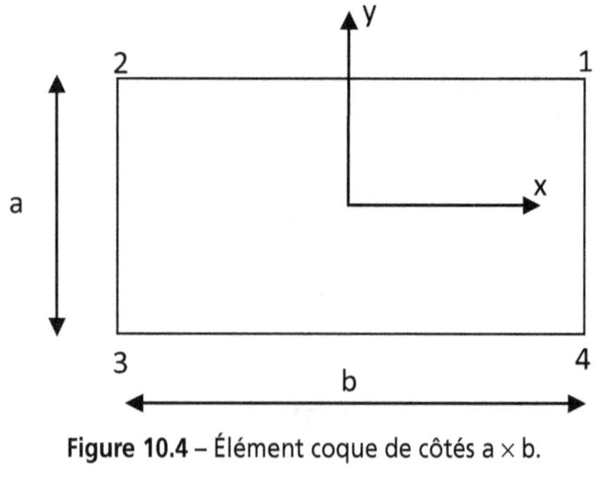

Figure 10.4 – Élément coque de côtés a × b.

Considérant les mêmes hypothèses de calcul que celles utilisées au chapitre 9.2.1 ($E = 2.1\ 10^{11}$ N/m², $\nu = 0.0$, $q = -1\ 10^4$ N/m², $a = b = 1$ m, $e = 0.02$ m), on ajoute à celles-ci une charge uniformément répartie $q_h = 1 \cdot 10^7 N/\mathrm{m}$ appliquée dans l'épaisseur de la coque.

Étant donné qu'il s'agit d'une simple superposition des effets de membrane et de flexion, on trouve bien évidemment pour la partie flexion les mêmes résultats que ceux résultants de (9.45) soit :

$$w_4 = -0.357 \cdot 10^{-2}\ \mathrm{m}; \beta_{1x} = \beta_{3y} = 0.714 \cdot 10^{-2}\ \mathrm{rad}; \beta_{2x} = \beta_{2y} = 0.399 \cdot 10^{-5}\ \mathrm{rad}$$

Pour ce qui concerne les effets de membrane, le déplacement u_3 peut être directement déduit des résultats de l'exemple 3 pour $\nu = 0$ (cf. § 8.1.5) en posant que les déplacements du nœud 1 dans (8.23) sont nuls. On a donc :

$$u_3 = \frac{q_h \cdot a}{E \cdot e} = 0.00238\,\mathrm{m}\,.$$

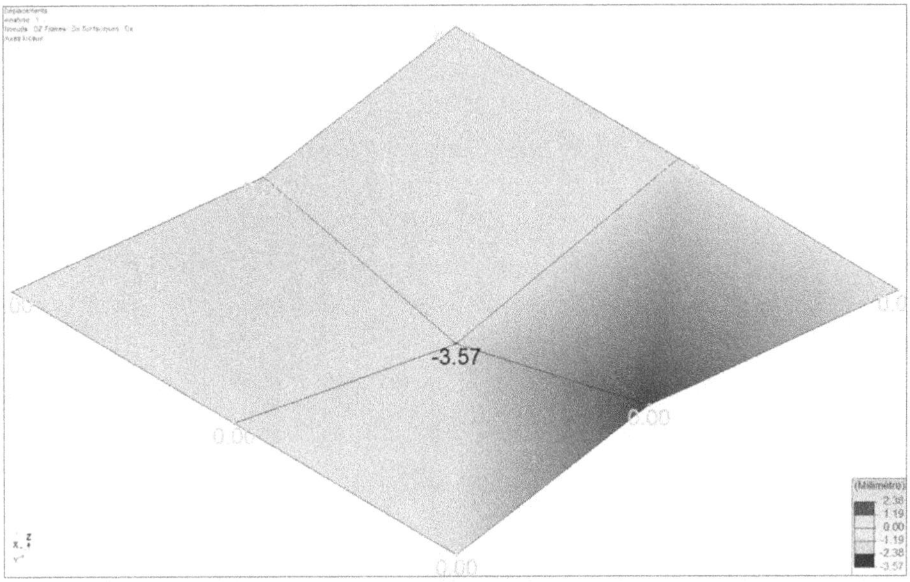

Figure 10.5 – Déformée (Effel) – élément Q4.

Ceci étant, l'utilisation d'un élément de coque avec intégration réduite (Q4R) pour les parties membrane et flexion amènera à une amélioration sensible des résultats pour le déplacement w et les rotations :

$$w_4 = -0.447 \cdot 10^{-2}\ \mathrm{m}; \beta_{1x} = \beta_{3y} = 0.893 \cdot 10^{-2}\ \mathrm{rad}; \beta_{2x} = \beta_{2y} = 0.286 \cdot 10^{-5}\ \mathrm{rad}$$

mais également à une augmentation de ceux associés aux effets de membrane $\left(u_3 = 0.00317\,\mathrm{m}\right)$.

Bien évidemment, l'augmentation du maillage amènera encore une fois à la superposition des résultats obtenus en § 9.2.4 à ceux des effets de membrane proprement dits.

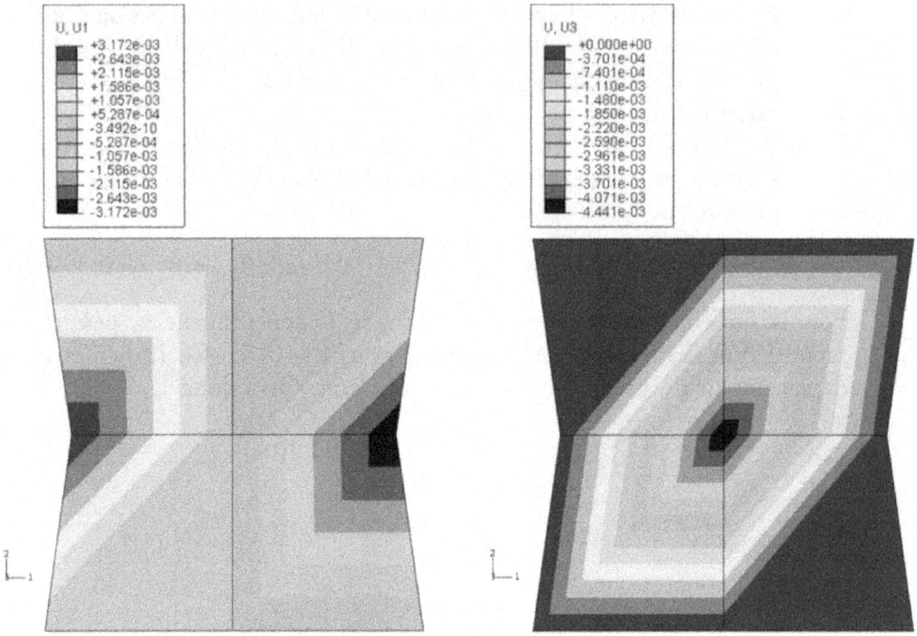

Figure 10.6 – Déformée (Abaqus) – élément Q4R.

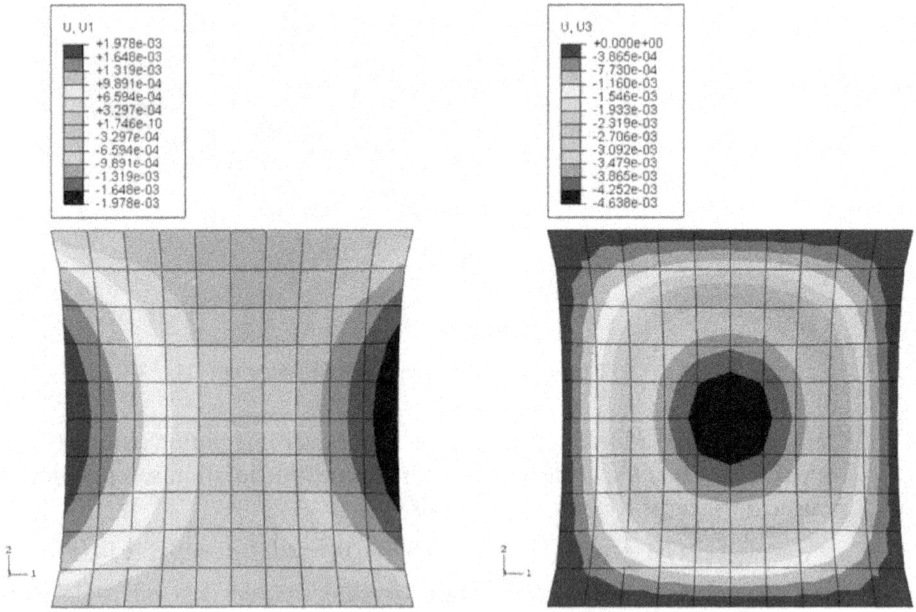

Figure 10.7 – Déformée (Abaqus) – élément Q4.

11 • ANALYSE NON LINÉAIRE GÉOMÉTRIQUE

11.1 Aspects théoriques

11.1.1 Notion de grandes déformations

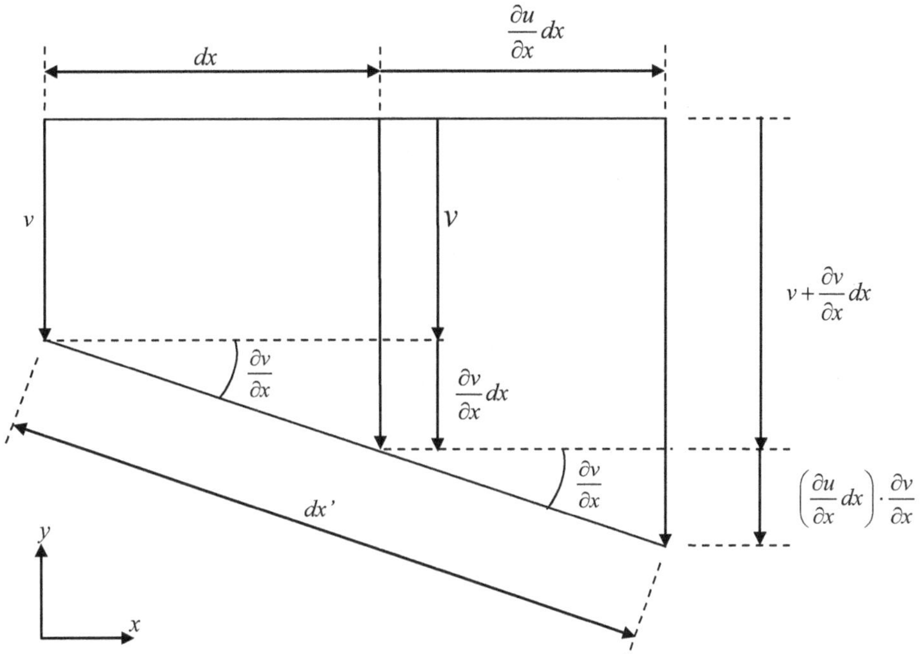

Figure 11.1 – Calcul de ε_{xx}.

Considérant un tronçon de longueur dx infiniment petit et déformable dans le plan, on calcule tout d'abord les variations des déplacements suivant x et y, soit $\frac{\partial u}{\partial x} dx$ et $\frac{\partial v}{\partial x} dx$. $\frac{\partial u}{\partial x}$ est assimilable dans ce cas à un taux de variation alors que $\frac{\partial v}{\partial x}$ correspond à la tangente d'un angle. La longueur finale du tronçon dx' obtenu après déformation sera donc égale à :

$$dx' = \sqrt{\left(dx + \frac{\partial u}{\partial x}dx\right)^2 + \left(\frac{\partial v}{\partial x}dx + \left(\frac{\partial u}{\partial x}dx\right)\cdot\frac{\partial v}{\partial x}\right)^2} \quad (11.1)$$

soit $dx' = dx\sqrt{1 + 2\cdot\frac{\partial u}{\partial x} + \left(\frac{\partial u}{\partial x}\right)^2 + \left(\frac{\partial v}{\partial x}\right)^2 + \underbrace{2\cdot\left(\frac{\partial v}{\partial x}\right)^2\cdot\frac{\partial u}{\partial x}}_{\to 0} + \underbrace{\left(\frac{\partial u}{\partial x}\right)^2\cdot\left(\frac{\partial v}{\partial x}\right)^2}_{\to 0}}$.

En ne prenant en compte que les différentielles de 1er ordre, on obtient finalement :

$$\begin{aligned} dx' &\approx dx\left[1 + \frac{1}{2}\left(2\cdot\frac{\partial u}{\partial x} + \left(\frac{\partial u}{\partial x}\right)^2 + \left(\frac{\partial v}{\partial x}\right)^2\right)\right] \\ &= dx + \left(\frac{\partial u}{\partial x} + \frac{1}{2}\left[\left(\frac{\partial u}{\partial x}\right)^2 + \left(\frac{\partial v}{\partial x}\right)^2\right]\right)dx \end{aligned} \quad (11.2)$$

La déformation par rapport à x est donc égale à :

$$\varepsilon_{xx} = \frac{\partial u}{\partial x} + \frac{1}{2}\left[\left(\frac{\partial u}{\partial x}\right)^2 + \left(\frac{\partial v}{\partial x}\right)^2\right] = \varepsilon_{xx0} + \varepsilon_{xxL} \quad (11.3)$$

avec $\varepsilon_{xx0} = \frac{\partial u}{\partial x}$ déformation correspondant à l'hypothèse des petites déformations.

On pourrait également démontrer (cf. [9]) que :

$$\begin{aligned} \varepsilon_{yy} &= \frac{\partial v}{\partial y} + \frac{1}{2}\left[\left(\frac{\partial u}{\partial y}\right)^2 + \left(\frac{\partial v}{\partial y}\right)^2\right] \\ \gamma_{xy} &= \frac{\partial v}{\partial x} + \frac{\partial u}{\partial y} + \left[\frac{\partial u}{\partial x}\frac{\partial u}{\partial y} + \frac{\partial v}{\partial x}\frac{\partial v}{\partial y}\right] \end{aligned} \quad (11.4)$$

11.1.2 Expression de la rigidité tangente

Le chapitre 4.1 consacré à l'étude des principes de la méthode a permis d'établir que le champ de déplacement $\{u\}$ était égal au produit de la matrice $[N]$ regroupant les fonctions de forme de l'élément et des déplacements nodaux $\{q_e\}$, soit : $\{u\} = [N]\cdot\{q_e\}$.

Considérant dans un premier temps l'hypothèse des grandes déformations/grands déplacements sur un élément barre, le champ de déplacement d'après (4.3) aura pour expression :

$$\begin{aligned} \begin{Bmatrix} u \\ v \end{Bmatrix} &= [N]\cdot\{q_e\} \\ &= \begin{bmatrix} N_1 & 0 & N_2 & 0 \\ 0 & N_1 & 0 & N_2 \end{bmatrix}\cdot\begin{Bmatrix} u_1 \\ v_1 \\ u_2 \\ v_2 \end{Bmatrix} = \begin{bmatrix} 1-\frac{x}{L} & 0 & \frac{x}{L} & 0 \\ 0 & 1-\frac{x}{L} & 0 & \frac{x}{L} \end{bmatrix}\cdot\begin{Bmatrix} u_1 \\ v_1 \\ u_2 \\ v_2 \end{Bmatrix} \end{aligned} \quad (11.5)$$

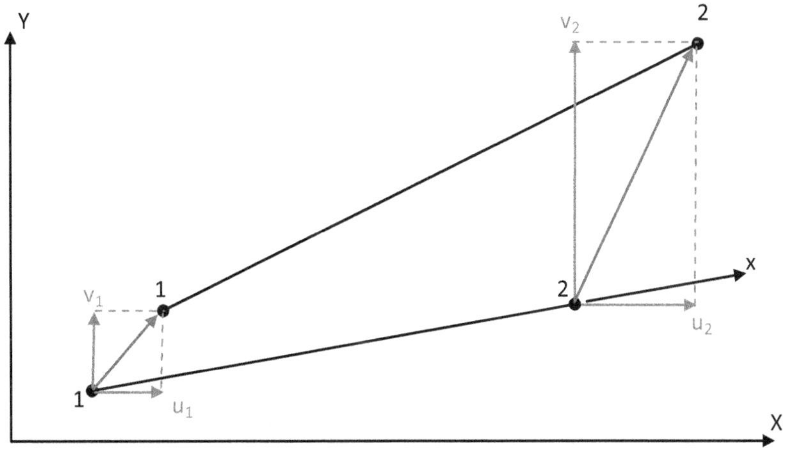

Figure 11.2 – Déplacements des nœuds d'un élément barre.

Les variations de u et v par rapport à x pourront alors être reliées aux déplacements nodaux par la matrice $\left[G\right]$ en posant que :

$$\begin{Bmatrix} \dfrac{du}{dx} \\ \dfrac{dv}{dx} \end{Bmatrix} = \begin{bmatrix} \dfrac{dN_1}{dx} & 0 & \dfrac{dN_2}{dx} & 0 \\ 0 & \dfrac{dN_1}{dx} & 0 & \dfrac{dN_2}{dx} \end{bmatrix} \cdot \begin{Bmatrix} u_1 \\ v_1 \\ u_2 \\ v_2 \end{Bmatrix}$$

$$= \begin{bmatrix} -\dfrac{1}{L} & 0 & \dfrac{1}{L} & 0 \\ 0 & -\dfrac{1}{L} & 0 & \dfrac{1}{L} \end{bmatrix} \cdot \begin{Bmatrix} u_1 \\ v_1 \\ u_2 \\ v_2 \end{Bmatrix} = \left[G\right] \cdot \left\{q_e\right\} \qquad (11.6)$$

La matrice $\left[G\right]$ étant associée aux dérivées de 1er ordre des fonctions de forme, celle-ci aura pour expression dans le cas plan :

$$\begin{Bmatrix} \dfrac{\partial u}{\partial x} \\ \dfrac{\partial u}{\partial y} \\ \dfrac{\partial v}{\partial x} \\ \dfrac{\partial v}{\partial y} \end{Bmatrix} = \begin{bmatrix} \dfrac{\partial}{\partial x} & 0 \\ \dfrac{\partial}{\partial y} & 0 \\ 0 & \dfrac{\partial}{\partial x} \\ 0 & \dfrac{\partial}{\partial y} \end{bmatrix} \cdot \begin{Bmatrix} u \\ v \end{Bmatrix} = \begin{bmatrix} \dfrac{\partial}{\partial x} & 0 \\ \dfrac{\partial}{\partial y} & 0 \\ 0 & \dfrac{\partial}{\partial x} \\ 0 & \dfrac{\partial}{\partial y} \end{bmatrix} \cdot \left[N\right] \cdot \left\{q_e\right\} = \left[G\right] \cdot \left\{q_e\right\} \qquad (11.7)$$

Le terme ε_{xxL} issu de (11.3) qui est lié aux grandes déformations, peut alors s'écrire :

$$\varepsilon_{xxL} = \frac{1}{2}\left[\left(\frac{\partial u}{\partial x}\right)^2 + \left(\frac{\partial v}{\partial x}\right)^2\right] = \frac{1}{2}\left\{\frac{\partial u}{\partial x} \quad \frac{\partial v}{\partial x}\right\} \cdot \begin{Bmatrix} \dfrac{\partial u}{\partial x} \\ \dfrac{\partial v}{\partial x} \end{Bmatrix} \tag{11.8}$$

$$\varepsilon_{xxL} = \frac{1}{2}\{q_e\}^T \cdot [G]^T \cdot [G] \cdot \{q_e\} = \frac{1}{2}[B_L(q)] \cdot \{q_e\}$$

d'où la nouvelle expression de (11.3) :

$$\varepsilon_{xx} = \varepsilon_{xx0} + \varepsilon_{xxL} = \left([B_0] + \frac{1}{2}[B_L(q)]\right) \cdot \{q_e\} \tag{11.9}$$

avec $\varepsilon_{xx0} = [B_0] \cdot \{q_e\} = \left\{-\frac{1}{L} \quad 0 \quad \frac{1}{L} \quad 0\right\} \cdot \{q_e\}$ correspondant aux petites déformations (cf. § 4.2.2).

Par extension, le vecteur des déformations aura pour expression :

$$\{\varepsilon\} = \{\varepsilon_0\} + \{\varepsilon_L\} = \left([B_0] + \frac{1}{2}[B_L(q)]\right) \cdot \{q_e\} \tag{11.10}$$

avec $[B_0]$ et $[B_L(q)]$ correspondant respectivement aux petites et grandes déformations/grands déplacements. On notera cependant que la matrice $[B_L(q)]$ est elle-même fonction des déplacements.

Le problème étant non linéaire, il n'est pas possible d'utiliser directement l'expression de l'énergie potentielle (4.5). Il est donc nécessaire, pour caractériser l'équilibre, d'utiliser sa forme dite variationnelle soit :

$$dE = dW - dT$$
$$= \int_{V_e} \{d\varepsilon\}^T \cdot \{\sigma\} \cdot dV - \int_{V_e} \{du\}^T \cdot \{f^v\} \cdot dV - \int_{S_e} \{du\}^T \cdot \{f^s\} \cdot dS = 0 \tag{11.11}$$

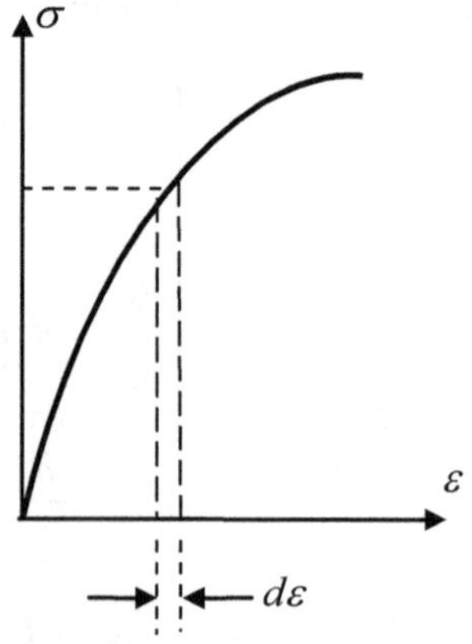

Figure 11.3 – σ fonction de ε

On peut déduire à partir de (11.10) que :

$$\{d\varepsilon\} = \left([B_0] + [B_L(q)]\right)\cdot\{dq_e\} = [B]\cdot\{dq_e\} \tag{11.12}$$

d'où l'expression de l'équilibre élémentaire :

$$\int_{V_e}\{dq_e\}^T\cdot[B]^T\cdot\{\sigma\}\cdot dV_e - \{dq_e\}^T\left(\{f_e^v\}+\{f_e^s\}\right) = 0 \tag{11.13}$$

En regroupant les forces de volume et de surface au sein du vecteur $\{f_{ext}\}$, on obtient finalement :

$$\{dq_e\}^T\left[\int_{V_e}[B]^T\cdot\{\sigma\}\cdot dV_e - \{f_{ext}\}\right] = 0 \tag{11.14}$$

soit :

$$\int_{V_e}[B]^T\cdot\{\sigma\}\cdot dV_e - \{f_{ext}\} = 0 \tag{11.15}$$

Le terme $\int_{V_e}[B]^T\cdot\{\sigma\}\cdot dV_e$ étant équivalent au vecteur des efforts internes $\{f_i\}$, la différence $\int_{V_e}[B]^T\cdot\{\sigma\}\cdot dV_e - \{f_{ext}\}$ correspond en fait aux forces résiduelles $\{r_e(q)\}$ dans l'élément. Bien évidemment et en vertu de (11.15), ces forces résiduelles doivent tendre vers 0. On a donc :

$$\{r_e(q)\} = \int_{V_e}[B]^T\cdot\{\sigma\}\cdot dV_e - \{f_e\} = \{f_i\} - \{f_{ext}\} \to 0 \tag{11.16}$$

Lors d'un faible accroissement des déplacements, on devra malgré tout encore vérifier $\{r_e(q+dq)\}\to 0$. Comme $\{r_e(q+dq)\}$ peut être exprimé sous la forme :

$$\{r_e(q+dq)\} = \{r_e(q)\} + \{dr_e(q)\} \approx 0 \tag{11.17}$$

On a de même :

$$\{dr_e(q)\} \approx -\{r_e(q)\} = \{R_e(q)\} = \{f_{ext}\} - \{f_i\} \tag{11.18}$$

La dérivation de (11.16) permet également de déduire que $\{dr_e(q)\}$ est égal au produit de la rigidité tangente $[K_{Te}]$ par le vecteur $\{dq_e\}$, soit :

$$\{dr_e(q)\} = \int_{V_e}[dB]^T\cdot\{\sigma\}\cdot dV_e + \int_{V_e}[B]^T\cdot\{d\sigma\}\cdot dV_e = [K_{Te}]\cdot\{dq_e\} \tag{11.19}$$

Comme $\{dB\} = \{dB_L\}$ [1] et $\{d\sigma\} = [H]\cdot[B]\cdot\{dq_e\}$, ceci devient :

$$\{dr_e(q)\} = \int_{V_e}[dB_L]^T\cdot\{\sigma\}\cdot dV_e + \left(\int_{V_e}[B]^T\cdot[H]\cdot[B]\cdot dV_e\right)\cdot\{dq_e\} \tag{11.20}$$

1. Seule $[B_L]$ est fonction des déplacements.

$$\{dr_e(q)\} = [K_{Te}] \cdot \{dq_e\} = \{R_e(q)\} \tag{11.21}$$

Ce qui donne en multipliant chacun des membres par $\{dq_e\}^T$:

$$\{dq_e\}^T \cdot [K_{Te}] \cdot \{dq_e\} = \{dq_e\}^T \cdot \{R_e(q)\} \tag{11.22}$$

avec :

$$\begin{aligned}\int_{V_e} [B]^T \cdot [H] \cdot [B] \cdot dV_e = \underbrace{\int_{V_e} [B_0]^T \cdot [H] \cdot [B_0] \cdot dV_e}_{[k_{e0}]} + \\ \underbrace{\int_{V_e} [B_0]^T \cdot [H] \cdot [B_L] \cdot dV_e + \int_{V_e} [B_L]^T \cdot [H] \cdot [B_0] \cdot dV_e + \int_{V_e} [B_L]^T \cdot [H] \cdot [B_L] \cdot dV_e}_{[k_{eL}]}\end{aligned} \tag{11.23}$$

$$\int_{V_e} [dB_L]^T \cdot \{\sigma\} \cdot dV_e = \int_{V_e} [G]^T \cdot [G] \cdot \{dq_e\} \cdot \{\sigma\} \cdot dV_e = [k_{e\sigma}] \cdot \{dq_e\} \tag{11.24}$$

qui peut être mis sous la forme :

$$[k_{e\sigma}] = \int_{V_e} [G]^T \cdot [\sigma] \cdot [G] \cdot dV_e \tag{11.25}$$

De part sa formulation, la matrice de rigidité élémentaire $[k_{e0}]$ est associée à l'hypothèse des petites déformations (établie au § 4.2.2) alors que $[k_{eL}]$ qui est fonction des déplacements nodaux, correspond à celle des grandes déformations/grands déplacements. $[k_{e\sigma}]$ est appelée matrice des contraintes initiales et correspond à l'état de rigidification d'une structure due à son état de contrainte.
Cet effet de rigidification couple la géométrie d'une structure à l'état de ses déplacements transversaux. Elle nécessite d'être prise en compte tout particulièrement dans le cas des structures fines et élancées. $[k_{e\sigma}]$ vaut par exemple pour un élément barre :

$$[k_{e\sigma}] = \int_{V_e} [G]^T \cdot [\sigma] \cdot [G] \cdot dV_e = \int_0^L [G]^T \cdot \left(\frac{N}{S}\right) \cdot [G] \cdot \underbrace{\int_S dS}_{=S} \cdot dx \tag{11.26}$$

$$[k_{e\sigma}] = \frac{N}{L} \begin{bmatrix} 1 & 0 & -1 & 0 \\ 0 & 1 & 0 & -1 \\ -1 & 0 & 1 & 0 \\ 0 & -1 & 0 & 1 \end{bmatrix} \tag{11.27}$$

Les règles d'assemblage étant identiques à celles établies au chapitre 4, il est possible de généraliser les développements précédents à l'ensemble de la structure en posant :

$$[K_T] \cdot \{dq\} = \{F\} \Leftrightarrow ([K_0] + [K_L] + [K_\sigma]) \cdot \{dq\} = \{F\} \tag{11.28}$$

avec :

$[K_T]$: Matrice de rigidité tangente.
$[K_0]$: Matrice de rigidité globale associée aux petites déformations.
$[K_L]$: Matrice de rigidité globale associée aux grandes déformations/ grands déplacements.
$[K_\sigma]$: Matrice de rigidité globale associée aux contraintes initiales.

11.1.3 Instabilité

En l'absence de grandes déformations ou grands déplacements, l'équilibre (11.28) établi au chapitre précédent devient après suppression de la matrice $[K_L]$:

$$[K_T]\cdot\{dq\} = \{F\} \Leftrightarrow ([K_0]+[K_\sigma])\cdot\{dq\} = \{F\} \quad (11.29)$$

Supposant maintenant que $[K_T]$ intègre des conditions d'appui, ce système admettra une solution non nulle si $\det([K_0]+\lambda.[K_\sigma]) \neq 0$. Dans le cas contraire, $[K_T]$ est singulière et λ représente le coefficient multiplicateur de charges permettant d'atteindre l'instabilité.
Cette instabilité, appelée également flambement généralisé, est dépendante des efforts normaux ou des contraintes de membrane de compression liées à la matrice $[K_\sigma]$.
La charge critique de flambement s'écrit donc :

$$\{F_{critique}\} = \lambda\cdot\{F\} \quad (11.30)$$

Le calcul de ce coefficient critique λ est basé sur une recherche de valeurs et de vecteurs propres qui dans ce cas particulier, seront appelés « modes de flambement ». Les méthodes utilisées pour déterminer λ sont généralement identiques à celles utilisées pour le calcul des pulsations propres ω en dynamique des structures (cf. chapitre 13). Cependant, seul le premier mode caractérisant l'instabilité de la structure aura un vrai sens physique. Généralement, il s'agit du mode n° 1 de coefficient multiplicateur λ_1 et de déformée modale $\{\varphi_1\}$ mais ceci n'est pas systématique car tout dépend de la nature de la structure.
Enfin et si la structure, supposée instable, admet des grandes déformations ou des grands déplacements, ce type d'analyse ne pourra être utilisée que dans le but de borner le chargement nécessaire à l'analyse non linéaire géométrique.
La démarche consistera alors à initier une analyse de ce type en appliquant au chargement $\{F\}$ un scalaire λ_C positif. Si les effets des grandes déformations-grands déplacements sont négligeables, l'instabilité de flambement, qui se traduit numériquement par l'arrêt du calcul du fait de la singularité de la matrice $[K_T]$ sera atteinte lorsque $\lambda_C \approx \lambda_1$. Dans le cas contraire, l'instabilité surviendra pour une valeur de λ_C inférieure à λ_1. La charge critique associée à cette nouvelle valeur de $\lambda, \{F_{critique}\} = \lambda_C.\{F\}$ sera de fait inférieure à celle calculée par l'analyse modale de flambement.

Nous verrons au chapitre 11.3 qu'il est également possible d'évaluer le comportement des structures dans le domaine post critique soit au-delà de la charge critique. La grande difficulté sera alors de pouvoir s'affranchir des singularités de la matrice tangente $\left[K_T\right]$.

11.1.4 Les méthodes de calcul non linéaire

Les fonctions de chargement[1] associées à ce type de calcul nécessitent généralement d'être décomposées en une série de paliers ou incréments de charges intermédiaires. Ces incréments peuvent être définis manuellement par l'utilisateur en fonction de la vitesse de convergence ou au contraire déterminés automatiquement.

Chaque incrément de charges fait appel à un processus de convergence itératif de nature variant en fonction de la méthode utilisée. Généralement, les codes de calcul aptes à résoudre ce type de problème non linéaire proposent comme méthode de base celle de Newton-Raphson qui se décline en deux variantes dites complète et modifiée. À ceci vient s'ajouter pour certains la méthode de longueur d'arc qui permet de résoudre des problèmes très particuliers tels que ceux liés au domaine post critique.

Au niveau de la résolution proprement dite, un nombre d'incréments insuffisant entraînera une montée en charge trop rapide et donc une divergence du processus. L'utilisateur pourra alors augmenter le nombre maximum d'incréments et/ou éventuellement agir sur celui correspondant au maximum d'itérations de convergence permis sur l'incrément. Cette approche suppose néanmoins de refaire le calcul depuis le début ce qui est parfois rédhibitoire pour les modèles de grandes tailles.

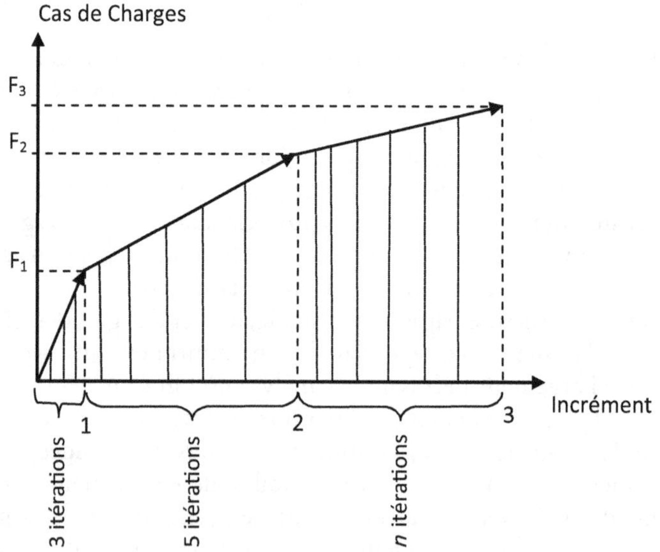

Figure 11.4 – Incréments de charges et itérations de convergence.

1. Charges ponctuelles, linéaires, surfaciques et/ou déplacements imposés.

Aussi, l'utilisateur aura parfois la possibilité de reprendre directement un calcul non convergé à partir du dernier cas de charges convergé[1].

■ Méthode de Newton-Raphson

La résolution d'un problème non linéaire fait appel généralement à la méthode de Newton-Raphson[2] dont les grandes lignes sont explicitées ci-après. Considérant un système non linéaire à un incrément donné, on aura en vertu de (11.28) :

$$[K_T]\cdot\{dq\}=\{R\} \quad (11.31)$$

Le principe consistera à mettre en œuvre un processus itératif permettant d'équilibrer les charges statiques et ainsi de trouver une suite d'incréments de déplacements satisfaisant à la relation d'équilibre :

$$[K_{Ti}]\cdot\{\Delta q_i\}=\{F\}-\{F_i\} \quad (11.32)$$

avec $\{\Delta q_i\}=\{q_{i+1}\}-\{q_i\}$ et $\{F_i\}$: efforts internes calculés à l'itération *i*.

Dans l'absolu, l'arrêt du processus itératif s'effectue lorsque le reste à l'itération *i* $\{R_i\}$ c'est-à-dire la différence entre $\{F\}$ et $\{F_i\}$ tend vers 0. On parlera alors de convergence en forces. Il est possible également d'envisager une convergence en déplacements en posant que la différence $\{\Delta q_i\}=\{q_{i+1}\}-\{q_i\}$ tend vers 0 ou celle en énergie qui correspond en fait à un mixe des deux précédentes. Ces trois approches pourront d'ailleurs être utilisées de manière simultanée.

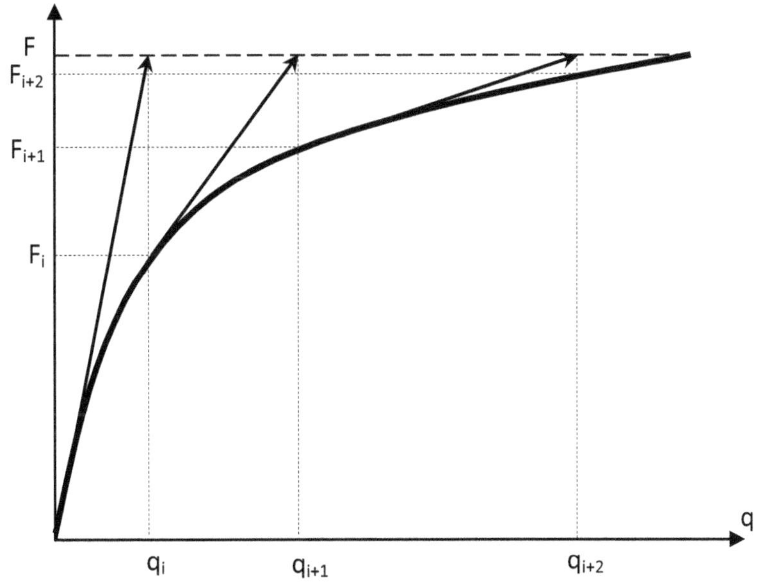

Figure 11.5 – Méthode Newton – Raphson complète.

1. Cette opération est généralement appelée « restart ».
2. Newton (1642-1727), Raphson (1648-1715).

La rigidité tangente $\left[K_T\right]$ étant définie à partir des rigidités induites par les petits déplacements $\left[K_0\right]$, les grandes déformations ou grands déplacements $\left[K_L\right]$ et les contraintes initiales $\left[K_\sigma\right]$, les matrices $\left[K_L\right]$ et $\left[K_\sigma\right]$ restent néanmoins dépendantes de l'état de déformation de la structure. Elles doivent donc être mises à jour suivant une fréquence dépendant de la méthode de Newton Raphson utilisée.
Dans le cas de l'utilisation d'une méthode de Newton Raphson complète, ces deux matrices seront actualisées à chaque itération de convergence. Si cette remise à jour induit des temps de calcul trop importants par rapport au nombre d'itérations nécessitées par la convergence, il est possible d'utiliser la méthode de Newton Raphson modifiée qui consiste à ne redéfinir ces matrices qu'au début de chaque incrément. Ceci revient à utiliser la même rigidité tangente sur l'incrément de charges considéré.

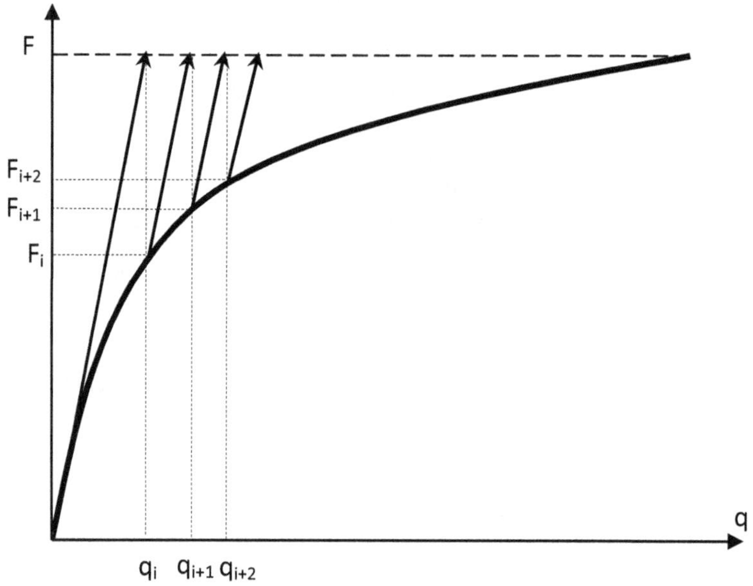

Figure 11.6 – Méthode Newton – Raphson modifiée.

Des méthodes complémentaires de types :

- Quasi-Newton (cf. [10]) : le principe consiste à « estimer » la matrice de rigidité $\left[K_T\right]$ à l'itération i à partir de celle obtenue à l'itération $i-1$ et ce sans la recalculer de manière proprement dite,
- « Line Search » (cf. [11]) : estimation des déplacements de l'itération i à partir de ceux de l'itération i-1 et des forces résiduelles (le reste $\left\{R_i\right\}$). De ce reste, on déduit une estimation de la correction à effectuer sur les déplacements $\left\{\delta q\right\}$ soit $\left\{q_i\right\} = \left\{q_{i-1}\right\} + \eta \cdot \left\{\delta q\right\}$ avec η : coefficient correctif. Cette technique est entre autre utilisée comme accélérateur de convergence dans le cas des problèmes non linéaires géométriques,

peuvent éventuellement être utilisées pour optimiser les temps de calcul. De plus et en présence de courbes non linéaires présentant des inflexions, asymptotes ou extremums, il est parfois nécessaire lorsque l'on ne dispose pas de la méthode de longueur d'arc de « piloter » la montée en charge en déplacement imposé. Cependant, ce type de solution n'est applicable que dans des cas très spécifiques.

Méthode de longueur d'arc

Le principal avantage de cette méthode est de pouvoir pallier les problèmes de convergence rencontrés avec des fonctions de charges-déplacements présentant extremums, inflexions ou asymptotes. Son principe est basé sur le contrôle d'un incrément de facteur de charge $\Delta\lambda_i$ qui, associé à une variation compatible des déplacements Δq_i, permet d'évaluer l'accroissement de longueur d'arc Δl supposé constant. Δl doit donc vérifier à l'itération i que :

$$\{\Delta q_i\}^T \cdot \{\Delta q_i\} + \Delta\lambda_i^2 = \Delta l^2 \tag{11.33}$$

Cependant, la relation (11.33) n'est pas directement exploitable car celle-ci ne prend pas en compte les signes de Δq_i et $\Delta\lambda_i$. La solution proposée par Crisfield [12] qui s'inspire d'une technique de Batoz et Dhatt [13], considère un incrément de déplacement $\{\delta q_i\}$ égal à la somme des déplacements associés au déséquilibre des forces :

$$\{\delta d_i\} = [K_{Ti}]^{-1} \cdot \{R_i\} \tag{11.34}$$

et au chargement initial :

$$\{\delta L q_i\} = [K_{Ti}]^{-1} \cdot \{F\} \tag{11.35}$$

pondéré par $\Delta\lambda_i$. On a donc :

$$\{\delta q_i\} = \{\delta d_i\} + \Delta\lambda_i \cdot \{\delta L q_i\} \tag{11.36}$$

Enfin, la suite du processus consiste à couper la courbe avec une surface de forme variable. Riks [14] et Wempner [15] proposent dès les années 70 une projection perpendiculaire à la matrice tangente. C'est celle que nous retiendrons dans les exemples qui suivent.

Plus récemment, Crisfield [11] [12] a développé une méthode basée sur un arc sphérique qui prend en compte uniquement le terme Δq_i dans le calcul de la longueur d'arc soit :

$$\{\Delta q_i\}^T \cdot \{\Delta q_i\} = \Delta l^2 \tag{11.37}$$

Au début de l'itération i, l'équilibre des forces est caractérisé par la différence entre charges extérieures pondérées par le facteur λ_i et les efforts internes $\{F_i\}$. Ce calcul revient à évaluer le reste :

$$\{R_i\} = \lambda_i \cdot \{F\} - \{F_i\} \tag{11.38}$$

qui doit dans l'absolu tendre vers 0. Si tel n'est pas le cas, il est alors nécessaire de déterminer un nouvel incrément de charge $\Delta\lambda_i$. Reprenant la méthode du plan normal (cf. [16]), on pose tout d'abord que les vecteurs $\vec{t}_0$ et $\vec{n}_i$ sont respectivement égaux à $\begin{Bmatrix} \Delta q_0 \\ \Delta\lambda_0 \end{Bmatrix}$ et $\begin{Bmatrix} \delta q_i \\ \Delta\lambda_i \end{Bmatrix}$. Ces deux vecteurs ont de fait un produit scalaire nul soit :

$$\{\Delta q_0\}^T \cdot \{\delta q_i\} + \Delta\lambda_0 \cdot \Delta\lambda_i = 0 \tag{11.39}$$

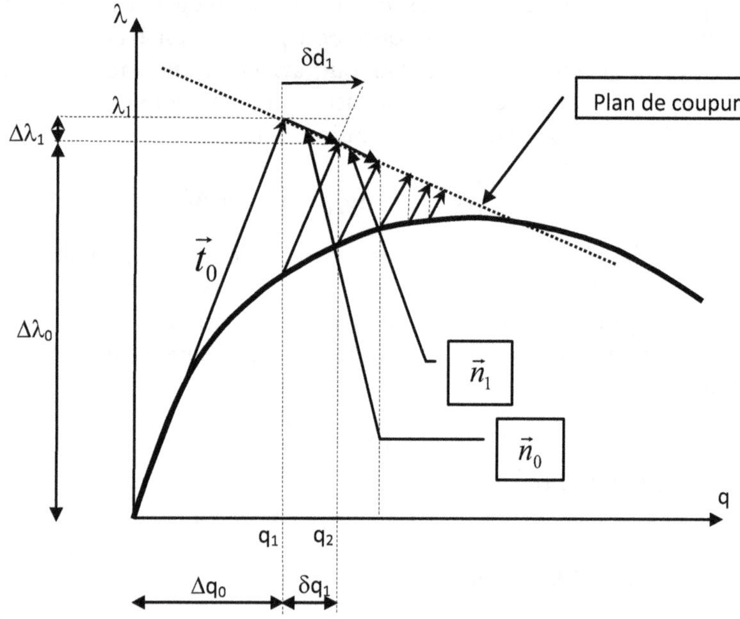

Figure 11.7 – Méthode de longueur d'arc (Riks, Wempner).

En remplaçant $\{\delta q_i\}$ par son expression (11.36), on obtient finalement pour $\Delta\lambda_i$:

$$\Delta\lambda_i = \frac{-\{\Delta q_0\}^T \cdot \{\delta d_i\}}{\{\Delta q_0\}^T \cdot \{\delta L q_i\} + \Delta\lambda_0} \tag{11.40}$$

Les différentes variables sont ensuite mises à jour pour le calcul de l'itération suivante :

$$\begin{aligned} \lambda_{i+1} &= \lambda_i + \Delta\lambda_i \\ \{q_{i+1}\} &= \{q_i\} + \{\delta q_i\} \\ \{\Delta q_{i+1}\} &= \{\Delta q_i\} + \{\delta q_i\} \end{aligned} \tag{11.41}$$

Cependant et pour démarrer le processus, l'utilisateur devra estimer la valeur initiale $\Delta\lambda_0$ à partir d'un incrément de longueur d'arc. Sachant que la variation de déplacement à l'itération 0 peut être estimée par :

$$\{\Delta q_0\} = \Delta\lambda_0 \cdot \{\delta L q_0\} = \Delta\lambda_0 \cdot [K_{T0}]^{-1} \cdot \{F\} \tag{11.42}$$

on déduit en remplaçant (11.42) dans (11.33) que :

$$\Delta\lambda_0 = \frac{\pm\Delta l}{\sqrt{1 + \{\delta L q_0\}^T \cdot \{\delta L q_0\}}} \tag{11.43}$$

Ceci étant et s'il s'agit de la première itération ($i = 0$) du premier incrément de charges, l'utilisateur devra définir de manière arbitraire la valeur de Δl [1]. Dans le cas contraire, on estimera la valeur de Δl à partir de la variation des déplacements de l'incrément de charges précédent soit :

$$\{\Delta q_{i-1}\}^T \cdot \{\Delta q_{i-1}\} = \Delta l^2 \tag{11.44}$$

De plus et en vertu de (11.43), il sera nécessaire de préciser le signe de $\Delta\lambda_0$. Généralement, trois critères [17] sont utilisés pour déterminer la direction du processus :

- Le signe du déterminant de la matrice tangente $[K_T]$.
- Le signe du travail des forces $\{F\}$ – $\{\delta L q_i\}^T \cdot \{F\}$.
- Le signe du produit scalaire des vecteurs $\{\Delta q_i\}$ et $\{\delta L q_i\}$.

Critères de convergence

Les méthodes de Newton – Raphson et de longueur d'arc étant itératives, il s'agit désormais de définir les critères permettant l'arrêt du processus qui d'une manière générale correspond à un reste $\{R_i\}$ et/ou une variation de déplacement $\{\Delta q_i\}$ tendant vers 0.

Aussi et pour caractériser l'état d'équilibre, plusieurs approches seront possibles [16]. Une première consiste à vérifier que le maximum, la somme ou la norme euclidienne[2] de $\{R_i\}$ et/ou de $\{\Delta q_i\}$ sont inférieures à une tolérance ε [3].

Celles-ci étant un peu restrictives, on pourra parfois améliorer les temps de calcul en comparant $\{R_i\}$ et $\{\Delta q_i\}$ à $\{F\}$ et $\{\Delta q_0\}$ de début d'incrément. On posera alors que :

$$\begin{aligned} \{R_i\} &\le \varepsilon \cdot \{F\} \\ \{\Delta q_i\} &\le \varepsilon \cdot \{\Delta q_0\} \end{aligned} \tag{11.45}$$

Ces critères n'étant pas exhaustifs, ceux-ci peuvent varier suivant la nature du code de calcul utilisé.

1. Généralement de 0.01 à 0.05.
2. $\sqrt{\{R_i\}^T \cdot \{R_i\}}, \sqrt{\{\Delta q_i\}^T \cdot \{\Delta q_i\}}$
3. ε est pris généralement égal 0.001.

11.2 Exemple 8 – Étude d'un shed symétrique

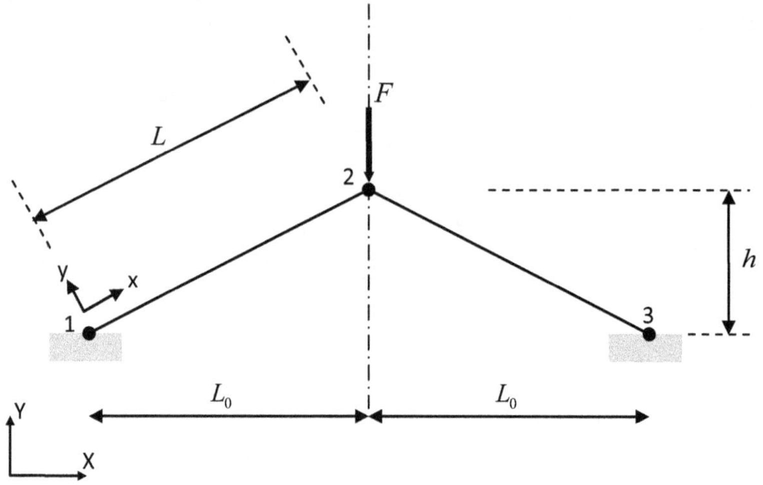

Figure 11.8 – Exemple 8 : shed symétrique.

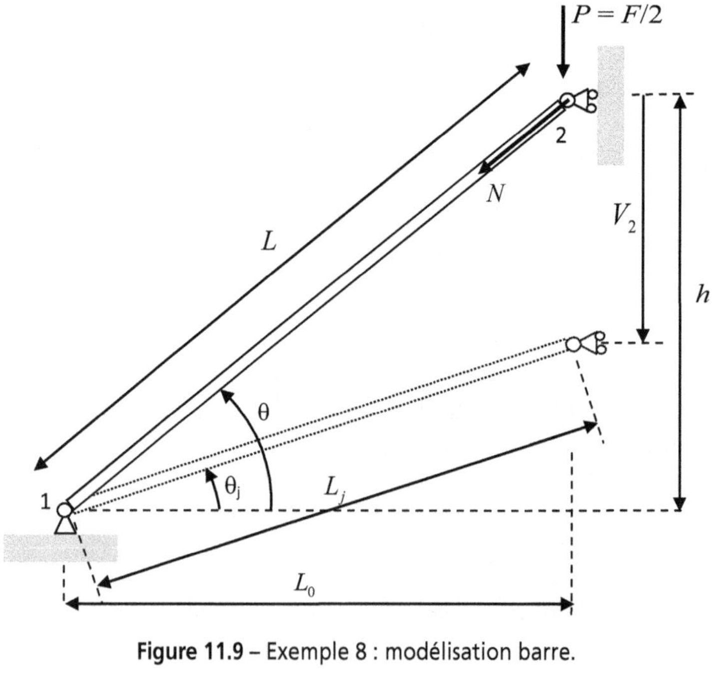

Figure 11.9 – Exemple 8 : modélisation barre.

Ce shed[1] constitué de deux barreaux de longueur L est soumis à une charge F à son sommet. Sa modélisation peut être réduite à un seul élément barre du fait de la symétrie. La prise en compte de cette hypothèse simplificatrice nécessite

1. Ce shed s'inspire de l'exemple 6.3 proposé par Bathe [18].

néanmoins de bloquer horizontalement le nœud 2 et de ne considérer que la moitié de la charge appliquée. Deux cas de figure sont ensuite à envisager en fonction de la nature de sa hauteur h. Si h est significatif par rapport à la base L_0 du shed, la longueur L du barreau sera directement fonction du déplacement V_2. Si au contraire h est supposé petit par rapport à L_0 alors L pourra être considéré comme invariant. On aura alors quel que soit l'incrément de charge j : $L_j \simeq L$.

11.2.1 Référence théorique

Considérant l'hypothèse h « petit » dans un souci de simplification, les dimensions et caractéristiques du shed prises en compte dans les calculs seront donc : $L_0 = 2000$ mm, $h = 20$ mm, $S = 200$ mm², $E = 210000$ N/mm², $P \leq 8.5$ N. La longueur initiale L du barreau est ainsi égale à 2000.1 mm. Les déplacements du nœud 1 étant nuls, la déformation dans le barreau est égale d'après (11.3) à :

$$\varepsilon_{xx} = \frac{\partial u}{\partial x} + \frac{1}{2}\left[\left(\frac{\partial u}{\partial x}\right)^2 + \left(\frac{\partial v}{\partial x}\right)^2\right] = \frac{u_2}{L} + \frac{1}{2}\left[\left(\frac{u_2}{L}\right)^2 + \left(\frac{v_2}{L}\right)^2\right] \quad (11.46)$$

Ceci étant, l'hypothèse h « petit » implique une petite déformation du barreau et donc une influence négligeable du terme $\left(\frac{u_2}{L}\right)^2$. On est donc en présence d'un problème en grands déplacements. Par ailleurs, les déplacements dans le repère local u_2 et v_2 peuvent être exprimés en fonction de V_2 (cf. figure 11.10) en posant que :

$$\begin{aligned} v_2 &= V_2 \cdot \cos(\theta) \approx V_2 \\ u_2 &= V_2 \cdot \sin(\theta) \approx V_2 \cdot \frac{h}{L} \end{aligned} \quad (11.47)$$

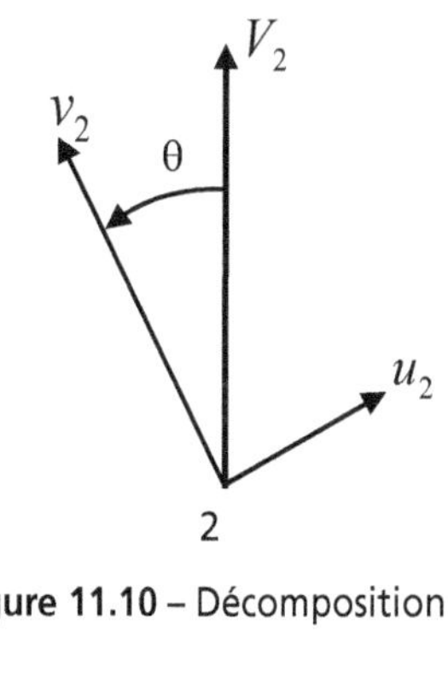

Figure 11.10 – Décomposition de V_2

L'expression (11.46) de la déformation devient donc :

$$\varepsilon_{xx} = \frac{u_2}{L} + \frac{1}{2}\left(\frac{v_2}{L}\right)^2 = \frac{V_2^2 + 2h \cdot V_2}{2L^2} \quad (11.48)$$

Par ailleurs, la contrainte associée est donnée par $\sigma_x = E \cdot \varepsilon_{xx} \Leftrightarrow \dfrac{N}{S} = E \cdot \varepsilon_{xx}$ d'où l'expression de l'effort normal dans le barreau :

$$N = ES \cdot \varepsilon_{xx} = ES \cdot \left(\frac{V_2^2 + 2h \cdot V_2}{2L^2} \right) \tag{11.49}$$

De plus et en cours de déformation, l'équilibre des charges au nœud 2 s'écrit :

$$N \cdot \sin\left(\theta_j\right) - P = 0 \tag{11.50}$$

soit :

$$N \cdot \frac{h + V_2}{L} - P = 0 \Rightarrow N = \frac{PL}{h + V_2} \tag{11.51}$$

En égalant (11.49) et (11.51), on déduit finalement :

$$P = \frac{ES}{2L^3}\left(V_2^3 + 3h \cdot V_2^2 + 2h^2 \cdot V_2\right) \tag{11.52}$$

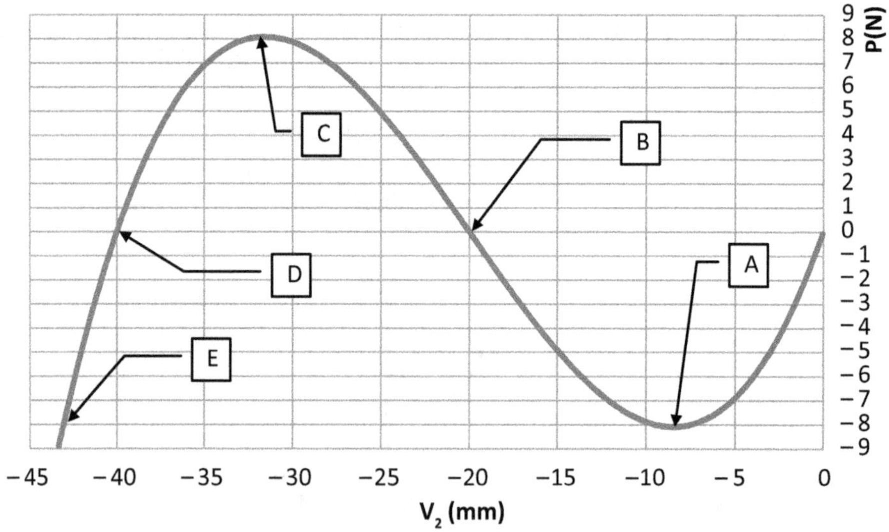

Figure 11.11 – Référence $P = f(V_2)$.

La courbe non linéaire $P = f\left(V_2\right)$ de la figure 11.11 met en évidence deux extrémums en A et C ainsi qu'un point de changement de courbure en B qui correspond à la position horizontale du barreau. Ensuite, le barreau continue sa course pour atteindre le point D symétrique de celui d'origine par rapport à Y. Enfin, on notera les valeurs de charge nulle associées à B et D.

11.2.2 Calcul de la rigidité tangente

Les expressions de $\left[B_0\right]$ et $\left[G\right]$ établies en § 11.1.2, nous permettent de déduire pour :

$$\left[k_0\right]=\int_{V_e}\left[B_0\right]^T\cdot\left[H\right]\cdot\left[B_0\right]\cdot dV_e=\frac{ES}{L}\begin{bmatrix}1&0&-1&0\\0&0&0&0\\-1&0&1&0\\0&0&0&0\end{bmatrix}\qquad(11.53)$$

$$\left[k_\sigma\right]=\int_{V_e}\left[G\right]^T\cdot\left[\sigma\right]\cdot\left[G\right]\cdot dV_e=\frac{N}{L}\begin{bmatrix}1&0&-1&0\\0&1&0&-1\\-1&0&1&0\\0&-1&0&1\end{bmatrix}\qquad(11.54)$$

$\left[k_0\right]$ est identique à la matrice de rigidité de l'élément barre trouvée en (5.1) et qui correspond à l'hypothèse de petites déformations. $\left[k_\sigma\right]$ est bien évidemment identique à la matrice établie en (11.27).

Préalablement au calcul de la matrice $\left[k_L\right]$, il est tout d'abord nécessaire de déterminer $\left[B_L(q)\right]=\{q\}^T\cdot\left[G\right]^T\cdot\left[G\right]$ issu de (11.8) avec $\{q\}=\begin{Bmatrix}u_1\\v_1\\u_2\\v_2\end{Bmatrix}$: vecteur des déplacements nodaux exprimé dans le repère local du barreau. Comme les déplacements au nœud 1 sont nuls, on obtient :

$$\left[B_L(q)\right]=\left\{-\frac{u_2}{L^2}\quad-\frac{v_2}{L^2}\quad\frac{u_2}{L^2}\quad\frac{v_2}{L^2}\right\}\qquad(11.55)$$

Il est d'ailleurs possible de retrouver (11.46) en posant que :

$$\{\varepsilon\}=\{\varepsilon_0\}+\{\varepsilon_L\}=\left(\left[B_0\right]+\frac{1}{2}\left[B_L(q)\right]\right)\{q\}.$$

On calcule ensuite la matrice des grandes déformations/grands déplacements issue de (11.23) :

$$\begin{aligned}\left[k_L\right]=&\int_{V_e}\left[B_0\right]^T\cdot\left[H\right]\cdot\left[B_L\right]\cdot dV_e\\&+\int_{V_e}\left[B_L\right]^T\cdot\left[H\right]\cdot\left[B_0\right]\cdot dV_e+\int_{V_e}\left[B_L\right]^T\cdot\left[H\right]\cdot\left[B_L\right]\cdot dV_e\end{aligned}\qquad(11.56)$$

soit :

$$\left[k_L\right]=\frac{ES}{L^3}\begin{bmatrix} u_2\left(2L+u_2\right) & v_2\left(L+u_2\right) & -u_2\left(2L+u_2\right) & -v_2\left(L+u_2\right) \\ v_2\left(L+u_2\right) & v_2^2 & -v_2\left(L+u_2\right) & -v_2^2 \\ -u_2\left(2L+u_2\right) & -v_2\left(L+u_2\right) & u_2\left(2L+u_2\right) & v_2\left(L+u_2\right) \\ -v_2\left(L+u_2\right) & -v_2^2 & v_2\left(L+u_2\right) & v_2^2 \end{bmatrix} \quad (11.57)$$

La rigidité tangente exprimée dans le repère local étant égale à la somme des trois matrices (11.53), (11.54) et (11.57), on obtient pour finir :

$$\left[k_T\right]=\left[k_0\right]+\left[k_L\right]+\left[k_\sigma\right]=$$

$$\frac{ES}{L^3}\begin{bmatrix} \frac{NL^2}{ES}+\left(L+u_2\right)^2 & v_2\left(L+u_2\right) & -\left(\frac{NL^2}{ES}+\left(L+u_2\right)^2\right) & -v_2\left(L+u_2\right) \\ v_2\left(L+u_2\right) & \frac{NL^2}{ES}+v_2^2 & -v_2\left(L+u_2\right) & -\left(\frac{NL^2}{ES}+v_2^2\right) \\ -\left(\frac{NL^2}{ES}+\left(L+u_2\right)^2\right) & -v_2\left(L+u_2\right) & \frac{NL^2}{ES}+\left(L+u_2\right)^2 & v_2\left(L+u_2\right) \\ -v_2\left(L+u_2\right) & -\left(\frac{NL^2}{ES}+v_2^2\right) & v_2\left(L+u_2\right) & \frac{NL^2}{ES}+v_2^2 \end{bmatrix}$$

(11.58)

La dernière étape concerne l'expression de cette matrice en repère global qui consiste, comme en § 5.2, à effectuer le changement de base suivant :

$$\left[K_T\right]=\left[R(\theta)\right]^T\cdot\left[k_T\right]\cdot\left[R(\theta)\right] \quad (11.59)$$

avec $\left[R(\theta)\right]=\begin{bmatrix} \cos\theta & \sin\theta & 0 & 0 \\ -\sin\theta & \cos\theta & 0 & 0 \\ 0 & 0 & \cos\theta & \sin\theta \\ 0 & 0 & -\sin\theta & \cos\theta \end{bmatrix}$.

L'expression de la rigidité tangente associée à V_2 vaut donc :

$$K_T\left(N,V_2\right)=\frac{N}{L}+\frac{ES}{L^3}\left(L\cdot\sin\theta+V_2\right)^2 \quad (11.60)$$

Comme $\sin(\theta)=\frac{h}{L}$, on obtient pour finir :

$$K_T\left(N,V_2\right)=\frac{N}{L}+\frac{ES}{L^3}\left(h+V_2\right)^2 \quad (11.61)$$

En fait, le terme $\frac{h+V_2}{L}$ correspond au sinus de l'angle θ_j (cf. figure 11.9) obtenu lors du déplacement à l'incrément de charge j. Ceci permet de retrouver l'expression établie par Bathe (cf. [18]) :

$$K_T(N,V_2)=\frac{N}{L}+\frac{ES}{L}\sin^2(\theta_j) \tag{11.62}$$

qui découle d'un changement de base effectué uniquement sur les matrices $[k_0]$ et $[k_\sigma]$. Cette approche revient en fait à calculer la structure dans son état déformé de manière successive en posant que :

$$[K_T]=[R(\theta_j)]^T\cdot([k_0]+[k_\sigma])\cdot[R(\theta_j)] \tag{11.63}$$

11.2.3 Résolution par la méthode de Newton-Raphson

Le chapitre 11.1.4 a permis de présenter deux types de méthodes de Newton-Raphson. Celle consistant à réévaluer la rigidité tangente à chaque itération de convergence, dite complète, est très souvent la plus efficace mais également la plus coûteuse en termes de temps de calcul. Les fortes variations de la déformée de notre cas d'étude justifient néanmoins l'utilisation de cette méthode qui assure une convergence rapide du processus. En application de (11.61), la rigidité tangente fonction de l'effort normal N_i et du déplacement V_{2i}, associés à l'itération i, sera donc remise à jour systématiquement et vaudra à cette même itération :

$$K_{Ti}(N_i,V_{2i})=\frac{N_i}{L}+\frac{ES}{L^3}(h+V_{2i})^2 \tag{11.64}$$

avec d'après (11.49) $N_i(V_{2i})=ES\cdot\varepsilon_{xx}=ES\cdot\left(\frac{V_{2i}^2+2h\cdot V_{2i}}{2L^2}\right)$.

P valant toujours 8.5 N, on décide d'effectuer une montée en charge en 100 incréments de longueur égale et de tolérer un maximum de 50 itérations par incrément.

Au $j^{\text{ème}}$ incrément, la force appliquée vaudra donc : $F_j=j\cdot\frac{P}{100}$. La convergence retenue est celle en forces. Le reste à l'itération i aura pour expression d'après (11.50) :

$$R_i=F_j-N_i\cdot\frac{h+V_{2i}}{L} \tag{11.65}$$

Le programme Mathcad™ de calcul et l'organigramme correspondant sont indiqués pages suivantes. On notera néanmoins qu'il serait assez simple de transformer celui-ci en méthode de Newton-Raphson modifiée en transférant le calcul de la rigidité tangente dans la boucle j et en utilisant celle-ci à chacune des itérations de convergence.

Variables :

Nsubstp : nombre d'incréments (100)
Niter : nombre d'itérations maxi par incrément (50)
ε : tolérance (0.001 par exemple)
v_0 : déplacement initial (0 en général)
N_0 : effort normal initial (0 en général)
Conv : convergence (0 en forces, 1 en déplacements)
Type : Newton Raphson 0 – Complet, 1 – Modifié

```
NewtonRaphson(NSubstp, NIter, ε, v0, N0, Conv, Type) :=
  V_0 ← v0
  N_0 ← N0
  for j ∈ 1.. NSubstp
    CV_j ← "Diverge"
    F_j ← j·P / NSubstp
    i ← 0
    q_i ← V_(j−1)
    N1_i ← EFFN(q_i)
    K_j ← KTR(N1_i, q_i)  if Type = 1
    while i ≤ NIter
      K_i ← K_j  if Type = 1
      R_i ← F_j − EFFN(q_i)·(h + q_i)/L
      if Conv = 0 ∧ |R_i| < ε·|F_j|
        V_j ← q_i
        N_j ← EFFN(V_j)
        CV_j ← "Converge"
        break
      K_i ← KTR(EFFN(q_i), q_i)  if Type = 0
      q_(i+1) ← R_i/K_i + q_i
      Δq_i ← q_(i+1) − q_i
      if Conv = 1 ∧ |Δq_i| < ε·|Δq_0|
        V_j ← q_(i+1)
        N_j ← EFFN(V_j)
        CV_j ← "Converge"
        break
      return (CV V F N)  if i = NIter
      i ← i + 1
  (CV V F N)
```

Programme Mathcad™ 11-1 – Méthode de Newton – Raphson.

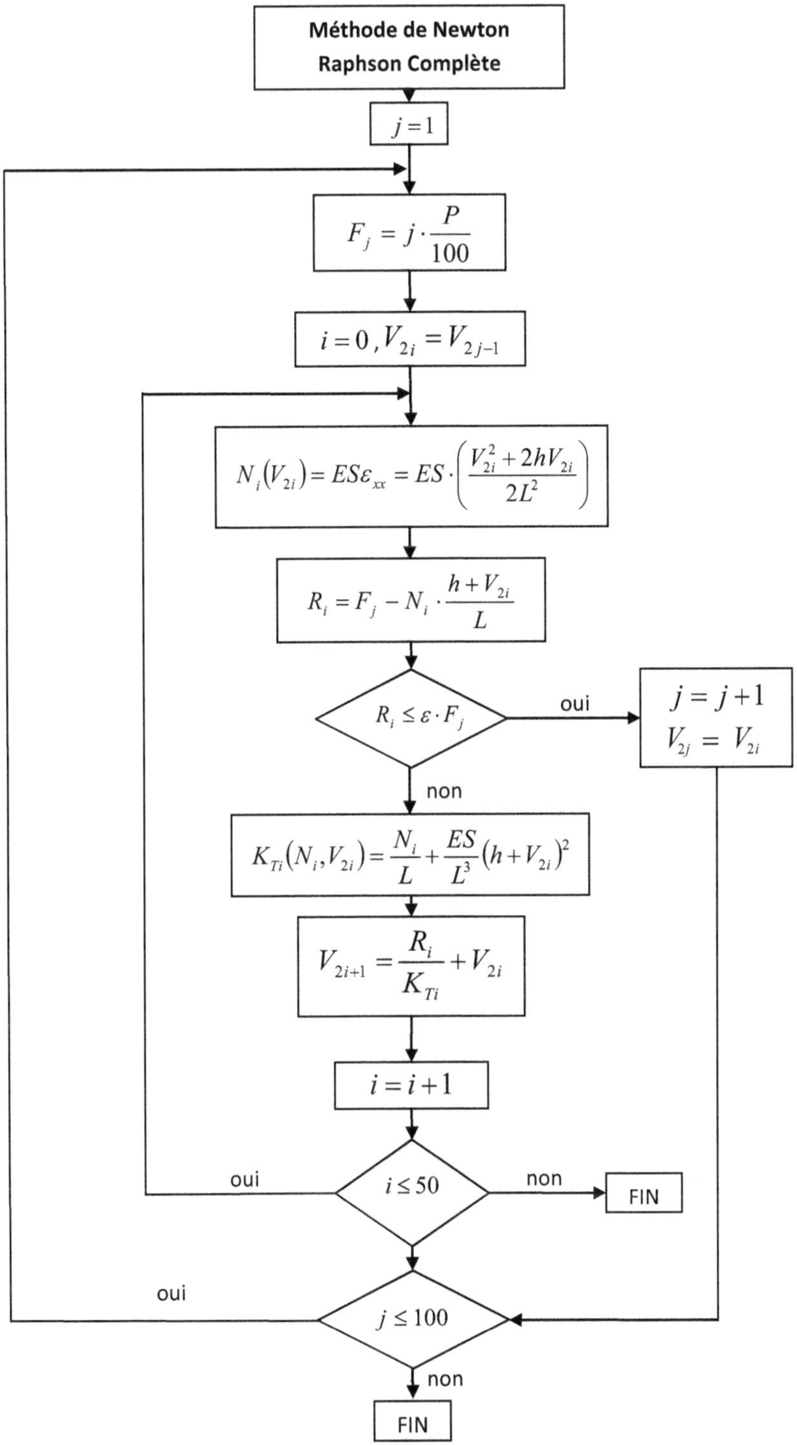

Organigramme 11-1

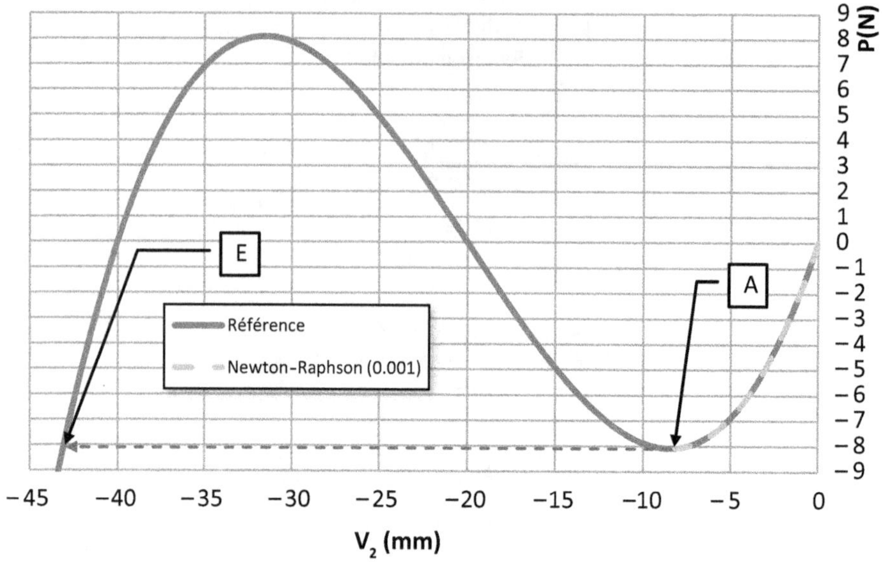

Figure 11.12 – Exemple 8 : méthode de Newton – Raphson avec $\varepsilon = 0.001$.

Avec une tolérance ε de 0.001, le processus s'arrête à partir du 96e incrément soit approximativement peu avant le point A (figure 11.12). À ce niveau, la rigidité tangente devient peu à peu horizontale, rendant impossible une intersection avec la suite de la courbe. Au mieux et comme indiqué à la figure 11.13, le processus continue après une projection au niveau du point E.

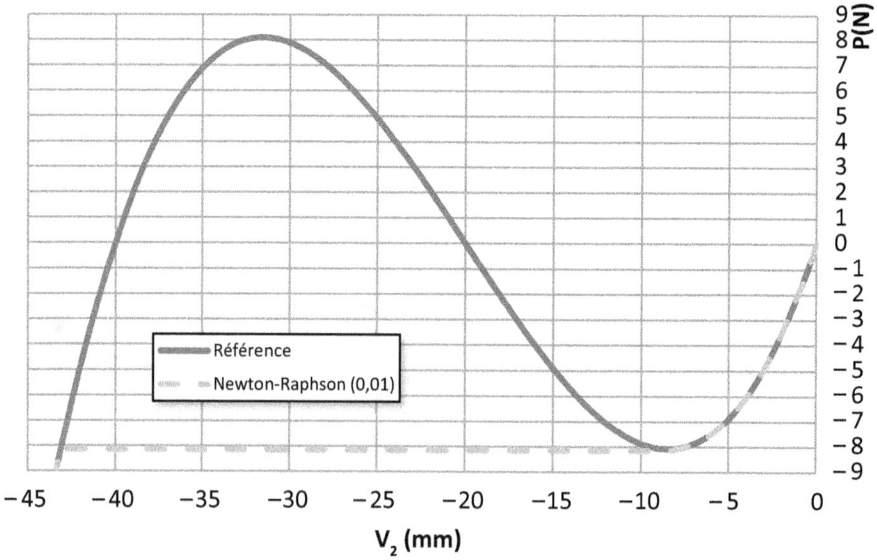

Figure 11.13 – Exemple 8 : méthode de Newton – Raphson avec $\varepsilon = 0.01$.

La méthode de Newton – Raphson ne permet donc pas de résoudre ce problème dans son intégralité et ce du fait de son incapacité à suivre « précisément » la tangente à la courbe. Ce comportement caractéristique appelé en anglais « snap through » fait partie des trois phénomènes pouvant poser de sérieux problèmes de convergence. Le deuxième appelé « snap back » est assez similaire au précédent puisque la divergence est causée par une tangente non plus horizontale mais verticale cette fois. Le dernier, la bifurcation correspond à une multiplicité des solutions d'équilibre (cf. § 11.3.2).

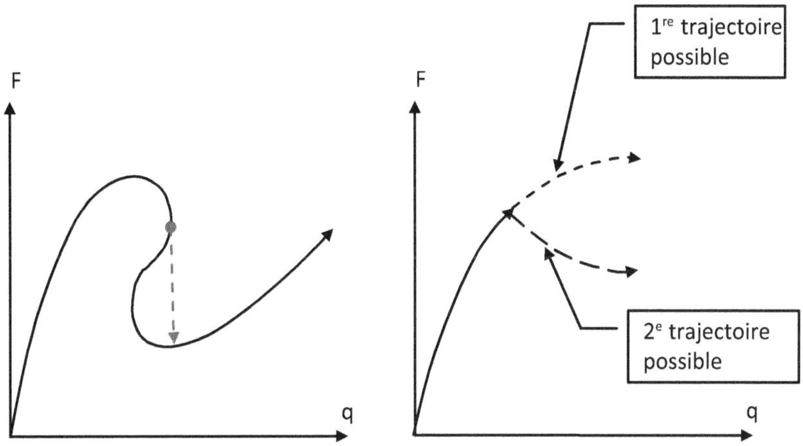

Figure 11.14 – « Snap back » / Bifurcation.

11.2.4 Résolution par la méthode de longueur d'arc

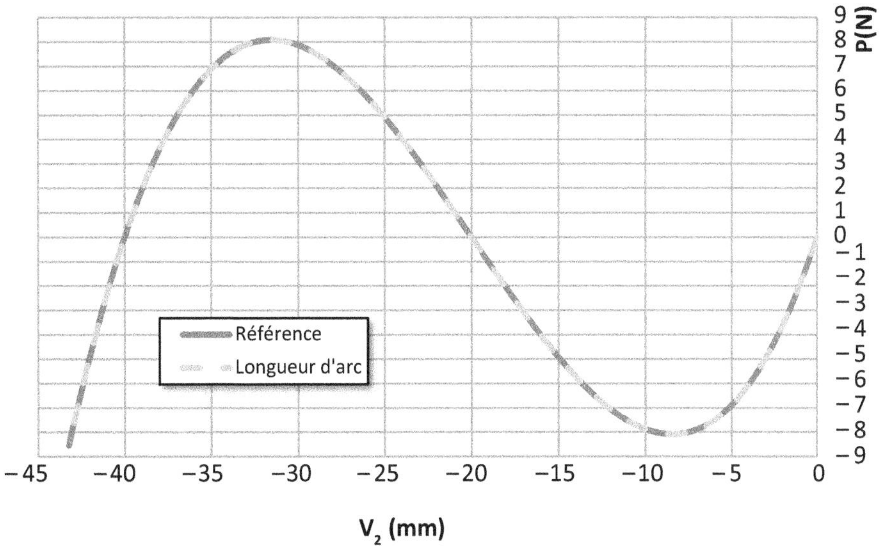

Figure 11.15 – Exemple 8 : méthode de longueur d'arc.

Variables :

Nsubstp : nombre d'incréments
Niter : nombre d'itérations maxi par incrément
ε : tolérance (0.001 par exemple)
v_0 : déplacement initial (0 en général)
N_0 : effort normal initial (0 en général)
Conv : convergence (0 en forces, 1 en déplacements)
Δl_{min} : incrément de longueur d'arc mini (= incrément de départ)
Δl_{max} : incrément de longueur d'arc maxi
λ_{max} : longueur d'arc maxi

```
ArcLengthNormalPlane(NSubstp, NIter, ε, v0, N0, Conv, Δlmin, Δlmax, λmax) :=   *
  V_0 ← v0
  N_0 ← N0
  Δs ← 0
  λ_0 ← 0
  λ_1 ← Δlmin
  j ← 1
  while (λ_j < λmax)·(j ≤ NSubstp)
    cut ← 0
    i ← 0
    NiterSubstp_j ← 0
    Δq_0 ← 0
    q_i ← V_(j-1)
    while i ≤ NIter
      if i = NIter
        i ← 0
        cut ← cut + 1
        continue
      return (V  λ  NiterSubstp) if cut = 5
      if i = 0
        K_i ← KTR(EFFN(q_i), q_i)
        ΔLq_i ← P / K_i
        if j = 1
          Dir ← 1
          Δl ← Δlmin
        if j > 1
          Dir ← Phi(K_i)·2 − 1
          Δl ← √(Δs²) · NIter / NiterSubstp_(j-1)   if cut = 0
          Δl ← (1/cut) · √(Δs²)   if cut > 0
          Δl ← Δlmax  if Δl > Δlmax
          Δl ← Δlmin  if Δl < Δlmin
```

```
|  |  |  |  Δλ0 ← Dir·Δl / sqrt(1 + (ΔLq_i)^2)
|  |  |  |  δq_i ← Δλ0·ΔLq_i
|  |  |  |  q_(i+1) ← q_i + δq_i
|  |  |  |  Δq_(i+1) ← Δq_i + δq_i
|  |  |  |  Δλ_(i+1) ← Δλ_i
|  |  |  |  NiterSubstp_j ← NiterSubstp_j + 1
|  |  |  |  i ← i + 1
|  |  |  R_i ← (λ_j + Δλ_i)·P − EFFN(q_i)·(h + q_i)/L
|  |  |  if Conv = 0 ∧ |R_i| < ε·|P|
|  |  |  |  V_j ← q_i
|  |  |  |  λ_(j+1) ← λ_j + Δλ_i
|  |  |  |  Δs ← sqrt(Δq_i·Δq_i)
|  |  |  |  break
|  |  |  K_i ← KTR(EFFN(q_i), q_i)
|  |  |  ΔLq_i ← P / K_i
|  |  |  δd_i ← R_i / K_i
|  |  |  δλ ← −δq0·δd_i / (δq0·ΔLq_i + Δλ0)
|  |  |  δq_i ← δλ·ΔLq_i + δd_i
|  |  |  q_(i+1) ← q_i + δq_i
|  |  |  Δλ_(i+1) ← Δλ_i + δλ
|  |  |  Δq_(i+1) ← Δq_i + δq_i
|  |  |  NiterSubstp_j ← NiterSubstp_j + 1
|  |  |  if Conv = 1 ∧ |q_(i+1) − q_i| < ε·|q_1 − q_0|
|  |  |  |  V_j ← q_(i+1)
|  |  |  |  λ_(j+1) ← λ_j + Δλ_(i+1)
|  |  |  |  Δs ← sqrt(Δq_(i+1)·Δq_(i+1))
|  |  |  |  break
|  |  |  i ← i + 1
|  |  j ← j + 1
|  return (V  λ  NiterSubstp)
```

Programme Mathcad™ 11-2 – Méthode de longueur d'arc.

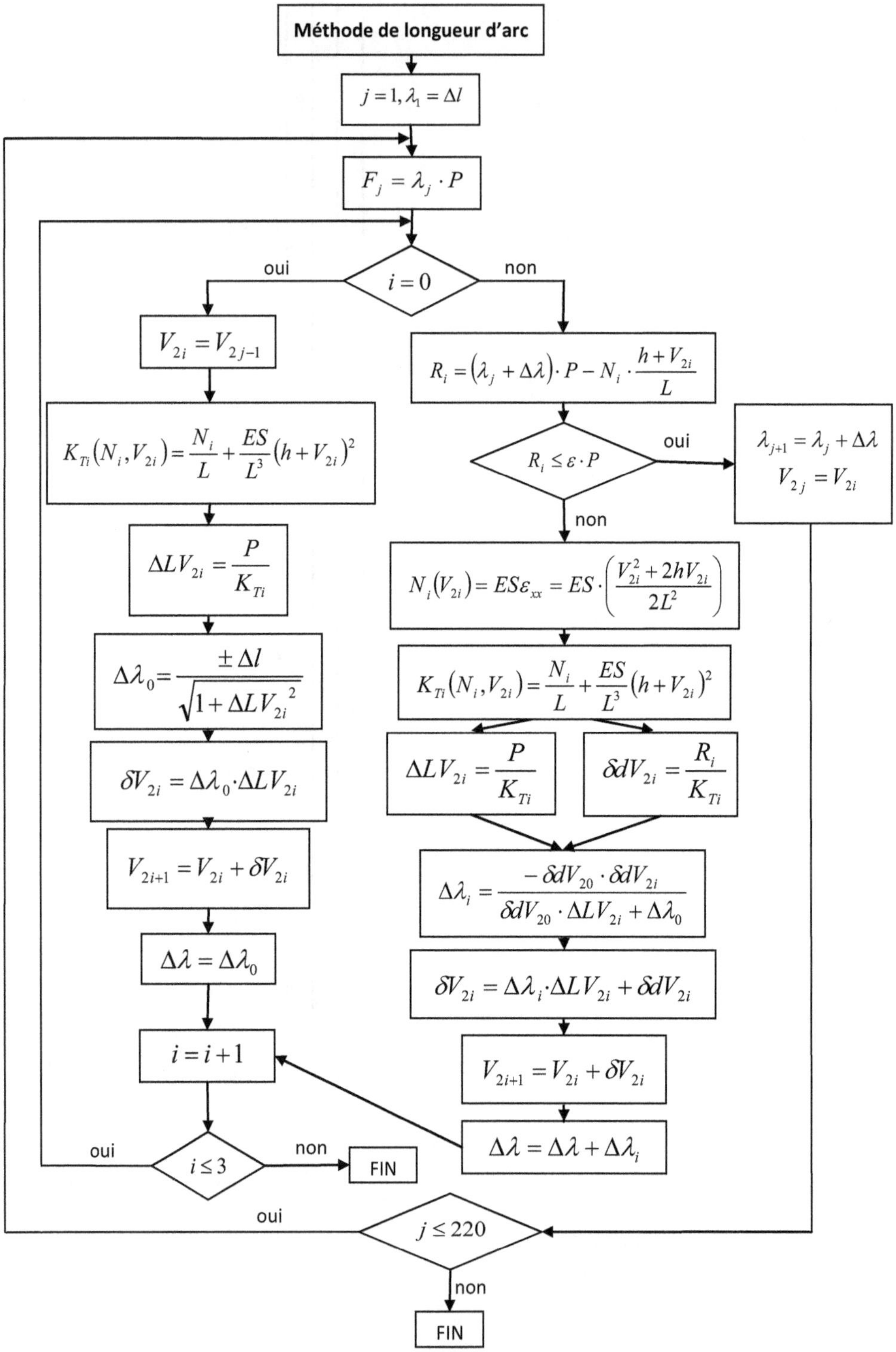

Organigramme 11-2

L'utilisation d'une méthode de longueur d'arc nécessite tout d'abord de définir l'incrément d'arc Δl du premier incrément de charge (j = 1). Nous avons choisi pour cet exemple 0.01. Cet incrément est néanmoins mis à l'échelle du problème à la 1re itération de convergence (i = 0) lors du calcul de $\Delta\lambda_0$. Ensuite, la procédure suit celle décrite au chapitre 11.1.4 qui consiste en une augmentation de l'incrément de charge λ. La montée en charge est donc proportionnelle à son évolution.
La convergence choisie étant toujours celle en forces $(\varepsilon = 0.001)$, le reste a pour expression :

$$R_i = \left(\lambda_j + \Delta\lambda\right) \cdot P - N_i \cdot \frac{h + V_{2i}}{L} \tag{11.66}$$

avec λj facteur de charge associé à l'incrément j.
Une fois passé le premier incrément de charge (j = 1), il s'agit ensuite de continuer le processus jusqu'à obtention du déplacement désiré, soit celui du point E. Une première solution consisterait à utiliser un incrément d'arc constant. Une deuxième plus efficace permet d'estimer une nouvelle valeur de Δl à partir des résultats de l'incrément précédent.
Pour ce faire, on évalue pour chacun des incréments la variation du déplacement ΔV_{2i} en posant pour chaque itération de convergence que :

$$\Delta V_{2i+1} = \Delta V_{2i} + \delta V_{2i} \tag{11.67}$$

Au terme de l'incrément, soit après convergence, on estime la nouvelle valeur de l'incrément d'arc Δl_{j+1} à partir de celle calculée à l'incrément précédent $\Delta l_j = \sqrt{\left\{\Delta q_{i+1}\right\}^T \cdot \left\{\Delta q_{i+1}\right\}}$ soit dans notre cas $\Delta l_j = \sqrt{\Delta V_{2i+1} \cdot \Delta V_{2i+1}} = \Delta V_{2i+1}$.
Il est également possible d'incrémenter automatiquement cette quantité suivant le rapport entre nombre d'itérations désiré à j+1 et celui obtenu au précédent, soit :

$$\Delta l_{j+1} = \Delta l_j \cdot \left(\frac{Niterd_{j+1}}{Niter_j}\right)^n \tag{11.68}$$

Généralement, il est admis de prendre *Niterd* compris entre 3 et 5, le paramètre n étant quant à lui fixé très souvent à ½ ou 1.
Reprenant maintenant l'expression (11.62) de la rigidité tangente K_T, il est également intéressant de tracer l'évolution de K_T en fonction du déplacement V_2, soit :

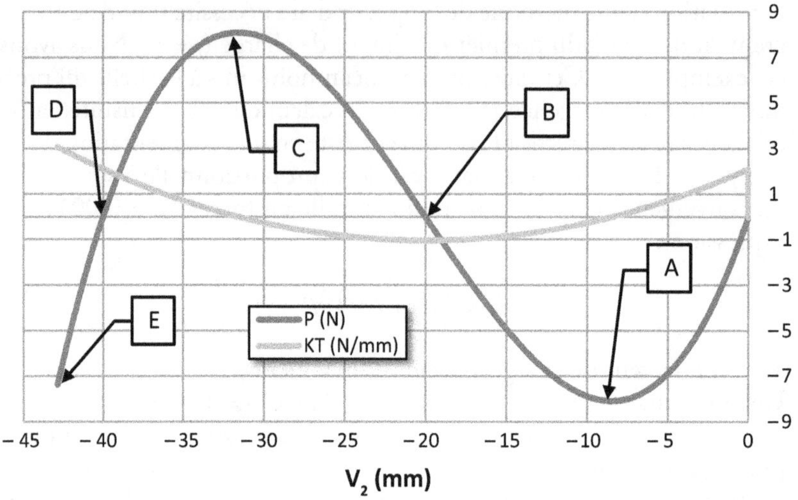

Figure 11.16 – Évolution de K_T et P en fonction de V_2.

On s'aperçoit alors que $\left[K_T\right]$ est positive entre la position initiale et le premier extrémum (point A) mais également après le deuxième situé au point C. Entre ces deux points (A et C), celle-ci est négative. En fait, $\left[K_T\right]$ est définie positive avant A et après C puisque $\{q\}^T \cdot [K_T] \cdot \{q\} > 0 \; \forall q$. Elle admet donc des valeurs propres positives et correspond à un état stable. Inversement, $\{q\}^T \cdot [K_T] \cdot \{q\} < 0 \; \forall q$ entre A et C ce qui signifie que $\left[K_T\right]$ possède au moins une valeur propre négative. Cette configuration répond cette fois à un état instable. Le changement de signe de $\{q\}^T \cdot [K_T] \cdot \{q\}$ implique un passage par zéro ce qui veut dire que $\left[K_T\right]$ n'est pas inversible $\left(\det[K_T] = 0\right)$ en ces points. Ceci se vérifie bien évidement au niveau des extrémums (B et C en l'occurrence) mais également pour les points de bifurcation (cf. § 11.3.2).

Ceci se traduit dans le choix du signe de $\Delta\lambda_0 = \dfrac{\pm \Delta l}{\sqrt{1 + \Delta L V_{2i}^2}}$ qui est pris positif lorsque $\det[K_T] > 0$ et négatif inversement (la variable « Dir » du programme Mathcad™ 11-2).

11.3 Exemple 9 – Flambement des poutres

11.3.1 Étude d'une poutre simplement appuyée

■ Le flambement Eulérien

Nous avons vu au chapitre 6.1 que le moment fléchissant pouvait être exprimé en fonction de la courbure de la déformée à partir de la relation (6.7) : $EI_z \dfrac{d^2 v}{dx^2} = -M_z(x)$. Par ailleurs, le moment fléchissant vaut également en tout

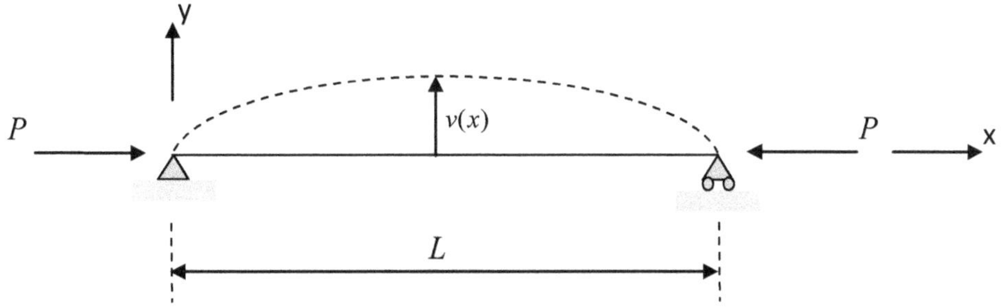

Figure 11.17 – Déformée d'une poutre soumise à une charge de compression.

point de la déformée : $M_z(x) = P \cdot v(x)$. En égalant ces deux expressions du moment fléchissant, on obtient l'équation différentielle du 2e ordre sans second membre :

$$EI_z \frac{d^2v(x)}{dx^2} = -M_z(x) = -P \cdot v(x) \Rightarrow EI_z \frac{d^2v(x)}{dx^2} + P \cdot v(x) = 0 \quad (11.69)$$

En posant $\alpha = \sqrt{\frac{P}{EI_z}}$, (11.69) devient :

$$\frac{d^2v(x)}{dx^2} + \alpha^2 \cdot v(x) = 0 \quad (11.70)$$

Sachant que la solution générale (réelle) de (11.70) est de la forme :

$$v(x) = A \cdot \sin(\alpha \cdot x) + B \cdot \cos(\alpha \cdot x) \quad (11.71)$$

avec A et B constantes, et que les conditions aux limites permettent d'écrire en :

– $x = 0$, $v(0) = 0 \Rightarrow B = 0$,

– $x = \text{L}$, $v(l) = 0 \Rightarrow A \cdot \sin(\alpha \cdot L) = 0$.

L'équilibre se caractérise alors par :

$$A \cdot \sin(\alpha \cdot L) = 0 \quad (11.72)$$

ce qui permet de déduire :

$$\alpha \cdot L = k\pi \Rightarrow \alpha = \frac{k\pi}{L} \quad (11.73)$$

d'où

$$\alpha = \frac{k\pi}{L} \Leftrightarrow \sqrt{\frac{P}{EI_z}} = \frac{k\pi}{L} \Rightarrow P = \frac{k^2\pi^2 EI_z}{L^2} \quad (11.74)$$

k égal à zéro correspondant à la poutre au repos, on déduit pour la charge critique ($k = 1$) :

$$P_{Critique} = \frac{\pi^2 EI_z}{L^2} \quad (11.75)$$

Calcul de la rigidité tangente

Le fait de considérer encore une fois un problème en grands déplacements revient à ajouter le terme $\frac{1}{2}\left(\frac{dv}{dx}\right)^2$ à (6.16) soit :

$$\varepsilon_{xx} = \frac{du}{dx} - y\frac{d^2v}{dx^2} + \frac{1}{2}\left(\frac{dv}{dx}\right)^2 \tag{11.76}$$

L'élément poutre utilisé étant une déclinaison de celui construit au chapitre 6.2, la matrice $[B_0]$ associée aux petites déformations sera identique à (6.17). La matrice de rigidité élémentaire en repère local $[k_0]$ aura de fait la même expression que (6.21). La démarche étant ensuite similaire à celle du chapitre 11.2, il convient désormais de calculer la matrice $[k_\sigma]$ associée aux contraintes initiales. Celle-ci dépendant essentiellement des déplacements transversaux, le calcul de la matrice $[G]$ associée au champ de déplacement $v(x)$ (6.14) qui exprimé sous la forme :

$$v(x) = \{0 \quad N_1 \quad N_2 \quad 0 \quad N_3 \quad N_4\} \cdot \{q_e\} \tag{11.77}$$

permet d'établir que :

$$[G] = \left\{0 \quad \frac{dN_1}{dx} \quad \frac{dN_2}{dx} \quad 0 \quad \frac{dN_3}{dx} \quad \frac{dN_4}{dx}\right\} \tag{11.78}$$

d'où l'expression de la matrice $[k_\sigma]$ pour ce type d'élément :

$$[k_\sigma] = \int_{V_e} [G]^T \cdot [\sigma] \cdot [G] \cdot dV_e = \frac{N}{L}\begin{bmatrix} 0 & 0 & 0 & 0 & 0 & 0 \\ 0 & \frac{6}{5} & \frac{L}{10} & 0 & -\frac{6}{5} & \frac{L}{10} \\ 0 & \frac{L}{10} & \frac{2L^2}{15} & 0 & -\frac{L}{10} & -\frac{L^2}{30} \\ 0 & 0 & 0 & 0 & 0 & 0 \\ 0 & -\frac{6}{5} & -\frac{L}{10} & 0 & \frac{6}{5} & -\frac{L}{10} \\ 0 & \frac{L}{10} & -\frac{L^2}{30} & 0 & -\frac{L}{10} & \frac{2L^2}{15} \end{bmatrix} \tag{11.79}$$

La matrice tangente $[K_T]$ exprimée dans le repère global est ensuite obtenue en effectuant un changement de base sur la somme des matrices $[k_0]$ et $[k_\sigma]$. En effet, cette solution qui consiste à évaluer la rigidité tangente dans l'état déformé, a été préférée au calcul de la matrice $[k_L]$ dans un souci de simplification. On utilisera donc la même relation qu'en (11.63) :

$$[K_T] = [R(\theta)]^T \cdot ([k_0] + [k_\sigma]) \cdot [R(\theta)] \tag{11.80}$$

$$\text{avec } [R(\theta)] = \begin{bmatrix} \cos(\theta) & \sin(\theta) & 0 & 0 & 0 & 0 \\ -\sin(\theta) & \cos(\theta) & 0 & 0 & 0 & 0 \\ 0 & 0 & 1 & 0 & 0 & 0 \\ 0 & 0 & 0 & \cos(\theta) & \sin(\theta) & 0 \\ 0 & 0 & 0 & -\sin(\theta) & \cos(\theta) & 0 \\ 0 & 0 & 0 & 0 & 0 & 1 \end{bmatrix}.$$

Calcul de la charge critique d'Euler

Nous avons vu au chapitre 11.1.3 qu'il est possible de calculer la charge critique d'une structure au moyen d'une analyse modale de flambement. Cette analyse basée sur une recherche de valeurs et vecteurs propres, permet de déterminer le plus petit coefficient critique pondérant le chargement appliqué. Si ce coefficient est inférieur à 1, la charge critique est déjà atteinte. La structure est donc considérée dans ce cas comme instable.

Bien que la précision de ces coefficients soit directement liée à la qualité du maillage et donc à celle des déformées modales, il est quand même possible d'évaluer correctement la charge critique d'une telle poutre avec un seul élément. Une première solution consisterait à effectuer l'analyse modale en ne considérant que les degrés de liberté de rotation des extrémités libres. Cette approche donnant généralement de piètres résultats, il est préférable d'associer les modes à des degrés de liberté de translation. Aussi et en raison de la symétrie de la déformée, il est possible de réduire le modèle à un seul élément de longueur égale à la moitié de celle de la figure 11.17.

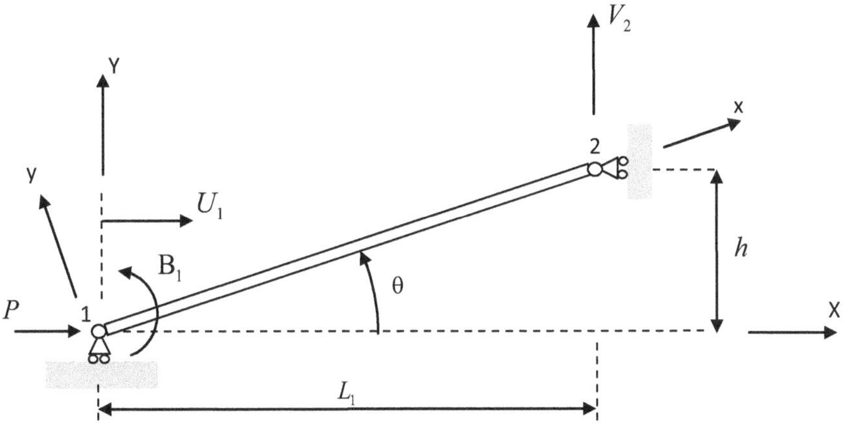

Figure 11.18 – Exemple 9-1 : poutre simplement appuyée ($L_1 = L/2$).

U_2 et B_2 étant nuls du fait de la symétrie, seuls les degrés de liberté U_1, B_1 et V_2 dans le repère global sont à prendre en compte dans la résolution. Considérant un défaut nul ($h = 0$) pour l'analyse de flambement, les dimensions et caractéristiques de cette poutre sont les suivantes : $L_1 = 2$ m, $S = 0.0001$ m^2, $I = 6.10^{-8}$ m^4, $E = 2.1\ 10^{11}$ N/m^2, $P = 10000$ N.

Reprenant les expressions de $[k_0]$ et $[k_\sigma]$, respectivement (6.21) et (11.79), le système[1] après introduction des conditions aux limites se réduit à :

$$\det\left(\begin{bmatrix} \frac{4EI}{L} & -\frac{6EI}{L^2} \\ -\frac{6EI}{L^2} & \frac{12EI}{L^3} \end{bmatrix} - \lambda \frac{P}{L}\begin{bmatrix} \frac{2L^2}{15} & -\frac{L}{10} \\ -\frac{L}{10} & \frac{6}{5} \end{bmatrix}\right) = 0 \qquad (11.81)$$

soit après calcul $\lambda_1 = 0.783$ et $\lambda_2 = 10.137$.

La charge critique est donc égale à $P_{Critique} = \lambda_1 \cdot P = 7831\,\mathrm{N}$ avec pour mode de flambement associé $\varphi_1 = \begin{Bmatrix} 0.7839 \\ 1 \end{Bmatrix}$. Cette valeur bien que comparable, diffère légèrement de celle obtenue avec (11.75) :

$$P_{Critique} = \frac{\pi^2 EI_z}{L^2} = \frac{\pi^2 EI_z}{(2L_1)^2} = 7772\,\mathrm{N} \qquad (11.82)$$

Il serait néanmoins tout à fait possible de retrouver précisément ce résultat en augmentant le maillage de la poutre.

Une fois le chargement critique déterminé, il est possible alors de compléter l'analyse par un calcul non linéaire géométrique basé sur la méthode de longueur d'arc, le défaut h étant fixé suivant le cas à 1 mm ou 0.1 mm. Ce défaut est en effet nécessaire pour initier le processus non linéaire et correspond en fait à une pré déformation de la poutre suivant la déformée du 1er mode. L'algorithme utilisé est identique à celui établi pour l'exemple précédent. La tolérance ε est cependant fixée à 0.01 dans ce cas spécifique. Le calcul des efforts internes suit également la même démarche que celle du chapitre 6.2.4, la seule différence se situant dans la prise en compte des grands déplacements dans le calcul de l'effort normal, soit :

$$N = E \cdot \varepsilon_{xx} = E \cdot \left[\frac{u_2 - u_1}{L} + \frac{1}{2}\left(\frac{v_2 - v_1}{L}\right)^2\right] \qquad (11.83)$$

avec u_1, v_1, u_2, v_2 déplacements des nœuds 1 et 2 dans le repère local élémentaire.

Bien évidemment et c'était prévisible, le déplacement U_1 évolue de manière quasi linéaire jusqu'à la charge critique et progresse ensuite suivant une asymptote horizontale. Plus le défaut est faible et plus la valeur de la charge critique ainsi déduite se rapproche de celle calculée par la théorie d'Euler (7760 N pour h = 1 mm et 7822 N dans l'autre cas). Inversement, un défaut trop important aurait entrainé une progression beaucoup plus lente vers la charge prévue.

1. U_1 est considéré comme nul dans l'analyse modale.

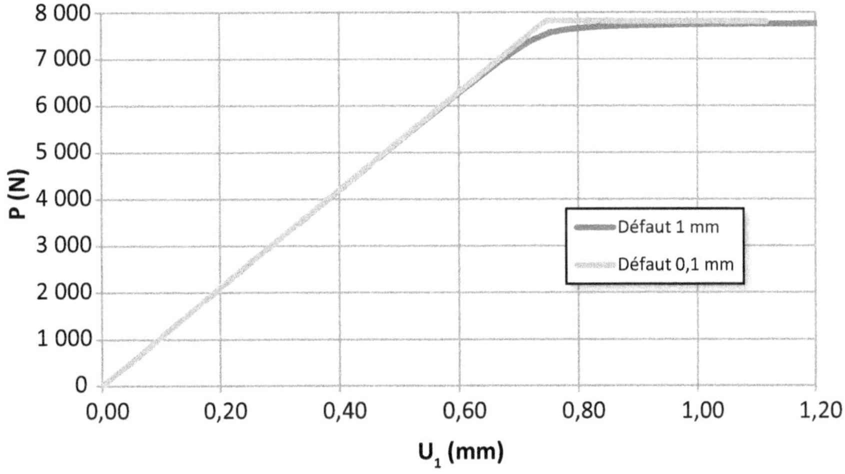

Figure 11.19 – Exemple 9-1 : déplacement horizontal.

Ceci étant, il est parfois impossible d'atteindre cette valeur de charge critique. Deux raisons peuvent expliquer ce constat. La première concerne les effets dus aux grands déplacements/grandes déformations. En effet et comme indiqué au chapitre 11.1.3, ceux-ci sont négligés dans l'analyse modale de flambement entraînant parfois une surévaluation du coefficient critique. L'analyse non linéaire géométrique permettra alors de mesurer ces effets et donc de réévaluer le coefficient critique généralement à la baisse. La deuxième est liée au phénomène de bifurcation qui correspond à une multiplicité des solutions d'équilibre. Ce phénomène sera abordé dans l'exemple 9-2.

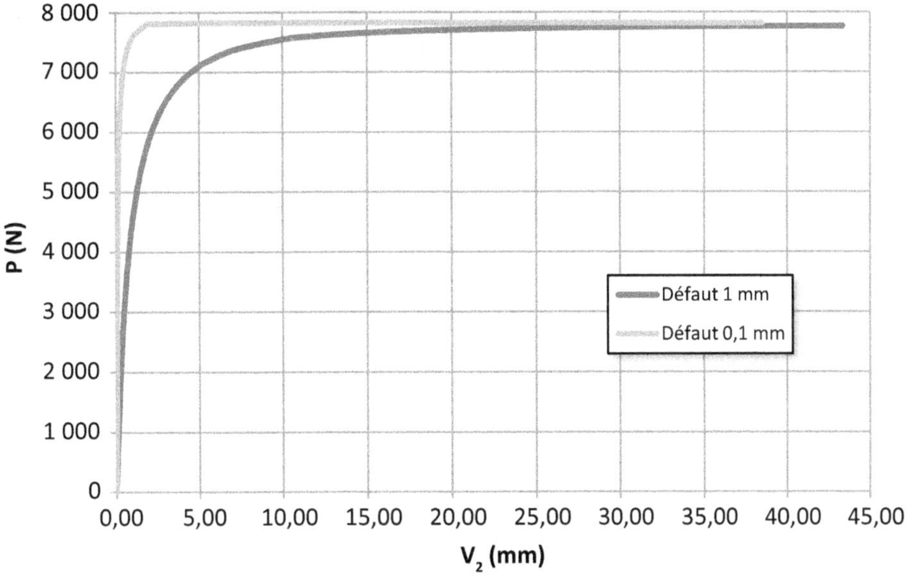

Figure 11.20 – Exemple 9-1 : déplacement vertical.

11.3.2 Étude d'une poutre sur appuis élastiques

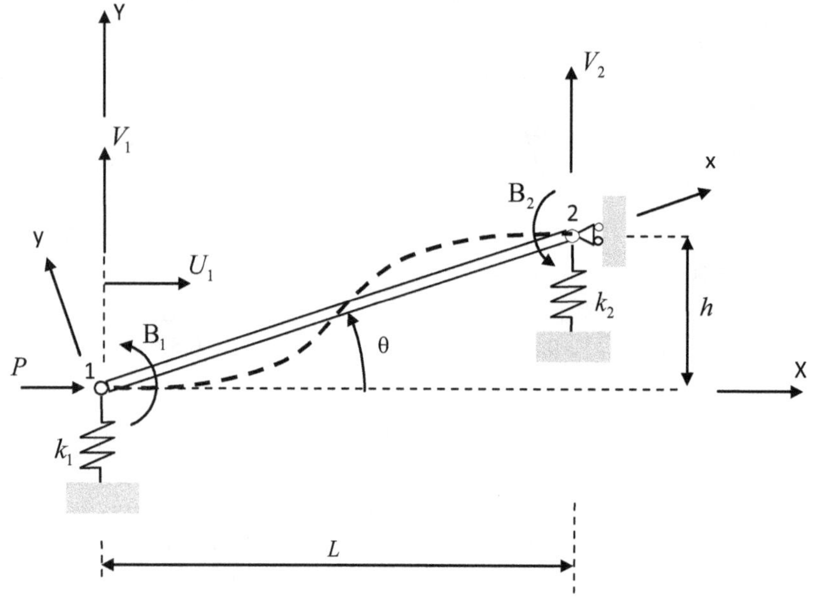

Figure 11.21 – Exemple 9-2 : poutre sur appuis élastiques.

■ Calcul de la charge critique

L'analyse du comportement d'une telle poutre sur appuis élastiques amène bien évidemment à s'interroger sur l'influence des ressorts. Une première approche, certes un peu triviale, consiste à prendre en compte des ressorts de rigidité infinie. Dans ce cas, le calcul revient à étudier la poutre sur appuis simples de l'exemple 9-1. A contrario, sa déformée correspondra à celle d'une dénivellation d'appui. Les rotations nodales, supposées petites, seront alors égales à l'angle correspondant au déplacement différentiel des nœuds 1 et 2. De ce fait, on pourra considérer la tangente à la déformée nulle aux extrémités de la poutre. Deux autres conditions aux limites peuvent également être établies en 1 et 2 en posant que l'effort tranchant est égal, au signe près, à la force dans le ressort. Celui-ci est également équivalent à la somme de la dérivée du moment fléchissant et de la projection de la charge P (cf. [9]). On a donc :

$$T_y = \frac{dM_z}{dx} - P \cdot \frac{dv}{dx} \tag{11.84}$$

D'où, d'après (6.7) $\left(EI_z \dfrac{d^2v}{dx^2} = -M_z(x) \right)$:

$$T_y = -EI_z \frac{d^3v}{dx^3} - P \cdot \frac{dv}{dx} \tag{11.85}$$

En posant $\alpha = \sqrt{\dfrac{P}{EI_z}}$, (11.85) s'écrit :

$$v'''(x) + \alpha^2 \cdot v'(x) = -\frac{T_y(x)}{EI_z} \qquad (11.86)$$

En dérivant maintenant (11.86) et comme $\dfrac{dT_y}{dx} = -q_y(x)$, on obtient :

$$v^{IV}(x) + \alpha^2 \cdot v''(x) = \frac{q_y(x)}{EI_z} = 0 \qquad (11.87)$$

qui est égale à zéro puisque la poutre n'est pas chargée transversalement. Finalement et en intégrant deux fois (11.87), cette équation différentielle devient :

$$v''(x) + \alpha^2 \cdot v(x) = R_1 \cdot x + M_1 \qquad (11.88)$$

avec R_1 et M_1 constantes.
La solution de (11.88) étant de la forme $v(x) = A \cdot \sin(\alpha \cdot x) + B \cdot \cos(\alpha \cdot x) + \dfrac{R_1 x + M_1}{\alpha^2}$ avec A et B constantes, on déduit pour ses dérivées :

$$v'(x) = A \cdot \alpha \cdot \cos(\alpha \cdot x) - B \cdot \alpha \cdot \sin(\alpha \cdot x) + \frac{R_1}{\alpha^2} \qquad (11.89)$$

$$v''(x) = -A \cdot \alpha^2 \cdot \sin(\alpha \cdot x) - B \cdot \alpha^2 \cdot \cos(\alpha \cdot x) \qquad (11.90)$$

$$v'''(x) = -A \cdot \alpha^3 \cdot \cos(\alpha \cdot x) + B \cdot \alpha^3 \cdot \sin(\alpha \cdot x) \qquad (11.91)$$

En injectant (11.89) et (11.91) dans (11.86), on obtient également :

$$v'''(x) + \alpha^2 \cdot v(x) = R_1 = \frac{-T_y(x)}{EI_z} \qquad (11.92)$$

Comme $T_y(x)$ vaut aux appuis $k_1 \cdot v(0)$ et $-k_2 \cdot v(L)$, les deux premières conditions aux limites s'écrivent :

Au nœud 1

$$R_1 = -k_1^* \cdot v(0) = -k_1^* \cdot \left(B + \frac{M_1}{\alpha^2} \right) \qquad (11.93)$$

Au nœud 2

$$R_1 = k_2^* \cdot v(L) = k_2^* \cdot \left(A \cdot \sin(\alpha \cdot L) + B \cdot \cos(\alpha \cdot L) + \frac{R_1 \cdot L + M_1}{\alpha^2} \right) \qquad (11.94)$$

avec $k_i^* = \dfrac{k_i}{EI_z}$.

Les tangentes horizontales aux nœuds étant considérées comme nulles aux appuis, on a également :

En x = 0

$$v'(0) = A \cdot \alpha + \frac{R_1}{\alpha^2} = 0 \qquad (11.95)$$

En x = L

$$v'(L) = A \cdot \alpha \cdot \cos(\alpha \cdot L) - B \cdot \alpha \cdot \sin(\alpha \cdot L) - \frac{R_1}{\alpha^2} = 0 \qquad (11.96)$$

En regroupant les quatre conditions aux limites (11.93) à (11.96), le système à résoudre s'écrit :

$$\begin{bmatrix} \alpha & 0 & \frac{1}{\alpha^2} & 0 \\ \alpha \cdot \cos(\alpha \cdot L) & -\alpha \cdot \sin(\alpha \cdot L) & -\frac{1}{\alpha^2} & 0 \\ 0 & k_1^* & 1 & \frac{k_1^*}{\alpha^2} \\ -k_2^* \cdot \sin(\alpha \cdot L) & -k_2^* \cdot \cos(\alpha \cdot L) & 1 - \frac{k_2^* \cdot L}{\alpha^2} & -\frac{k_2^*}{\alpha^2} \end{bmatrix} \begin{Bmatrix} A \\ B \\ R_1 \\ M_1 \end{Bmatrix} = [C] \cdot \begin{Bmatrix} A \\ B \\ R_1 \\ M_1 \end{Bmatrix} = \begin{Bmatrix} 0 \\ 0 \\ 0 \\ 0 \end{Bmatrix} \qquad (11.97)$$

Le déterminant de $[C]$ doit donc être différent de 0 pour que (11.97) admette des solutions non nulles. Dans le cas contraire, les racines de l'équation $\det[C] = 0$ correspondent aux valeurs de charge critique et donc aux différentes instabilités de la structure. Dans notre cas d'étude, cette résolution revient à poser que :

$$\det[C] = \alpha^2 \cdot \sin(\alpha \cdot L) \cdot \left[\alpha^2 \cdot (k_1^* + k_2^*) - L \cdot k_1^* \cdot k_2^*\right] = 0 \qquad (11.98)$$

soit une première valeur de charge critique identique à celle de la poutre simplement appuyée (11.75) $P^1_{Critique} = \frac{\pi^2 EI_z}{L^2}$ puis une deuxième en posant $\alpha^2 = \frac{P}{EI_z} = \frac{k_1^* \cdot k_2^* \cdot L}{k_1^* + k_2^*}$ ce qui permet de trouver :

$$P^2_{Critique} = \frac{k_1 \cdot k_2 \cdot L}{k_1 + k_2} \qquad (11.99)$$

Bien évidemment, la charge critique finale correspondra au minimum des deux valeurs précédentes, soit :

$$P_{Critique} = \min\left(\frac{k_1 \cdot k_2 \cdot L}{k_1 + k_2}; \frac{\pi^2 E I_z}{L^2}\right) \quad (11.100)$$

Il est néanmoins possible de faire correspondre ces deux valeurs en posant que $P^1_{Critique}$ est égale à $P^2_{Critique}$ ce qui donne dans le cas de ressorts identiques :

$$k = k_1 = k_2 = \frac{2\pi^2 E I_z}{L^3}.$$

Point de bifurcation

Par définition, une bifurcation correspond à la possibilité de suivre plusieurs trajectoires équilibrées. Les solutions calculées après ce point de bifurcation peuvent néanmoins traduire des états stables ou instables. Nous avons vu au chapitre 11.2.4 que ces différents états étaient liés aux signes de la matrice de rigidité tangente.
Crisfield développe dans (cf. [19]) les méthodologies permettant de calculer avec précision les positions de ces différents points singuliers : extrémums ou points de bifurcation.
Sachant que l'incrément de déplacement $\{\Delta q\}$ peut être exprimé sous la forme d'une combinaison linéaire de n vecteurs propres de $[K_T]\left(\{\Delta q\} = \sum_{i=1}^{n} A_i \cdot \{\phi_i\}\right)$, il établit que :

- $A_1 \neq 0$ et $A_i = 0\ \forall i \neq 1$ pour les extrémums. Dans ce cas, il arrive à montrer que la longueur d'arc vaut $\{\Delta q\}^T \cdot \{\Delta q\} = \Delta l^2 = A_1^2$. Ce résultat a d'ailleurs été utilisé dans nos différents exemples pour « prédire » la variation de longueur d'arc nécessaire à l'incrément de charge suivant (cf. programme Mathcad™ 11.2).
- $A_1 = 0$ et $A_i \neq 0\ \forall i \neq 1$ pour les points de bifurcation.

Par ailleurs et dans ces deux cas, le déterminant de $[K_T]$ est d'après les conclusions du chapitre 11.2.4 nul. Celle-ci admet donc à ces endroits une valeur propre ω_1 de même valeur. Toujours d'après [19], la différentiation entre extrémums et points de bifurcation s'effectue à partir du produit du vecteur des charges extérieures $\{F\}$ et du vecteur propre associé à $\{\phi_1\}$. $\{F\}^T\{\phi_1\}$ est ainsi nul pour les points de bifurcation et non nul pour les extrémums.
Reprenant notre cas d'étude, le point de bifurcation peut être évalué à partir du résultat établi au chapitre précédent, soit :

$$P_{Critique} = \min\left(\frac{k_1 \cdot k_2 \cdot L}{k_1 + k_2}; \frac{\pi^2 E I}{L^2}\right) = \min(1890{,}7772) = 1890\,\text{N} \quad (11.101)$$

avec L= 4 m, S = 0.0001 m^2, I = 6.10^{-8} m^4, E = 2.1 10^{11} N/m^2, P = 10000 N, $k_1 = \frac{12\pi^2 E I}{L^3} = 4k_2$.

A contrario des programmes commerciaux, la recherche de ce point singulier a été effectuée par approximations successives à l'aide d'un programme Mathcad™ directement inspiré de celui du chapitre 11.2.4. Une fois cette position déterminée, il s'agit ensuite de réaliser un « saut » permettant de suivre la branche bifurquée. Pour ce faire, le programme reprend la solution proposée par Crisfield dans [19] qui consiste à considérer comme « prédicteur » à cet endroit le produit $\Delta l \cdot \phi_1$. L'incrément de facteur de charge (11.40) a donc pour expression dans ce cas :

$$\Delta\lambda_i = \frac{-\Delta l \cdot \phi_1^T \{\delta d_i\}}{\Delta l \cdot \phi_1^T \{\delta L q_i\} + \Delta\lambda_0} \qquad (11.102)$$

Comme pour le chapitre 11.3.1, on constate une meilleure approche du point de bifurcation pour les valeurs de défaut faibles, la valeur de la charge critique étant parfaitement atteinte pour *h* égal à la plus petite perturbation.

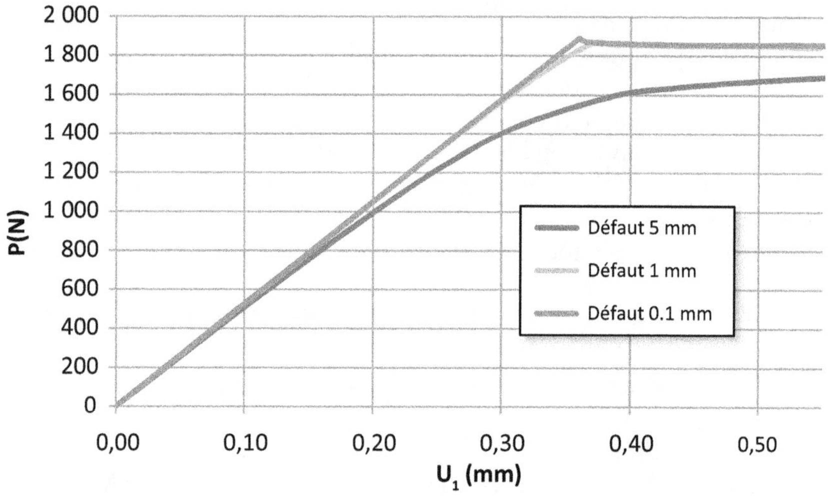

Figure 11.22 – Exemple 9-2 : déplacement horizontal au nœud 1.

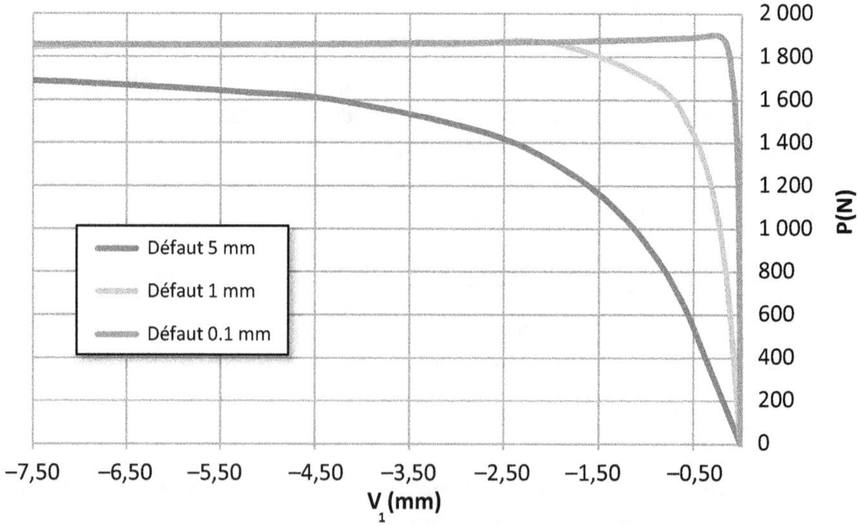

Figure 11.23 – Exemple 9-2 : déplacement vertical au nœud 1.

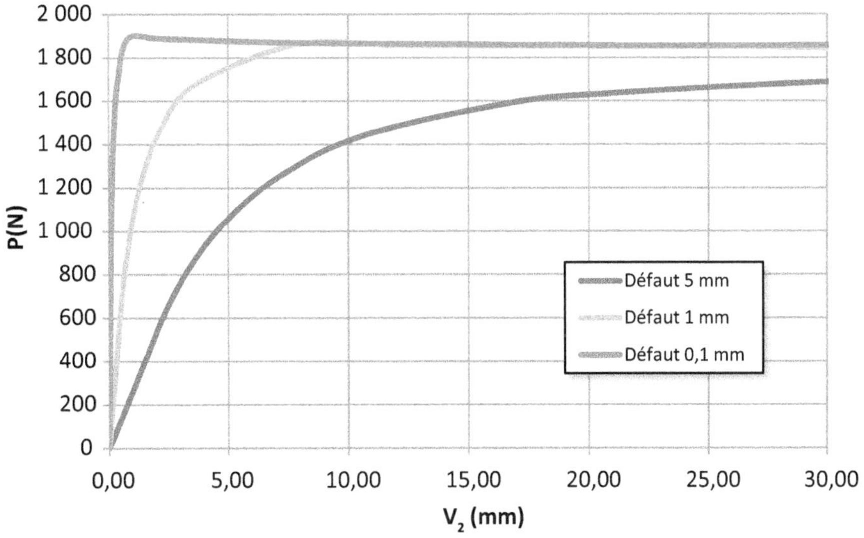

Figure 11.24 – Exemple 9-2 : déplacement vertical au nœud 2.

12 • ANALYSE NON LINÉAIRE MATÉRIELLE

12.1 Une première approche : l'élastoplasticité avec écrouissage linéaire

Nous avons abordé au chapitre 3.3.1[1] l'essai de traction pure dont le pilotage s'effectue généralement en déplacement[2]. Dans le cas général, le plateau plastique indiqué à la figure 3.8 est beaucoup plus réduit voire absent, le raffermissement ou écrouissage s'effectuant immédiatement après. La position de la limite d'élasticité σ_e est de fait bien moins marquée que celle indiquée dans cette même figure.

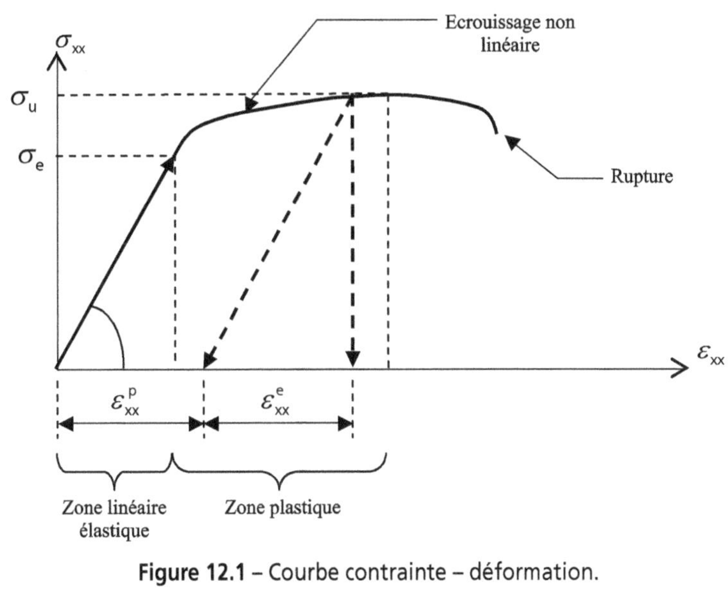

Figure 12.1 – Courbe contrainte – déformation.

L'analyse de la courbe de la figure 12.1 permet assez facilement de déduire que la déformation peut être décomposée en deux parties distinctes, une première

1 Voir compléments en ligne.

2. Si ce test est piloté en charge, la partie descendante après σ_u n'est pas obtenue.

correspondant à la zone linéaire élastique et une deuxième à la zone plastique. On a donc :

$$\varepsilon_{xx} = \varepsilon_{xx}^{e} + \varepsilon_{xx}^{p} \tag{12.1}$$

Une première approche consiste à représenter le raffermissement sous la forme d'une droite. On parlera alors de représentation bilinéaire[1].

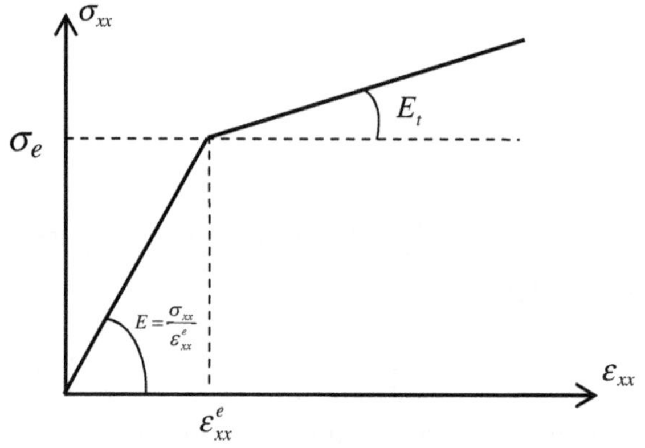

Figure 12.2 – Représentation bilinéaire.

Il est alors possible d'écrire que :

$$\frac{d\sigma}{d\varepsilon_{xx}} = \frac{d\sigma}{d\varepsilon_{xx}^{e} + d\varepsilon_{xx}^{p}} = E_T \tag{12.2}$$

avec E_T module tangent.

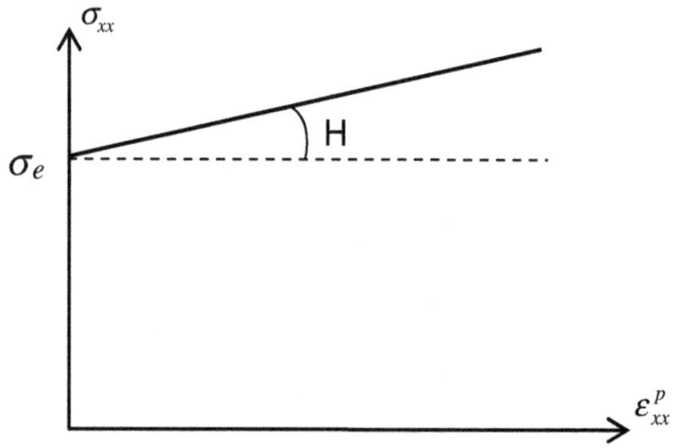

Figure 12.3 – Module d'écrouissage.

Le module d'écrouissage H peut également être défini par :

$$\frac{d\sigma}{d\varepsilon_{xx}^{p}} = H \tag{12.3}$$

1. L'approche multilinéaire est également proposée par certains logiciels.

(12.2) et (12.3) permettent de déduire :

$$d\varepsilon_{xx} = \frac{d\sigma}{E_T} = d\varepsilon^e_{xx} + d\varepsilon^p_{xx} = \frac{d\sigma}{E} + \frac{d\sigma}{H} \tag{12.4}$$

D'où la relation liant modules tangent et d'écrouissage :

$$\frac{1}{E_T} = \frac{1}{E} + \frac{1}{H} \Leftrightarrow E_T = \frac{E \cdot H}{E + H} \tag{12.5}$$

On remarquera que E_T est bien nul lorsque H vaut zéro ce qui correspond bien au cas de l'élastoplasticité parfaite.

12.2 Exemple 10 : étude d'un treillis à 3 barres

12.2.1 Étude théorique

La structure de la figure 12.4 possède un degré d'hyperstaticité de 3. On sait cependant grâce à la symétrie que les efforts dans les barres AB et CB sont égaux ($F_{AB} = F_{CB} = F$).

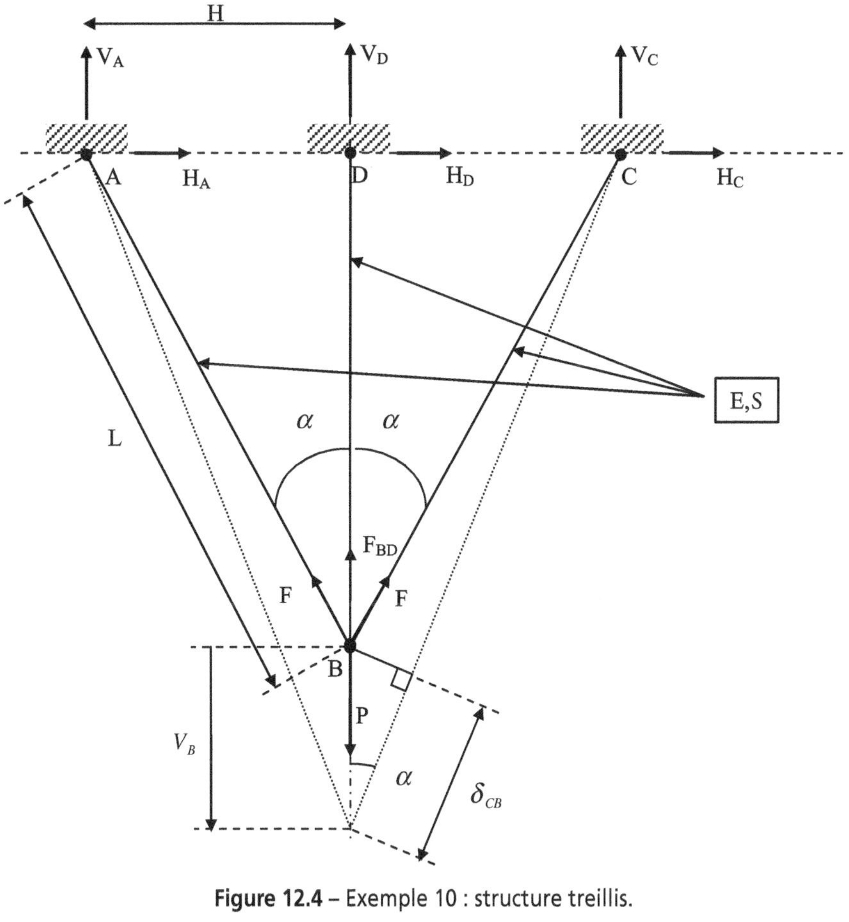

Figure 12.4 – Exemple 10 : structure treillis.

Les résultantes des réactions sont pour la même raison égales, les composantes de celles-ci étant liées avec la tangente de l'angle α. L'étude de l'équilibre du nœud B permet donc d'écrire :

$$\begin{aligned}\sum F / x &= -F \cdot \sin(\alpha) + F \cdot \sin(\alpha) = 0 \\ \sum F / y &= F \cdot \cos(\alpha) + F \cdot \cos(\alpha) + F_{BD} - P = 0\end{aligned} \quad (12.6)$$

On sait par ailleurs que $\delta_{AB} = \delta_{CB} = V_B \cdot \cos(\alpha)$[1] et $\delta_{DB} = V_B$.
Il en résulte pour les déformations respectives :

$$\begin{aligned}\varepsilon_{AB} = \varepsilon_{CB} &= \frac{\delta_{AB}}{L} = \frac{V_B \cdot \cos(\alpha)}{L} \\ \varepsilon_{DB} &= \frac{\delta_{DB}}{L_{DB}} = \frac{V_B}{L \cdot \cos(\alpha)}\end{aligned} \quad (12.7)$$

puis leurs contraintes :

$$\begin{aligned}\sigma_{AB} = \sigma_{CB} &= \frac{F}{S} = E \cdot \varepsilon_{AB} \Rightarrow F = ES \cdot \frac{V_B \cdot \cos(\alpha)}{L} \\ \sigma_{DB} &= \frac{F_{DB}}{S} = E \cdot \varepsilon_{DB} \Rightarrow F_{DB} = ES \cdot \frac{V_B}{L \cdot \cos(\alpha)}\end{aligned} \quad (12.8)$$

En reportant les expressions (12.8) dans celle de l'équilibre du nœud B (12.6), on obtient :

$$\begin{aligned}2F \cdot \cos(\alpha) + F_{BD} - P = 0 \\ 2 \cdot ES \cdot \frac{V_B \cdot \cos(\alpha)}{L} \cdot \cos(\alpha) + ES \cdot \frac{V_B}{L \cdot \cos(\alpha)} - P = 0\end{aligned} \quad (12.9)$$

d'où :

$$V_B = \frac{P \cdot \cos(\alpha)}{\frac{ES}{L}\left(1 + 2 \cdot \cos^3(\alpha)\right)} \quad (12.10)$$

Il en résulte pour les efforts dans les barres d'après (12.8) :

$$\begin{aligned}F &= ES \cdot \frac{V_B \cdot \cos(\alpha)}{L} = \frac{P \cdot \cos^2(\alpha)}{\left(1 + 2 \cdot \cos^3(\alpha)\right)} \\ F_{DB} &= ES \cdot \frac{V_B}{L \cdot \cos(\alpha)} = \frac{P}{\left(1 + 2 \cdot \cos^3(\alpha)\right)}\end{aligned} \quad (12.11)$$

1. L'hypothèse de petits déplacements permet de considèrer que l'angle α varie peu entre configurations initiale et déformée.

12.2.2 Calcul statique

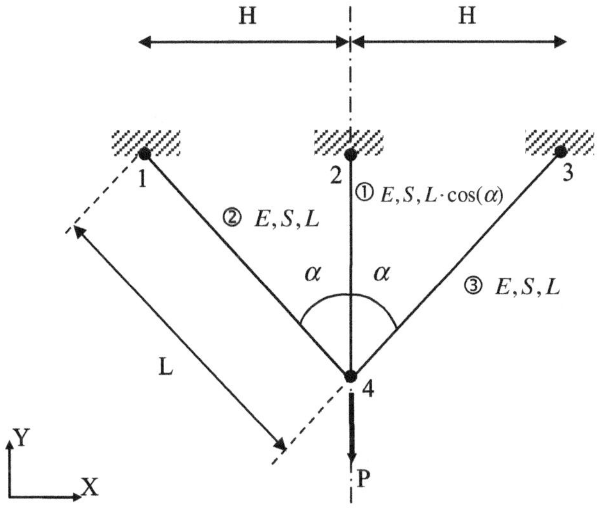

Figure 12.5 – Exemple 10 : modélisation éléments finis.

Application numérique : α = 45° ; L = 6 m, P = 10 kN ; E = 210 GPa ; S = 100 mm^2

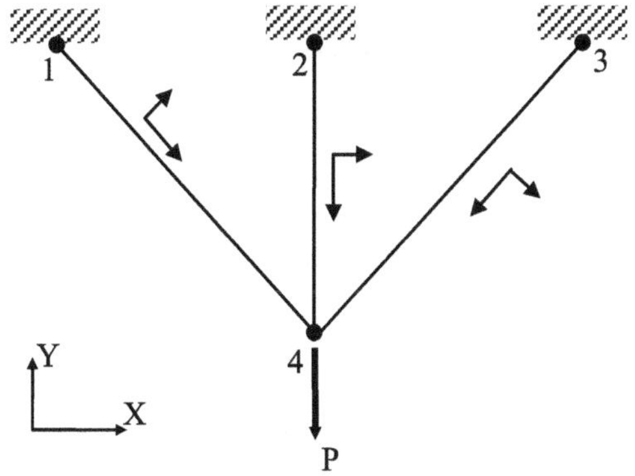

Figure 12.6 – Exemple 10 : connectivité élémentaire.

Tableau 12.1 – Exemple 10 : connectivité élémentaire.

Élément	Nœud *i*	Nœud *j*	Longueur	Section	σ_e*(MPa)*
1 (barre)	2	4	$L \cdot \cos(\alpha)$	S	235
2 (barre)	1	4	L	S	235
3 (barre)	3	4	L	S	235

On reprend la matrice de rigidité d'un élément barre en repère global établie en (5.3) :

$$[K_e] = \frac{ES}{L}\begin{bmatrix} \cos^2\theta & \cos\theta\sin\theta & -\cos^2\theta & -\cos\theta\sin\theta \\ \cos\theta\sin\theta & \sin^2\theta & -\cos\theta\sin\theta & -\sin^2\theta \\ -\cos^2\theta & -\cos\theta\sin\theta & \cos^2\theta & \cos\theta\sin\theta \\ -\cos\theta\sin\theta & -\sin^2\theta & \cos\theta\sin\theta & \sin^2\theta \end{bmatrix} \quad (12.12)$$

On a donc pour le terme de rigidité associé au déplacement vertical V_4 (repère globale) de chacun des éléments :

– 1 : nœuds 2 → 4, $\theta_1 = -\frac{\pi}{2}$: $K_{V_4}^1 = \frac{ES}{L \cdot \cos(\alpha)}$;

– 2 : nœuds 1 → 4, $\theta_2 = -(\frac{\pi}{2} - \alpha)$: $K_{V_4}^2 = \frac{ES}{L} \cdot \cos^2(\alpha)$ car $\sin(\theta_2) = -\cos(\alpha)$;

– 3 : nœuds 3 → 4, $\theta_3 = -(\frac{\pi}{2} + \alpha)$: $K_{V_4}^3 = \frac{ES}{L} \cdot \cos^2(\alpha)$ car $\sin(\theta_3) = -\cos(\alpha)$.

La rigidité finale est donc égale à $K_{V_4} = K_{V_4}^1 + K_{V_4}^2 + K_{V_4}^3$ ce qui permet de retrouver le résultat du calcul manuel (12.10) :

$$K_{V_4} \cdot V_4 = -P \Rightarrow \left[\frac{ES}{L \cdot \cos(\alpha)} + 2 \cdot \frac{ES}{L} \cdot \cos^2(\alpha)\right] \cdot V_4 = -P$$

$$V_4 = -\frac{P \cdot \cos(\alpha)}{\frac{ES}{L}(1 + 2 \cdot \cos^3(\alpha))} = \frac{P \cdot \sqrt{2}}{\frac{ES}{L}(2 + \sqrt{2})} = -5.917\ 10^{-3} m \quad (12.13)$$

Les efforts dans les barres sont déduits du changement de base :

$$\{q_e\} = [R_e(\theta_e)] \cdot \{Q_e\} \Leftrightarrow \begin{Bmatrix} u_{1,2ou3} \\ v_{1,2ou3} \\ u_4 \\ v_4 \end{Bmatrix} = [R_e(\theta_e)] \cdot \begin{Bmatrix} U_{1,2ou3} \\ V_{1,2ou3} \\ 0 \\ V_4 \end{Bmatrix} \quad (12.14)$$

et de la relation de rigidité élémentaire :

$$\begin{Bmatrix} -N_e \\ 0 \\ N_e \\ 0 \end{Bmatrix} = [k_e] \cdot \{q_e\} = [k_e] \cdot [R_e(\theta_e)] \cdot \{Q_e\} \quad (12.15)$$

Ce qui permet également de retrouver les efforts dans les barres (12.11) :

$$N_2 = N_3 = \frac{P \cdot \cos^2(\alpha)}{(1 + 2 \cdot \cos^3(\alpha))} = \frac{P}{(2 + \sqrt{2})} = 14644.5N$$

$$N_1 = \frac{P}{(1 + 2 \cdot \cos^3(\alpha))} = \frac{2P}{(2 + \sqrt{2})} = 29289N \quad (12.16)$$

On remarquera cependant que ce calcul statique ne peut être retenu puisque la barre 1 a plastifié ($\sigma_1 = 292.9 > 235MPa$).

12.2.3 Calcul plastique

Cas élastoplastique parfait

Considérant dans un premier temps un comportement élastoplastique parfait de la barre 1, l'écriture de la loi contrainte – déformation revient à tracer une courbe bilinéaire dont la deuxième branche horizontale débute à partir d'une valeur égale à la déformation élastique :

$$\varepsilon_e = \frac{\sigma_e}{E} = 0.001119 \tag{12.17}$$

qui correspond à un déplacement V_4 de 0.0047477 m.

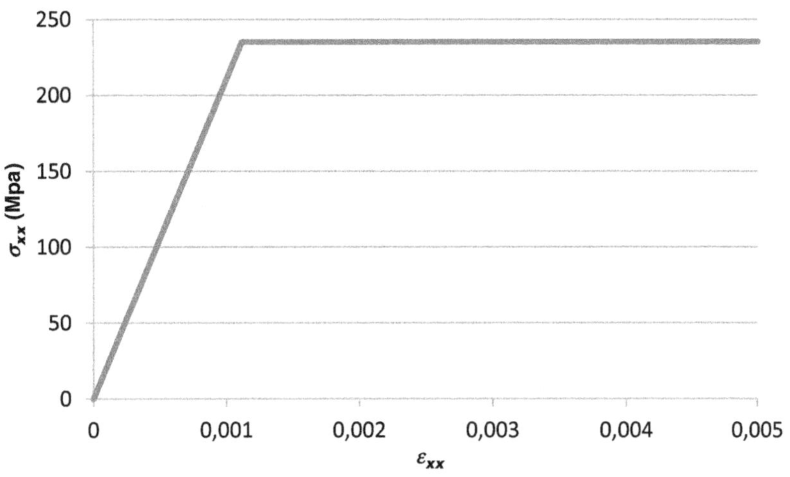

Figure 12.7 – Exemple 10a : loi contrainte – déformation élastoplastique parfaite.

Ce calcul non linéaire qui s'appuie sur une méthode de Newton - Raphson intègre une rigidité tangente K_{V_4} égale à l'expression de l'équation (12.13) tant que la barre 1 ne plastifie pas et à :

$$K_{V_4} = 2 \cdot \frac{ES}{L} \cdot \cos^2(\alpha) \tag{12.18}$$

dans le cas contraire[1]. Le reste R_i à l'incrément de charge j et à l'itération de convergence i[2] s'inspire de l'équation d'équilibre suivant y, soit :

$$R_i = F_j - N_{1i} - 2N_{2i} \cdot \cos(\alpha) \tag{12.19}$$

1. On supprime en fait la rigidité de la barre 1.
2. L'évolution du chargement suit la même démarche que celle décrite à la figure 11.4.

Tableau 12.2 – Exemple 10a : résultats.

P (N)	V_4 (m)	σ_1 (MPa)	σ_2 (MPa)
0	0	0	0
–10000	–0.001184	58.58	29.29
–20000	–0.002367	117.16	58.58
–30000	–0.003551	175.74	87.87
–40000	–0.004734	234.32	117.16
–50000	–0.007571	235.00	187.38

Les résultats du tableau 12.2 mettent en évidence une plastification de la barre 1 peu après une charge de 40 kN. En effet et en application des résultats (12.16), il était possible de prévoir cette plastification pour une valeur de P égale à :

$$N_1 = \sigma_e \cdot S = \frac{2P_1}{\left(2+\sqrt{2}\right)} \Rightarrow P_1 = 40117N \tag{12.20}$$

Comme prévu, celle-ci arrive pour un déplacement V_4 proche de celui correspondant à la déformation élastique (12.17). Ensuite et conformément à la loi contrainte – déformation de la figure 12.7, la contrainte dans cette barre plafonne à 235 MPa. Dans ce cas, l'effort N_{1i} dans l'expression du reste R_i (12.19) est égale à $\sigma_e \cdot S$. Il est alors aisé de calculer la charge de ruine en appliquant la relation d'équilibre par rapport à y (12.6) :

$$\sum F \,/\, y = 2 \cdot N_2 \cdot \frac{\sqrt{2}}{2} + N_1 - P_u = 0$$

$$\sum F \,/\, y = 2 \cdot \sigma_e \cdot S \cdot \frac{\sqrt{2}}{2} + \sigma_e \cdot S - P_u = 0 \Rightarrow P_u = \sigma_e \cdot S \cdot \left(1+\sqrt{2}\right) = 56734N \tag{12.21}$$

La charge appliquée étant inférieure au résultat (12.21), il est normal de trouver une contrainte dans les barres 2 et 3 inférieure à la limite élastique de 235 MPa. Si tel n'avait pas été le cas, le calcul n'aurait pas abouti, la structure devenant de fait instable.

■ Cas avec écrouissage isotrope

Considérant un module d'écrouissage H de 52500 MPa, le tracé de la contrainte en fonction de la déformation plastique devient :

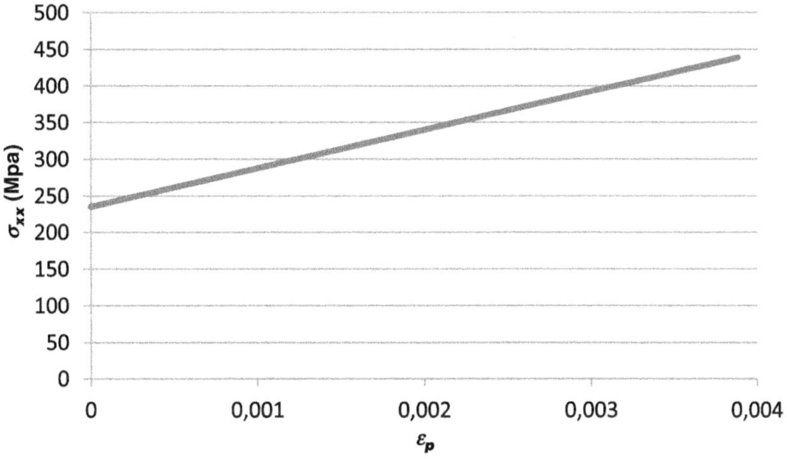

Figure 12.8 – Exemple 10b : contrainte fonction de la déformation plastique.

En appliquant la relation (12.5), on déduit la valeur du module tangent E_T correspondant soit 42 000 MPa. La loi contrainte – déformation devient alors :

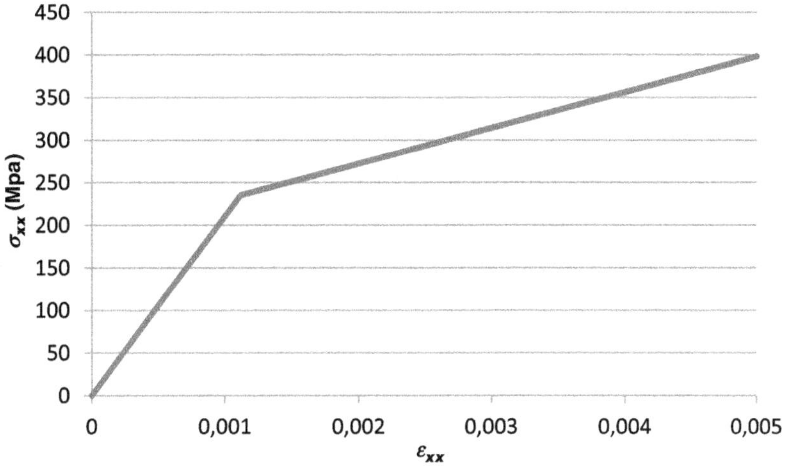

Figure 12.9 – Exemple 10b : loi contrainte – déformation avec écrouissage isotrope.

Dans ce cas de figure, la rigidité tangente s'exprime sous la forme :

$$K_{V_4} = \frac{E_1 \cdot S}{L \cdot \cos(\alpha)} + 2 \cdot \frac{ES}{L} \cdot \cos^2(\alpha) \tag{12.22}$$

avec :
– $E_1 = E$ si $\sigma_1 \leq 235MPa$
– $E_1 = E_T$ si $\sigma_1 > 235MPa$

De la même façon, le R_i à l'incrément j et à l'itération i vaut :

$$R_i = F_j - N_{1i} - 2N_{2i} \cdot \cos(\alpha) \tag{12.23}$$

avec :

– $N_{1i} = E \cdot S \cdot \varepsilon_{xx}$ si $\sigma_1 \leq 235MPa$

– $N_{1i} = E_T \cdot S \cdot (\varepsilon_{xx} - \varepsilon_e) + \sigma_e \cdot S$ si $\sigma_1 > 235MPa$

On trouve après calcul :

Tableau 12.3 – Exemple 10b : résultats.

P (N)	V_4 (m)	σ_1 (MPa)	σ_2 (MPa)
0	0	0	0
-10000	-0.0011835	58.58	29.29
-20000	-0.002367	117.16	58.58
-30000	-0.0035505	175.74	87.87
-40000	-0.004734	234.32	117.16
-50000	-0.006949	256.79	171.98

Cependant et après plastification, la contrainte dans la barre 1 est obtenue en posant :

$$\sigma_1 = E_T \cdot (\varepsilon_{xx} - \varepsilon_e) + \sigma_e = 256.8MPa \tag{12.24}$$

Comparé au cas élastoplastique parfait et comme cela était prévisible, la contrainte dans la barre 1 a augmenté du fait de l'écrouissage et à l'inverse, celle dans la barre 2 a diminué comme le déplacement du nœud 4.

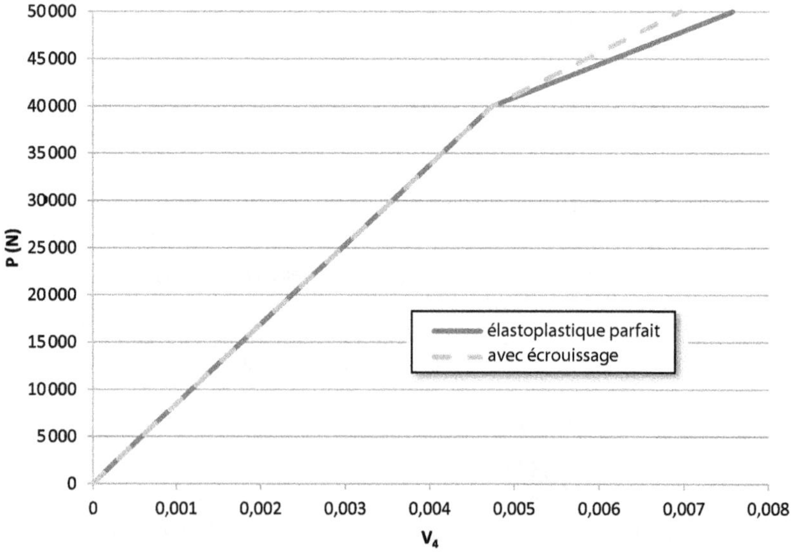

Figure 12.10 – Exemples 10a et b : comparaison.

L'exemple 10 sera repris en § 12.4.5 afin de présenter plus en détail la démarche de calcul et les notions introduites ici. La problématique de la décharge sera de plus abordée dans cette partie.

12.3 Exemple 11 : poutre sur trois appuis en flexion

12.3.1 Notion de rotule plastique

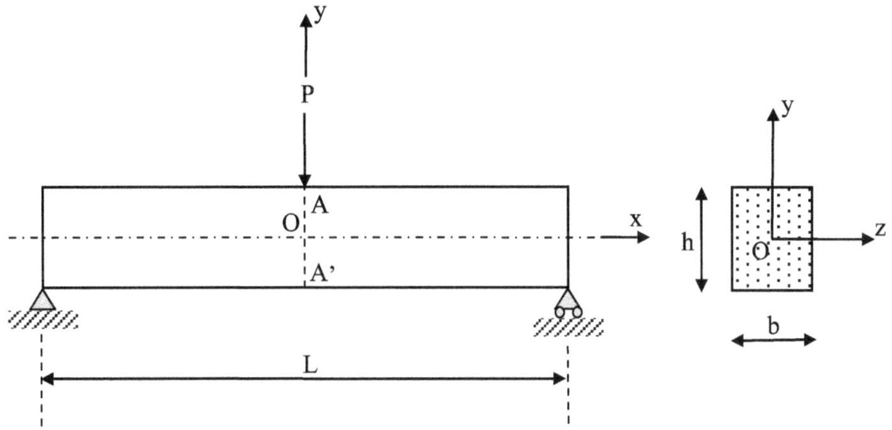

Figure 12.11 – Poutre rectangulaire sur deux appuis en flexion simple.

Tant que la limite élastique du matériau σ_e n'est pas atteinte dans les fibres extrêmes, les contraintes peuvent être calculées en appliquant (6.39)[1]. Leur distribution dans la section AA' est alors bitriangulaire (figure 12.12a). Au-delà, on assiste à une plastification tout d'abord partielle (figure 12.12b) puis totale (figure 12.12c) de la section.

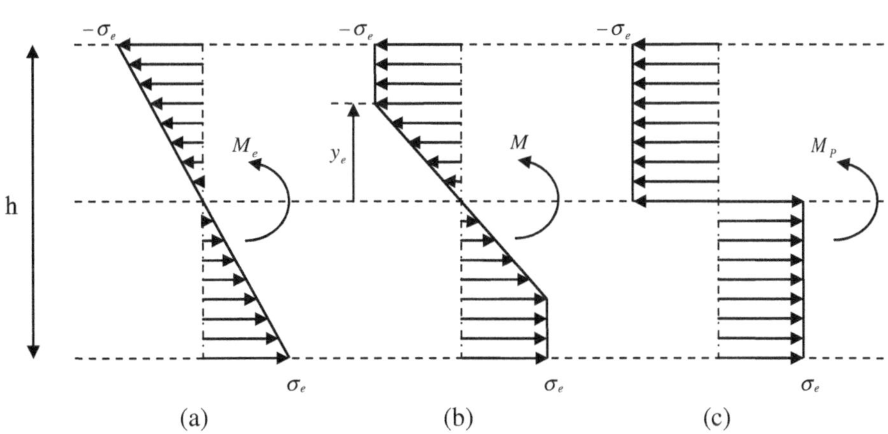

Figure 12.12 – (a) Section élastique, (b) section partiellement plastifiée, (c) section complètement plastifiée.

1 Avec $M = 0$; $M_y = 0$.

Le moment plastique dans une section donnée peut être défini comme étant la quantité :

$$M_P = \sigma_e \cdot \int_S |y| \cdot dS = 2 \cdot m_z \cdot \sigma_e = W_{p_z} \cdot \sigma_e \qquad (12.25)$$

avec :

- m_z : moment statique par rapport à l'axe z ;
- $W_{p_z} = 2 \cdot m_z$: moment plastique de la section par rapport à l'axe z.

De même, il est possible d'établir l'expression du moment M en cas de plastification partielle (figure 12.12b), soit :

$$M = \int_{-\frac{h}{2}}^{\frac{h}{2}} \sigma \cdot y \cdot dS = 2\left[\int_0^{y_e} \sigma_e \cdot \frac{y^2}{y_e} \cdot dS + \int_{y_e}^{\frac{h}{2}} \sigma_e \cdot y \cdot dS\right] \qquad (12.26)$$

Pour une section rectangulaire, l'expression (12.26) devient :

$$M = \int_{-\frac{h}{2}}^{\frac{h}{2}} \sigma \cdot y \cdot dS = \sigma_e \cdot \frac{b \cdot h^2}{4} \cdot \left(1 - \frac{1}{3} \cdot \left(\frac{2y_e}{h}\right)^2\right) = M_P \cdot \left(1 - \frac{1}{3} \cdot \left(\frac{2y_e}{h}\right)^2\right)$$

(12.27)

On remarquera que le moment M est bien égal à M_P quand la section est entièrement plastifiée ($y_e = 0$).

Par ailleurs, le moment fléchissant de la poutre de la figure 12.11 peut s'écrire également :

$$M = \frac{P \cdot L}{4} \cdot \left(1 - \frac{2|x|}{L}\right) \qquad (12.28)$$

Reprenant la démarche établie par (20), on déduit en égalisant (12.27) et (12.28), une expression de y_e fonction de x qui met en évidence une variation parabolique de la courbe limitant les zones élastique et plastique. On peut alors tracer cette courbe :

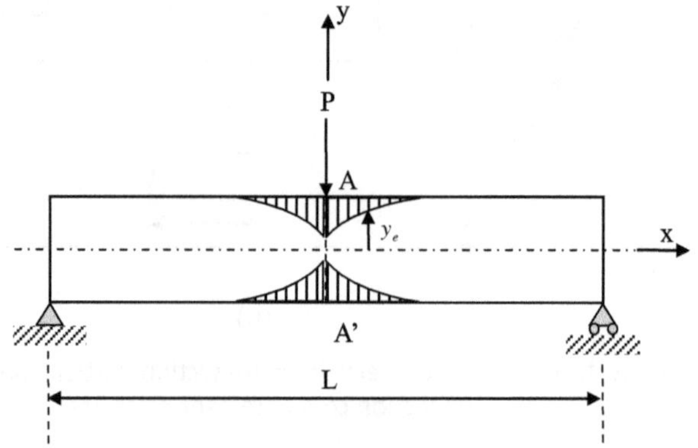

Figure 12.13 – Section partiellement plastifiée.

Dans l'absolu et quand y_e tend vers 0 au niveau de la section médiane, le moment plastique est atteint et la rotule se forme à cet endroit. Ceci étant, cette approche idéalisée n'est pas tout à fait la réalité puisque cette rotule ne se crée pas de manière brutale mais plutôt progressive. En effet et au fur et à mesure que le moment dans la section à mi portée tend vers le moment plastique, la courbure ρ augmente de manière significative à cet endroit mais reste faible ailleurs.

Les déformations plastiques étant très localisées, il est cependant admis de considérer que celles-ci se concentrent sur une section. Tant que le moment est inférieur à M_P, la section reste élastique. Au delà, la rotule apparait d'où le schéma de fonctionnement de la figure 12.14.

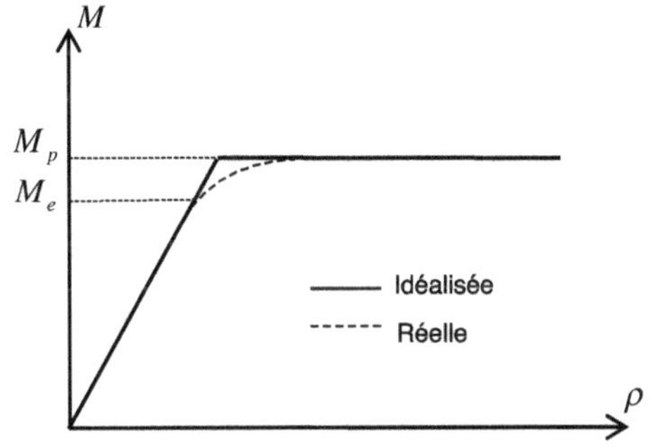

Figure 12.14 – Approximation de la rotule plastique.

12.3.2 Résolution par une méthode pas à pas

S'inspirant de l'exemple 2, on ajoute cependant un nœud sous la charge afin d'anticiper l'apparition de la rotule plastique à cet endroit. Le modèle devient donc :

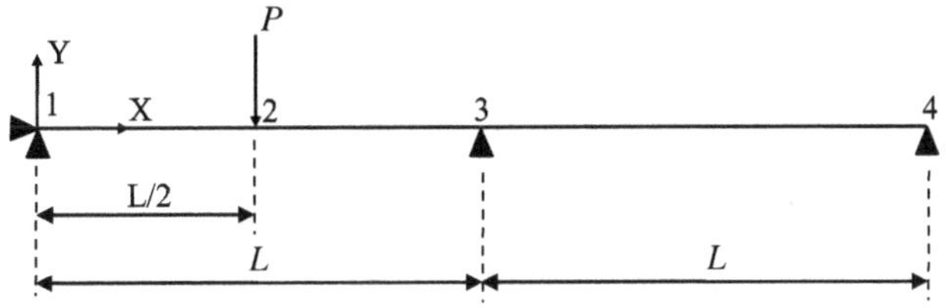

Figure 12.15 – Exemple 11 : poutre sur trois appuis.

Tableau 12.4 – Exemple 11 : connectivité élémentaire.

Élément	Nœud *i*	Nœud *j*	Section	Inertie
1 (poutre)	1	2	*S*	*I*
2 (poutre)	2	3	*S*	*I*
3 (poutre)	3	4	*S*	*I*

Application numérique : E = 2.1 10^{11} N/m^2, L = 10 m, S = 0.00845 m^2, I = 0.0002313 m^4 (IPE400), P ≤ 185 kN ; M_p= 307145 N.m

- **Avant apparition de la 1er rotule (exemple 11a)**

Reprenant l'expression de la matrice de rigidité de l'élément de poutre plane (6.21) et en négligeant les termes associés à l'effort normal, on a :

$$[k_e(l)] = \begin{bmatrix} \frac{12EI}{l^3} & \frac{6EI}{l^2} & -\frac{12EI}{l^3} & \frac{6EI}{l^2} \\ \frac{6EI}{l^2} & \frac{4EI}{l} & -\frac{6EI}{l^2} & \frac{2EI}{l} \\ -\frac{12EI}{l^3} & -\frac{6EI}{l^2} & \frac{12EI}{l^3} & -\frac{6EI}{l^2} \\ \frac{6EI}{l^2} & \frac{2EI}{l} & -\frac{6EI}{l^2} & \frac{4EI}{l} \end{bmatrix} \quad (12.29)$$

On assemble ensuite les matrices de rigidité élémentaires afin de constituer la matrice de rigidité globale de la structure. Cette opération est effectuée grâce aux matrices booléennes d'assemblage, soit :

$$[K] = [A_1]^T \cdot \left[k_1\left(\frac{L}{2}\right)\right] \cdot [A_1] + [A_2]^T \cdot \left[k_2\left(\frac{L}{2}\right)\right] \cdot [A_2] + [A_3]^T \cdot [k_3(L)] \cdot [A_3] \quad (12.30)$$

avec :

$$[A_1] = \begin{bmatrix} 1 & 0 & 0 & 0 & 0 & 0 & 0 & 0 \\ 0 & 1 & 0 & 0 & 0 & 0 & 0 & 0 \\ 0 & 0 & 1 & 0 & 0 & 0 & 0 & 0 \\ 0 & 0 & 0 & 1 & 0 & 0 & 0 & 0 \end{bmatrix} ; [A_2] = \begin{bmatrix} 0 & 0 & 1 & 0 & 0 & 0 & 0 & 0 \\ 0 & 0 & 0 & 1 & 0 & 0 & 0 & 0 \\ 0 & 0 & 0 & 0 & 1 & 0 & 0 & 0 \\ 0 & 0 & 0 & 0 & 0 & 1 & 0 & 0 \end{bmatrix}$$

$$[A_3] = \begin{bmatrix} 0 & 0 & 0 & 0 & 1 & 0 & 0 & 0 \\ 0 & 0 & 0 & 0 & 0 & 1 & 0 & 0 \\ 0 & 0 & 0 & 0 & 0 & 0 & 1 & 0 \\ 0 & 0 & 0 & 0 & 0 & 0 & 0 & 1 \end{bmatrix}$$

Le système à résoudre $[K] \cdot \{q\} = \{F\}$ est donc égal à :

$$\begin{bmatrix} \frac{96EI}{L^3} & \frac{24EI}{L^2} & -\frac{96EI}{L^3} & \frac{24EI}{L^2} & 0 & 0 & 0 & 0 \\ \frac{24EI}{L^2} & \frac{8EI}{L} & -\frac{24EI}{L^2} & \frac{4EI}{L} & 0 & 0 & 0 & 0 \\ -\frac{96EI}{L^3} & -\frac{24EI}{L^2} & \frac{192EI}{L^3} & 0 & -\frac{96EI}{L^3} & \frac{24EI}{L^2} & 0 & 0 \\ \frac{24EI}{L^2} & \frac{4EI}{L} & 0 & \frac{16EI}{L} & -\frac{24EI}{L^2} & \frac{4EI}{L} & 0 & 0 \\ 0 & 0 & -\frac{96EI}{L^3} & -\frac{24EI}{L^2} & \frac{108EI}{L^3} & -\frac{18EI}{L^2} & -\frac{12EI}{L^3} & \frac{6EI}{L^2} \\ 0 & 0 & \frac{24EI}{L^2} & \frac{4EI}{L} & -\frac{18EI}{L^2} & \frac{12EI}{L} & -\frac{6EI}{L^2} & \frac{2EI}{L} \\ 0 & 0 & 0 & 0 & -\frac{12EI}{L^3} & -\frac{6EI}{L^2} & \frac{12EI}{L^3} & -\frac{6EI}{L^2} \\ 0 & 0 & 0 & 0 & \frac{6EI}{L^2} & \frac{2EI}{L} & -\frac{6EI}{L^2} & \frac{4EI}{L} \end{bmatrix} \cdot \begin{Bmatrix} v_1 \\ \beta_1 \\ v_2 \\ \beta_2 \\ v_3 \\ \beta_3 \\ v_4 \\ \beta_4 \end{Bmatrix} = \begin{Bmatrix} 0 \\ 0 \\ -P \\ 0 \\ 0 \\ 0 \\ 0 \\ 0 \end{Bmatrix} + \begin{Bmatrix} R_{V_1} \\ 0 \\ 0 \\ 0 \\ R_{V_3} \\ 0 \\ R_{V_4} \\ 0 \end{Bmatrix} \quad (12.31)$$

Ce qui permet de déduire après introduction des conditions d'appui :

$$\begin{Bmatrix} v_1 \\ \beta_1 \\ v_2 \\ \beta_2 \\ v_3 \\ \beta_3 \\ v_4 \\ \beta_4 \end{Bmatrix} = \begin{Bmatrix} 0 \\ -\dfrac{3PL^2}{64EI} \\ -\dfrac{23PL^3}{1536EI} \\ \dfrac{PL^2}{256EI} \\ 0 \\ \dfrac{PL^2}{32EI} \\ 0 \\ -\dfrac{PL^2}{64EI} \end{Bmatrix} \tag{12.32}$$

$$\begin{Bmatrix} T_1 \\ M_1 \\ T_2 \\ M_2 \end{Bmatrix} = \left[k_1\left(\frac{L}{2}\right)\right] \cdot \begin{Bmatrix} v_1 \\ \beta_1 \\ v_2 \\ \beta_2 \end{Bmatrix} = \begin{Bmatrix} \dfrac{13P}{32} \\ 0 \\ -\dfrac{13P}{32} \\ \dfrac{13PL}{64} \end{Bmatrix} ; \begin{Bmatrix} T_2 \\ M_2 \\ T_3 \\ M_3 \end{Bmatrix} = \left[k_2\left(\frac{L}{2}\right)\right] \cdot \begin{Bmatrix} v_2 \\ \beta_2 \\ v_3 \\ \beta_3 \end{Bmatrix} = \begin{Bmatrix} -\dfrac{19P}{32} \\ -\dfrac{13PL}{64} \\ \dfrac{19P}{32} \\ -\dfrac{3PL}{32} \end{Bmatrix} ;$$

$$\begin{Bmatrix} T_3 \\ M_3 \\ T_4 \\ M_4 \end{Bmatrix} = [k_3(L)] \cdot \begin{Bmatrix} v_3 \\ \beta_3 \\ v_4 \\ \beta_4 \end{Bmatrix} = \begin{Bmatrix} \dfrac{3P}{32} \\ \dfrac{3PL}{32} \\ -\dfrac{3P}{32} \\ 0 \end{Bmatrix} \tag{12.33}$$

La plastification surviendra au nœud 2 lorsque : $M_P = \dfrac{13P_1L}{64}$ d'où la charge P_1 correspondante :

$$P_1 = \frac{64M_P}{13L} = 151210N \tag{12.34}$$

ce qui donne pour le moment en 3 :

$$|M_3| = \frac{3P_1L}{32} = \frac{6M_P}{13} = 141759N.m \tag{12.35}$$

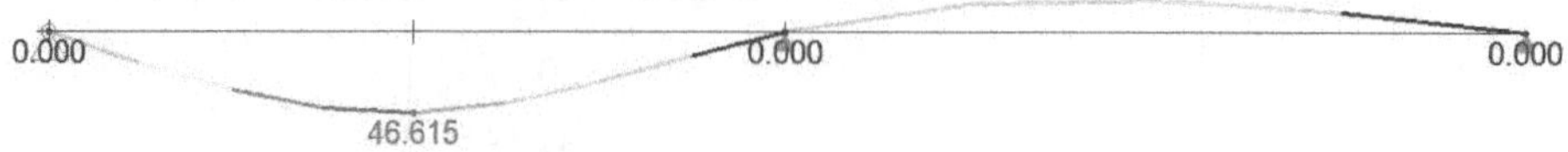

Figure 12.16 – Exemple 11a : déplacements (Effel) en mm $(P = P_1)$.

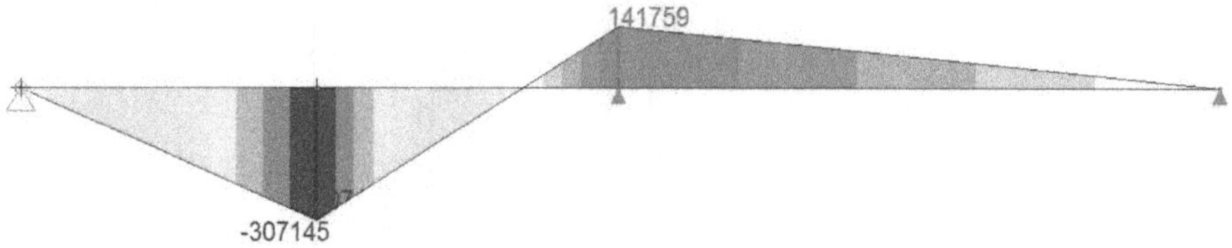

Figure 12.17 – Exemple 11a : moments (Effel) en N.m $(P = P_1)$.

■ Après apparition de la 1er rotule (exemple 11b)

Une fois le moment plastique atteint en 2, le modèle de calcul change puisqu'une rotule apparait en ce nœud. En d'autres termes et pour toute charge supérieure à P_1, la section à mi portée de la 1re travée devra pouvoir tourner librement.

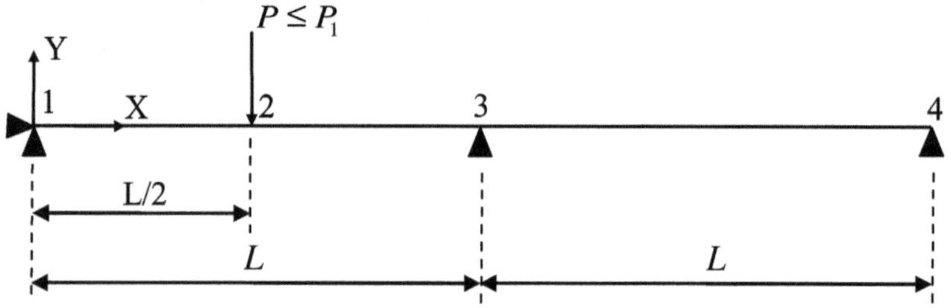

Figure 12.18 – Exemple 11a : modèle de calcul pour $P \leq P_1$.

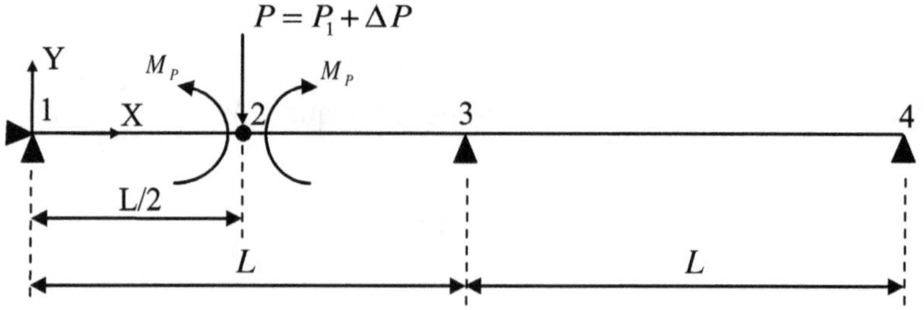

Figure 12.19 – Exemple 11b : modèle de calcul pour $P > P_1$.

Cependant, le chargement de la figure 12.19 n'est pas aisé à réaliser dans la mesure où les deux couples M_P antagonistes sont situés au même endroit. En effet, introduire ces deux couples dans le modèle actuel ne correspondrait pas au chargement désiré puisque ceux ci s'annuleraient mutuellement lors de l'assemblage. Nous verrons d'ailleurs comment résoudre ce problème dans le chapitre suivant.
Dans cette première approche « pas à pas », il est néanmoins possible de considérer le modèle 11b comme équivalent à la superposition du modèle d'origine avec $P = P_1$ (figure 12.15) à celui avec rotule soumis uniquement à ΔP. On a donc :

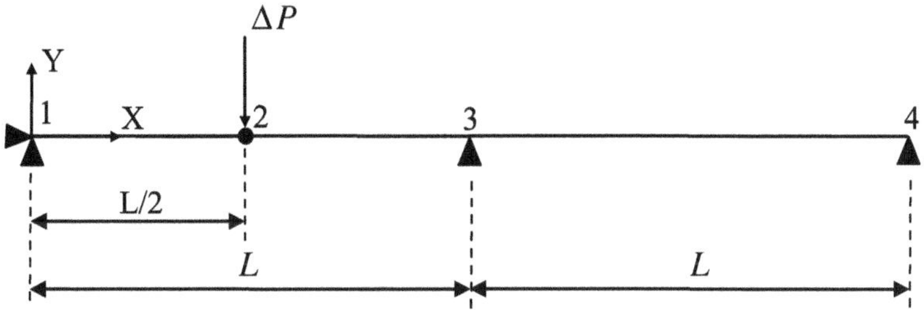

Figure 12.20 – Exemple 11c : modèle de calcul soumis ΔP.

Dans ce cas de figure et par rapport au cas précédent, seule la matrice de rigidité des éléments 1 ou 2 devra être modifiée pour intégrer la rotule au nœud 2. Nous avons choisi l'élément 1 pour notre cas d'étude. La matrice de rigidité d'un tel élément peut être obtenue par les équations du modèle de Bernoulli et les formules de Bresse. Dans le cas d'un élément possédant une rotule au nœud d'arrivée j, on arrive à établir que :

$$[k_1^r(l)] = \frac{3EI}{l^3} \cdot \begin{bmatrix} 1 & l & -1 & 0 \\ l & l^2 & -l & 0 \\ -1 & -l & 1 & 0 \\ 0 & 0 & 0 & 0 \end{bmatrix} \tag{12.36}$$

Il en résulte pour l'assemblage de la matrice de rigidité globale :

$$[K] = [A_1]^T \cdot \left[k_1^r\left(\frac{L}{2}\right)\right] \cdot [A_1] + [A_2]^T \cdot \left[k_2\left(\frac{L}{2}\right)\right] \cdot [A_2] + [A_3]^T \cdot [k_3(L)] \cdot [A_3] \tag{12.37}$$

d'où le système[1] à résoudre :

1. On notera que l'introduction d'une double rotule au nœud 2 (nœud d'arrivée de l'élément 1 + nœud de départ de l'élément 2) rendra le modèle instable.

$$\begin{bmatrix} \frac{24EI}{L^3} & \frac{12EI}{L^2} & -\frac{24EI}{L^3} & 0 & 0 & 0 & 0 & 0 \\ \frac{12EI}{L^2} & \frac{6EI}{L} & -\frac{12EI}{L^2} & 0 & 0 & 0 & 0 & 0 \\ -\frac{24EI}{L^3} & -\frac{12EI}{L^2} & \frac{120EI}{L^3} & \frac{24EI}{L^3} & -\frac{96EI}{L^3} & \frac{24EI}{L^2} & 0 & 0 \\ 0 & 0 & \frac{24EI}{L^3} & \frac{8EI}{L} & -\frac{24EI}{L^2} & \frac{4EI}{L} & 0 & 0 \\ 0 & 0 & -\frac{96EI}{L^3} & -\frac{24EI}{L^2} & \frac{108EI}{L^3} & -\frac{18EI}{L^2} & -\frac{12EI}{L^3} & \frac{6EI}{L^2} \\ 0 & 0 & \frac{24EI}{L^2} & \frac{4EI}{L} & -\frac{18EI}{L^2} & \frac{12EI}{L} & -\frac{6EI}{L^2} & \frac{2EI}{L} \\ 0 & 0 & 0 & 0 & -\frac{12EI}{L^3} & -\frac{6EI}{L^2} & \frac{12EI}{L^3} & -\frac{6EI}{L^2} \\ 0 & 0 & 0 & 0 & \frac{6EI}{L^2} & \frac{2EI}{L} & -\frac{6EI}{L^2} & \frac{4EI}{L} \end{bmatrix} \cdot \begin{Bmatrix} v_1 \\ \beta_1 \\ v_2 \\ \beta_2 \\ v_3 \\ \beta_3 \\ v_4 \\ \beta_4 \end{Bmatrix} = \begin{Bmatrix} 0 \\ 0 \\ -\Delta P \\ 0 \\ 0 \\ 0 \\ 0 \\ 0 \end{Bmatrix} + \begin{Bmatrix} R_{V_1} \\ 0 \\ 0 \\ 0 \\ R_{V_3} \\ 0 \\ R_{V_4} \\ 0 \end{Bmatrix} \tag{12.38}$$

Le qui donne après introduction des conditions aux limites :

$$\begin{Bmatrix} v_1 \\ \beta_1 \\ v_2 \\ \beta_2 \\ v_3 \\ \beta_3 \\ v_4 \\ \beta_4 \end{Bmatrix} = \begin{Bmatrix} 0 \\ -\frac{\Delta PL^2}{4EI} \\ -\frac{\Delta PL^3}{8EI} \\ \frac{7\Delta PL^2}{24EI} \\ 0 \\ \frac{\Delta PL^2}{6EI} \\ 0 \\ -\frac{\Delta PL^2}{12EI} \end{Bmatrix} \tag{12.39}$$

puis les efforts :

$$\begin{Bmatrix} T_1 \\ M_1 \\ T_2 \\ M_2 \end{Bmatrix} = \left[k_1^r\left(\frac{L}{2}\right) \right] \cdot \begin{Bmatrix} v_1 \\ \beta_1 \\ v_2 \\ \beta_2 \end{Bmatrix} = \begin{Bmatrix} 0 \\ 0 \\ 0 \\ 0 \end{Bmatrix}; \tag{12.40}$$

$$\begin{Bmatrix} T_2 \\ M_2 \\ T_3 \\ M_3 \end{Bmatrix} = \left[k_2\left(\frac{L}{2}\right) \right] \cdot \begin{Bmatrix} v_2 \\ \beta_2 \\ v_3 \\ \beta_3 \end{Bmatrix} = \begin{Bmatrix} -\Delta P \\ 0 \\ \Delta P \\ -\frac{\Delta PL}{2} \end{Bmatrix};$$

$$\begin{Bmatrix} T_3 \\ M_3 \\ T_4 \\ M_4 \end{Bmatrix} = [k_3(L)] \cdot \begin{Bmatrix} v_3 \\ \beta_3 \\ v_4 \\ \beta_4 \end{Bmatrix} = \begin{Bmatrix} \frac{\Delta P}{2} \\ \frac{\Delta PL}{2} \\ -\frac{\Delta P}{2} \\ 0 \end{Bmatrix} \qquad (12.40\ suite)$$

Le nœud 3 plastifiera donc lorsque :

$$-M_P = -\frac{6M_P}{13} - \frac{\Delta PL}{2} \Rightarrow \Delta P = \frac{14M_P}{13L} = 33077N \qquad (12.41)$$

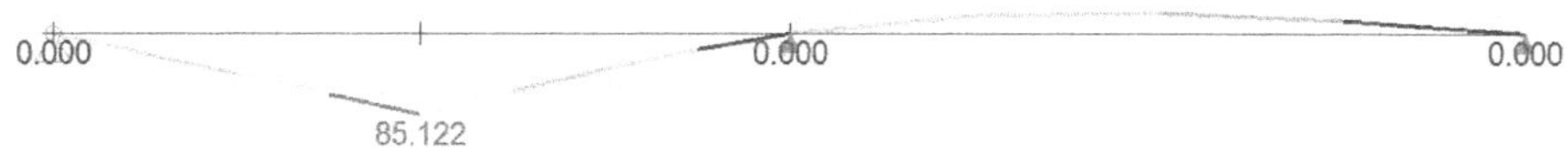

Figure 12.21 – Exemple 11c : déplacements (Effel) en mm.

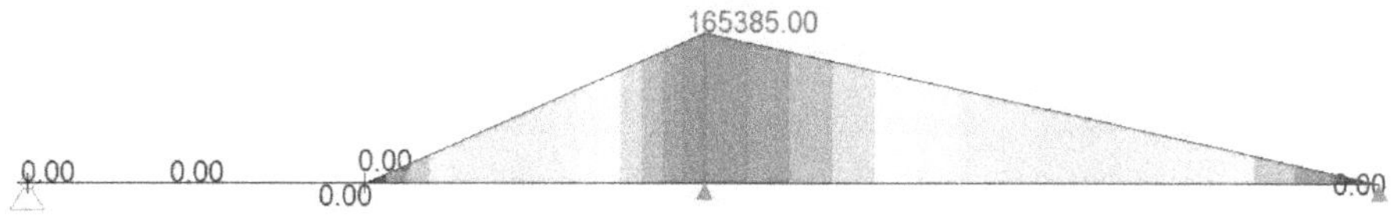

Figure 12.22 – Exemple 11c : moments (Effel) en N.m.

Le nœud 3 devenant une rotule, la structure se transforme en mécanisme. La charge de ruine sera alors obtenue en posant que :

$$P_u = P_1 + \Delta P = \frac{64M_P}{13L} + \frac{14M_P}{13L} = \frac{6M_P}{L} = 184287N \qquad (12.42)$$

Le déplacement au nœud 2 vaut alors dans ce cas :

$$v_2 = -\frac{23P_1L^3}{1536EI} - \frac{\Delta PL^3}{8EI} = -\frac{5M_pL^2}{24EI} = -0.1317m \qquad (12.43)$$

12.3.3 Résolution par la méthode de Newton – Raphson

L'approche par la méthode de Newton – Raphson nécessite de prendre en compte suivant l'état de plastification les rigidités (12.31) ou (12.38). Ceci étant et comme évoqué précédemment, le modèle de la figure 12.19 n'est pas soluble en l'état, les deux moments plastiques M_P s'annulant mutuellement lors de l'assemblage du vecteur charges $\{F\}$.

Une solution consiste à dupliquer le nœud 2 et à lier ces deux nœuds par un élément de ressort infiniment rigide. Pour ce faire, on s'inspire de la formulation de l'élément ressort établie au chapitre 5.3. On a donc :

$$[k_4(k_\beta)] = \begin{bmatrix} k_v & 0 & -k_v & 0 \\ 0 & k_\beta & 0 & -k_\beta \\ -k_v & 0 & k_v & 0 \\ 0 & -k_\beta & 0 & k_\beta \end{bmatrix} \begin{matrix} (v_2) \\ (\beta_2) \\ (v_3) \\ (\beta_3) \end{matrix} \quad (12.44)$$

avec k_v et k_β rigidités associées au déplacement vertical et à la rotation de flexion[1].

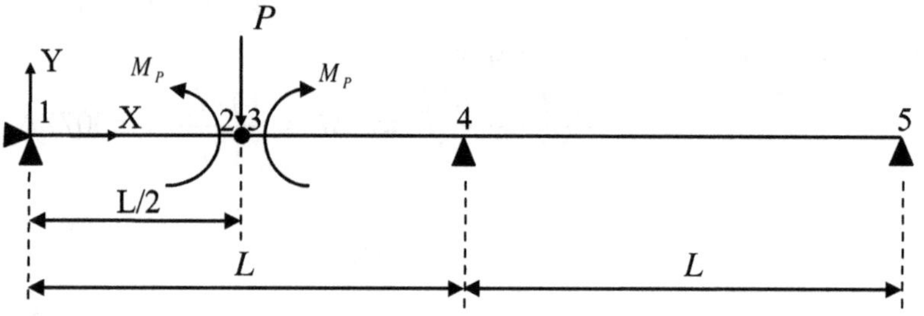

Figure 12.23 – Exemple 11d : modèle de calcul pour $P > P_1$.

Tableau 12.5 – Exemple 11d : connectivité élémentaire.

Élément	Nœud *i*	Nœud *j*	Section	Inertie
1 (poutre)	1	2	*S*	*I*
2 (poutre)	3	4	*S*	*I*
3 (poutre)	4	5	*S*	*I*
4 (ressort)	2	3[a]	–	–

a. Le nœud 3 est confondu avec le nœud 2.

L'assemblage s'effectue suivant la même méthodologie que précédemment :

$$[K(k_\beta)] = [A_1]^T \cdot \left[k_1\left(\frac{L}{2}\right)\right] \cdot [A_1] + [A_2]^T \cdot \left[k_2\left(\frac{L}{2}\right)\right] \cdot [A_2]$$
$$+[A_3]^T \cdot [k_3(L)] \cdot [A_3] + [A_4]^T \cdot [k_4(k_\beta)] \cdot [A_4]^2 \quad (12.45)$$

avec :

$$[A_1] = \begin{bmatrix} 1 & 0 & 0 & 0 & 0 & 0 & 0 & 0 & 0 & 0 \\ 0 & 1 & 0 & 0 & 0 & 0 & 0 & 0 & 0 & 0 \\ 0 & 0 & 1 & 0 & 0 & 0 & 0 & 0 & 0 & 0 \\ 0 & 0 & 0 & 1 & 0 & 0 & 0 & 0 & 0 & 0 \end{bmatrix}; [A_2] = \begin{bmatrix} 0 & 0 & 0 & 0 & 1 & 0 & 0 & 0 & 0 & 0 \\ 0 & 0 & 0 & 0 & 0 & 1 & 0 & 0 & 0 & 0 \\ 0 & 0 & 0 & 0 & 0 & 0 & 1 & 0 & 0 & 0 \\ 0 & 0 & 0 & 0 & 0 & 0 & 0 & 1 & 0 & 0 \end{bmatrix}$$

1. Pour rendre la connexion des éléments 1 et 2 infiniment rigide, on prendra ces deux valeurs égales à 10^{14}.
2. On notera que la matrice k_1 est bien celle de l'équation (12.29).

$$[A_3] = \begin{bmatrix} 0 & 0 & 0 & 0 & 0 & 0 & 1 & 0 & 0 & 0 \\ 0 & 0 & 0 & 0 & 0 & 0 & 0 & 1 & 0 & 0 \\ 0 & 0 & 0 & 0 & 0 & 0 & 0 & 0 & 1 & 0 \\ 0 & 0 & 0 & 0 & 0 & 0 & 0 & 0 & 0 & 1 \end{bmatrix} ; [A_4] = \begin{bmatrix} 0 & 0 & 1 & 0 & 0 & 0 & 0 & 0 & 0 & 0 \\ 0 & 0 & 0 & 1 & 0 & 0 & 0 & 0 & 0 & 0 \\ 0 & 0 & 0 & 0 & 1 & 0 & 0 & 0 & 0 & 0 \\ 0 & 0 & 0 & 0 & 0 & 1 & 0 & 0 & 0 & 0 \end{bmatrix}$$

Cependant et lorsque :

– $P \leq P_1 : k_v \to \infty,\ k_\beta \to \infty$ et $\{F\}^T = \{ 0 \quad 0 \quad -P \quad 0 \quad 0 \quad 0 \quad 0 \quad 0 \quad 0 \quad 0 \}$;

– $P > P_1 : k_v \to \infty,\ k_\beta = 0$ et $\{F\}^T = \{ 0 \quad 0 \quad -P \quad M_p \quad 0 \quad -M_p \quad 0 \quad 0 \quad 0 \quad 0 \}$.

Après calcul et chargement jusqu'à la valeur de la charge ultime (10.42), on obtient :

Tableau 12.6 – Exemple 11d : résultats.

V_2 (m)	P (N)	M_2 (N.m)	M_4 (N.m)
0	0	0	0
0.002029	6581.7	13369	6170.3
0.004058	13163	26738	12341
0.0060869	19745	40107	18511
0.0081159	26327	53476	24681
0.01014	32908	66845	30852
0.01217	39490	80214	37022
0.0142	46072	93583	43192
0.01623	52653	106950	49363
0.01826	59235	120320	55533
0.02029	65817	133690	61703
0.02232	72398	147060	67874
0.02435	78980	160430	74044
0.02638	85562	173800	80214
0.02841	92144	187170	86385
0.03043	98725	200540	92555
0.03246	105310	213900	98725
0.03449	111890	227270	104900
0.03652	118470	240640	111070

Tableau 12.6 – Exemple 11d : résultats *(suite)*.

V_2 (m)	P (N)	M_2 (N.m)	M_4 (N.m)
0.03855	125050	254010	117240
0.04058	131630	267380	123410
0.04261	138220	280750	129580
0.04464	144800	294120	135750
0.04667	151380	307490	141920
0.06399	157960	307140	175510
0.08092	164540	307150	208420
0.09786	171120	307150	241330
0.1148	177710	307140	274240
0.13174	184290	307150	307150

Les résultats du tableau 12.6 montrent bien que la première rotule apparait pour une charge P légèrement supérieure à 151 kN. Pour cette valeur de charge, le déplacement au nœud 2 est tout à fait comparable au maximum de la déformée de la figure 12.16. Il est en de même pour le moment en 4 et la valeur trouvée en (12.35). Les mêmes constats sont également valables pour la charge de ruine.

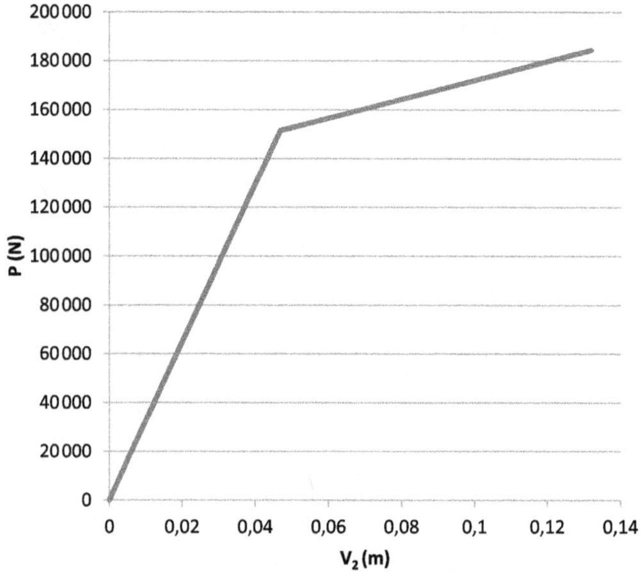

Figure 12.24 – Exemple 11d : évolution de la charge P en fonction de V_2.

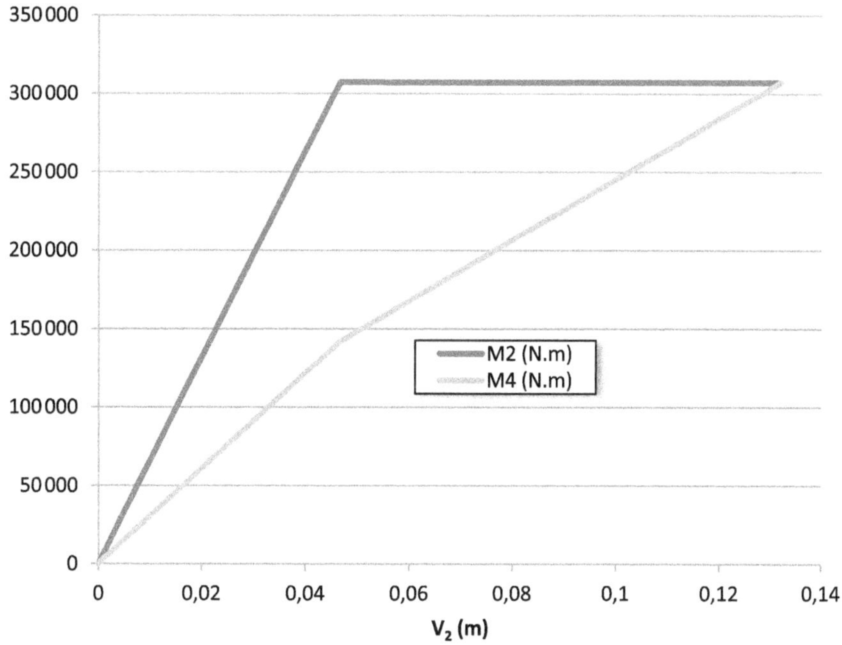

Figure 12.25 – Exemple 11d : évolution des moments en 2 et 4 en fonction de V_2.

12.4 Comportement élasto-plastique

Les modélisations précédentes étant constituées uniquement de barres et de poutres, nous avons pu jusqu'à maintenant nous limiter à des lois de comportement unidirectionnelles essentiellement basées sur l'essai de traction. En d'autres termes, notre caractérisation de la plastification s'appuyait principalement sur la comparaison d'une contrainte effective à la limite d'élasticité du matériau considéré. Au-delà de cette limite, le calcul prenait en compte une déformation permanente dite déformation plastique avec ou sans écrouissage.

Maintenant et si on aborde le problème de manière plus globale, l'approche devient bien évidemment plus délicate. C'est pourquoi, nous nous limiterons aux matériaux dits élastiques isotropes dont les caractéristiques sont identiques quelle que soit la direction considérée. Il s'agira donc dans un premier temps de définir de manière très synthétique la notion de critère ou seuil de plasticité qui résulte des travaux des laboratoires de matériaux puis de présenter la loi d'écoulement qui relira les déformations plastiques aux contraintes effectives.

12.4.1 Notion de critère de plasticité

Sachant que pour un matériau isotrope il est admis de représenter l'état de contrainte en un point par les trois contraintes principales en ce même point, il sera alors possible de réduire le vecteur contraintes aux trois termes σ_1, σ_2 et σ_3. Ces valeurs étant elles-mêmes des invariants, ce sera l'orientation suivie par les laboratoires pour

caractériser le comportement de ce type de matériau qui revient à considérer les invariants (3.42) et (3.48)[1].
Basés sur des essais de traction mais surtout triaxiaux, ces travaux expérimentaux ont permis de mettre en évidence que le déviateur des contraintes était directement lié à la plastification du matériau au travers des composantes de cisaillement. Plus particulièrement pour les métaux, les expérimentations n'ont mis en évidence aucune différence de comportement en traction et en compression mais également aucune variation de volume du matériau. Sachant que la contrainte hydrostatique σ_m (3.43) peut être représentée par une droite faisant un angle de $2\pi/3$ avec chacun des axes σ_1, σ_2 et σ_3 et que le plan déviatorique[2] est perpendiculaire à cette droite, ceci suggère que la fonction seuil caractérisant le passage à l'état plastique est symétrique quel que soit l'axe considéré. Ceci s'applique en général aux métaux dont les critères de plasticité sont très souvent basés sur le déviateur des contraintes (3.45). Il est néanmoins important de préciser que ce n'est pas toujours le cas pour l'ensemble des matériaux.

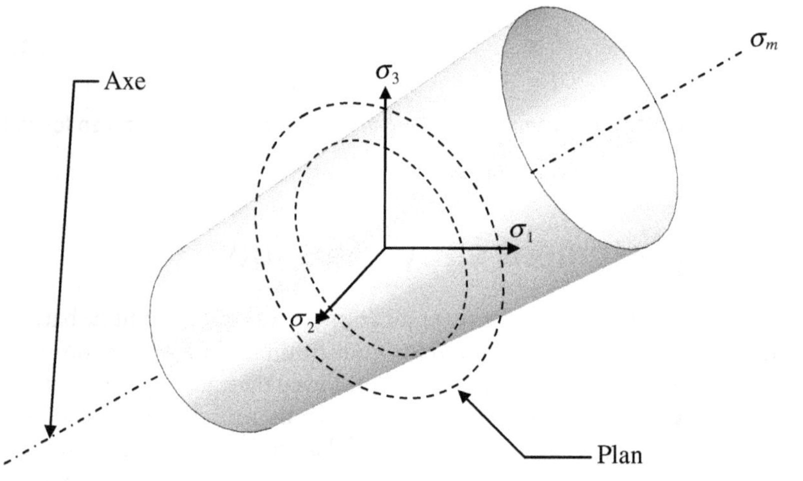

Figure 12.26 – Critère de Von Mises.

Les fonctions qui peuvent répondre à cette condition de symétrie sont par exemple le cercle ou l'hexagone. Bien évidemment, ce ne sont pas les seuls. Dans ce cas, on parlera de modèle de Von Mises ou de Tresca. Concernant Von Mises, cette fonction seuil s'écrit :

$$(\sigma_1 - \sigma_2)^2 + (\sigma_2 - \sigma_3)^2 + (\sigma_1 - \sigma_3)^2 = r^2 \quad (12.46)$$

soit en fonction de l'invariant (3.48) :

$$6 \cdot J_2 = r^2 \quad (12.47)$$

1. Voir compléments en ligne.
2. Constitué des composantes du déviateur des contraintes (3.44) (voir compléments en ligne).

Dans le cas de l'essai de traction et en supposant que σ_1 atteigne la limite d'élasticité du matériau σ_e, on aura alors :

$$r = \sqrt{2} \cdot \sigma_e \tag{12.48}$$

d'où l'expression du critère de Von Mises :

$$\frac{1}{2}\left[(\sigma_1 - \sigma_2)^2 + (\sigma_2 - \sigma_3)^2 + (\sigma_1 - \sigma_3)^2\right] = \sigma_e^2 = \frac{3}{2} \cdot \{S_{123}\}^T \cdot \{S_{123}\} \tag{12.49}$$

avec $\{S_{123}\}^T = \left\{ \sigma_1 - \sigma_m \quad \sigma_2 - \sigma_m \quad \sigma_3 - \sigma_m \right\}$.

Le critère de Tresca a la forme d'un hexagone. Dans le plan déviatorique, celui-ci s'exprime sous la forme :

$$\left[(\sigma_1 - \sigma_2)^2 - r_1^2\right] + \left[(\sigma_2 - \sigma_3)^2 - r_1^2\right] + \left[(\sigma_1 - \sigma_3)^2 - r_1^2\right] = 0 \tag{12.50}$$

Ce qui donne dans le cas uniaxial :

$$r_1 = \sigma_e \tag{12.51}$$

Le critère de Tresca peut donc également s'écrire :

$$\begin{aligned} |\sigma_1 - \sigma_2| &= \sigma_e \\ |\sigma_2 - \sigma_3| &= \sigma_e \\ |\sigma_1 - \sigma_3| &= \sigma_e \end{aligned} \tag{12.52}$$

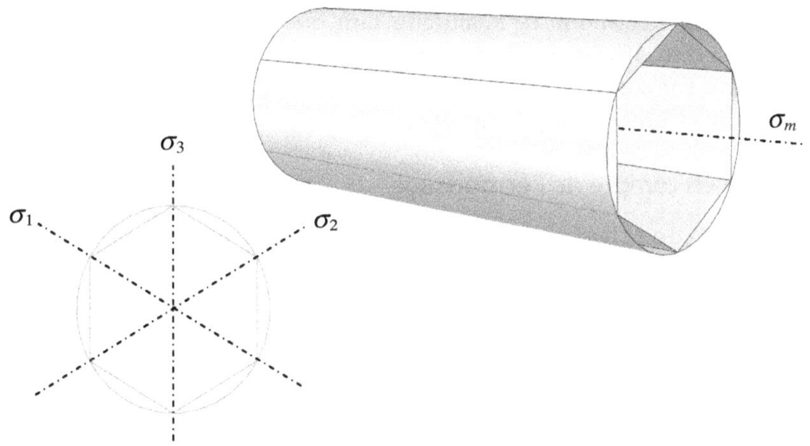

Figure 12.27 – Comparaison des critères de Von Mises et Tresca.

Leurs fonctions seuil ne coïncidant qu'aux sommets de l'hexagone, les résultats obtenus avec ces deux critères ne sont pas bien évidemment complètement identiques. Il en est d'ailleurs de même pour les critères de Drucker-Prager et Mohr-Coulomb qui sont plus dédiés à la mécanique des sols.

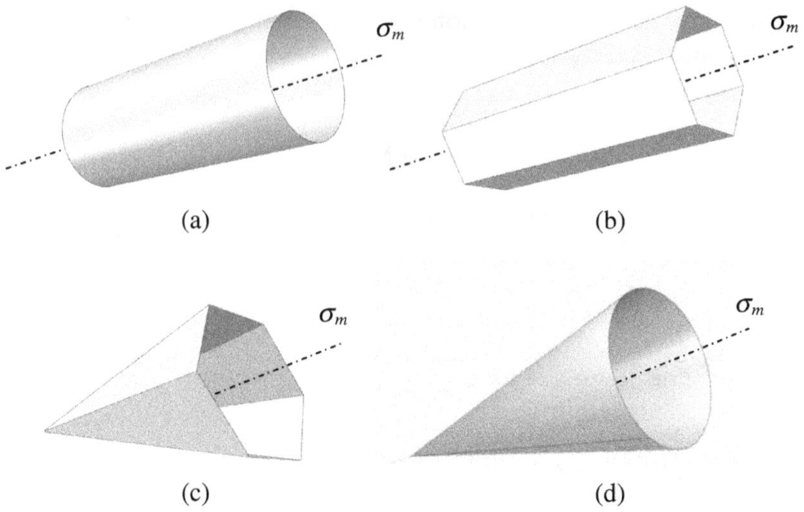

Figure 12.28 – Les critères les plus courants : (a) Von Mises, (b) Tresca, (c) Mohr-Coulomb, (d) Drucker-Prager.

D'une manière générale, la fonction seuil dans l'espace des contraintes principales sera caractérisée par :

$$f(\sigma_1,\sigma_2,\sigma_3) = F(\sigma_1,\sigma_2,\sigma_3) - \sigma_e = 0 \tag{12.53}$$

ou :

$$f(\sigma_{ij}) = F(\sigma_{ij}) - \sigma_e = 0 \tag{12.54}$$

Le domaine élastique est maintenu tant que cette fonction est strictement inférieure à zéro. Inversement, on aura écoulement plastique si $f = 0$ ou sa variation $df = 0$. Par contre si $df < 0$ après avoir atteint le seuil de plastification, on assistera alors à une décharge élastique.

12.4.2 Prise en compte de l'écrouissage

Comme vu au chapitre 12.1, l'écrouissage consiste en un raffermissement du matériau en cours de déformation. Dans le cas unidirectionnel, l'écrouissage linéaire est caractérisé par le module H. La décharge se faisant à partir de la valeur de contrainte nouvellement atteinte, tout nouveau calcul reviendra à modifier la fonction seuil de telle manière à augmenter σ_e dans la même proportion.
Une première démarche assez évidente au vu des courbes obtenues sera de considérer une augmentation homogène de σ_e dans toutes les directions. Il s'agira alors de l'**écrouissage isotrope** qui correspond à une variation concentrique de la fonction seuil dans le répère principal. Une autre hypothèse, l'**écrouissage cinématique**, consistera à envisager un mouvement dans une direction donnée de cette même fonction seuil. Enfin, l'approche mixte permettra de considérer les deux écrouissages de manière simultanée (cf. figure 12.29).

Il est à noter cependant que l'effet Bauschinger qui revient à une diminution de la limite d'élasticité en compression[1] due à l'écrouissage en traction, ne peut être modélisé que par l'écrouissage cinématique.

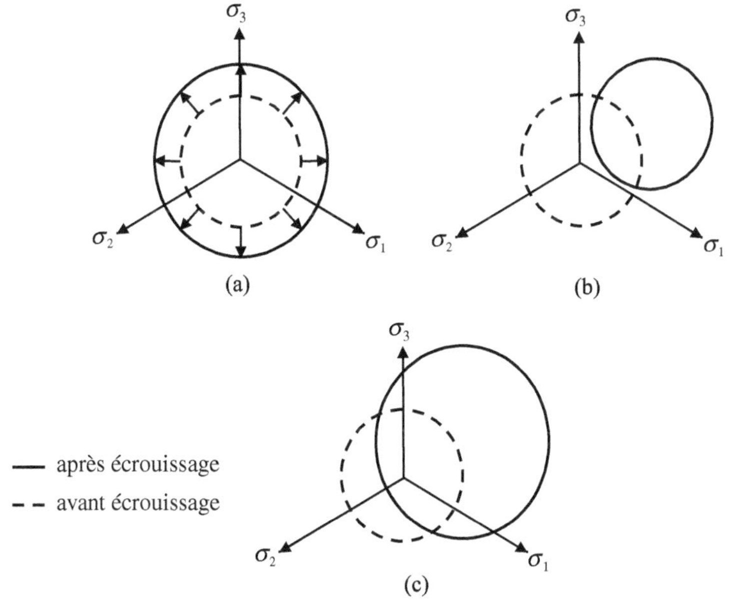

Figure 12.29 – Différents types d'écrouissage : (a) isotrope, (b) cinématique, (c) mixte.

La fonction seuil est donc modifiée de telle façon à prendre en compte l'écrouissage isotrope et/ou cinématique. Pour ce faire, on ajoutera des paramètres $\kappa\left(\varepsilon_{ij}^{p}\right)$ et/ ou $\alpha\left(\varepsilon_{ij}^{p}\right)$ correspondant respectivement à l'expansion omnidirectionnelle ou à la translation de la fonction seuil. On peut alors écrire de manière générique :

$$f(\sigma_{ij},\alpha\left(\varepsilon_{ij}^{p}\right),\kappa\left(\varepsilon_{ij}^{p}\right)) = F\left[\sigma_{ij} - \alpha\left(\varepsilon_{ij}^{p}\right)\right] - \sigma_e - \kappa\left(\varepsilon_{ij}^{p}\right) = 0 \quad (12.55)$$

12.4.3 Loi d'écoulement

Le calcul élastoplastique est essentiellement basé sur le principe de Hill (1950) qui postule que la dissipation plastique Q résultant de l'état de contrainte est maximum durant la déformation plastique[2]. De l'étude des maximums de cette dissipation, on déduit la relation de proportionnalité :

$$d\varepsilon_{ij}^{p} = d\lambda_p \cdot \frac{\partial Q\left(\sigma_{ij}\right)}{\partial \sigma_{ij}} \quad (12.56)$$

avec $d\lambda_p \geq 0$: multiplicateur de Lagrange incrémental.

1. Initialement égale à celle en traction.
2. Caractérisée par la variation $d\varepsilon_{ij}^{p}$.

Ceci étant, deux catégories de matériaux doivent être distinguées. La première concerne ceux dont la fonction de seuil f coïncide avec le potentiel plastique Q. Ces matériaux seront dits associés (plasticité standard). Les métaux en font partie. A contrario[1], ceux-ci seront considérés comme non associés (plasticité non standard). Dans un souci de simplification, nous nous placerons uniquement dans le cas de la plasticité standard.
En application du principe de Hill, le vecteur associé aux déformations plastiques qui correspond à la direction d'écoulement, sera alors toujours orienté suivant la normale sortante à la fonction seuil (cf. figure 12.30).

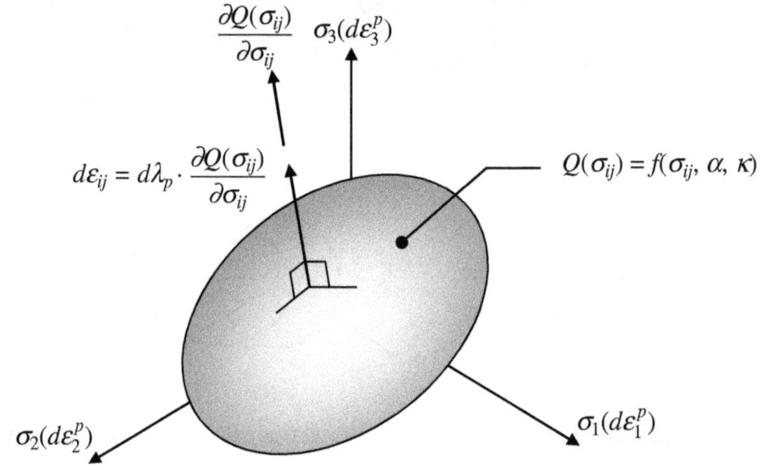

Figure 12.30 – Potentiel plastique et loi de la normalité.

On aura donc dans le cas des matériaux associés :

$$d\varepsilon_{ij}^{p} = d\lambda_{p} \cdot \frac{\partial f\left(\sigma_{ij}, \alpha, \kappa\right)}{\partial \sigma_{ij}} \tag{12.57}$$

12.4.4 Matrice de rigidité élémentaire élastoplastique

Par déclinaison de la relation (12.1), le vecteur des déformations peut être décomposé en :

$$\{d\varepsilon\} = \{d\varepsilon^{e}\} + \{d\varepsilon^{p}\} \tag{12.58}$$

La relation liant contraintes et déformations dans le domaine élastique s'écrit d'après (3.21) :

$$\{d\sigma\} = [H] \cdot \{d\varepsilon^{e}\} \tag{12.59}$$

d'où à partir de (12.58) :

$$\{d\sigma\} = [H] \cdot [\{d\varepsilon\} - \{d\varepsilon^{p}\}] \tag{12.60}$$

En remplaçant (12.57) dans (12.60), on obtient finalement :

1. Les milieux granulaires par exemple.

$$\{d\sigma\} = [H]\cdot\left[\{d\varepsilon\} - d\lambda_p \cdot \left\{\frac{\partial f}{\partial \sigma}\right\}\right] \tag{12.61}$$

df peut d'après (12.55) être exprimé sous la forme :

$$df = \left\{\frac{\partial f}{\partial \sigma}\right\}^T \cdot \{d\sigma\} + \left\{\frac{\partial f}{\partial \varepsilon^p}\right\}^T \cdot \{d\varepsilon^p\} = 0 \tag{12.62}$$

d'où en injectant (12.61) dans (12.62),

$$d\lambda_p = \frac{\left\{\frac{\partial f}{\partial \sigma}\right\}^T \cdot [H]\cdot\{d\varepsilon\}}{-\left\{\frac{\partial f}{\partial \varepsilon^p}\right\}^T \cdot \left\{\frac{\partial f}{\partial \sigma}\right\} + \left\{\frac{\partial f}{\partial \sigma}\right\}^T \cdot [H]\cdot\left\{\frac{\partial f}{\partial \sigma}\right\}} = \frac{\left\{\frac{\partial f}{\partial \sigma}\right\}^T \cdot [H]\cdot\{d\varepsilon\}}{A + \left\{\frac{\partial f}{\partial \sigma}\right\}^T \cdot [H]\cdot\left\{\frac{\partial f}{\partial \sigma}\right\}} \tag{12.63}$$

d'ou finalement en remplaçant l'expression (12.63) de $d\lambda_p$ dans (12.61) :

$$\{d\sigma\} = \left[[H] - \frac{[H]\cdot\left\{\frac{\partial f}{\partial \sigma}\right\}\cdot\left\{\frac{\partial f}{\partial \sigma}\right\}^T \cdot [H]}{A + \left\{\frac{\partial f}{\partial \sigma}\right\}^T \cdot [H]\cdot\left\{\frac{\partial f}{\partial \sigma}\right\}}\right] \cdot \{d\varepsilon\} = [\bar{H}]\cdot\{d\varepsilon\} \tag{12.64}$$

Sachant que l'expression de la matrice de rigidité élémentaire est de la forme (4.12) :

$$[k_e] = \int_{V_e} [B]^T \cdot [H_p]\cdot[B]\cdot dV_e \tag{12.65}$$

Il suffira alors de remplacer $[H_p]$ par :

- $[H]$ si $d\lambda_p = 0$ ce qui peut correspondre soit à une montée en charge élastique soit à une décharge élastique ;
- $[\bar{H}]$ en cas d'écoulement plastique si $d\lambda_p > 0$.

12.4.5 Application à l'écrouissage linéaire (exemple 10)

Considérant le critère de Von Mises avec un écrouissage isotrope linéaire, l'expression (12.55) s'écrit dans ce cas :

$$f(\sigma_{xx}, \varepsilon^p_{xx}) = |\sigma_{xx}| - (\sigma_e + H \cdot \varepsilon^p_{xx}) = 0 \tag{12.66}$$

et donc :

$$\frac{\partial f}{\partial \sigma_{xx}} = sign(\sigma)^{1} \text{ et } \frac{\partial f}{\partial \varepsilon^p_{xx}} = -H \tag{12.67}$$

ce qui permet de déduire en appliquant (12.64) :

$$E_T = E - \frac{E\cdot 1\cdot 1\cdot E}{H\cdot 1 + 1\cdot E\cdot 1} = \frac{E\cdot H}{H + E} \tag{12.68}$$

et qui correspond bien à l'expression trouvée en (12.5).

La résolution de l'exemple 10 au chapitre 12.2 était basée essentiellement sur une comparaison de l'état de contrainte dans la barre 1 à la limite élastique de laquelle découle une prise en compte selon le cas du module tangent E_T dans les calculs de la matrice de rigidité et de l'effort normal associé.

1. Egale à 1 dans notre cas d'étude.

Le processus peut être cependant automatisé mais surtout généralisé en s'appuyant sur le critère de plasticité du matériau, l'expression (12.66) en l'occurrence. Tant que $f\left(\sigma_{xx}, \varepsilon_{xx}^{p}\right) \leq 0$, le matériau sera considéré dans une phase élastique. Au delà, l'écoulement débutera et il s'agira de déterminer le couple $\left(\sigma_{xx}, \varepsilon_{xx}^{p}\right)$ satisfaisant (12.66). Considérant toujours un processus de convergence de type Newton – Raphson, l'équation (12.60) s'exprime sur l'incrément j :

$$\Delta\sigma_{j+1} = E \cdot \left(\Delta\varepsilon_{j+1} - \Delta\varepsilon_{j+1}^{p}\right) \tag{12.69}$$

L'intégration de (12.57) s'effectue en posant que :

$$\Delta\varepsilon_{j+1}^{p} = \Delta\lambda_{p} \cdot \left[(1-\beta) \cdot \left(\frac{\partial f\left(\sigma_{xx}, \varepsilon_{xx}^{p}\right)}{\partial\sigma}\right)_{j} + \beta \cdot \left(\frac{\partial f\left(\sigma_{xx}, \varepsilon_{xx}^{p}\right)}{\partial\sigma}\right)_{j+1}\right] \tag{12.70}$$

Une première approche consistera à supposer que les valeurs de départ de $\Delta\lambda_{p}$ et $\frac{\partial f\left(\sigma_{xx}, \varepsilon_{xx}^{p}\right)}{\partial\sigma}$ sont valides sur la totalité de l'incrément. Cette méthode appelée en anglais « Explicit Forward Euler integration scheme » (11) qui revient à choisir β nul consiste à traverser la fonction seuil $\left(f\left(\sigma_{xx} + \Delta\sigma_{xx}, \varepsilon_{xx}^{p}\right) > 0\right)$ puis à calculer la contrainte en C (cf. figure 12.31) grâce à la relation (12.61). On a alors :

$$\{\sigma_C\} = [H] \cdot \{d\varepsilon\} - d\lambda_{p} \cdot [H] \cdot \left\{\frac{\partial f}{\partial\sigma}\right\} = \{\sigma_B\} - d\lambda_{p} \cdot [H] \cdot \left\{\frac{\partial f}{\partial\sigma}\right\} \tag{12.71}$$

Il suffit alors de réitérer l'opération pour se retrouver sur la fonction seuil (cf. figure 12.31)[1].

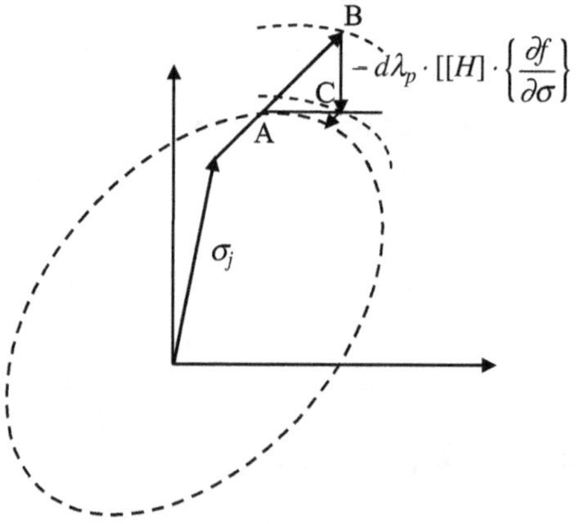

Figure 12.31 – Méthode « Forward- Euler ».

À l'inverse, si β est pris égal à 1, le schéma implicite « Backward Euler » permettra d'estimer $\Delta\varepsilon_{j+1}^{p}$ à partir de la valeur de fin d'incrément $\left(\frac{\partial f\left(\sigma_{xx}, \varepsilon_{xx}^{p}\right)}{\partial\sigma}\right)_{j+1}$ a

1. Cette méthode est également décrite dans (16) et (24).

priori inconnue. C'est la méthode que nous retiendrons pour résoudre les exemples 10 et 12 car celle-ci a pour principal avantage quand elle converge, d'assurer la validité de la solution obtenue. Il n'en est pas de même pour la méthode explicite qui converge tout le temps sans garantir nécessairement l'exactitude du résultat.
Considérant les résultats de l'incrément j comme valeurs de départ, le principe de la résolution consiste à faire un « pari élastique » sur l'état de contrainte et de déformation à l'incrément $j+1$. On pose donc :

$$\begin{aligned} \sigma_{j+1}^{eval} &= E \cdot \left(\varepsilon_{j+1} - \varepsilon_j^p\right) \\ \varepsilon_{j+1}^{p\ eval} &= \varepsilon_j^p \\ f_{j+1}^{eval}\left(\sigma_{j+1}^{eval}, \varepsilon_{j+1}^{p\ eval}\right) &= \left|\sigma_{j+1}^{eval}\right| - \left(\sigma_e + H \cdot \varepsilon_j^p\right) \end{aligned} \tag{12.72}$$

Si $f_{j+1}^{eval}\left(\sigma_{j+1}^{eval}, \varepsilon_{j+1}^{p\ eval}\right) \leq 0$, on est en présence d'un incrément élastique et :

$$\begin{aligned} \sigma_{j+1} &= \sigma_{j+1}^{eval} \\ \varepsilon_{j+1}^p &= \varepsilon_j^p \\ \Delta\lambda_p &= 0 \end{aligned} \tag{12.73}$$

Dans ce cas, la rigidité à utiliser est celle de l'équation (12.22) avec $E_1 = E$. Inversement et si $f_{j+1}^{eval}\left(\sigma_{j+1}^{eval}, \varepsilon_{j+1}^{p\ eval}\right) > 0$, on doit déterminer $\sigma_{j+1}, \varepsilon_{j+1}^p$ telles que $f\left(\sigma_{j+1}, \varepsilon_{j+1}^p\right) = 0$ avec $\Delta\lambda_p > 0$. Pour ce faire, on pose :

$$\sigma_{j+1} = E \cdot \left(\varepsilon_{j+1} - \varepsilon_{j+1}^p\right) = \overbrace{E \cdot \left(\varepsilon_{j+1} - \varepsilon_j^p\right)}^{\sigma_{j+1}^{eval}} - E \cdot \overbrace{\left(\varepsilon_{j+1}^p - \varepsilon_j^p\right)}^{\Delta\varepsilon_{j+1}^p} \tag{12.74}$$

soit en appliquant (12.70) :

$$\sigma_{j+1} = \sigma_{j+1}^{eval} - E \cdot \Delta\lambda_p \cdot sign(\sigma_{j+1}) \tag{12.75}$$

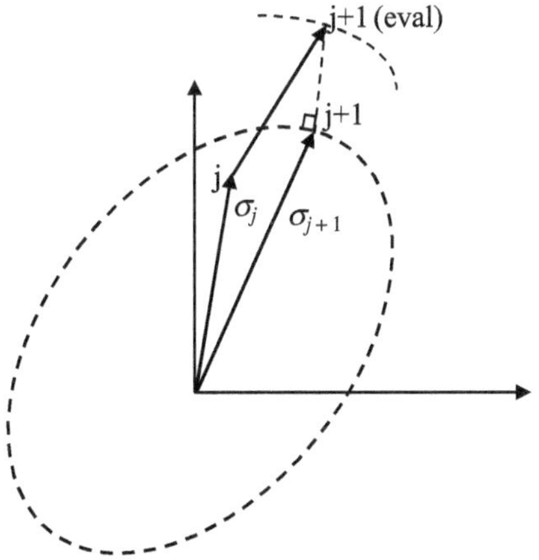

Figure 12.32 – Méthode « Backward- Euler ».

De plus et comme $f\left(\sigma_{j+1},\varepsilon_{j+1}^{p}\right)=0$, on a :

$$f_{j+1}\left(\sigma_{j+1},\varepsilon_{j+1}^{p}\right)=\left|\sigma_{j+1}\right|-\left(\sigma_{e}+H\cdot\varepsilon_{j+1}^{p}\right)=0 \qquad (12.76)$$

Par ailleurs et en posant que $\sigma_{j+1}=\left|\sigma_{j+1}\right|\cdot sign(\sigma_{j+1})$, on établit à partir de (12.75) que :

$$\begin{aligned}\left|\sigma_{j+1}\right|\cdot sign(\sigma_{j+1})&=\left|\sigma_{j+1}^{eval}\right|\cdot sign(\sigma_{j+1}^{eval})-E\cdot\Delta\lambda_{p}\cdot sign(\sigma_{j+1})\\ \left(\left|\sigma_{j+1}\right|+E\cdot\Delta\lambda_{p}\right)\cdot sign(\sigma_{j+1})&=\left|\sigma_{j+1}^{eval}\right|\cdot sign(\sigma_{j+1}^{eval})\end{aligned} \qquad (12.77)$$

Ce qui permet de démontrer que $sign(\sigma_{j+1})=sign(\sigma_{j+1}^{eval})$ car E et $\Delta\lambda_{p}$ sont forcément supérieurs à zéro. On a donc :

$$\left|\sigma_{j+1}\right|=\left|\sigma_{j+1}^{eval}\right|-E\cdot\Delta\lambda_{p} \qquad (12.78)$$

(12.76) peut alors s'écrire :

$$f_{j+1}\left(\sigma_{j+1},\varepsilon_{j+1}^{p}\right)=\left|\sigma_{j+1}^{eval}\right|-E\cdot\Delta\lambda_{p}-\left(\sigma_{e}+H\cdot\varepsilon_{j+1}^{p}\right)=0 \qquad (12.79)$$

Comme d'après (12.70),

$$\varepsilon_{j+1}^{p}=\varepsilon_{j}^{p}+\Delta\lambda_{p} \qquad (12.80)$$

On déduit :

$$f_{j+1}\left(\sigma_{j+1},\varepsilon_{j+1}^{p}\right)=\overbrace{\left|\sigma_{j+1}^{eval}\right|-\left(\sigma_{e}+H\cdot\varepsilon_{j}^{p}\right)}^{f_{j+1}^{eval}\left(\sigma_{j+1}^{eval},\varepsilon_{j+1}^{p\ eval}\right)}-(E+H)\cdot\Delta\lambda_{p}=0 \qquad (12.81)$$

d'où finalement :

$$\Delta\lambda_{p}=\frac{f_{j+1}^{eval}\left(\sigma_{j+1}^{eval},\varepsilon_{j+1}^{p\ eval}\right)}{E+H} \qquad (12.82)$$

$$\text{PLAST}(q,\theta,L1,type,\varepsilon pxx):=\left|\begin{array}{l} u4\leftarrow q\cdot\sin(\theta)\\ v4\leftarrow q\cdot\cos(\theta)\\ \varepsilon xx\leftarrow\dfrac{u4}{L1}\\ \sigma xx\leftarrow E\cdot(\varepsilon xx-\varepsilon pxx)\\ \text{if } f(\sigma xx,\varepsilon pxx)\le 0\\ \quad\left|\begin{array}{l} N\leftarrow\sigma xx\cdot S\\ KT\leftarrow\dfrac{E\cdot S}{L}\cdot\left(\dfrac{1}{\cos(\alpha)}+2\cdot\cos(\alpha)^{2}\right)\\ \text{return } KT \text{ if } type=0\end{array}\right.\end{array}\right.$$

```
    | return N if type = 1
    | return εpxx if type = 2
Tol ← f(σxx, εpxx)
while Tol > 1·10^6
    | Δλ ← Tol / (H + E)
    | σxx ← σxx − Δλ·E
    | εpxx ← εpxx + Δλ
    | Tol ← f(σxx, εpxx)
N ← σxx·S
KT ← S/L · ( Et · 1/cos(α) + E·2·cos(α)^2 )
return KT if type = 0
return N if type = 1
return εpxx if type = 2
```

Programme Mathcad™ 12.1 – « Implicit Backward Euler » appliqué à l'exemple 10[1].

Il suffit ensuite d'utiliser les relations (12.74) et (12.77) pour calculer les contrainte et déformation de l'incrément $j+1$. L'application de cet algorithme à l'exemple 10 du chapitre 12.2 avec décharge complète permet de trouver :

Tableau 12.7 – Exemple 10 : résultats avec décharge complète.

	Élastoplastique parfait			Avec écrouissage		
P **(N)**	V_4 **(m)**	σ_1 **(MPa)**	σ_2 **(MPa)**	V_4 **(m)**	σ_1 **(MPa)**	σ_2 **(MPa)**
0	0	0	0	0	0	0
–4000	–0.004734	234.32	117.16	–0.004734	234.32	117.16
–50000	–0.007571	234.99	187.38	–0.006949	256.80	171.98
–20000	–0.004021	59.26	99.51	–0.003399	81.06	84.11
0	–0.001654	–57.90	40.93	–0.001032	–36.10	25.53

1. On notera la boucle « while » itérant sur $f(\sigma_{xx}, \varepsilon^p_{xx})$ et permettant de vérifier le retour sur la fonction seuil. Ceci étant, la méthode « Backward Euler » permet d'atteindre la solution exacte sans itération avec le critère de Von Mises avec écrouissage linéaire.

Ce qui donne sous forme graphique :

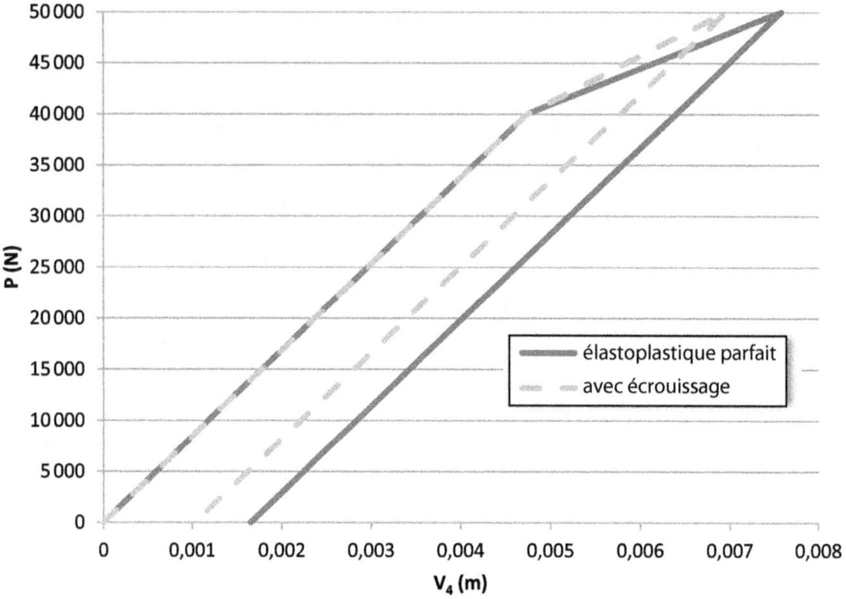

Figure 12.33 – Exemple 10 – P = fonction (V_4).

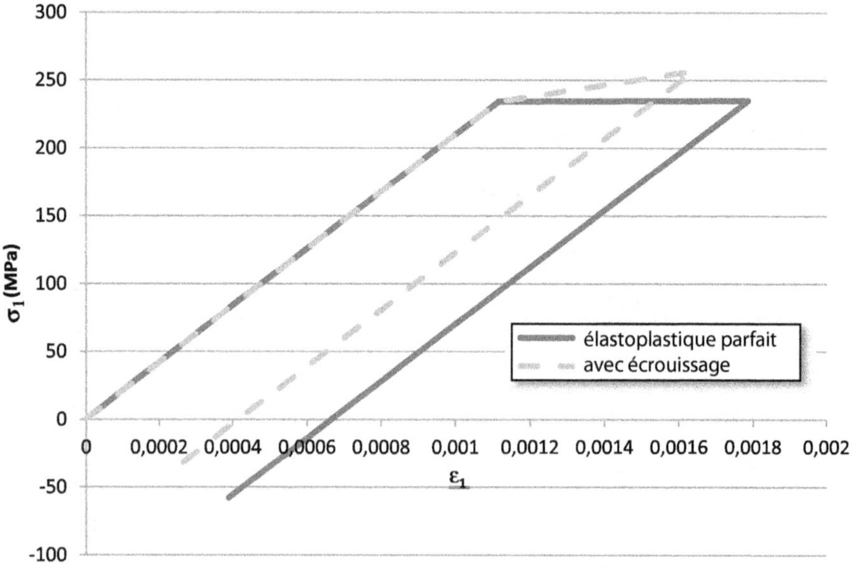

Figure 12.34 – Exemple 10 – Contrainte dans la barre 1.

On retrouve bien évidemment des résultats identiques avec Abaqus (cf. figure 12.35).

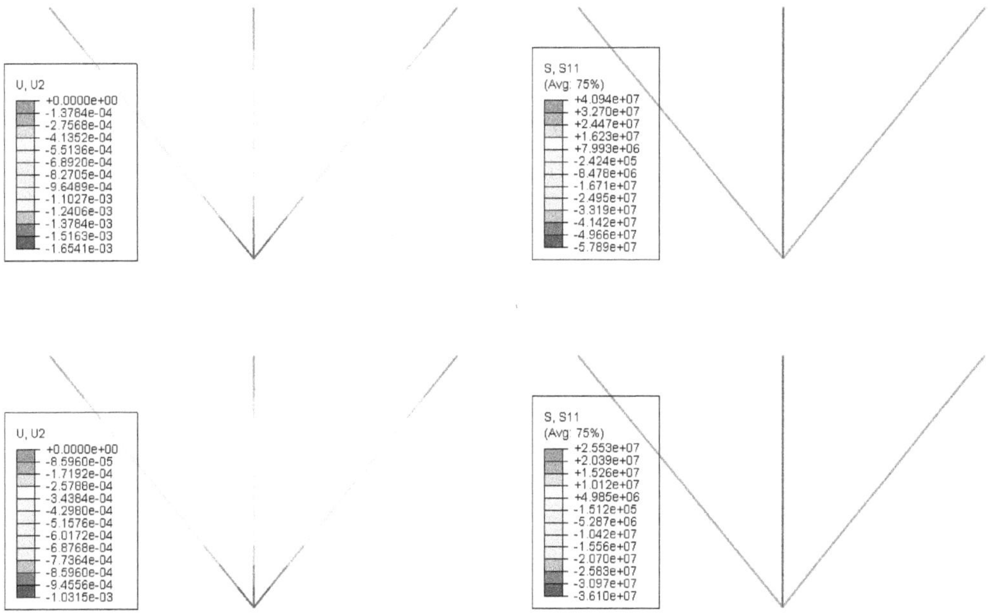

Figure 12.35 – Exemple 10 – Résultats obtenus avec Abaqus au terme de la décharge (partie haute : « élastoplastique parfait », partie basse : « avec écrouissage » - S11 en Pa).

On notera que la barre 1 est comprimée après décharge.

En effet et si aucune déformation plastique n'était apparue, la décharge ramènerait les déformations des barres à leurs valeurs de départ c'est à dire zéro. Dans la réalité et du fait du dépassement des caractéristiques élastiques, la barre 1 est légèrement plus longue qu'à l'origine ce qui explique sa mise en compression par les deux autres lors de leur raccourcissement. On remarquera également que l'intersection des courbes de la figure 12.34 avec l'axe des abscisses correspond aux valeurs des déformations plastiques, c'est à dire 6.656×10^{-4} et 4.151×10^{-4} pour les deux cas d'études.

Variables :

Nsubstp : nombre d'incréments (100)
Niter : nombre d'itérations maxi par incrément (50)
Epsilon : tolérance (0.001 par exemple)
v0 : déplacement initial (0 en général)
N0 : effort normal initial (0 en général)
Conv : convergence (0 en forces, 1 en déplacements)
Type : Newton Raphson 0 – Complet, 1 – Modifié

```
NewtonRaphson (NSubstp , NIter , Epsilon , v0 , N0 , Conv , Type ) := | V_0 ← v0
                                                                      | N1_0 ← N0
                                                                      | N2_0 ← N0
                                                                      | εp_0 ← 0
                                                                      |      (    0     )
                                                                      |      ( -40000   )
                                                                      | F ←  (    P     )
                                                                      |      ( -20000   )
                                                                      |      ( 0.000001 )
                                                                      | for j ∈ 1.. NSubstp
                                                                      |   | CV_j ← "Diverge"
                                                                      |   | i ← 0
                                                                      |   | q_i ← V_(j-1)
                                                                      |   | εpx_i ← εp_(j-1)
                                                                      |   | if Type = 1
                                                                      |   |   | N1_i ← PLAST(q_i, -π/2, L·cos(α), 1, εpx_i)
                                                                      |   |   | N2_i ← EFFN[q_i, -(π/2 - α), L]
                                                                      |   |   | Km ← PLAST(q_i, -π/2, L·cos(α), 0, εpx_i)
                                                                      |   | while i ≤ NIter
                                                                      |   |   | K_i ← Km if Type = 1
                                                                      |   |   | N1_i ← PLAST(q_i, -π/2, L·cos(α), 1, εpx_i)
                                                                      |   |   | N2_i ← EFFN[q_i, -(π/2 - α), L]
                                                                      |   |   | R_i ← F_j + (N1_i + 2·N2_i·cos(α))
                                                                      |   |   | if Conv = 0 ∧ |R_i| < Epsilon·|F_j|
                                                                      |   |   |   | V_j ← q_i
                                                                      |   |   |   | N_j ← N1_i / (S·10^6)
                                                                      |   |   |   | CV_j ← "Converge"
                                                                      |   |   |   | εp_j ← PLAST(q_i, -π/2, L·cos(α), 2, εpx_i)
                                                                      |   |   |   | break
                                                                      |   |   | K_i ← PLAST(q_i, -π/2, L·cos(α), 0, εpx_i) if Type = 0
                                                                      |   |   | return (CV V F N εp) if K_i = 0
                                                                      |   |   | q_(i+1) ← R_i / K_i + q_i
                                                                      |   |   | Δq_i ← q_(i+1) - q_i
                                                                      |   |   | εpx_(i+1) ← PLAST(q_i, -π/2, L·cos(α), 2, εpx_i)
                                                                      |   |   | return (CV V F N εp) on error K_i
                                                                      |   |   | if Conv = 1 ∧ |Δq_i| < Epsilon·|Δq_0|
                                                                      |   |   |   | V_j ← q_(i+1)
                                                                      |   |   |   | N_j ← N1_i + 2·N2_i·cos(α)
                                                                      |   |   |   | CV_j ← "Converge"
                                                                      |   |   |   | break
                                                                      |   |   | return (CV V F N εp) if i = NIter
                                                                      |   |   | i ← i + 1
                                                                      | (CV V F N εp)
```

Programme Mathcad™ 12.2 – Méthode de Newton-Raphson appliquée à l'exemple 10.

12.5 Exemple 12 : étude d'un élément membrane à 4 nœuds

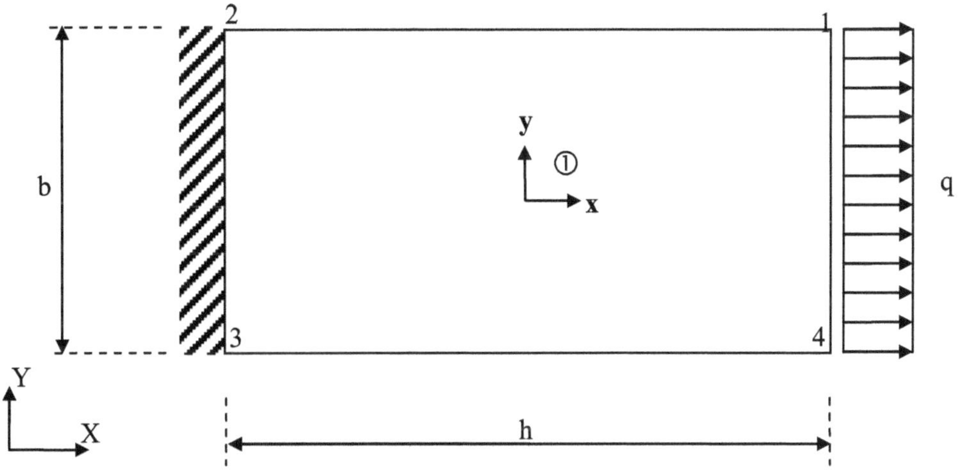

Figure 12.36 – Exemple 12 – modélisation.

Application numérique : E = 210000 N/mm², ν = 0.3, q = 2350 N/mm, h = 600 mm, b = 100 mm, e = 10 mm, σ_e = 235 MPa.

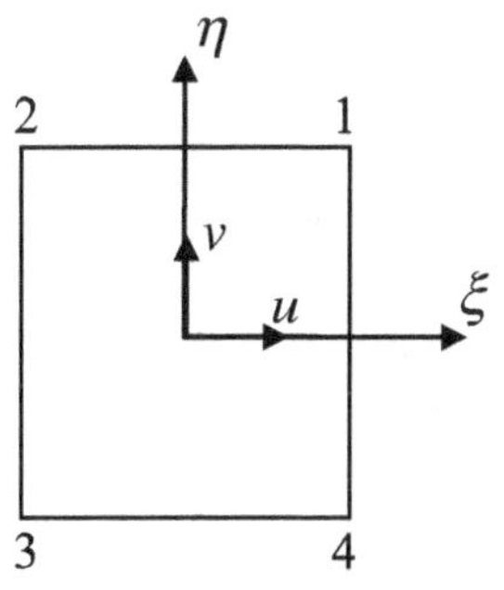

Figure 12.37 – Élément de référence Q4.

L'élément utilisé est un quadrangle de type Q4. Ses fonctions de forme correspondent à celles de l'expression (7.9), soit :

$$N_2 = \frac{1}{4}(1-\xi)\cdot(1+\eta) \quad N_1 = \frac{1}{4}(1+\xi)\cdot(1+\eta)$$

$$N_3 = \frac{1}{4}(1-\xi)\cdot(1-\eta) \quad N_4 = \frac{1}{4}(1+\xi)\cdot(1-\eta)$$

12.5.1 Calcul statique

■ Calcul de la matrice jacobienne et de son inverse

La relation (7.37) nous permet d'écrire que :

$$[J] = \begin{bmatrix} \frac{\partial N_1}{\partial \xi} & \frac{\partial N_2}{\partial \xi} & \frac{\partial N_3}{\partial \xi} & \frac{\partial N_4}{\partial \xi} \\ \frac{\partial N_1}{\partial \eta} & \frac{\partial N_2}{\partial \eta} & \frac{\partial N_3}{\partial \eta} & \frac{\partial N_4}{\partial \eta} \end{bmatrix} \cdot \begin{bmatrix} x_1 & y_1 \\ x_2 & y_2 \\ x_3 & y_3 \\ x_4 & y_4 \end{bmatrix} \tag{12.83}$$

soit pour l'élément 1 :

$$[J] = \frac{1}{4}\begin{bmatrix} (1+\eta) & -(1+\eta) & -(1-\eta) & (1-\eta) \\ (1+\xi) & (1-\xi) & -(1-\xi) & -(1+\xi) \end{bmatrix} \cdot \begin{bmatrix} x_1 & y_1 \\ x_2 & y_2 \\ x_3 & y_3 \\ x_4 & y_4 \end{bmatrix} \tag{12.84}$$

$$[J] = \frac{1}{4}\begin{bmatrix} x_1 - x_2 - x_3 + x_4 + \eta(x_1 - x_2 + x_3 - x_4) & y_1 - y_2 - y_3 + y_4 + \eta(y_1 - y_2 + y_3 - y_4) \\ x_1 + x_2 - x_3 - x_4 + \xi(x_1 - x_2 + x_3 - x_4) & y_1 + y_2 - y_3 - y_4 + \xi(y_1 - y_2 + y_3 - y_4) \end{bmatrix} \tag{12.85}$$

La démarche suivie au chapitre 8.1 permet d'établir pour l'élément de la figure 12.36 :

$$[J] = \frac{1}{4}\begin{bmatrix} h + h + \eta(0) & 0 + \eta(0) \\ 0 + \xi(0) & \frac{b}{2} + \frac{b}{2} + \frac{b}{2} + \frac{b}{2} + \xi(0) \end{bmatrix} = \begin{bmatrix} \frac{h}{2} & 0 \\ 0 & \frac{b}{2} \end{bmatrix} \tag{12.86}$$

d'où $\det[J] = \frac{hb}{4}$ et :

$$[J]^{-1} = \frac{1}{\frac{hb}{4}}\begin{bmatrix} \frac{b}{2} & 0 \\ 0 & \frac{h}{2} \end{bmatrix} = \begin{bmatrix} \frac{2}{h} & 0 \\ 0 & \frac{2}{b} \end{bmatrix} \tag{12.87}$$

$$\begin{aligned} \frac{\partial N_i}{\partial x} &= \frac{2}{h}\frac{\partial N_i}{\partial \xi} \\ \frac{\partial N_i}{\partial y} &= \frac{2}{b}\frac{\partial N_i}{\partial \eta} \end{aligned} \tag{12.88}$$

Rigidité élémentaire en repère local

Nous savons d'après (7.38) que la rigidité élémentaire s'exprime sous la forme :

$$[k_1] = e \cdot \int_{-1}^{1}\int_{-1}^{1} [B]^T \cdot [H] \cdot [B] \cdot \det[J] \cdot d\xi d\eta \tag{12.89}$$

ce qui donne après application de l'hypothèse de contrainte plane :

$$[k_1] = \frac{Ee}{1-\nu^2} \cdot \int_{-1}^{1}\int_{-1}^{1} [B]^T \cdot \begin{bmatrix} 1 & \nu & 0 \\ \nu & 1 & 0 \\ 0 & 0 & \dfrac{1-\nu}{2} \end{bmatrix} \cdot [B] \cdot \frac{hb}{4} \cdot d\xi d\eta \tag{12.90}$$

avec :

$$[H] = \frac{E}{1-\nu^2} \begin{bmatrix} 1 & \nu & 0 \\ \nu & 1 & 0 \\ 0 & 0 & \dfrac{1-\nu}{2} \end{bmatrix} \tag{12.91}$$

$$\begin{Bmatrix} u \\ v \end{Bmatrix} = [N] \cdot \{q_1\} = \begin{bmatrix} N_1 & 0 & N_2 & 0 & N_3 & 0 & N_4 & 0 \\ 0 & N_1 & 0 & N_2 & 0 & N_3 & 0 & N_4 \end{bmatrix} \cdot \begin{Bmatrix} u_1 \\ v_1 \\ u_2 \\ v_2 \\ u_3 \\ v_3 \\ u_4 \\ u_4 \end{Bmatrix} \tag{12.92}$$

$$[B] = [\partial][N] = \begin{bmatrix} \dfrac{\partial N_1}{\partial x} & 0 & \dfrac{\partial N_2}{\partial x} & 0 & \dfrac{\partial N_3}{\partial x} & 0 & \dfrac{\partial N_4}{\partial x} & 0 \\ 0 & \dfrac{\partial N_1}{\partial y} & 0 & \dfrac{\partial N_2}{\partial y} & 0 & \dfrac{\partial N_3}{\partial y} & 0 & \dfrac{\partial N_4}{\partial y} \\ \dfrac{\partial N_1}{\partial y} & \dfrac{\partial N_1}{\partial x} & \dfrac{\partial N_2}{\partial y} & \dfrac{\partial N_2}{\partial x} & \dfrac{\partial N_3}{\partial y} & \dfrac{\partial N_3}{\partial x} & \dfrac{\partial N_4}{\partial y} & \dfrac{\partial N_4}{\partial x} \end{bmatrix} \tag{12.93}$$

qui grâce à la transformation (12.88) devient :

$$[B] = \frac{1}{4} \cdot \begin{bmatrix} \frac{2}{h} \cdot (1+\eta) & 0 & -\frac{2}{h} \cdot (1+\eta) & 0 & -\frac{2}{h} \cdot (1-\eta) & 0 & \frac{2}{h} \cdot (1-\eta) & 0 \\ 0 & \frac{2}{b} \cdot (1+\xi) & 0 & \frac{2}{b} \cdot (1-\xi) & 0 & -\frac{2}{b} \cdot (1-\xi) & 0 & -\frac{2}{b} \cdot (1+\xi) \\ \frac{2}{b} \cdot (1+\xi) & \frac{2}{h} \cdot (1+\eta) & \frac{2}{b} \cdot (1-\xi) & -\frac{2}{h} \cdot (1+\eta) & -\frac{2}{b} \cdot (1-\xi) & -\frac{2}{h} \cdot (1-\eta) & -\frac{2}{b} \cdot (1+\xi) & \frac{2}{h} \cdot (1-\eta) \end{bmatrix} \tag{12.94}$$

■ Résolution

Les repères global et local étant colinéaires, il n'y a pas lieu d'effectuer un changement de base. La matrice $[k_1]$ résultant de (12.89) possède donc 8 lignes et 8 colonnes correspondant aux degrés de liberté de chacun des nœuds de l'élément. L'introduction des conditions d'appui aux nœuds 2 et 3 permet dans un premier temps de supprimer les lignes et colonnes correspondants à U_2, V_2, U_3, V_3. Ensuite et en remarquant qu'il existe une symétrie par rapport à un axe passant par $Y = b/2$, on déduit aisément que $U_1 = U_4$ et $V_1 = -V_4$. Il suffit alors d'additionner les 1er et 7e colonnes, soustraire les 2ème et 8ème de $[k_1]$ pour réduire le problème à un système de deux équations à deux inconnues. La matrice $[K_{LL}]$ est donc de degré 2 et le vecteur charge égal à $\{F\} = \begin{Bmatrix} \frac{qb}{2} \\ 0 \end{Bmatrix}$:

$$[K_{LL}] \cdot \begin{Bmatrix} U_1 \\ V_1 \end{Bmatrix} = \begin{Bmatrix} \frac{qb}{2} \\ 0 \end{Bmatrix} \tag{12.95}$$

L'application de la relation (12.89) qui correspond en fait à une intégration numérique à deux points permet de déduire $U_1 = 0.6551mm$ et $V_1 = -0.0245mm$. Ceci étant, ce résultat diffère légèrement de celui attendu[1]. On décide alors d'effectuer une intégration réduite à deux fois 1 point pour rendre l'élément moins rigide ce qui revient à multiplier le produit $\cdot e \cdot [B]^T \cdot [H] \cdot [B] \cdot \det[J]$ par 4[2]. La matrice $[k_1]$ a alors pour expression :

1. Sachant que ν a dans ce cas peu d'influence, l'application de la relation (12.17) permet de déduire :
$$U_1 = \varepsilon_e \cdot h = 0.6714mm.$$
2. On rappelle que le poids associé à une intégration numérique de Gauss à 1 point vaut 2. Ce point de Gauss est situé au CDG de l'élément.

$$
kl = \begin{bmatrix}
\frac{1}{8}\cdot e\cdot E\cdot\frac{(-2)\cdot b^2-h^2+h^2\cdot v}{b\cdot\left[(-1)+v^2\right]\cdot h} & \frac{-1}{8}\cdot e\cdot\frac{E}{(-1)+v} & \frac{1}{8}\cdot e\cdot E\cdot\frac{2\cdot b^2-h^2+h^2\cdot v}{b\cdot\left[(-1)+v^2\right]\cdot h} & \frac{-1}{8}\cdot e\cdot E\cdot\frac{3\cdot v-1}{(-1)+v^2} & \frac{-1}{8}\cdot e\cdot E\cdot\frac{(-2)\cdot b^2-h^2+h^2\cdot v}{b\cdot\left[(-1)+v^2\right]\cdot h} & \frac{1}{8}\cdot e\cdot\frac{E}{(-1)+v} & \frac{-1}{8}\cdot e\cdot E\cdot\frac{2\cdot b^2-h^2+h^2\cdot v}{b\cdot\left[(-1)+v^2\right]\cdot h} & \frac{1}{8}\cdot e\cdot E\cdot\frac{3\cdot v-1}{(-1)+v^2} \\
\frac{-1}{8}\cdot e\cdot\frac{E}{(-1)+v} & \frac{1}{8}\cdot e\cdot E\cdot\frac{(-2)\cdot h^2-b^2+b^2\cdot v}{b\cdot\left[(-1)+v^2\right]\cdot h} & \frac{1}{8}\cdot e\cdot E\cdot\frac{3\cdot v-1}{(-1)+v^2} & \frac{-1}{8}\cdot e\cdot E\cdot\frac{2\cdot h^2-b^2+b^2\cdot v}{b\cdot\left[(-1)+v^2\right]\cdot h} & \frac{1}{8}\cdot e\cdot\frac{E}{(-1)+v} & \frac{-1}{8}\cdot e\cdot E\cdot\frac{(-2)\cdot h^2-b^2+b^2\cdot v}{b\cdot\left[(-1)+v^2\right]\cdot h} & \frac{-1}{8}\cdot e\cdot E\cdot\frac{3\cdot v-1}{(-1)+v^2} & \frac{1}{8}\cdot e\cdot E\cdot\frac{2\cdot h^2-b^2+b^2\cdot v}{b\cdot\left[(-1)+v^2\right]\cdot h} \\
\frac{1}{8}\cdot e\cdot E\cdot\frac{2\cdot b^2-h^2+h^2\cdot v}{b\cdot\left[(-1)+v^2\right]\cdot h} & \frac{1}{8}\cdot e\cdot E\cdot\frac{3\cdot v-1}{(-1)+v^2} & \frac{1}{8}\cdot e\cdot E\cdot\frac{(-2)\cdot b^2-h^2+h^2\cdot v}{b\cdot\left[(-1)+v^2\right]\cdot h} & \frac{1}{8}\cdot e\cdot\frac{E}{(-1)+v} & \frac{-1}{8}\cdot e\cdot E\cdot\frac{2\cdot b^2-h^2+h^2\cdot v}{b\cdot\left[(-1)+v^2\right]\cdot h} & \frac{-1}{8}\cdot e\cdot E\cdot\frac{3\cdot v-1}{(-1)+v^2} & \frac{-1}{8}\cdot e\cdot E\cdot\frac{(-2)\cdot b^2-h^2+h^2\cdot v}{b\cdot\left[(-1)+v^2\right]\cdot h} & \frac{-1}{8}\cdot e\cdot\frac{E}{(-1)+v} \\
\frac{-1}{8}\cdot e\cdot E\cdot\frac{3\cdot v-1}{(-1)+v^2} & \frac{-1}{8}\cdot e\cdot E\cdot\frac{2\cdot h^2-b^2+b^2\cdot v}{b\cdot\left[(-1)+v^2\right]\cdot h} & \frac{1}{8}\cdot e\cdot\frac{E}{(-1)+v} & \frac{1}{8}\cdot e\cdot E\cdot\frac{(-2)\cdot h^2-b^2+b^2\cdot v}{b\cdot\left[(-1)+v^2\right]\cdot h} & \frac{1}{8}\cdot e\cdot E\cdot\frac{3\cdot v-1}{(-1)+v^2} & \frac{1}{8}\cdot e\cdot E\cdot\frac{2\cdot h^2-b^2+b^2\cdot v}{b\cdot\left[(-1)+v^2\right]\cdot h} & \frac{-1}{8}\cdot e\cdot\frac{E}{(-1)+v} & \frac{-1}{8}\cdot e\cdot E\cdot\frac{(-2)\cdot h^2-b^2+b^2\cdot v}{b\cdot\left[(-1)+v^2\right]\cdot h} \\
\frac{-1}{8}\cdot e\cdot E\cdot\frac{(-2)\cdot b^2-h^2+h^2\cdot v}{b\cdot\left[(-1)+v^2\right]\cdot h} & \frac{1}{8}\cdot e\cdot\frac{E}{(-1)+v} & \frac{-1}{8}\cdot e\cdot E\cdot\frac{2\cdot b^2-h^2+h^2\cdot v}{b\cdot\left[(-1)+v^2\right]\cdot h} & \frac{1}{8}\cdot e\cdot E\cdot\frac{3\cdot v-1}{(-1)+v^2} & \frac{1}{8}\cdot e\cdot E\cdot\frac{(-2)\cdot b^2-h^2+h^2\cdot v}{b\cdot\left[(-1)+v^2\right]\cdot h} & \frac{-1}{8}\cdot e\cdot\frac{E}{(-1)+v} & \frac{1}{8}\cdot e\cdot E\cdot\frac{2\cdot b^2-h^2+h^2\cdot v}{b\cdot\left[(-1)+v^2\right]\cdot h} & \frac{-1}{8}\cdot e\cdot E\cdot\frac{3\cdot v-1}{(-1)+v^2} \\
\frac{1}{8}\cdot e\cdot\frac{E}{(-1)+v} & \frac{-1}{8}\cdot e\cdot E\cdot\frac{(-2)\cdot h^2-b^2+b^2\cdot v}{b\cdot\left[(-1)+v^2\right]\cdot h} & \frac{-1}{8}\cdot e\cdot E\cdot\frac{3\cdot v-1}{(-1)+v^2} & \frac{1}{8}\cdot e\cdot E\cdot\frac{2\cdot h^2-b^2+b^2\cdot v}{b\cdot\left[(-1)+v^2\right]\cdot h} & \frac{-1}{8}\cdot e\cdot\frac{E}{(-1)+v} & \frac{1}{8}\cdot e\cdot E\cdot\frac{(-2)\cdot h^2-b^2+b^2\cdot v}{b\cdot\left[(-1)+v^2\right]\cdot h} & \frac{1}{8}\cdot e\cdot E\cdot\frac{3\cdot v-1}{(-1)+v^2} & \frac{-1}{8}\cdot e\cdot E\cdot\frac{2\cdot h^2-b^2+b^2\cdot v}{b\cdot\left[(-1)+v^2\right]\cdot h} \\
\frac{-1}{8}\cdot e\cdot E\cdot\frac{2\cdot b^2-h^2+h^2\cdot v}{b\cdot\left[(-1)+v^2\right]\cdot h} & \frac{-1}{8}\cdot e\cdot E\cdot\frac{3\cdot v-1}{(-1)+v^2} & \frac{-1}{8}\cdot e\cdot E\cdot\frac{(-2)\cdot b^2-h^2+h^2\cdot v}{b\cdot\left[(-1)+v^2\right]\cdot h} & \frac{-1}{8}\cdot e\cdot\frac{E}{(-1)+v} & \frac{1}{8}\cdot e\cdot E\cdot\frac{2\cdot b^2-h^2+h^2\cdot v}{b\cdot\left[(-1)+v^2\right]\cdot h} & \frac{1}{8}\cdot e\cdot E\cdot\frac{3\cdot v-1}{(-1)+v^2} & \frac{1}{8}\cdot e\cdot E\cdot\frac{(-2)\cdot b^2-h^2+h^2\cdot v}{b\cdot\left[(-1)+v^2\right]\cdot h} & \frac{1}{8}\cdot e\cdot\frac{E}{(-1)+v} \\
\frac{1}{8}\cdot e\cdot E\cdot\frac{3\cdot v-1}{(-1)+v^2} & \frac{1}{8}\cdot e\cdot E\cdot\frac{2\cdot h^2-b^2+b^2\cdot v}{b\cdot\left[(-1)+v^2\right]\cdot h} & \frac{-1}{8}\cdot e\cdot\frac{E}{(-1)+v} & \frac{-1}{8}\cdot e\cdot E\cdot\frac{(-2)\cdot h^2-b^2+b^2\cdot v}{b\cdot\left[(-1)+v^2\right]\cdot h} & \frac{-1}{8}\cdot e\cdot E\cdot\frac{3\cdot v-1}{(-1)+v^2} & \frac{-1}{8}\cdot e\cdot E\cdot\frac{2\cdot h^2-b^2+b^2\cdot v}{b\cdot\left[(-1)+v^2\right]\cdot h} & \frac{1}{8}\cdot e\cdot\frac{E}{(-1)+v} & \frac{1}{8}\cdot e\cdot E\cdot\frac{(-2)\cdot h^2-b^2+b^2\cdot v}{b\cdot\left[(-1)+v^2\right]\cdot h}
\end{bmatrix}
\tag{12.96}
$$

Ce qui permet de trouver pour le système (12.95) :

$$\frac{E \cdot e}{2(1-\nu^2)} \cdot \begin{bmatrix} \frac{b}{h} & \nu \\ \nu & \frac{h}{b} \end{bmatrix} \cdot \begin{Bmatrix} U_1 \\ V_1 \end{Bmatrix} = \begin{Bmatrix} \frac{qb}{2} \\ 0 \end{Bmatrix} \tag{12.97}$$

On obtient alors pour les déplacements :

$$U_1 = \frac{qh}{Ee} = 0.6714mm \text{ et } V_1 = -\nu\frac{qb}{Ee} = -0.0335mm.$$

■ Contraintes et déformations

Les vecteurs $\{\varepsilon\}$ et $\{\sigma\}$ peuvent alors être calculés à partir de :

$$\{\varepsilon\} = [B] \cdot \{q_1\} = [B] \cdot \begin{Bmatrix} u_1 \\ v_1 \\ u_2 \\ v_2 \\ u_3 \\ v_3 \\ u_4 \\ u_4 \end{Bmatrix} \tag{12.98}$$

et :

$$\{\sigma\} = [H] \cdot \{\varepsilon\} = \frac{q}{e} \cdot \begin{Bmatrix} \frac{1-\nu^2-\nu^2 \cdot \xi}{(1-\nu^2)} \\ -\frac{\nu \cdot \xi}{(1-\nu^2)} \\ -\frac{\nu \cdot b \cdot \eta}{2 \cdot h \cdot (1+\nu)} \end{Bmatrix} \tag{12.99}$$

d'où les valeurs des déformations et contraintes au point de Gauss[1] ($\xi = \eta = 0$) :

$$\{\varepsilon\} = \begin{Bmatrix} \varepsilon_{xx} \\ \varepsilon_{yy} \\ \gamma_{xy} \end{Bmatrix} = \begin{Bmatrix} 0.001119 \\ -0.000335 \\ 0 \end{Bmatrix} \tag{12.100}$$

$$\{\sigma\} = \begin{Bmatrix} \sigma_{xx} \\ \sigma_{yy} \\ \tau_{xy} \end{Bmatrix} = \begin{Bmatrix} \frac{q}{e} \\ 0 \\ 0 \end{Bmatrix} = \begin{Bmatrix} 235MPa \\ 0 \\ 0 \end{Bmatrix} \tag{12.101}$$

1. Cf. § 7.4 sur la méthode d'intégration numérique de Gauss.

Ce chargement permet donc d'atteindre la limite d'élasticité. Au-delà, des déformations permanentes apparaîtront.

12.5.2 Critère de Von Mises avec écrouissage linéaire isotrope

■ Critère de Von Mises et déformation plastique équivalente

Nous avons vu au paragraphe 12.4.2 que l'écrouissage isotrope revenait à un accroissement concentrique de la fonction seuil. Nous l'avons d'ailleurs utilisé en (12.66) sous sa forme unidimensionnelle. Dans le cas le plus général, c'est-à-dire tridimensionnel, l'écriture de ce critère fera appel à une nouvelle notion de déformation plastique équivalente ε_{eq}^{p} pour caractériser cette variation. On aura donc pour l'écrouissage linéaire :

$$f(\sigma_{ij},\varepsilon_{ij}^{p}) = F(\sigma_{ij}) - \sigma_e - H_C \cdot \varepsilon_{eq}^{p} = 0\,\text{[1]} \qquad (12.102)$$

Par ailleurs, nous avons défini en (12.49) une première expression $F(\sigma_{ij})$ du critère de Von Mises dans le repère principal des contraintes. Bien que les calculs du chapitre précédent aient permis d'établir la correspondance entre repères local et principal, nous continuerons à travailler dans le repère local de l'élément 1. Pour ce faire, il est possible d'exprimer $F(\sigma_{ij})$ en fonction du déviateur des contraintes $\{S_{xyz}\}$:

$$F(\sigma_{ij}) = \sqrt{\frac{3}{2} \cdot \{S_{xyz}\}^{T} \cdot [L] \cdot \{S_{xyz}\}} \qquad (12.103)$$

avec :

– $\{S_{xyz}\}^{T} = \{\ \sigma_{xx} - \sigma_m \quad \sigma_{yy} - \sigma_m \quad \sigma_{zz} - \sigma_m \quad \tau_{xy} \quad \tau_{yz} \quad \tau_{xz}\ \}$;

– $[L] = \begin{bmatrix} 1 & & & & & \\ & 1 & & & 0 & \\ & & 1 & & & \\ & & & 2 & & \\ & 0 & & & 2 & \\ & & & & & 2 \end{bmatrix}$.

Ce qui donne après développement :

$$F(\sigma_{ij}) = \sqrt{\frac{1}{2}\left[(\sigma_x - \sigma_y)^2 + (\sigma_y - \sigma_z)^2 + (\sigma_x - \sigma_z)^2 + 6 \cdot (\tau_{xy}^2 + \tau_{yz}^2 + \tau_{xz}^2)\right]} \qquad (12.104)$$

La déformation plastique équivalente s'exprime quant à elle sous la forme :

$$\varepsilon_{eq}^{p} = \sqrt{\frac{2}{3} \cdot \{\varepsilon_{xyz}^{p}\}^{T} \cdot [L] \cdot \{\varepsilon_{xyz}^{p}\}} \qquad (12.105)$$

1. H_C = 52500 MPa dans notre cas d'étude.

avec :

– $\left\{\varepsilon^p_{xyz}\right\}^T = \left\{ \varepsilon^p_x - \varepsilon^p_m \quad \varepsilon^p_y - \varepsilon^p_m \quad \varepsilon^p_z - \varepsilon^p_m \quad \frac{1}{2}\cdot\gamma_{xy} \quad \frac{1}{2}\cdot\gamma_{yz} \quad \frac{1}{2}\cdot\gamma_{xz} \right\}$ déviateur des déformations plastiques ;

– $\varepsilon^p_m = \dfrac{\varepsilon^p_x + \varepsilon^p_y + \varepsilon^p_z}{3} = \dfrac{\varepsilon^p_1 + \varepsilon^p_2 + \varepsilon^p_3}{3}$.

Le matériau étant considéré comme incompressible, on a bien évidemment :

$$\varepsilon^p_x + \varepsilon^p_y + \varepsilon^p_z = 0 \qquad (12.106)$$

ce qui implique par exemple que $\varepsilon^p_y = \varepsilon^p_z = -\frac{1}{2}\cdot\varepsilon^p_x$. De fait $\varepsilon^p_m = 0$.

La déformation plastique équivalente s'écrit donc dans le cas général :

$$\varepsilon^p_{eq} = \sqrt{\frac{2}{3}\left[\left(\varepsilon^p_x\right)^2 + \left(\varepsilon^p_y\right)^2 + \left(\varepsilon^p_z\right)^2 + \frac{1}{2}\cdot\left(\gamma^2_{xy} + \gamma^2_{yz} + \gamma^2_{xz}\right)\right]} \qquad (12.107)$$

Dans le cas bidimensionnel, (12.104) et (12.105) ont pour expression :

$$F(\sigma_{ij}) = \sqrt{\sigma_x^2 + \sigma_y^2 - \sigma_x\cdot\sigma_y + 3\cdot\tau^2_{xy}} \qquad (12.108)$$

$$\varepsilon^p_{eq} = \sqrt{\frac{4}{3}\left[\left(\varepsilon^p_x\right)^2 + \left(\varepsilon^p_y\right)^2 + \varepsilon^p_x\cdot\varepsilon^p_y + \frac{1}{4}\cdot\gamma^2_{xy}\right]} \qquad (12.109)$$

car $\varepsilon^p_z = -\left(\varepsilon^p_x + \varepsilon^p_y\right)$ d'après (12.106).

■ Résolution

```
PLAST(q,type,εp) := | εpx ← εp0
                    | εpy ← εp1
                    | γpxy ← εp2
                    | ε ← DeformationPrincipale(q,H)
                    | σt ← H·(ε − εp)
                    | σx ← σt0
                    | σy ← σt1
                    | τxy ← σt2
                    | if f(σx,σy,τxy,εpx,εpy,γpxy) ≤ 0
                    |   | N ← EFFINT(σt)
                    |   | KT ← KLL
                    |   | return KT if type = 0
                    |   | return N if type = 1
                    |   | return εp if type = 2
                    | Tol ← f(σx,σy,τxy,εpx,εpy,γpxy)
                    | while Tol > 1
                    |   | Δλ ← Tol / (HC + fσ(σx,σy,τxy)^T·H·fσ(σx,σy,τxy))
```

$$\varepsilon p \leftarrow \varepsilon p + \Delta\lambda \cdot f\sigma(\sigma x, \sigma y, \tau xy)$$
$$\sigma t \leftarrow \sigma t - \Delta\lambda \cdot H \cdot f\sigma(\sigma x, \sigma y, \tau xy)$$
$$\varepsilon px \leftarrow \varepsilon p_0$$
$$\varepsilon py \leftarrow \varepsilon p_1$$
$$\gamma pxy \leftarrow \varepsilon p_2$$
$$\sigma x \leftarrow \sigma t_0$$
$$\sigma y \leftarrow \sigma t_1$$
$$\tau xy \leftarrow \sigma t_2$$
$$Tol \leftarrow f(\sigma x, \sigma y, \tau xy, \varepsilon px, \varepsilon py, \gamma pxy)$$
$$H1 \leftarrow H - \frac{H \cdot f\sigma(\sigma x, \sigma y, \tau xy) \cdot f\sigma(\sigma x, \sigma y, \tau xy)^T \cdot H}{HC + f\sigma(\sigma x, \sigma y, \tau xy)^T \cdot H \cdot f\sigma(\sigma x, \sigma y, \tau xy)}$$
$$N \leftarrow EFFINT(\sigma t)$$
$$KT \leftarrow KTR(H1)$$
$$\text{return } KT \text{ if } type = 0$$
$$\text{return } N \text{ if } type = 1$$
$$\text{return } \varepsilon p \text{ if } type = 2$$

Programme Mathcad™ 12.3 – « Implicit Backward Euler » appliqué à l'exemple 12.

$$NewtonRaphson(NSubstp, NIter, \varepsilon, v0, N0, Conv, Type) := \quad V_0 \leftarrow \begin{pmatrix} v0 \\ 0 \end{pmatrix}$$
$$\varepsilon p_0 \leftarrow \begin{pmatrix} 0 \\ 0 \\ 0 \end{pmatrix}$$
$$P \leftarrow \frac{q \cdot b}{2}$$
$$F \leftarrow \begin{pmatrix} 0 \\ P \\ \frac{2500\,b}{2} \\ \frac{2600\,b}{2} \\ 0 \\ 0 \\ 0 \end{pmatrix}$$
$$\text{for } j \in 1..NSubstp$$
$$CV_j \leftarrow \text{"Diverge"}$$
$$i \leftarrow 0$$
$$q_i \leftarrow V_{j-1}$$
$$\varepsilon px_i \leftarrow \varepsilon p_{j-1}$$

```
Km ← PLAST(q_i, 0, εpx_i) if Type = 1
while i ≤ NIter
    K_i ← Km if Type = 1
    R_i ← (F_j ; 0) − PLAST(q_i, 1, εpx_i)
    if Conv = 0 ∧ √(R_i^T · R_i) < ε·|P|
        V_j ← q_i
        N_j ← F_j
        CV_j ← "Converge"
        εp_j ← PLAST(q_i, 2, εpx_i)
        break
    K_i ← PLAST(q_i, 0, εpx_i) if Type = 0
    return (CV V N εp) if K_i = 0
    q_{i+1} ← (K_i)^(−1) · R_i + q_i
    Δq_i ← q_{i+1} − q_i
    εpx_{i+1} ← PLAST(q_i, 2, εpx_i)
    return (CV V N εp) on error K_i
    if Conv = 1 ∧ |Δq_i| < ε·|Δq_0|
        V_j ← q_{i+1}
        CV_j ← "Converge"
        break
    return (CV V N εp) if i = NIter
    i ← i + 1
(CV V N εp)
```

Programme Mathcad™ 12.4 – Méthode de Newton-Raphson appliquée à l'exemple 12.

Les programmes 12.3 et 12.4 sont très similaires à ceux établis pour l'exemple 10 (programmes 12.1 et 12.2). On notera cependant l'utilisation de :

– la matrice $[K_{LL}]$ lorsque l'expression (12.102) est strictement inférieure à zéro ;
– de $[\bar{H}]$[1] dans (12.64) pour calculer la rigidité tangente après plastification. Pour ce faire, on remplace $[H]$ par $[\bar{H}]$ dans (12.89) pour avoir une nouvelle expression de $[k_1]$. Le principe d'introduction des conditions aux limites est ensuite identique.

1. Notée H1 dans le programme 12.3.

Dans ce cas, $\left\{\frac{\partial f}{\partial \sigma}\right\}$ a pour expression :

$$\left\{\frac{\partial f}{\partial \sigma}\right\} = \frac{1}{2 \cdot \sigma_e} \cdot \left\{\begin{array}{c} 2 \cdot \sigma_x - \sigma_y \\ 2 \cdot \sigma_y - \sigma_x \\ 6 \cdot \tau_{xy} \end{array}\right\} \quad (12.110)$$

De plus et d'après (12.57) :

$$d\varepsilon^p_{xyz} = \lambda_p \cdot \left\{\frac{\partial f}{\partial \sigma}\right\} = \lambda_p \cdot \{a\} = \frac{3 \cdot \lambda_p}{2 \cdot \sigma_e} \cdot [L] \cdot \{S_{xyz}\} \quad (12.111)$$

ce qui permet de trouver après injection dans (12.105) :

$$d\varepsilon^p_{eq} = \sqrt{\frac{2}{3} \cdot \{d\varepsilon^p_{xyz}\}^T \cdot [L] \cdot \{d\varepsilon^p_{xyz}\}} = \frac{\lambda_p}{\sigma_e} \cdot \sqrt{\frac{3}{2} \cdot \{S_{xyz}\}^T \cdot [L] \cdot \{S_{xyz}\}} = \lambda_p \quad (12.112)$$

car :

$$\{S_{xyz}\}^T \cdot [L] \cdot \{S_{xyz}\} = \frac{2}{3} \cdot \sigma_e^2 \quad (12.113)$$

Crisfield démontre par ailleurs dans (11) que $A = H_C$ dans le cas de l'écrouissage isotropique.
Enfin, le calcul des efforts internes fait appel à l'équation d'équilibre (11.15). On a donc :

$$\{f_i\} = \int_{V_e} [B]^T \cdot \{\sigma\} \cdot dV_e \quad (12.114)$$

avec $\{\sigma\}$ correspondant au vecteur des contraintes calculées au point de Gauss. Celles-ci étant constantes du fait de l'intégration réduite à deux fois 1 point, on a finalement :

$$\{f_i\} = \left[e \cdot \int_{-1}^{1}\int_{-1}^{1} [B]^T \cdot \frac{hb}{4} \cdot d\xi d\eta\right] \cdot \{\sigma\} \quad (12.115)$$

Résultats

Le problème étant assimilable à un barreau, il est possible de calculer le déplacement longitudinal théorique en extrayant ε_{xx} de la relation (12.24) et en posant que $\varepsilon_{xx} = \frac{V_1}{h}$. La comparaison des résultats obtenus avec les logiciels Mathcad™ et Abaqus™ permet d'établir la synthèse suivante :

Tableau 12.8 – Exemple 12 : déplacements au nœud 1 (isotropique).

	U_1 (mm)			V_1 (mm)	
q (N/mm)	Théorique	Abaqus	Mathcad	Abaqus	Mathcad
0	0	0	0	0	0
2350	0.67143	0.67144	0.67143	–0.03356	–0.03357
2500	0.88571	0.88560	0.87901	–0.04996	–0.04993
2600	1.02857	1.02816	1.03180	–0.06088	–0.06199
0	–	0.28533	0.28894	–0.02376	–0.02485

Tableau 12.9 – Exemple 12 : déformations plastiques au nœud 1 (isotropique).

	ε^P_x		ε^P_y	
q (N/mm)	Abaqus	Mathcad	Abaqus	Mathcad
0	0	0	0	0
2350	0	0	0	0
2500	0.0002855	0.0002786	–0.000142	–0.0001441
2600	0.0004756	0.0004816	–0.0002377	–0.0002485
0	0.0004756	0.0004816	–0.0002377	–0.0002485

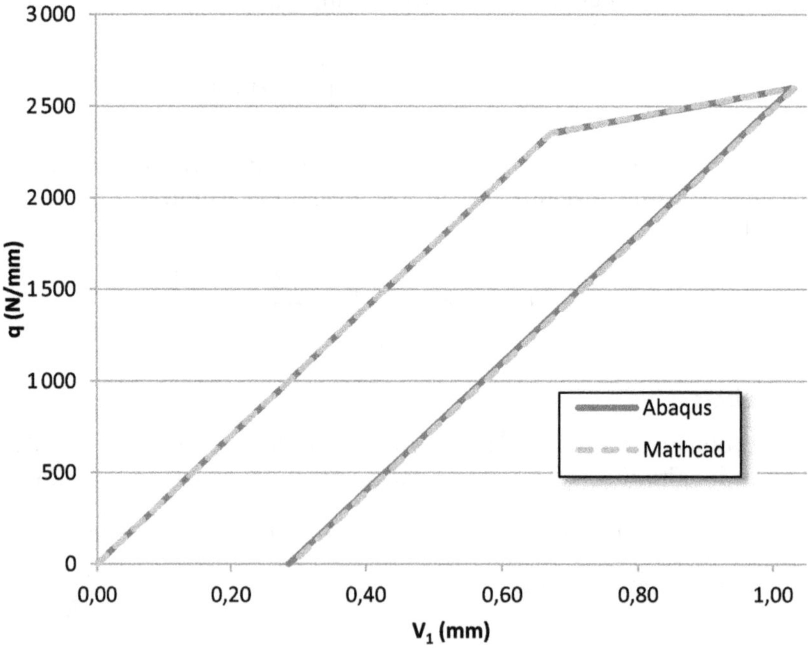

Figure 12.38 – Exemple 12 (isotropique) – q = fonction (V_1).

12.5.3 Critère de Von Mises avec écrouissage linéaire cinématique

■ Critère de Von Mises avec écrouissage cinématique

Comme indiqué brièvement au paragraphe 12.4.2, l'effet Bauschinger, c'est-à-dire par exemple la réduction de la limite élastique en compression après son dépassement en traction ne peut être représenté par l'écrouissage isotrope. Pour correspondre à ce comportement, Prager décline de celui-ci un nouveau modèle dit cinématique qui prend en compte ce décalage de la fonction seuil. Sous sa forme linéaire et unidimensionnelle, l'écrouissage cinématique s'exprime en application de (12.55) sous la forme :

$$f(\sigma_{xx},\alpha) = (\sigma_{xx} - \alpha) - \sigma_e = 0 \tag{12.116}$$

La figure 12.39 montre dans ce cas la différence d'approche entre ces deux types d'écrouissage. On notera que le modèle cinématique s'applique tout particulièrement aux problèmes cycliques (fatigue par exemple).

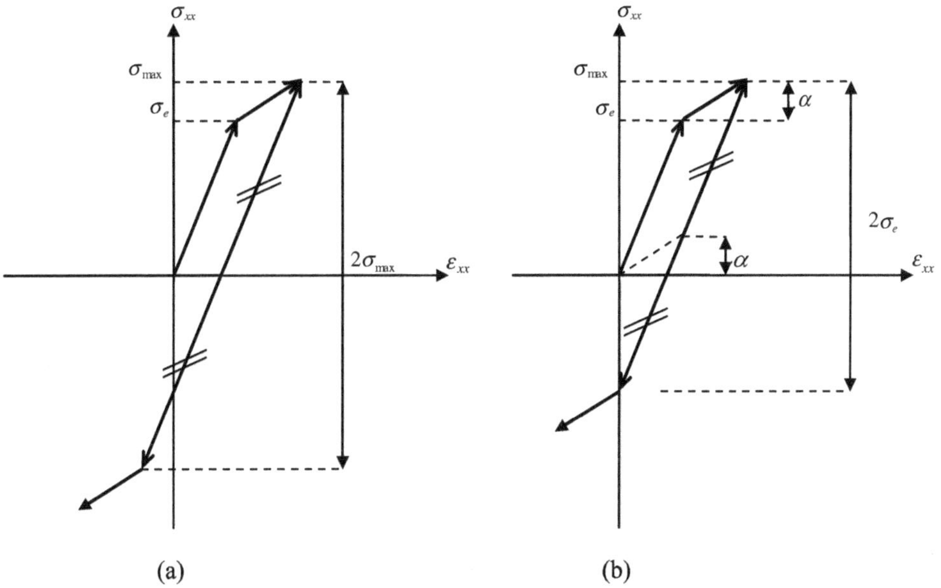

Figure 12.39 – (a) Isotropique, (b) Cinématique

Par extension, le critère tridimensionnel s'écrit :

$$f(\sigma_{ij},\alpha) = F(\sigma_{ij} - \alpha) - \sigma_e = \sqrt{\frac{3}{2} \cdot \left(\{S_{xyz}\} - \{\alpha\}\right)^T \cdot [L] \cdot \left(\{S_{xyz}\} - \{\alpha\}\right)} - \sigma_e = 0 \tag{12.117}$$

avec $\{\alpha\} = \int C \cdot \{d\varepsilon^p\}$ ce qui revient à supposer que la surface élastique se déplace dans la direction de la déformation plastique[1].

1. Hypothèse émise par Prager.

Sachant que :

$$\begin{aligned}\{d\alpha\} &= C \cdot \{d\varepsilon^p\} = C \cdot \lambda_p \cdot \left\{\frac{\partial f}{\partial \sigma}\right\} = C \cdot \lambda_p \cdot \{a\} \\ &= \frac{3 \cdot \lambda_p \cdot C}{2 \cdot \sigma_e} \cdot [L] \cdot \left(\{S_{xyz}\} - \{\alpha\}\right)\end{aligned} \tag{12.118}$$

puis en reprenant la démarche du paragraphe 12.4.4, on peut établir que :

$$df = \left\{\frac{\partial f}{\partial \sigma}\right\}^T \cdot \{d\sigma\} + \left\{\frac{\partial f}{\partial \alpha}\right\}^T \cdot \{d\alpha\} = 0 \tag{12.119}$$

soit :

$$df = \{a\}^T \cdot \{d\sigma\} - C \cdot \lambda_p \cdot \{a\}^T \cdot \{a\} = 0 \tag{12.120}$$

car $\left\{\frac{\partial f}{\partial \alpha}\right\} = -\{a\}$.

On a démontré par ailleurs en (12.113) que $\{S_{xyz}\}^T \cdot [L] \cdot \{S_{xyz}\} = \frac{2}{3} \cdot \sigma_e^2$. D'où :

$$df = \{a\}^T \cdot \{d\sigma\} - \frac{3}{2} \cdot C \cdot \lambda_p = 0 \tag{12.121}$$

En appliquant la relation (12.121) au cas uniaxial, on obtient :

$$df = d\sigma_{xx} - \frac{3}{2} \cdot C \cdot \lambda_p = 0 \tag{12.122}$$

soit d'après (12.117) :

$$df = d\sigma_{xx} - \frac{3}{2} \cdot C \cdot d\varepsilon_{xx}^p = 0 \tag{12.123}$$

En considérant la pente K[1] de la loi contrainte – déformation unidimensionnelle, on déduit finalement :

$$df = K \cdot d\varepsilon_{xx}^p - \frac{3}{2} \cdot C \cdot d\varepsilon_{xx}^p = 0 \Rightarrow C = \frac{2}{3} \cdot K \tag{12.124}$$

■ Résolution

La résolution du problème s'effectuant suivant la même méthode que celle établie au § 12.5.2, le programme Mathcad™ 12.3 utilisera le critère (12.117) en remplaçant la variable HC par K et ce avec :

$$\{d\varepsilon^p\}^T = \left\{ d\varepsilon_x^p \quad d\varepsilon_y^p \quad d\varepsilon_z^p = -\left(d\varepsilon_x^p + d\varepsilon_y^p\right) \quad d\gamma_{xy} \quad 0 \quad 0 \right\} \tag{12.125}$$

et $C = \frac{2}{3} \cdot K$.

Le programme Mathcad™ 12.4 sera quant à lui utilisé directement en prenant en compte comme valeurs de q : 2350, 2500, 2600, –2100, –2500, –2600, 2100 N/mm.

1. K = 52 500 MPa dans notre cas d'étude.

Résultats

Tableau 12.10 – Exemple 12 : déplacements au nœud 1 (cinématique).

	U_1 (mm)		V_1 (mm)	
q (N/mm)	**Abaqus**	**Mathcad**	**Abaqus**	**Mathcad**
0	0	0	0	0
2350	0.67144	0.67143	–0.03356	-0.0335710
2500	0.88560	0.87905	–0.04996	-0.0499320
2600	1.02792	1.03180	–0.06087	–0.0619940
–2100	–0.31496	–0.31102	0.00625	0.0051489
–2500	–0.88608	–0.88314	0.05000	0.0516620
–2600	–1.02744	–1.03200	0.06083	0.0633750
2100	0.31544	0.31087	-0.00628	-0.0037682

Tableau 12.11 – Exemple 12 : déformations plastiques au nœud 1 (cinématique).

	ε^P_x		ε^P_y	
q (N/mm)	**Abaqus**	**Mathcad**	**Abaqus**	**Mathcad**
0	0	0	0	0
2350	0	0	0	0
2500	0.0002855	0.0002786	–0.0001427	–0.0001442
2600	0.0004753	0.0004816	–0.0002376	–0.0002485
–2100	0.0004753	0.0004816	–0.0002376	–0.0002485
–2500	–0.0002862	–0.0002871	0.0001431	0.0001623
–2600	–0.0004746	–0.0004819	0.0002373	0.0002623
2100	–0.0004746	–0.0004819	0.0002373	0.0002623

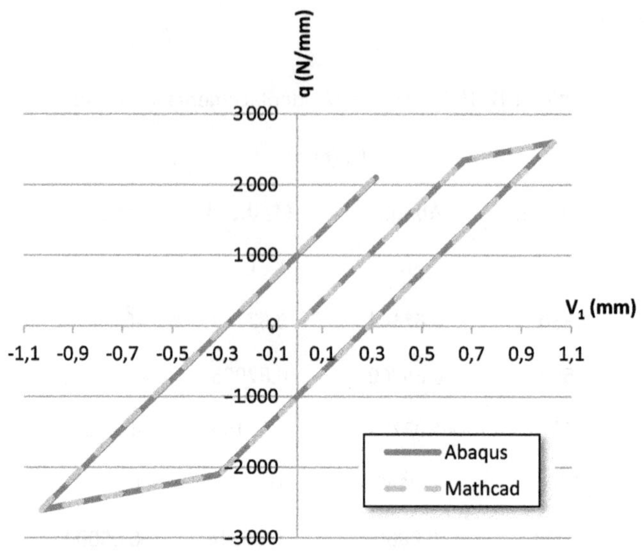

Figure 12.40 – Exemple 12 (cinématique) – q = fonction (V_1).

L'écrouissage en traction à 260 MPa qui correspond à une augmentation de la limite élastique de 25 MPa s'apparente donc bien à une diminution de celle-ci en compression de la même quantité (cf. figure 12.40).

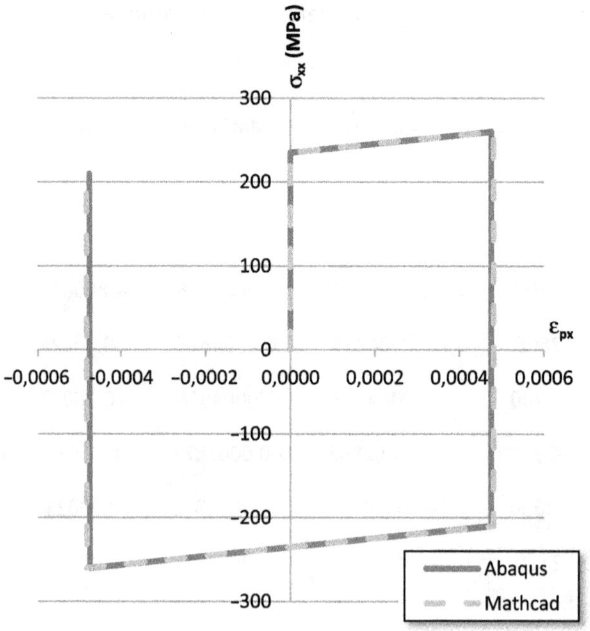

Figure 12.41 – Exemple 12 (cinématique) – σ_{xx} = fonction (ε^P_x).

13 • ANALYSES DYNAMIQUES

Deux grandes familles d'analyses peuvent être généralement utilisées pour étudier la réponse dynamique d'une structure.

Une des approches consiste à calculer cette réponse sur un intervalle de fréquences donné en considérant des forces d'excitation exprimées sur cette même plage. Les analyses harmonique et spectrale font partie de cette première famille.

La deuxième catégorie concerne l'analyse temporelle qui permet de calculer la réponse en fonction du temps. Elle se décompose elle-même en deux sous-groupes, les méthodes par superposition modale et intégration directe :

- La méthode d'analyse par superposition modale consiste à résoudre l'équation générale de l'équilibre dynamique dans la base modale et une fois les déplacements obtenus dans ce référentiel, d'effectuer le changement de base inverse permettant ainsi d'exprimer les déplacements dans la base réelle. La résolution dans la base modale est d'autant plus faciltée que les DDL qui correspondent à des systèmes masse-ressort indépendants, sont découplés.
- La deuxième est basée sur l'intégration directe du système construit à partir de l'équation de l'équilibre dynamique en divisant la période d'étude en n pas de temps de durées égales ou variables. Le pas de temps devra être convenablement choisi pour être représentatif du comportement. L'équilibre dynamique sera assuré aux extrémités de chaque intervalle de temps au cours duquel le mouvement du système est approché sur la base d'un comportement présupposé. Le problème se réduit à la résolution d'un système linéaire ou non linéaire pour chaque intervalle de temps. Pour deux pas de temps consécutifs, l'état initial (déplacement relatif, vitesse, accélération) du deuxième sera confondu avec l'état final du premier.

La fonction de charges étant pour ces deux méthodes fonction du temps, l'équilibre dynamique incluant forces d'inertie, de dissipation, de volume et de surface devra être satisfait par définition à chaque instant.

13.1 Matrices élémentaires

Le paramètre temps, noté t, intervenant désormais, la relation (4.4) s'écrit :

$$\{u(t)\} = [N] \cdot \{q_e(t)\} \tag{13.1}$$

Reprenant la démarche proposée par (18), les forces d'inertie $\{f_I^v\}$ peuvent être considérées comme une partie intégrante des forces de volume $\{f^v\}$ issues de la relation (4.17).

$$\{f_e^v\} = \int_{V_e} [N]^T \cdot (\{f^v\} + \{f_I^v\}) \cdot dV_e \tag{13.2}$$

Par ailleurs et en vertu du principe de D'Alembert, les forces d'inertie $\{f_I^v\}$ qui s'opposent au mouvement s'écrivent :

$$\{f_I^v\} = -\rho \cdot \{\ddot{u}(t)\} = -\rho \cdot [N] \cdot \{\ddot{q}_e(t)\} \tag{13.3}$$

avec :

- ρ : masse volumique du matériau ;
- $\{\ddot{q}_e(t)\}$: vecteur des accélérations nodales élémentaires.

En injectant (13.3) dans (13.2), on obtient finalement :

$$\{f_e^v\} = \int_{V_e} [N]^T \cdot (\{f^v\} - \rho \cdot [N] \cdot \{\ddot{q}_e(t)\}) \cdot dV_e \tag{13.4}$$

La partie de $\{f_e^v\}$ associée aux forces d'inertie a donc pour expression ;

$$\int_{V_e} \rho \cdot [N]^T \cdot [N] \cdot \{\ddot{q}_e(t)\} \cdot dV_e = [M_e] \cdot \{\ddot{q}_e(t)\} \tag{13.5}$$

avec :

$$[M_e] = \int_{V_e} \rho \cdot [N]^T \cdot [N] \cdot dV_e \tag{13.6}$$

$[M_e]$ correspond en fait à la matrice de masse de l'élément e. On notera qu'elle est carrée et possède les mêmes dimensions que celles de la rigidité élémentaire $[K_e]$. Elle est dite de plus « consistante » car possédant des termes non diagonaux non nuls.

À ce stade, et en intégrant les forces de dissipation, (13.2) devient :

$$\{f_e^v\} = \int_{V_e} [N]^T \cdot (\{f^v\} + \{f_I^v\} + \{f_D^v\}) \cdot dV_e \tag{13.7}$$

Hormis dans le cadre de systèmes asservis et sachant que ces forces de dissipation sont à mettre en relation avec la capacité d'une structure à dissiper l'énergie, l'amortissement se déclinera sous deux formes distinctes. Tout d'abord, l'amortissement dit *structurel* associé au matériau et qui correspond aux frottements intermoléculaires dus aux déformations puis l'amortissement par frottement sec entre pièces d'assemblages qui peut être associé à la loi de Coulomb. Le comportement des structures en général amène à le considérer comme visqueux ce qui signifie qu'il dépend de la vitesse et d'une constante d'amortissement très souvent notée c et exprimée en N.s/m. On a donc :

$$\{f_D^v\} = -c \cdot \{\dot{u}(t)\} \tag{13.8}$$

d'où :

$$\{f_e^v\} = \int_{V_e} [N]^T \cdot (\{f^v\} - \rho \cdot [N] \cdot \{\ddot{q}_e(t)\} - c \cdot [N] \cdot \{\dot{q}_e(t)\}) \cdot dV_e \tag{13.9}$$

avec $\{\dot{q}_e(t)\}$: vecteur des vitesses nodales élémentaires.
La part associée aux forces de dissipation est donc égale à :

$$\int_{V_e} c \cdot [N]^T \cdot [N] \cdot \{\dot{q}_e(t)\} \cdot dV_e = [C_e] \cdot \{\dot{q}_e(t)\} \qquad (13.10)$$

soit :

$$[C_e] = \int_{V_e} c \cdot [N]^T \cdot [N] \cdot dV_e \qquad (13.11)$$

$[C_e]$ la matrice élémentaire d'amortissement est encore carrée et de dimensions égales à celles de $[M_e]$.

13.2 Équation de l'équilibre dynamique

Le principe d'assemblage vu au chapitre 4 restant inchangé, la démarche consistera à construire les différentes matrices globales de masse $[M]$, d'amortissement $[C]$ et rigidité $[K]$ à partir des matrices élémentaires $[M_e]$, $[C_e]$, $[K_e]$ et ce bien évidemment après changements de bases. De la même façon, on assemblera les différents vecteurs accélérations $\{\ddot{Q}(t)\}$, vitesses $\{\dot{Q}(t)\}$ et déplacements $\{Q(t)\}$ à partir de $\{\ddot{q}_e(t)\}$, $\{\dot{q}_e(t)\}$ et $\{q_e(t)\}$. Le passage des termes associés à la masse et à l'amortissement dans la partie gauche de l'égalité permettra d'obtenir finalement :

$$[M] \cdot \{\ddot{Q}(t)\} + [C] \cdot \{\dot{Q}(t)\} + [K] \cdot \{Q(t)\} = \{F(t)\} \qquad (13.12)$$

avec :

- $[M] = \sum_e [M_e]$[1] (équation 13.6) ;
- $[C] = \sum_e [C_e]$ (équation 13.11) ;
- $[K] = \sum_e [K_e]$ (équations (4.12) et (4.25)) ;
- $\{F(t)\}$: vecteur des forces temporelles.

La résolution de l'expression (13.12) qui revient au calcul de la réponse dynamique à chaque instant, s'assimile à celle d'un système de n équations différentielles du deuxième degré à coefficients constants. On apprend généralement en mathématiques qu'une telle résolution consiste à superposer une solution générale de l'équation différentielle sans second membre à une solution particulière. En dynamique des structures, ces deux étapes correspondent à l'étude des vibrations libres de la structure également appelée analyse modale et au calcul de la réponse forcée.

1. Le symbole $\sum_e$ correspond à la procédure d'assemblage vue au chapitre 4.2.4.

13.3 Analyse modale

Comme indiqué au chapitre précédent, l'analyse modale revient à l'étude des vibrations libres d'une structure c'est-à-dire à la résolution de l'expression (13.12) sans second membre. On pose donc :

$$[M]\cdot\{\ddot{Q}(t)\}+[C]\cdot\{\dot{Q}(t)\}+[K]\cdot\{Q(t)\}=0 \quad (13.13)$$

Il s'agit donc de résoudre un problème aux valeurs propres puis d'extraire les vecteurs propres correspondants[1] qui dans le cas de (13.13) peuvent être complexes. Leur interprétation n'étant pas aisée, il est admis pour obtenir uniquement des solutions réelles, d'étudier le système (13.13) sans amortissement, soit :

$$[M]\cdot\{\ddot{Q}(t)\}+[K]\cdot\{Q(t)\}=0 \quad (13.14)$$

Ce choix se justifie également en raison des faibles valeurs d'amortissement des matériaux utilisés dans la construction qui ont de fait une faible influence sur les valeurs propres.
Les solutions étant harmoniques de la forme $\{Q(t)\}=\{x\}\cdot e^{j\omega t}$, l'équilibre dynamique devient :

$$([K]-\omega^2.[M])\cdot\{x\}=0 \quad (13.15)$$

Cependant, le système (13.15) n'admettra pas de solutions non nulles si :

$$\det([K]-\omega^2\cdot[M])=0 \quad (13.16)$$

ce qui permet de trouver les différentes valeurs des pulsations propres $\omega_1,\omega_2,......,\omega_i,......,\omega_n$ mais également les modes propres associés $\{\varphi_1\},\{\varphi_2\},......,\{\varphi_i\},......,\{\varphi_n\}$. Grâce au caractère symétrique des matrices $[K]$ et $[M]$, on démontre assez aisément que ces modes sont orthogonaux deux à deux (cf. (7)) si $i \neq j$:

$$\{\varphi_i\}^T\cdot[M]\cdot\{\varphi_j\}=\{\varphi_i\}^T\cdot[K]\cdot\{\varphi_j\}=0 \quad (13.17)$$

Mais dans le cas où i = j, les triples produits (13.17) permettront de calculer les masse et rigidité généralisées associées au mode *i*.

$$\begin{aligned}\{\varphi_i\}^T\cdot[M]\cdot\{\varphi_i\}&=m_i\\ \{\varphi_i\}^T\cdot[K]\cdot\{\varphi_i\}&=k_i\end{aligned} \quad (13.18)$$

L'ensemble de ces vecteurs propres constitue la base modale notée$[\varphi]$. Les propriétés d'orthogonalité (13.17) permettent également de diagonaliser les matrices $[K]$ et $[M]$ et ainsi de trouver :

$$[\varphi]^T\cdot[M]\cdot[\varphi]=[m]=\begin{bmatrix} m_1 & & & & \\ & m_2 & & 0 & \\ & & \cdot & & \\ & & & m_i & \\ & 0 & & \cdot & \\ & & & & m_n \end{bmatrix} \quad (13.19)$$

1. On parlera plutôt de modes de vibration.

$$[\varphi]^T \cdot [K] \cdot [\varphi] = [k] = \begin{bmatrix} k_1 & & & & \\ & k_2 & & 0 & \\ & & \cdot & & \\ & & & k_i & \\ & 0 & & \cdot & \\ & & & & k_n \end{bmatrix} \quad (13.20)$$

À chacun des modes propres φ_i est associée une déformée modale qui traduit *la forme* des déplacements qui serait obtenue si la structure était excitée à la pulsation ω_i. Cette déformée est donc qualitative et non quantitative. C'est pourquoi, celle-ci est normalisée soit sur l'unité soit sur la masse. Dans le premier cas, on affecte arbitrairement une valeur unitaire de déplacement au DDL associé au mode et on déduit ensuite toutes les autres valeurs de la déformée. Dans le deuxième cas, la recherche du mode propre nécessitera l'obtention d'une masse généralisée unitaire. On aura donc en vertu de (13.18) :

$$\{\varphi_i\}^T \cdot [M] \cdot \{\varphi_i\} = 1 \quad (13.21)$$

C'est d'ailleurs la méthode la plus utilisée.
Numériquement, l'extraction des valeurs propres n'est guère envisageable sur la totalité des DDL de la structure, leur nombre étant beaucoup trop important. La stratégie consiste donc à réduire ce nombre en se concentrant uniquement sur ceux ayant une réelle importance. Plusieurs types de méthodes sont généralement utilisés dans les logiciels de calcul par éléments finis. Citons les plus courantes : les méthodes de condensation de Guyan, des sous espaces ou de Lanczos.
La première permet de réduire le problème initial en condensant les rigidités et masses sans altérer le spectre basse fréquence (cf. (7)). Les deux dernières qui sont développées dans (7) et (18) se sont cependant imposées depuis plusieurs années car plus à même à résoudre des problèmes de grandes tailles dans des temps raisonnables.
Au terme de l'analyse modale et donc après extraction des modes, deux résultats très utiles sont fréquemment proposés à l'utilisateur : le coefficient participatif et la masse effective par mode. Le deuxième représente pour un mode considéré la part de masse projetée dans une direction donnée. En général, les directions proposées sont celles du repère global qui est le plus souvent cartésien. Le coefficient participatif a pour définition :

$$\gamma_i = \frac{\{\varphi_i\}^T \cdot [M] \cdot \{D\}}{\{\varphi_i\}^T \cdot [M] \cdot \{\varphi_i\}} \quad (13.22)$$

avec : {D} décrivant la direction d'excitation[1]. On notera que l'expression (13.22) se réduit à son numérateur lorsque les modes sont normalisés sur la masse.
Néanmoins, on préférera pour estimer la quantité de masse excitée dans une direction utiliser la notion de masse effective également appelée masse modale. Lorsque

1. {D} est constitué de uns et de zéros pour les directions X, Y ou Z d'un repère global cartésien.

les modes sont normalisés sur la masse, celles-ci correspondent au carré des coefficients participatifs.

$$m_{ei} = \frac{\left(\{\varphi_i\}^T \cdot [M] \cdot \{D\}\right)^2}{\{\varphi_i\}^T \cdot [M] \cdot \{\varphi_i\}} = \frac{\gamma_i^2}{\{\varphi_i\}^T \cdot [M] \cdot \{\varphi_i\}} \tag{13.23}$$

Dans l'absolu, la somme des masses modales devrait coïncider avec la masse totale de la structure[1]. Ce sera un des critères permettant de vérifier la pertinence d'une analyse modale.

13.4 Réponse d'un oscillateur simple

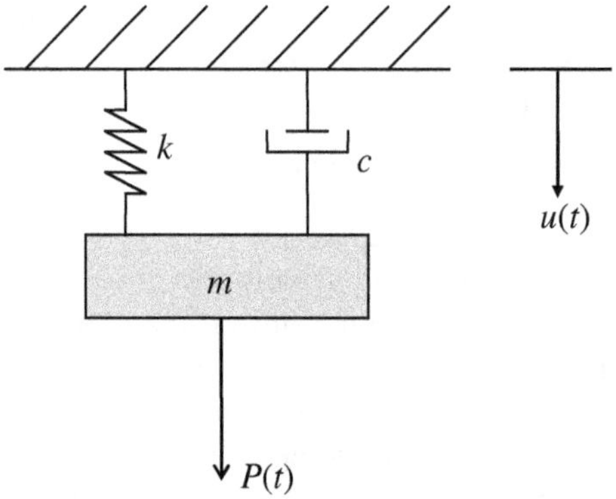

Figure 13.1 – Oscillateur simple.

L'équation régissant le mouvement de cet oscillateur autour de sa position d'équilibre s'inspire de (13.12) et a pour expression :

$$m \cdot \ddot{u}(t) + c \cdot \dot{u}(t) + k \cdot u(t) = P(t) \tag{13.24}$$

Dans le cas des vibrations libres (13.13), cette équation devient :

$$m \cdot \ddot{u}(t) + c \cdot \dot{u}(t) + k \cdot u(t) = 0 \tag{13.25}$$

Sachant que la solution générale de cette équation est de la forme $u(t) = C \cdot e^{rt}$, on déduit :

$$\left(m \cdot r^2 + c \cdot r + k\right) \cdot C \cdot e^{rt} = 0 \tag{13.26}$$

Comme la constante C et e^{rt} ne peuvent être nulles, on obtient l'équation du polynôme caractéristique soit :

$$m \cdot r^2 + c \cdot r + k = 0 \tag{13.27}$$

1. Généralement et dans le domaine parasismique, il est admis d'augmenter la base modale jusqu'à obtention de 90 % de la masse totale dans chaque direction.

Sachant que le discriminant du polynôme caractéristique (13.27) est égal à $\Delta = c^2 - 4 \cdot m \cdot k$, on obtiendra :

- **Si $\Delta = 0$, 1 racine double réelle égale à $r = -\dfrac{c}{2m} = -\omega$**

Ce qui permet de définir la valeur de l'amortissement critique soit :

$$c_c = 2 \cdot \sqrt{m \cdot k} = 2 \cdot m \cdot \omega.$$

Dans ce cas, la réponse de l'oscillateur sera égale à : $u(t) = (C_1 + C_2 \cdot t) \cdot e^{-\omega t}$ qui devient après introduction des conditions aux limites :

$$u(t) = (u(0) \cdot (1 + \omega \cdot t) + \dot{u}(0) \cdot t) \cdot e^{-\omega t} \tag{13.28}$$

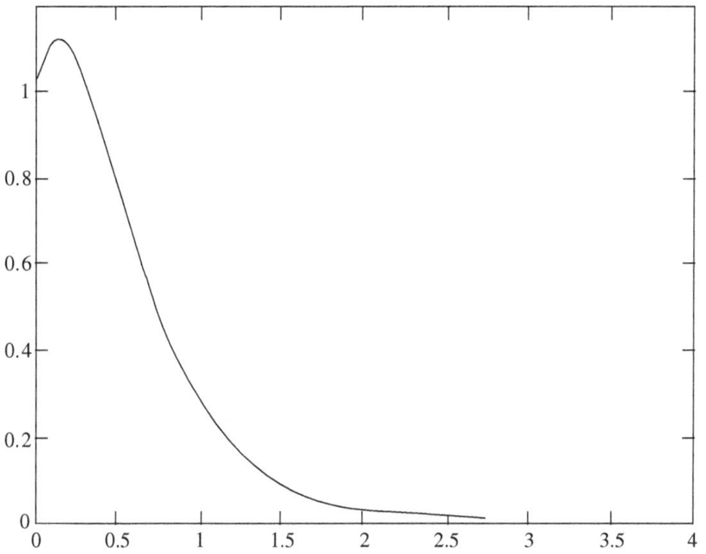

Figure 13.2 – $u(t)$ avec $u(0) = 1$, $\dot{u}(0) = 2$ et $f = 0.5Hz$.

- **Si $\Delta > 0$, 2 racines réelles égales à $r_{1/2} = \dfrac{-c \pm \sqrt{c^2 - 4 \cdot m \cdot k}}{2m}$**

En posant que le rapport $\xi = \dfrac{c}{c_c} = \dfrac{c}{2 \cdot m \cdot \omega}$, on obtient pour ces deux racines :

$r_{1/2} = -\xi \cdot \omega \pm \sqrt{(\xi \cdot \omega)^2 - \omega^2} = -\xi \cdot \omega \pm \omega\sqrt{\xi^2 - 1}$ ce qui implique que ξ doit être supérieur à 1. La réponse de l'oscillateur sera alors :

$$u(t) = C_1 \cdot e^{r_1 t} + C_2 \cdot e^{r_2 t} = \frac{\dot{u}(0) - u(0) \cdot r_2}{r_1 - r_2} \cdot e^{r_1 t} + \frac{u(0) \cdot r_1 - \dot{u}(0)}{r_1 - r_2} \cdot e^{r_2 t} \tag{13.29}$$

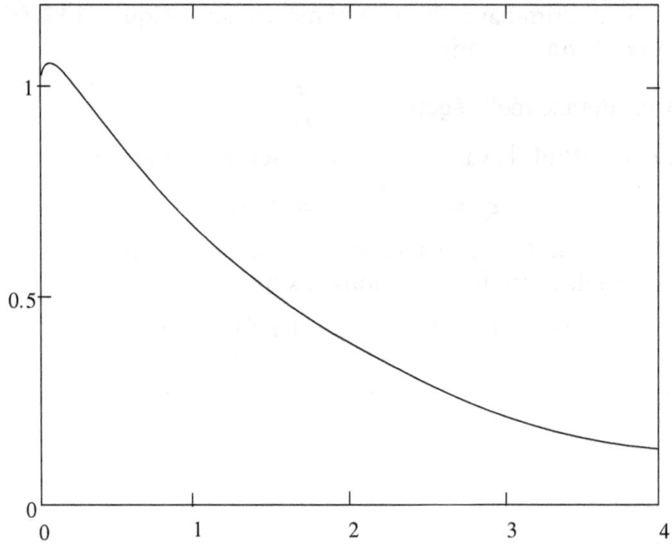

Figure 13.3 – $u(t)$ avec $u(0) = 1$, $\dot{u}(0) = 2$, $\xi = 3$ et $f = 0.5Hz$.

Comme $\xi = \dfrac{c}{c_c} > 1$, on dira dans ce cas que l'oscillateur est sur-amorti.

- **Si $\Delta < 0$, 2 racines complexes égales à $r_{1/2} = \dfrac{-c \pm i \cdot \sqrt{4 \cdot m \cdot k - c^2}}{2m}$**

D'où $r_{1/2} = -\xi \cdot \omega \pm i \cdot \omega\sqrt{1-\xi^2} = -\xi \cdot \omega \pm i \cdot \omega_D$ avec $\omega_D = \omega\sqrt{1-\xi^2}$ pseudo-fréquence angulaire en oscillations amorties et ξ inférieur à 1. La réponse de l'oscillateur a pour expression dans ce cas :

$$u(t) = C_1 \cdot e^{(-\xi\cdot\omega + i\cdot\omega_D)t} + C_2 \cdot e^{(-\xi\cdot\omega t - i\cdot\omega_D)t} = e^{-\xi\cdot\omega t}\left(C_1 \cdot e^{i\cdot\omega_D t} + C_2 \cdot e^{-i\cdot\omega_D t}\right) \quad (13.30)$$

ce qui donne sous une forme réelle : $u(t) = e^{-\xi\cdot\omega t}\left(A \cdot \sin(\omega_D t) + B \cdot \cos(\omega_D t)\right)$. L'introduction des conditions aux limites permet d'obtenir l'expression finale de la réponse soit :

$$u(t) = e^{-\xi\cdot\omega t}\left(\frac{\dot{u}(0) + \xi\omega \cdot u(0)}{\omega_D} \cdot \sin(\omega_D t) + u(0) \cdot \cos(\omega_D t)\right) \quad (13.31)$$

Sachant que la pulsation propre de cet oscillateur est égale à $\omega^2 = \dfrac{k}{m}$ [1] et comme $\xi = \dfrac{c}{c_c}$, l'équation d'équilibre (13.24) devient :

$$\ddot{u}(t) + 2 \cdot \xi \cdot \omega \cdot \dot{u}(t) + \omega^2 \cdot u(t) = P(t)/m \quad (13.32)$$

Cette équation peut être intégrée par la méthode des transformées de Laplace dont la solution s'exprime sous la forme d'une intégrale plus souvent appelée en dynamique «Intégrale de Duhamel».

1. Solution de l'équation de l'oscillateur non amorti $m \cdot r^2 + k = 0$.

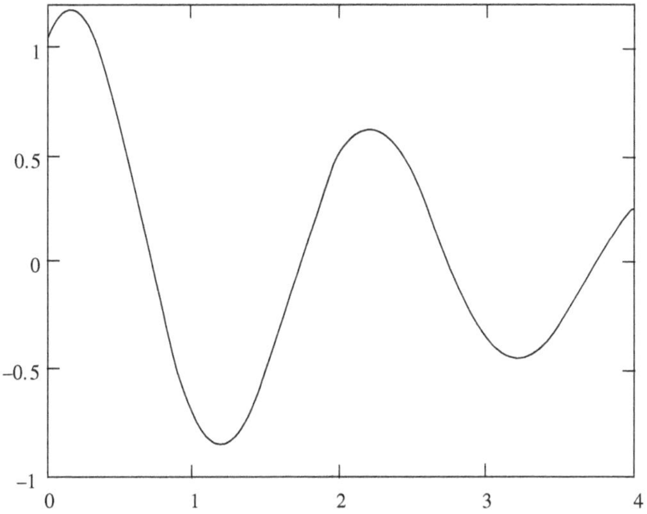

Figure 13.4 – $u(t)$ avec $u(0) = 1$, $\dot{u}(0) = 2$, $\xi = 0.1$ et $f = 0.5Hz$.

Si la position et la vitesse initiale sont prises égales à zéro à l'instant t_0, cette intégrale s'exprime sous la forme :

$$u(t) = \frac{1}{m \cdot \omega_D} \int_0^t F(\tau) \cdot e^{-\xi \cdot \omega \cdot (t-\tau)} \cdot \sin(\omega_D \cdot (t - \tau)) \cdot d\tau \qquad (13.33)$$

13.5 Analyses temporelles

13.5.1 Méthode par superposition modale

Les déplacements nodaux de la structure dans son repère global sont donnés par le changement de base suivant :

$$\{Q(t)\} = [\varphi] \cdot \{Y(t)\} \qquad (13.34)$$

où $\{Y(t)\}$ est le vecteur des composantes du déplacement dans la base modale et $[\varphi]$ la matrice des vecteurs propres obtenue par la résolution de (13.15)[1].
A partir de l'équation de l'équilibre dynamique (13.12) et du changement de base (11.34), il est possible d'écrire en multipliant les termes de masse, d'amortissement et de rigidité par $\{\varphi_i\}^T$:

$$\begin{aligned} &\{\varphi_i\}^T \cdot [M] \cdot [\varphi] \cdot \{\ddot{Y}(t)\} + \{\varphi_i\}^T \cdot [C] \cdot [\varphi] \cdot \{\dot{Y}(t)\} \\ &+ \{\varphi_i\}^T \cdot [K] \cdot [\varphi] \cdot \{Y(t)\} = \{\varphi_i\}^T \cdot \{F(t)\} \end{aligned} \qquad (13.35)$$

1. Les méthodes de détermination des valeurs propres intégrées dans les codes de calcul permettent généralement d'extraire un nombre limité de modes (inférieur ou égal au nombre de degrés de liberté). C'est donc à l'utilisateur d'évaluer la pertinence du nombre de modes choisi. Si celui-ci est inférieur au nombre de degrés de liberté, la matrice $[\varphi]$ n'est plus carrée.

Par ailleurs et grâce aux propriétés d'orthogonalité (13.17) et (13.18), les matrices généralisées de masse et de rigidité deviennent diagonales. Afin de simplifier le problème, il est d'usage de considérer la matrice d'amortissement $[C]$ également diagonale. L'équilibre dynamique s'exprime alors :

$$[m] \cdot \{\ddot{Y}(t)\} + [c] \cdot \{\dot{Y}(t)\} + [k] \cdot \{y(t)\} = \{p(t)\} \qquad (13.36)$$

Les matrices $[m]$, $[k]$ et $[c]$ sont des matrices diagonales dont les termes sont donnés par :

$$\begin{aligned} m_i &= \{\varphi_i\}^T \cdot [M] \cdot \{\varphi_i\} \quad & k_i &= \{\varphi_i\}^T \cdot [K] \cdot \{\varphi_i\} \\ c_i &= \{\varphi_i\}^T \cdot [C] \cdot \{\varphi_i\} \quad & p_i(t) &= \{\varphi_i\}^T \cdot \{F(t)\} \end{aligned} \qquad (13.37)$$

Le système se réduit à un système de n équations différentielles du 2e ordre se comportant comme n oscillateurs simples (13.32). Dans la pratique, chaque équation peut être intégrée à l'aide de l'intégrale de Duhamel (13.33) sous forme d'intégration numérique. On a donc :

$$\ddot{Y}_i(t) + 2 \cdot \xi_i \cdot \omega_i \cdot \dot{Y}_i(t) + \omega_i^2 \cdot Y_i(t) = p_i(t)/m_i \qquad (13.38)$$

et
$$Y_i(t) = \frac{1}{m_i \cdot \omega_{Di}} \int_0^t p_i(\tau) \cdot e^{-\xi_i \cdot \omega_i \cdot (t-\tau)} \cdot \sin(\omega_{Di} \cdot (t-\tau)) \cdot d\tau \qquad (13.39)$$

avec $\omega_{Di} = \omega_i.\sqrt{1-\xi_i^2}$.

Une fois les déplacements $\{Y(t)\}$ calculés, il suffit d'injecter ces valeurs dans (13.34) pour obtenir les déplacements $\{Q(t)\}$ exprimés dans le repère global de la structure. Les forces élastiques peuvent ensuite être déduites à partir de la relation de rigidité liant forces et déplacements mais il est plus simple d'exprimer cette relation sous la forme :

$$\{F(t)\} = [K] \cdot \{Q(t)\} = [K] \cdot [\varphi] \cdot \{Y(t)\} \qquad (13.40)$$

Ceci étant, (13.15) permet d'établir que $[K] \cdot [\varphi] = \omega^2 \cdot [M] \cdot [\varphi]$ d'où finalement :

$$\{F(t)\} = [K] \cdot \{Q(t)\} = \omega^2 \cdot [M] \cdot [\varphi] \cdot \{Y(t)\} \qquad (13.41)$$

Le principal avantage de la méthode par superposition modale est sa rapidité. En effet et hormis la recherche des modes propres qui dépend du nombre demandé, la superposition modale ne revient qu'à une combinaison linéaire de déformées modales. Malgré tout et de par sa conception, cette méthode ne peut intégrer la prise en compte des non linéarités géométrique ou matérielle.

13.5.2 Méthode par intégration directe

Les méthodes d'intégration directe sont basées sur les deux hypothèses suivantes :

- le système n'est pas vérifié à chaque instant mais uniquement aux intervalles discrets de temps ;
- les variations de déplacements, vitesses et accélérations pendant chaque intervalle de temps, suivent une forme prédéterminée.

Elles s'inspirent principalement de deux techniques mathématiques d'approximation : les développements limités et les différences finies plus connus en dynamique des structures sous les noms de **méthode de l'accélération linéaire** et **méthode de la différence centrale**. Elles se divisent elles-mêmes en deux catégories, les méthodes **explicites** et **implicites.**

Dans le premier cas, une grandeur à un instant donné s'exprimera uniquement à partir de certaines déjà connues. Les méthodes explicites ne nécessitent pas de calculs importants[1] mais sont conditionnellement stables, c'est-à-dire que leur stabilité dépend du pas de temps choisi. Celui-ci étant généralement très petit, de l'ordre de 10^{-5} à 10^{-6} seconde, ces méthodes seront particulièrement adaptées à l'étude sur un très court laps de temps de structures fortement non linéaires. On citera par exemple la simulation de phénomènes de crash ou d'explosion.

Inversement, les méthodes dites implicites feront appel à des grandeurs connues et inconnues à un instant donné. Elles nécessitent des calculs plus coûteux mais peuvent être inconditionnellement stables. Les plus courantes sont celles de β, γ Newmark, θ Wilson ou de Houbolt (cf. (18)). De par sa stabilité et sa convergence, la méthode de Newmark s'est cependant imposée ces dernières années.

■ Équation incrémentale de la dynamique

Aux instants t et $t+\Delta t$, l'équilibre dynamique s'écrit :

$$[M]\cdot\{\ddot{Q}(t)\}+[C]\cdot\{\dot{Q}(t)\}+\{F_{\text{int}}(t)\}=\{F(t)\} \tag{13.42}$$

$$[M]\cdot\{\ddot{Q}(t+\Delta t)\}+[C]\cdot\{\dot{Q}(t+\Delta t)\}+\{F_{\text{int}}(t+\Delta t)\}=\{F(t+\Delta t)\} \tag{13.43}$$

avec :

- $\{F_{\text{int}}(t+\Delta t)\}$: vecteur des forces internes à l'instant $t+\Delta t$;
- $\{F_{\text{int}}(t)\}$: vecteur des forces internes à l'instant t.

Ce qui permet d'obtenir en soustrayant (13.43) et (13.42) :

$$[M]\cdot\{\Delta\ddot{Q}(t)\}+[C]\cdot\{\Delta\dot{Q}(t)\}+\{F_{\text{int}}(t+\Delta t)\}-\{F_{\text{int}}(t)\}=\{\Delta F(t)\} \tag{13.44}$$

Les forces internes à l'instant t peuvent être exprimées à l'aide de l'équation (13.42) qui une fois remplacées dans (13.44) donne :

$$\begin{aligned}&[M]\cdot\{\Delta\ddot{Q}(t)\}+[C]\cdot\{\Delta\dot{Q}(t)\}+\{F_{\text{int}}(t+\Delta t)\}\\&=\{F(t+\Delta t)\}-[M]\cdot\{\ddot{Q}(t)\}-[C]\cdot\{\dot{Q}(t)\}\end{aligned} \tag{13.45}$$

Les forces internes aux dates t et $t+\Delta t$ peuvent également être reliées par la formule approchée :

$$\{F_{\text{int}}(t+\Delta t)\}=\{F_{\text{int}}(t)\}+[K]\cdot\{\Delta Q(t)\} \tag{13.46}$$

avec $[K]$ matrice de rigidité tangente.

1 Les matrices de masse et d'amortissement étant généralement diagonales, il n'y a pas de factorisation de la matrice à itération à prévoir.

D'où la relation incrémentale finale :

$$[M]\cdot\{\Delta\ddot{Q}(t)\}+[C]\cdot\{\Delta\dot{Q}(t)\}+[K]\cdot\{\Delta Q(t)\}=$$
$$\{F(t+\Delta t)\}-\{F_{\text{int}}(t)\}-[M]\cdot\{\ddot{Q}(t)\}-[C]\cdot\{\dot{Q}(t)\}=\{\Delta F(t)\}+\{R(t)\} \tag{13.47}$$

Le résidu $\{R(t)\}$ correspond aux forces non équilibrées à l'instant t.

$$\{R(t)\}=\{F(t)\}-[M]\cdot\{\ddot{Q}(t)\}-[C]\cdot\{\dot{Q}(t)\}-\{F_{\text{int}}(t)\} \tag{13.48}$$

L'état d'équilibre est cependant plus souvent caractérisé par la norme euclidienne S du résidu $\{R(t)\}$:

$$S=\sqrt{\{R(t)\}^T\cdot\{R(t)\}} \tag{13.49}$$

L'équation incrémentale de la dynamique étant établie, il reste à définir la forme de l'évolution du déplacement et de la vitesse. Celles-ci varient suivant la méthode choisie.

■ Traitement des conditions initiales

Considérant l'état initial à l'instant t_0, chaque degré de liberté non bloqué de la structure considérée, pourra subir un déplacement initial $Q(t_0)$, une vitesse $\dot{Q}(t_0)$ ou une accélération $\ddot{Q}(t_0)$ initiales mais ces différents paramètres ne peuvent être choisis de façon quelconque dans la mesure où ils caractérisent l'état d'équilibre de la structure à cet instant. Cet état d'équilibre est bien entendu représenté par le résidu $\{R(t)\}$ (13.48) exprimé à l'instant t_0 et qui par définition, doit dans l'absolu tendre vers 0 pour chaque incrément de temps.

$$\{R(t_o)\}=\{F(t_o)\}-[M]\cdot\{\ddot{Q}(t_o)\}-[C]\cdot\{\dot{Q}(t_o)\}-[K]\cdot\{Q(t_o)\} \tag{13.50}$$

Si dans une première approche, les vitesses et accélérations initiales sont considérées comme nulles, le résidu caractérise donc l'équilibre statique de la structure à l'instant t_0. Le chargement $\{F(t_0)\}$ peut donc être décomposé en un chargement statique pur (le poids propre par exemple) et en un chargement dynamique nul (sinus par exemple à $t_0 = 0$) ou non nul (cosinus à $t_0 = 0$) à cet instant. Donc et en présence d'un chargement statique ou dynamique non nul à l'instant t_0, il sera nécessaire de déterminer les déplacements initiaux $Q(t_0)$ par un calcul statique et ce afin de satisfaire l'équilibre initial. En élasticité linéaire, ce type de calcul revient à superposer la déformée statique initiale à la déformée dynamique correspondant à chaque instant.

Considérons maintenant un chargement statique nul, les déplacements initiaux sont donc égaux à zéro. En faisant subir à la structure un spectre d'accélérations ou de vitesses initiales, l'état d'équilibre de celle-ci n'est donc plus assuré puisqu'aucune force extérieure ne compense les forces d'inertie ou d'amortissement. Le reste $\{R(t_0)\}$ sera donc non nul à l'état initial mais la répartition entre déplacements, vitesses et accélérations des pas de temps suivants permettra de satisfaire la condition d'équilibre à tout instant.

Méthode de Newmark

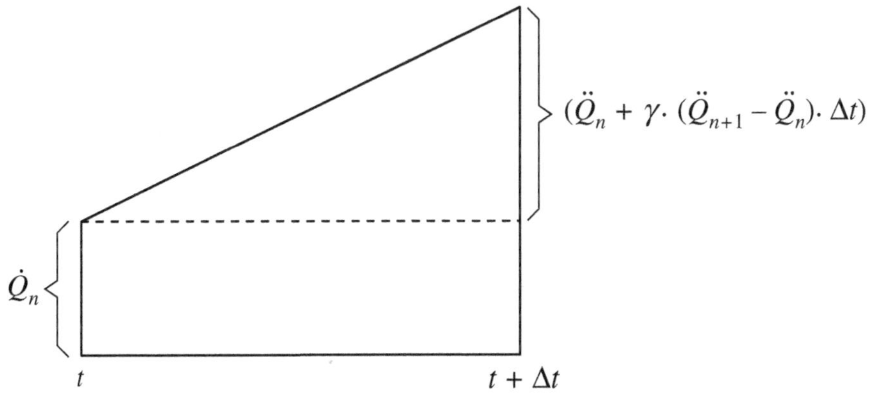

Figure 13.5 – Évolution de l'accélération sur le pas de temps.

Newmark a proposé comme expression des paramètres de mouvement (déplacement et vitesse), les développements de Taylor suivants :

$$\begin{aligned} \{Q_{n+1}\} &= \{Q_n\} + \{\dot{Q}_n\} \cdot \Delta t + \left[\left(\frac{1}{2} - \beta\right) \cdot \{\ddot{Q}_n\} + \beta \cdot \{\ddot{Q}_{n+1}\}\right] \cdot \Delta t^2 \\ \{\dot{Q}_{n+1}\} &= \{\dot{Q}_n\} + \left[(1-\gamma) \cdot \{\ddot{Q}_n\} + \gamma \cdot \{\ddot{Q}_{n+1}\}\right] \cdot \Delta t \end{aligned} \qquad (13.51)$$

où l'indice n correspond au n^e pas de temps de date $t_n = n \cdot \Delta t$.
L'évolution du déplacement entre les dates t_n et t_{n+1} sera donc :

$$\{\Delta Q_n\} = \{Q_{n+1}\} - \{Q_n\} \qquad (13.52)$$

Il est alors possible d'exprimer à partir de (13.51) et (13.52) $\{\Delta \ddot{Q}_{n+1}\} = f(\{\Delta Q_n\}, \{\dot{Q}_n\}, \{\ddot{Q}_n\})$ et de la même façon $\{\Delta \dot{Q}_{n+1}\} = g(\{\Delta Q_n\}, \{\dot{Q}_n\}, \{\ddot{Q}_n\})$, soit :

$$\begin{aligned} \{\Delta \ddot{Q}_n\} &= \frac{1}{\beta \cdot \Delta t^2} \cdot \{\Delta Q_n\} - \frac{1}{\beta \cdot \Delta t} \cdot \{\dot{Q}_n\} - \frac{1}{2\beta} \cdot \{\ddot{Q}_n\} \\ \{\Delta \dot{Q}_n\} &= \frac{\gamma}{\beta \cdot \Delta t} \cdot \{\Delta Q_n\} - \frac{\gamma}{\beta} \cdot \{\dot{Q}_n\} + \left(1 - \frac{\gamma}{2\beta}\right) \cdot \{\ddot{Q}_n\} \cdot \Delta \mathrm{t} \end{aligned} \quad [1] \qquad (13.53)$$

Il suffit donc de remplacer les expressions $\{\Delta \ddot{Q}_n\}$ et $\{\Delta \dot{Q}_n\}$ issues de (13.53) dans l'équation incrémentale (13.47) pour obtenir un système linéaire ou non linéaire permettant de déterminer la variation des déplacements $\{\Delta Q_n\}$.

$$[\tilde{K}] \cdot \{\Delta Q_n\} = \{\Delta \tilde{F}_n\} \qquad (13.54)$$

1. Valeurs particulières de β, γ :

- Si $\beta = \gamma = \frac{1}{2}$ $\rightarrow$ accélération constante sur l'intervalle Δt.
- Si $\beta = \frac{1}{6}$ et $\gamma = \frac{1}{2}$ $\rightarrow$ variation linéaire de l'accélération.

avec :

– $\left[\tilde{K}\right] = \dfrac{1}{\beta \cdot \Delta t^2} \cdot [M] + \dfrac{\gamma}{\beta \cdot \Delta t} \cdot [C] + [K]$

– $\left\{\Delta\tilde{F}_n\right\} = \{F_{n+1}\} - \{F_n\} + \{R_n\} + [M] \cdot \left(\dfrac{1}{\beta \cdot \Delta t} \cdot \{\dot{Q}_n\} + \dfrac{1}{2\beta} \cdot \{\ddot{Q}_n\} \right)$

$$+[C] \cdot \left(\frac{\gamma}{\beta} \cdot \{\dot{Q}_n\} + \left(\frac{\gamma}{2\beta} - 1 \right) \cdot \{\ddot{Q}_n\} \cdot \Delta t \right)$$

Cependant, la stabilité de cette méthode dépendra des valeurs de β et γ. Pour que celle-ci soit indépendante du pas de temps choisi, c'est-à-dire inconditionnellement stable, ces valeurs devront satisfaire : $\gamma \geq \dfrac{1}{2}$ et $\beta \geq \dfrac{1}{4}\left(\dfrac{1}{2} + \gamma\right)^2$. Les valeurs les plus souvent utilisées pour β et γ sont respectivement égales à $\dfrac{1}{4}$ et $\dfrac{1}{2}$.

Calcul de la matrice d'amortissement

La détermination de la matrice $[C]$ est la partie la plus délicate de la définition des paramètres du comportement dynamique d'une structure. En effet, le pouvoir dissipatif d'un solide est très difficile à estimer. La méthode très souvent utilisée pour la détermination de cette matrice, est celle de Rayleigh[1] qui considère la matrice d'amortissement comme proportionnelle aux matrices de masse et de rigidité, soit :

$$[C] = \alpha \cdot [M] + \delta \cdot [K] \tag{13.55}$$

avec :

– α : coefficient uniforme d'amortissement de masse ;
– δ : coefficient uniforme d'amortissement de rigidité.

Les coefficients α et δ sont déterminés en injectant (13.55) dans :

$$\{\varphi_i\}^T \cdot [C] \cdot \{\varphi_i\} = 2 \cdot \xi_i \cdot \omega_i \tag{13.56}$$

qui est elle-même issue de (13.37) et (13.38). Comme $\{\varphi_i\}^T \cdot [M] \cdot \{\varphi_i\} = 1$ et $\{\varphi_i\}^T \cdot [K] \cdot \{\varphi_i\} = \omega_i^2$, on déduit :

$$\alpha + \delta \cdot \omega_i^2 = 2 \cdot \xi_i \cdot \omega_i \tag{13.57}$$

Il suffit alors d'appliquer (13.57) à deux modes de la base modale[2] :

$$\left.\begin{array}{l} 2 \cdot \xi_1 \cdot \omega_1 = \alpha + \delta \cdot \omega_1^2 \\ 2 \cdot \xi_2 \cdot \omega_2 = \alpha + \delta \cdot \omega_2^2 \end{array}\right\} \Rightarrow \left\{\begin{array}{l} \alpha = \dfrac{2\omega_1 \cdot \omega_2 (\xi_2 \cdot \omega_1 - \xi_1 \cdot \omega_2)}{\omega_1^2 - \omega_2^2} \\ \delta = \dfrac{2(\xi_1 \cdot \omega_1 - \xi_2 \cdot \omega_2)}{\omega_1^2 - \omega_2^2} \end{array}\right. \tag{13.58}$$

1. Cette approche vient en complément de celle utilisée par la méthode par superposition modale qui consiste à définir pour chacun des oscillateurs simples de l'équation (13.38) une valeur d'amortissement modal ξ_i.
2. Généralement les deux premiers modes fondamentaux.

avec :

– ξ_1, ξ_2 : amortissements modaux[1] ;

– ω_1, ω_2 : pulsations propres.

Généralement, la pratique veut que l'on applique à chacun des modes le même amortissement forfaitaire (par exemple 1%) et ce surtout faute de précision concernant cette quantité. Néanmoins et lorsque l'étude dynamique est accompagnée d'une phase expérimentale, il est possible d'appliquer aux différents modes les valeurs d'amortissement déduites des mesures. On s'orientera dans ce cas plus vers un amortissement de type modal que de type Rayleigh.

13.6 Analyses fréquentielles

13.6.1 Analyse harmonique

Considérant la fonction temporelle de chargement harmonique $\{F(t)\} = \{F_{\max} \cdot e^{i\phi}\} \cdot e^{i \cdot \Omega \cdot t}$, l'équation de l'équilibre dynamique (13.12) s'écrit :

$$[M] \cdot \{\ddot{Q}(t)\} + [C] \cdot \{\dot{Q}(t)\} + [K] \cdot \{Q(t)\} = \{F(t)\} = \{F_{\max} \cdot e^{i\phi}\} \cdot e^{i \cdot \Omega \cdot t} \qquad (13.59)$$

avec :

– t : temps (s) ;
– i : partie imaginaire = $\sqrt{-1}$;
– Ω : pulsation de l'excitation ($= 2\pi \cdot f$) en rad/s ;
– ϕ : phase (rad).

Sous sa forme complexe, $\{F(t)\}$ s'exprime comme suit :

$$\{F(t)\} = \{F_{\max} \cdot e^{i\phi}\} \cdot e^{i \cdot \Omega \cdot t} = \{F_{\max} \cdot (\cos\phi + i \cdot \sin\phi)\} \cdot e^{i \cdot \Omega \cdot t} = \{F_1 + i \cdot F_2\} \cdot e^{i \cdot \Omega \cdot t} \qquad (13.60)$$

Sachant que le champ de déplacement est nécessairement harmonique de pulsation Ω, $\{Q(t)\}$ s'écrit alors :

$$\begin{aligned}\{Q(t)\} &= \{Q_{\max} \cdot e^{i\phi}\} \cdot e^{i \cdot \Omega \cdot t} = \{Q_{\max} \cdot (\cos\phi + i \cdot \sin\phi)\} \cdot e^{i \cdot \Omega \cdot t} \\ &= \{Q_1 + i \cdot Q_2\} \cdot e^{i \cdot \Omega \cdot t}\end{aligned} \qquad (13.61)$$

d'où :

$$([K] - \Omega^2 \cdot [M] + i \cdot \Omega \cdot [C]) \cdot (\{Q_1\} + i \cdot \{Q_2\}) = \{F_1\} + i \cdot \{F_2\} \qquad (13.62)$$

Reprenant le principe de la méthode de superposition modale[2], l'équation précédente peut être diagonalisée en effectuant le changement de base (13.34) et en multipliant le système par $[\varphi]^T$. (13.62) s'écrit dans ce cas :

$$([k] - \Omega^2 \cdot [m] + i \cdot \Omega \cdot [c]) \cdot (\{Y_1\} + i \cdot \{Y_2\}) = [\varphi]^T \cdot (\{F_1\} + i \cdot \{F_2\}) \qquad (13.63)$$

1. Valeurs usuelles de ξ pour un calcul linéaire (source : réglementation européenne sismique EC8) : 0.04 en béton précontraint, 0.07 en béton armé, 0.01 en charpente métallique soudée, 0.03 en charpente métallique boulonnée.
2. Il existe néanmoins d'autres méthodes de résolution de (13.62).

soit :

$$([k] - \Omega^2 \cdot [m] + i \cdot \Omega \cdot [c]) \cdot (\{Y\}) = (\{f\}) \tag{13.64}$$

qui se résume à la résolution d'un système de n oscillateurs harmoniques dont la solution est donnée par :

$$\left(Y_j = \frac{f_j}{(\omega_j^2 - \Omega^2) + i \cdot (2 \cdot \omega_j \cdot \xi_j \cdot \Omega)} \right)_{j=1,n \text{ modes}} \tag{13.65}$$

13.6.2 Analyse spectrale

Généralement, deux grandes familles de méthodes d'analyse spectrale sont disponibles dans les codes de calcul par éléments finis. La première catégorie dite déterministe s'appuie sur une résolution couplant un spectre fréquentiel d'accélérations, de vitesses ou de déplacements à une analyse modale telle que celle vue au paragraphe 13.3. La deuxième est basée sur une approche probabiliste généralement de type densité spectrale (PSD[1]). Dans les deux cas, l'excitation est appliquée aux appuis et concerne des phénomènes aléatoires tels que les séismes ou la houle. Nous nous limiterons cependant au développement de la première catégorie.

Dans ce cas, la définition des spectres d'excitation est permise dans les trois directions S_X, S_Y, S_Z, de l'espace. Chaque spectre peut être défini en accélérations, vitesses ou déplacements en fonction d'une valeur d'amortissement[2]. D'une manière très synthétique, ces spectres récapitulent l'ensemble des valeurs maximales observées lors d'enregistrements à différentes fréquences d'excitation (cf. (21)). Pratiquement, ces courbes « normalisées », généralement issues de règlements[3], sont le résultat d'un nombre important d'accélérogrammes convertis en spectre d'accélérations au moyen d'outils de traitement du signal tels que les transformées de Fourier.

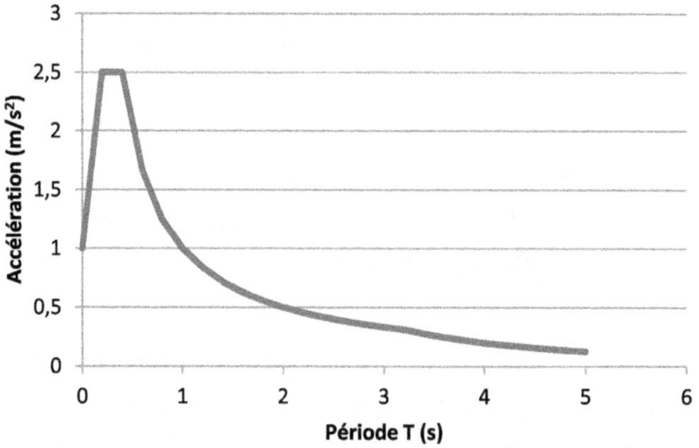

Figure 13.6 – Exemple de spectre.

Il est par ailleurs assez simple de démontrer (cf. (21)) que ces spectres sont reliés entre eux par la valeur de la pulsation à une fréquence donnée. On a en effet :

1. Power Spectral Density.
2. Généralement 5 %.
3. Au niveau européen, l'Eurocode 8 par exemple.

$$S_d = \frac{S_a}{\omega^2}$$
$$S_d = \frac{S_v}{\omega} \quad (13.66)$$

avec :

– S_d : spectre de déplacements ;

– S_v : spectre de vitesses ;

– S_a : spectre d'accélérations.

■ Amortissement effectif

L'amortissement effectif est calculé de la manière suivante :

$$\xi_i = \xi_i' + \frac{\sum_{m=1}^{NMAT} \xi_m \cdot E_m^S}{\sum_{m=1}^{NMAT} E_m^S} \quad (13.67)$$

avec :

– ξ_i': amortissement associé au mode i ;

– NMAT : nombre de types de matériaux présents dans la structure ;

– $E_m^S = \frac{1}{2}\{\varphi_i\}^T \cdot [K_m] \cdot \{\varphi_i\}$: énergie de déformation associée au matériau m ;

– $[K_m]$: partie de rigidité associée au matériau m.

– $\{\varphi_i\}$: vecteur propre associé au mode i.

■ Calcul des déplacements modaux

La première opération consiste à calculer la réponse modale associée au mode i en pondérant sa déformée par le coefficient de mode A_i :

$$\{R_i\} = A_i \cdot \{\varphi_i\} \quad (13.68)$$

avec :

□ Pour une excitation basée sur le déplacement

$$A_i = S_{di} \cdot \gamma_i \quad (13.69)$$

où :

– γ_i : coefficient participatif du mode i ;

– S_{di} : déplacement spectral du i ème mode obtenu à partir d'un spectre de déplacements à la fréquence f_i [1] et de l'amortissement effectif ξ_i.

1.- $f_i = \frac{\omega_i}{2\pi}$

□ **Pour une excitation basée sur la vitesse**

$$A_i = \frac{S_{vi}}{\omega_i} \cdot \gamma_i \tag{13.70}$$

où :

– S_{vi} : vitesse spectrale du i^e mode obtenu à partir d'un spectre de vitesses à la fréquence f_i et de l'amortissement effectif ξ_i.

□ **Pour une excitation basée sur l'accélération**

$$A_i = \frac{S_{ai}}{\omega_i^2} \cdot \gamma_i \tag{13.71}$$

où :

– S_{ai} : accélération spectrale du i^e mode obtenu à partir d'un spectre d'accélérations à la fréquence f_i et de l'amortissement effectif ξ_i.

■ **Combinaisons des modes**

Les déplacements et efforts étant calculés pour chacun des modes, il s'agit désormais de reconstituer l'effet global de la sollicitation dynamique sur la structure. Pour ce faire, il est nécessaire de combiner les résultats modaux en considérant l'ensemble des NMOD modes dans chacune des directions X, Y et Z. Une première approche, dite combinaison arithmétique consiste à considérer que les maximums des modes sont atteints au même instant avec le signe le plus défavorable. On a alors :

$$R_d = \sum_{i=1}^{NMOD} |R_i| \tag{13.72}$$

Ce type de sommation amène généralement, on le comprend aisément, à un très fort surdimensionnement.

A contrario et en postulant que les déformées ne sont pas corrélées et donc statistiquement indépendantes, la démarche pour combiner les modes revient à calculer la racine carrée d'une sommation quadratique. Cette méthode est appelée SRSS (*Square Root of the Sum of the Squares*) :

$$R_d = \sqrt{\sum_{i=1}^{NMODE} R_i^2} \tag{13.73}$$

Ceci étant, cette approche n'est pas adaptée lorsque les modes sont proches[1]. Une autre méthode, la CQC (*Complete Quadratic Combinaison*), prend en compte ce couplage éventuel des modes en posant :

$$R_a = \sqrt{\sum_{i=1}^{NMODE} \sum_{j=1}^{NMODE} k \cdot \varepsilon_{ij} \cdot R_i \cdot R_j} \tag{13.74}$$

avec :

– $k = \begin{cases} 1 \text{ si i} = \text{j} \\ 2 \text{ si i} \neq \text{j} \end{cases}$;

1. On parle de modes couplés (i.e. écart de fréquences inferieur de 10 %).

– $\varepsilon_{ij} = \dfrac{8\sqrt{\xi_i\xi_j}\cdot\left(\xi_i + r\xi_j\right)\cdot r^{3/2}}{\left(1-r^2\right)^2 + 4\xi_i\xi_j r\cdot\left(1+r^2\right) + 4\left(\xi_i^2+\xi_j^2\right)\cdot r^2}$ et $\mathrm{r} = \dfrac{\omega_j}{\omega_i}$.

Bien que la CQC se soit imposée dans beaucoup de réglementions parasismiques, ces méthodes de combinaison ne sont pas les seules existantes. On peut citer par exemple la NRLM (Naval Research Laboratory Sum) aux Etats Unis qui est présente dans de nombreux codes de calcul américains. On notera cependant que le principal inconvénient de ces méthodes est de supprimer le signe des modes et donc d'amener à un certain surdimensionnement.

13.7 Exemple 13 : analyse harmonique d'un système de barres

Ce cas d'étude s'inspire directement de la géométrie de l'exemple 1 (sans ressort) vu au début de l'ouvrage.

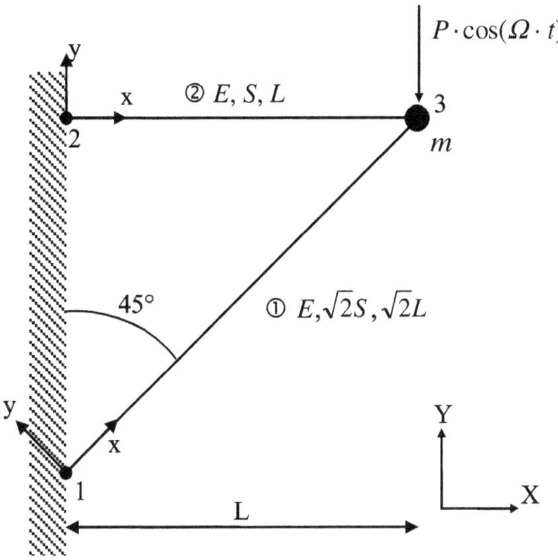

Figure 13.7 – Exemple 13 : système de 2 barres en console.

Tableau 13.1 – Exemple 13 : connectivité élémentaire.

Élément	Noeud *i*	Noeud *j*	Longueur	Section
1 (barre)	1	3	$\sqrt{2}L$	$\sqrt{2}S$
2 (barre)	2	3	L	S

Données : $E = 2.1 \times 10^{11}$ N/m², $L = 10$ m, $S = 0.0001$ m², $\rho = 7850$ kg/m³, $m = 1000$ kg, $P = 1000$ N.

13.7.1 Matrices de rigidité et de masse

Hormis la masse m et une amplitude F divisée par 10, les données du problème restent identiques. Il en est de même pour la matrice de rigidité obtenue après introduction des conditions d'appui, soit à partir de la relation (5.9) :

$$[K_{FF}] = \frac{ES}{2L}\begin{bmatrix} 3 & 1 \\ 1 & 1 \end{bmatrix} \tag{13.75}$$

La démarche suivie au paragraphe 5.4.1 pour la matrice de rigidité étant applicable à celle de masse, il s'agit tout d'abord d'établir la matrice de masse élémentaire. Comme d'après (4.3) les fonctions de forme d'un tel élément sont égales à $[N]^T = \left\{ 1-\frac{x}{L} \quad \frac{x}{L} \right\}$, on obtient pour la *matrice de masse consistante* correspondante :

$$[M_e] = \int_{V_e} \rho \cdot [N]^T \cdot [N] \cdot dV_e = \frac{\rho \cdot S \cdot L}{6} \cdot \begin{bmatrix} 2 & 1 \\ 1 & 2 \end{bmatrix} \tag{13.76}$$

Il est également possible de définir une *matrice de masse dite condensée* qui se caractérise par une répartition uniforme de la masse élémentaire (i.e. il s'agit de diviser la masse de l'élément par le nombre de nœuds). Dans le cas de l'élément barre, cette matrice s'écrit :

$$[M_e] = \frac{\rho \cdot S \cdot L}{2} \cdot \begin{bmatrix} 1 & 0 \\ 0 & 1 \end{bmatrix} \tag{13.77}$$

L'application des relations (13.76) et (13.77) aux éléments 1 et 2 permet d'obtenir pour les matrices consistantes :

$$[M_{1C}] = \frac{2\rho \cdot S \cdot L}{6}\begin{bmatrix} 2 & 0 & 1 & 0 \\ 0 & 2 & 0 & 1 \\ 1 & 0 & 2 & 0 \\ 0 & 1 & 0 & 2 \end{bmatrix} \begin{matrix} (u_1) \\ (v_1) \\ (u_3) \\ (v_3) \end{matrix} ;[M_{2C}] = \frac{\rho \cdot S \cdot L}{6}\begin{bmatrix} 2 & 0 & 1 & 0 \\ 0 & 2 & 0 & 1 \\ 1 & 0 & 2 & 0 \\ 0 & 1 & 0 & 2 \end{bmatrix} \begin{matrix} (u_2) \\ (v_2) \\ (u_3) \\ (v_3) \end{matrix} \tag{13.78}$$

et les matrices condensées :

$$[M_{1P}] = \frac{2\rho \cdot S \cdot L}{2}\begin{bmatrix} 1 & 0 & 0 & 0 \\ 0 & 1 & 0 & 0 \\ 0 & 0 & 1 & 0 \\ 0 & 0 & 0 & 1 \end{bmatrix} \begin{matrix} (u_1) \\ (v_1) \\ (u_3) \\ (v_3) \end{matrix} ;[M_{2P}] = \frac{\rho \cdot S \cdot L}{2}\begin{bmatrix} 1 & 0 & 0 & 0 \\ 0 & 1 & 0 & 0 \\ 0 & 0 & 1 & 0 \\ 0 & 0 & 0 & 1 \end{bmatrix} \begin{matrix} (u_2) \\ (v_2) \\ (u_3) \\ (v_3) \end{matrix} \tag{13.79}$$

L'assemblage des matrices de masse élémentaires suivant les mêmes règles que celles utilisées pour les matrices de rigidité et sachant que les matrices booléennes des éléments 1 et 2 s'écrivent respectivement :

$$[A_1] = \begin{bmatrix} 1 & 0 & 0 & 0 & 0 & 0 \\ 0 & 1 & 0 & 0 & 0 & 0 \\ 0 & 0 & 0 & 0 & 1 & 0 \\ 0 & 0 & 0 & 0 & 0 & 1 \end{bmatrix} ; [A_2] = \begin{bmatrix} 0 & 0 & 1 & 0 & 0 & 0 \\ 0 & 0 & 0 & 1 & 0 & 0 \\ 0 & 0 & 0 & 0 & 1 & 0 \\ 0 & 0 & 0 & 0 & 0 & 1 \end{bmatrix} \quad (13.80)$$

La matrice de masse $[M]$ de la structure sera obtenue en posant :

$$[M] = [A_1]^T \cdot [M_1] \cdot [A_1] + [A_2]^T \cdot [M_2] \cdot [A_2] \quad (13.81)$$

avec $[M_i]$ égale à $[M_{iC}]$ ou $[M_{iP}]$ suivant le cas.

Après introduction des conditions d'appui, celle-ci se réduit aux termes liés aux DDL U_3 et V_3, soit :

– pour les matrices consistantes :

$$[M_{FFC}] = (\rho \cdot S \cdot L + m) \cdot \begin{bmatrix} 1 & 0 \\ 0 & 1 \end{bmatrix} \quad (13.82)$$

– et pour les matrices condensées[1] :

$$[M_{FFP}] = \left(\frac{3\rho \cdot S \cdot L}{2} + m \right) \cdot \begin{bmatrix} 1 & 0 \\ 0 & 1 \end{bmatrix} \quad (13.83)$$

Bien que diagonale dans notre cas particulier, la matrice de masse consistante est généralement pleine alors que sa consœur condensée est toujours diagonale. On pourrait penser que cette différence de formulation engendre des divergences importantes de résultats. En fait, il n'en est rien pour les problèmes en basses fréquences qui concernent la majeure partie des structures de génie civil. Les principaux avantages de cette matrice de masse condensée sont sa rapidité de mise en œuvre et sa facilité de stockage. C'est d'ailleurs pour ces raisons qu'un grand nombre de programmes l'ont adoptée ou proposent de l'activer quand les deux approches sont présentes. On préférera cependant une matrice consistante pour les maillages peu denses.

13.7.2 Analyse modale

Dans la mesure où on s'intéresse à un faible nombre de valeurs propres, la méthode de recherche proposée par Mathcad™ a été préférée à celles mentionnées au chapitre 13.3. Ceci étant et préalablement à ce calcul, le système (13.15) a été transformé en une forme classique d'un problème aux valeurs propres par une factorisation de Cholesky de $[M]$ (cf. (18) et (7)).

1. On notera que la masse ponctuelle m a été ajoutée suivant chacun des DDL du nœud 3.

```
AnalyseModale (NMode, Tol, K, M) := | Nddl ← lignes(K) − 1
                                    | L ← cholesky(M)
                                    | K1 ← L^(−1)·K·(L^T)^(−1)
                                    | ω1 ← valpropres(K1)
                                    | ψ ← vecpropres(K1)
                                    | j ← NMode − 1
                                    | for i ∈ 0.. NMode − 1
                                    |    | ω_i ← √(ω1_j)
                                    |    | j ← j − 1
                                    | k ← NMode − 1
                                    | for i ∈ 0.. NMode − 1
                                    |    | for j ∈ 0.. Nddl
                                    |    |    zj_(j,0) ← ψ_(j,k)
                                    |    | r ← √(1 / (zj^T·M·zj))
                                    |    | yj ← r·zj
                                    |    | for j ∈ 0.. Nddl
                                    |    |    ϕ_(j,i) ← yj_(j,0)
                                    |    | k ← k − 1
                                    | γX ← ϕ^T·M·(1 0)^T
                                    | γY ← ϕ^T·M·(0 1)^T
                                    | for i ∈ 0.. NMode − 1
                                    |    | meX_i ← (γX_i)^2
                                    |    | meY_i ← (γY_i)^2
                                    | (ω  ϕ  γX  meX  γY  meY)
```

Programme Mathcad™ 13.1 – Calcul des modes propres de l'exemple 13.

On notera également la démarche pour normaliser les modes sur la masse. On part du principe que ces modes peuvent être reliés à ceux normalisés sur l'unité ou une quelconque autre méthode par une relation linéaire de rapport r. On pose alors que $\{\phi_i\} = r \cdot \{\varphi_i\}$ d'où :

$$\{\phi_i\}^T \cdot [M] \cdot \{\phi_i\} = r \cdot \{\phi_i\}^T \cdot [M] \cdot r \cdot \{\varphi_i\} = 1 \Rightarrow r = \frac{1}{\sqrt{\{\phi_i\}^T \cdot [M] \cdot \{\varphi_i\}}} \qquad (13.84)$$

Après calcul, le programme Mathcad™ 13.1 permet d'obtenir les résultats modaux du tableau 13.2.

Tableau 13.2 – Exemple 13 : résultats de l'analyse modale.

			Coefficients participatifs		Masses effectives (kg)	
Mode	**Fréq. (Hz)**	**ω (rad/s)**	**γX**	**γY**	**meX**	**meY**
1	3.924	24.656	12.173	–29.387	148.17	863.60
2	9.474	59.525	–29.387	–12.173	863.60	148.17
				Σ =	1011.78	1011.78

Les deux vecteurs propres correspondants après normalisation sur la masse sont respectivement $\{\varphi_1\} = \begin{Bmatrix} 0.0120309 \\ -0.0290451 \end{Bmatrix}$ et $\{\varphi_2\} = \begin{Bmatrix} -0.0290451 \\ -0.0120309 \end{Bmatrix}$.

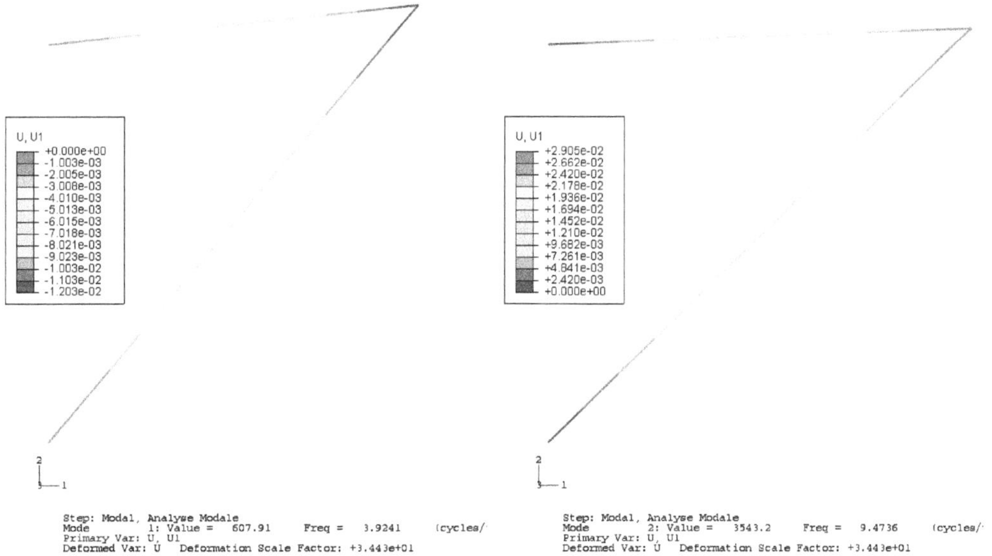

Figure 13.8 – Exemple 13 : déformées des modes 1 et 2 (Abaqus).

On remarquera que le mode 1 ressemble de manière qualitative à l'inverse de la déformée résultant du calcul statique de l'exemple 1 (cf. figure 5.4). Il n'est pas rare en effet de trouver dans les premières positions une déformée modale qualitativement similaire à celles issues de chargements statiques uniformes appliquées à la structure. C'est pourquoi, il est conseillé afin d'évaluer la conformité de la matrice de rigidité, d'effectuer en préalable d'une analyse modale, un calcul statique sous poids propres par exemple. En effet et en cas de suspicion d'erreur (fréquences ou déformées modales incohérentes), cette précaution permettra d'orienter l'utilisateur vers un problème de formulation de masse et donc réduire les délais de mise au point du calcul qui de par les méthodes utilisées (sous-espaces, Lanczos) nécessite des temps de réponse bien plus importants que sa variante statique.
Les coefficients participatifs (13.22) et masses effectives (13.23) étant par ailleurs calculés suivant les axes globaux X $\left(\{D\} = \left\{ \begin{array}{c} 1 \\ 0 \end{array} \right\}\right)$ et Y $\left(\{D\} = \left\{ \begin{array}{c} 0 \\ 1 \end{array} \right\}\right)$, on vérifie bien que les sommes des différentes masses effectives correspondent à la masse de la structure projetée dans ces directions. En analysant les masses effectives des différents modes, on peut anticiper le fait que le 1er mode sera vraisemblablement prépondérant dans la direction d'excitation Y. Il intéresse en effet 85 % de la masse totale de la structure.
L'extension de ce raisonnement aux cas réels permettra d'évaluer assez rapidement la dangerosité des différents modes par rapport à un type de chargement dynamique. En d'autres termes, la concomitance d'une fréquence d'excitation avec une fréquence propre n'impliquera pas forcément une résonance dangereuse. Par conséquent, un mode excité à sa fréquence propre et qui impliquerait peu de masse dans la direction d'excitation, engendrerait une réponse dynamique de faible ampleur et donc peu significative.

13.7.3 Analyse harmonique

Le calcul harmonique est effectué suivant la méthode décrite au paragraphe 13.6.1 avec un amortissement de 5 %. Les déplacements sont calculés dans la base modale à partir de la relation (13.65), soit pour les modes 1 et 2 :

$$Y_1 = \frac{f_1}{(\omega_1^2 - \Omega^2) + i \cdot (2 \cdot \omega_1 \cdot \xi_1 \cdot \Omega)} ; Y_2 = \frac{f_2}{(\omega_2^2 - \Omega^2) + i \cdot (2 \cdot \omega_2 \cdot \xi_2 \cdot \Omega)} \quad (13.85)$$

avec :

– $\left\{ \begin{array}{c} f_1 \\ f_2 \end{array} \right\} = [\varphi]^T \cdot \left\{ \begin{array}{c} 0 \\ -P \end{array} \right\}$;

– $\Omega = 2\pi \cdot F$ (F : fréquence en Hz).

On applique ensuite le changement de base (13.34) pour calculer les déplacements, vitesses et accélérations[1] dans le repère global XY ce qui permet d'obtenir pour notre cas d'étude :

1. Les vitesses et accélérations sont calculées à partir de la relation (13.66).

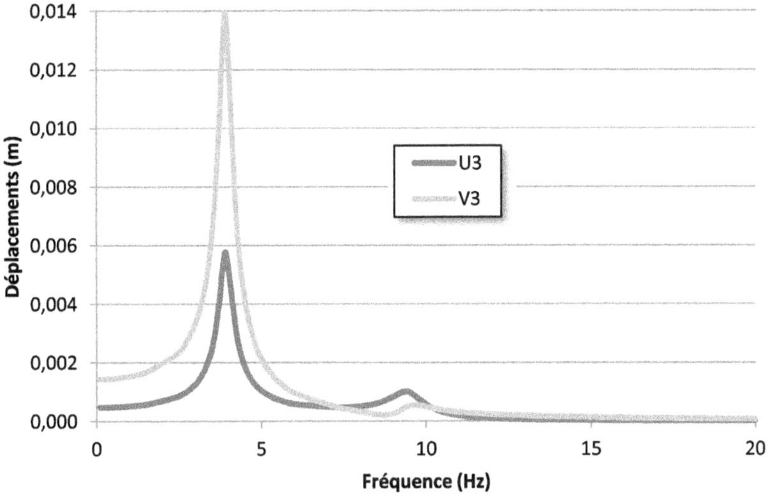

Figure 13.9 – Exemple 13 : déplacements au nœud 3 (m).

On remarquera que les déplacements obtenus au nœud 3 pour une fréquence nulle coïncident avec ceux du calcul statique[1] divisés par 10. Ceci est normal dans la mesure où la force d'excitation (13.60) à cette fréquence se réduit à la valeur de l'amplitude et donc à la formulation du calcul statique. La vérification de l'obtention des déplacements statiques à l'origine des fréquences peut constituer un bon indicateur de comportement du modèle.

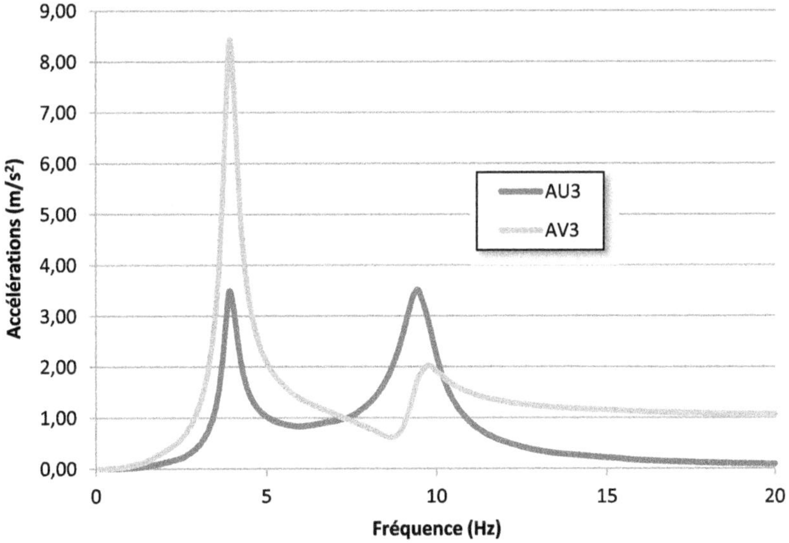

Figure 13.10 – Exemple 13 : accélérations au nœud 3 (m/s^2).

1. Il y a un rapport 10 entre la charge F de l'exemple 1 et l'amplitude P de l'exemple 13.

Comme pressenti lors de l'analyse modale, on vérifie bien dans la direction verticale la prépondérance du premier mode (3.92 Hz) lors de la concomitance de sa fréquence propre avec celle d'excitation et ce tant pour les déplacements que pour les accélérations. Ceci provient bien évidemment de la masse modale mise en jeu (863,6 kg – cf. tableau 13.2). Inversement et pour la même raison, le deuxième mode est beaucoup moins significatif.

On notera par ailleurs que la hauteur des pics est liée à la valeur de l'amortissement ξ. Pour mesurer son effet, il est utile de se référer à l'évolution du coefficient d'amplification dynamique $D = \dfrac{1}{\sqrt{(1-\beta^2)^2 + (2 \cdot \xi \cdot \beta)^2}}$ d'un oscillateur simple amorti en fonction du rapport $\beta = \Omega \,/\, \omega$ et de ξ (cf. 13.92).

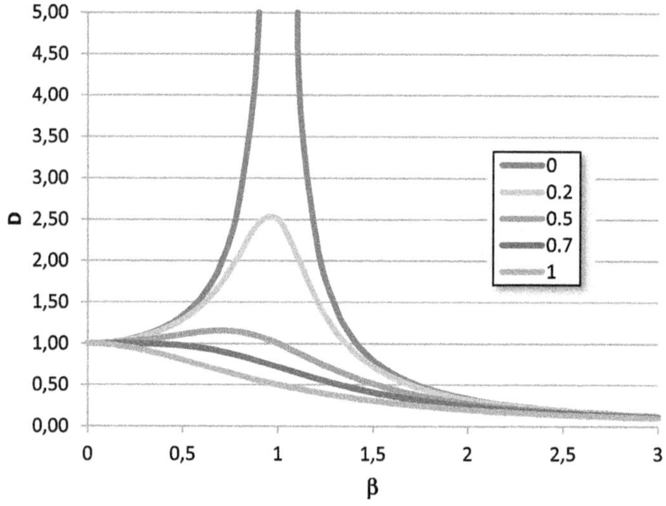

Figure 13.11 – Évolution de D en fonction de β et ξ

Le facteur d'amplification dynamique est donc inversement proportionnel au coefficient d'amortissement ξ et égal à $D = \dfrac{1}{2 \cdot \xi}$ quand $\beta = 1$, soit 10 dans notre cas d'étude. Ce résultat est tout à fait comparable au coefficient de 9.7 obtenu en faisant le rapport des déplacements dynamique (0.01389 m) et statique (0,0014286 m[1]). On mesure alors toute l'importance du choix du coefficient ξ dans le comportement dynamique d'une structure.

Sachant que les coefficients d'amortissement des matériaux généralement utilisés dans le domaine de la construction sont faibles, il est néanmoins quasi impossible de s'affranchir de ce phénomène d'amplification appelé résonance.

1. Cette valeur correspond au résultat (5.10) de l'exemple 1 divisé par 10.

Il est cependant envisageable de jouer sur les paramètres de masse et de rigidité pour décaler la fréquence propre de celle d'excitation. Pour ce faire, il suffit de considérer la pulsation $\omega^2 = \frac{k}{m}$ en augmentant ou diminuant[1] soit la rigidité soit la masse. En se référant à la figure 13.11, on aura intérêt :

– si $\beta < 1$ à augmenter k ou diminuer m pour décaler la résonance vers la gauche ;
– si $\beta > 1$ à diminuer k ou augmenter m pour décaler la résonance vers la droite.

L'augmentation de la rigidité devra néanmoins s'effectuer sans accroissement de la masse et inversement. La première solution consiste donc à améliorer ou modifier le contreventement de la structure (augmentation de la rigidité sans augmentation de la masse) alors que le deuxième revient à ajouter une ou des masses ponctuelles[2] pour modifier ω.
Pour illustrer la 1ère solution, prenons par exemple un portique constitué de quatre poteaux et une dalle. Ce portique est soumis à une excitation harmonique Ω due à une machine. Supposant qu'il rentre en résonance, la démarche consistera à augmenter sa rigidité en ajoutant des croix de Saint André. Cette conception permettra un gain de rigidité important tout en minimisant l'augmentation de la masse (due à celles des profiles utilisés pour ces croix de Saint André).

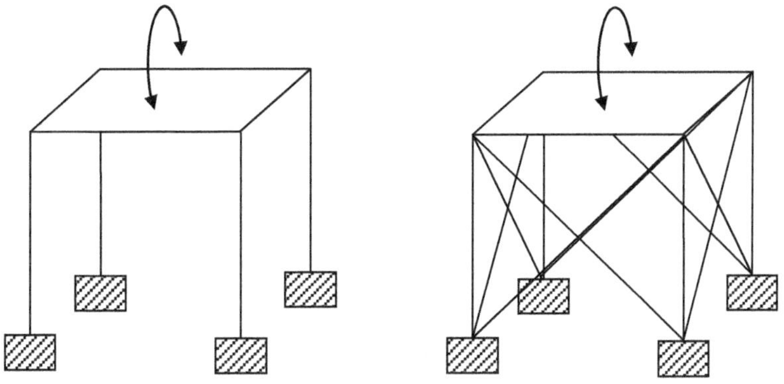

$$\omega = \sqrt{\frac{k}{m}} \approx \Omega \Rightarrow \textit{Résonance}$$

k ↗ donc ω ↗ et désormais $\omega \neq \Omega$

Figure 13.12 – Décalage de fréquence propre par augmentation de la rigidité.

1. On ne perdra pas de vue que la structure doit rester justifiable sous charges statiques.
2. Cette solution peut être utilisée dans le cas des immeubles de grandes hauteurs (IGH) pour modifier leurs fréquences propres.

13.8 Exemple 14 : étude d'une poutre bi-encastrée soumise à un chargement sinusoïdal

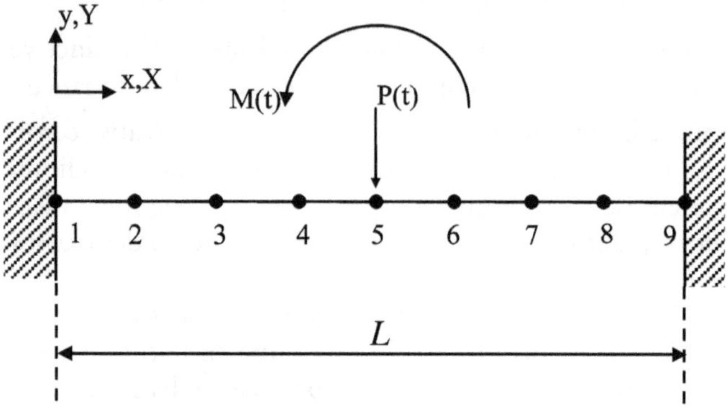

Figure 13.13 – Exemple 14 : poutre bi-encastrée.

La modélisation de cette poutre bi-encastrée (cf. figure 13.13) a été faite à l'aide de huit éléments de poutres planes. Une charge verticale (P = -5000 N) et un moment (M = 1000 N.m) sinusoïdaux sont appliqués dans sa partie médiane et ont une fréquence de 3.0 Hz. Ses caractéristiques principales sont les suivantes :

– Longueur : $L = 16$ m — Masse volumique $\rho = 7850$ kg/m^3
– Module d'élasticité longitudinal : $E = 2.1 \times 10^{11}$ N/m^2 — Coefficient de Poisson : $\nu = 0{,}3$
– Section axiale : $S = 0{,}06$ m^2 — Inertie $I = 0.0001$ m^4
– $P(t) = P \cdot \sin(\Omega \cdot t)$ — $M(t) = M \cdot \sin(\Omega \cdot t)$

13.8.1 Matrices de rigidité et de masse

Les déplacements horizontaux de l'ensemble des nœuds étant nuls, la matrice de rigidité élémentaire pourra être réduite aux seuls degrés de liberté de flexion, c'est-à-dire aux termes en « EI » de la matrice (6.21). On aura donc pour chacun des éléments :

$$[k_e] = \begin{bmatrix} \frac{12EI}{L^3} & \frac{6EI}{L^2} & -\frac{12EI}{L^3} & \frac{6EI}{L^2} \\ \frac{6EI}{L^2} & \frac{4EI}{L} & -\frac{6EI}{L^2} & \frac{2EI}{L} \\ -\frac{12EI}{L^3} & -\frac{6EI}{L^2} & \frac{12EI}{L^3} & -\frac{6EI}{L^2} \\ \frac{6EI}{L^2} & \frac{2EI}{L} & -\frac{6EI}{L^2} & \frac{4EI}{L} \end{bmatrix} \quad (13.86)$$

Pour obtenir la matrice de rigidité de la poutre, l'assemblage consistera comme au paragraphe 6.4.2 à additionner les rigidités des nœuds communs à deux éléments successifs. Ceci reviendra à répéter l'expression (6.49) sept fois pour obtenir la matrice $[K]$ de dimensions 18 × 18. Après construction du vecteur charges avec P, M appliqués au nœud 5 puis introduction des conditions d'appui, le calcul du cas statique se résumera à la résolution d'un système linéaire à 14 équations. Le bon conditionnement de cette matrice $[K]$ pourra alors être vérifié en comparant le résultat à mi portée (cf. figure 13.14) à celui de la théorie des poutres $\left(f = \dfrac{PL^3}{192EI} = -0.005079 \text{ m} \right)$.

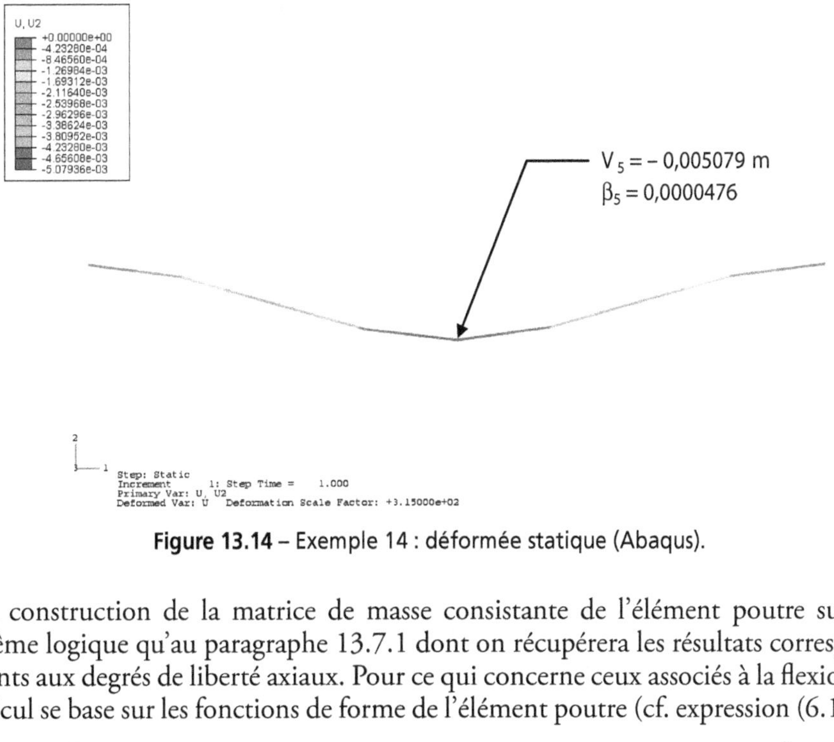

Figure 13.14 – Exemple 14 : déformée statique (Abaqus).

La construction de la matrice de masse consistante de l'élément poutre suit la même logique qu'au paragraphe 13.7.1 dont on récupérera les résultats correspondants aux degrés de liberté axiaux. Pour ce qui concerne ceux associés à la flexion, le calcul se base sur les fonctions de forme de l'élément poutre (cf. expression (6.14)) :

$$[N]^T = \left\{ 1 - \frac{3x^2}{L^2} + \frac{2x^3}{L^3} \quad x - \frac{2x^2}{L} + \frac{x^3}{L^2} \quad \frac{3x^2}{L^2} - \frac{2x^3}{L^3} \quad -\frac{x^2}{L} + \frac{x^3}{L^2} \right\} \quad (13.87)$$

d'où après application de la relation (13.6) :

$$[M_{ef}] = \int_{V_e} \rho \cdot [N]^T \cdot [N] \cdot dV_e = \frac{\rho \cdot S \cdot L}{420} \cdot \begin{bmatrix} 156 & 22L & 54 & -13L \\ 22L & 4L^2 & 13L & -3L^2 \\ 54 & 13L & 156 & -22L \\ -13L & -3L^2 & -22L & 4L^2 \end{bmatrix} \quad (13.88)$$

ce qui donne après introduction de (13.76) et donc extension aux DDL axiaux :

$$[M_{ef}] = \frac{\rho \cdot S \cdot L}{420} \cdot \begin{bmatrix} 140 & 0 & 0 & 70 & 0 & 0 \\ 0 & 156 & 22L & 0 & 54 & -13L \\ 0 & 22L & 4L^2 & 0 & 13L & -3L^2 \\ 70 & 0 & 0 & 140 & 0 & 0 \\ 0 & 54 & 13L & 0 & 156 & -22L \\ 0 & -13L & -3L^2 & 0 & -22L & 4L^2 \end{bmatrix} \qquad (13.89)$$

13.8.2 Analyse modale

Le programme Mathcad™ 13.2 est identique à la version utilisée au paragraphe 13.7.2 hormis pour le calcul des déformées modales. Nous avons en effet utilisé la technique du décalage spectral exposée par (18) et (7). Ceci étant, la matrice de masse consistante a été préférée à sa version condensée, celle-ci offrant dans notre cas une meilleure précision sur les fréquences propres. Les masses associées aux DDL de rotations étant nulles, l'utilisation d'une matrice de masse condensée aurait nécessité de plus de résoudre le problème uniquement avec les DDL de translations[1].

Tableau 13.1 – Exemple 14 : résultats de l'analyse modale.

			Coefficient participatif	**Masse effective**
Mode	**Fréq. (Hz)**	**ω (rad/s)**	**γY**	***me*Y (kg)**
1	2.937	18.455	71.674	5137.00
2	8.101	50.901	0.000	0.00
3	15.909	99.960	29.517	871.25
4	26.400	165.876	0.000	0.00
5	39.706	249.481	15.952	254.48
6	55.974	351.693	0.000	0.00
7	74.465	467.879	8.147	66.38
8	105.112	660.436	0.000	0.00
9	134.192	843.155	4.267	18.21
10	171.370	1076.752	0.000	0.00
11	217.486	1366.508	1.966	3.87
12	273.616	1719.180	0.000	0.00
13	337.482	2120.459	0.669	0.45
14	396.131	2488.964	0.000	0.00
			Σ =	6351.63

1. Le fait d'avoir un pivot nul dans la matrice de masse empêcherait l'extraction des modes.

```
AnalyseModale(NMode, Tol, K, M) := | Nddl ← lignes(K) − 1
                                   | for j ∈ 0.. Nddl
                                   |   y0_j ← 1
                                   | L ← cholesky(M)
                                   | K1 ← L^(−1)·K·(L^T)^(−1)
                                   | ω1 ← valpropres(K1)
                                   | j ← NMode − 1
                                   | for i ∈ 0.. NMode − 1
                                   |   | ω_i ← √(ω1_j)
                                   |   | j ← j − 1
                                   | i ← 0
                                   | while i < NMode
                                   |   | yj ← y0
                                   |   | dω ← 1
                                   |   | j ← 0
                                   |   | while dω > Tol
                                   |   |   | zj ← [[K − (ω_i)^2·M]^(−1)·M]·yj
                                   |   |   | k ← √(1 / (zj^T·M·zj))
                                   |   |   | yj ← k·zj
                                   |   |   | ω1_j ← √(yj^T·K·yj)
                                   |   |   | dω ← |(ω1_j − ω1_(j−1)) / ω1_(j−1)|  if j > 0
                                   |   |   | j ← j + 1
                                   |   | for j ∈ 0.. Nddl
                                   |   |   φ_(j,i) ← yj_j
                                   |   | i ← i + 1
                                   | γY ← φ^T·M·DY
                                   | for i ∈ 0.. NMode − 1
                                   |   meY_i ← (γY_i)^2
                                   | (ω  φ  γY  meY)
```

Programme Mathcad™ 13.2 – Calcul des modes propres de l'exemple 14.

Sachant que les fréquences propres d'une poutre bi-encastrée sont données par la relation suivante :

$$F_n = \frac{\chi_n^2}{2.\pi.L^2}\sqrt{\frac{E.I}{\rho.S}}$$ d'où pour les 4 premières fréquences propres

$$\begin{cases} \chi_1^2 = 22.37 \rightarrow F_1 = 2.937\,Hz \\ \chi_2^2 = 61.67 \rightarrow F_2 = 8.095\,Hz \\ \chi_3^2 = 120.9 \rightarrow F_3 = 15.871\,Hz \\ \chi_4^2 = 199.8 \rightarrow F_4 = 26.228\,Hz \end{cases}.$$

Ces valeurs sont à comparer aux fréquences propres trouvées par le calcul à savoir 2.937, 8.101, 15.909 et 26.400 Hz pour les quatre premiers modes (cf. figure 13.15).

Une analyse modale faite sur la même poutre comportant uniquement deux éléments de longueur égale aurait donné respectivement pour les deux premiers modes 2.985 (2.572 Hz avec masses condensées) et 10.762 Hz.

La précision des fréquences propres obtenues par des méthodes de résolution classiques est donc dépendante du nombre de modes extrait et de ce fait du nombre de degrés de liberté de la structure. En effet, dans le cas de la poutre à deux éléments, cette modélisation permettait d'extraire uniquement les modes associés au déplacement vertical et à la rotation de flexion du nœud central. Généralement, l'analyse modale impose des discrétisations plus fines que l'analyse linéaire élastique et ceci en raison de la nécessité de bien reconstituer les déformées modales (i.e. meilleure répartition de la masse).

On remarquera par ailleurs que les modes pairs ont tous une masse effective nulle. Tous ces modes correspondent en fait à une rotation non nulle du nœud 5 et à des déformées modales antisymétriques par rapport à l'axe horizontal de la poutre. Les masses projetées au dessus et en dessous de cet axe s'auto équilibrent donc d'où les coefficients participatifs nuls. Inversement, tous les autres modes s'associent à une translation de ce même nœud.

La masse totale excitée (6351 kg) obtenue après analyse modale est cependant très en deçà de la masse totale de la poutre de 7536 kg[1]. Ceci s'explique en fait par la part de masse appliquée aux appuis qui correspond à deux demi-longueurs d'élément[2].

1. = 7850 × 0.06 × 16.

2. L'utilisation d'une matrice de masse consistante fait que la somme calculée ne correspond pas tout à fait à la valeur escomptée de 7850 × 0.06 × 14 = 6 594 kg. Ce résultat aurait été retrouvé parfaitement dans le cas d'une utilisation d'une matrice de masse condensée.

Tableau 13.4 – Exemple 14 : base modale $[\varphi]$.

φ	Mode 1	Mode 2	Mode 3	Mode 4	Mode 5	Mode 6	Mode 7	Mode 8	Mode 9	Mode 10	Mode 11	Mode 12	Mode 13	Mode 14
Fréq. (Hz)	2.937	8.101	15.909	26.400	39.706	55.974	74.465	105.112	134.192	171.370	217.487	273.616	337.482	396.130
V_1	0.000000	0.000000	0.000000	0.000000	0.000000	0.000000	0.000000	0.000000	0.000000	0.000000	0.000000	0.000000	0.000000	0.000000
β_1	0.000000	0.000000	0.000000	0.000000	0.000000	0.000000	0.000000	0.000000	0.000000	0.000000	0.000000	0.000000	0.000000	0.000000
V_2	0.003249	–0.007499	0.012022	–0.015710	0.017787	–0.017746	0.014546	–0.009991	0.005972	–0.000410	–0.004765	0.008342	–0.009114	0.006137
β_2	0.002862	–0.005727	0.007341	–0.006332	0.002026	0.005494	–0.013764	0.027487	–0.042178	0.054429	–0.063050	0.065142	–0.056838	0.034494
V_3	0.009944	–0.016665	0.015866	–0.006654	–0.006251	0.015793	–0.015843	0.006735	0.004403	–0.013864	0.015168	–0.008125	–0.001336	0.004886
β_3	0.003482	–0.002253	–0.004811	0.013758	–0.016792	0.008165	0.008874	–0.032529	0.042660	–0.027143	–0.014376	0.066538	–0.098300	0.076482
V_4	0.015942	–0.014089	–0.002993	0.016123	–0.009277	–0.009562	0.017096	–0.003491	–0.012633	0.013915	0.001699	–0.013456	0.007502	0.002680
β_4	0.002264	0.004790	–0.011152	0.002895	0.014943	–0.017684	–0.004572	0.036173	–0.026695	–0.026824	0.065693	–0.024549	–0.074029	0.105189
V_5	0.018298	0.000000	–0.016273	0.000000	0.016741	0.000000	–0.017506	0.000000	0.015804	0.000000	–0.015535	0.000000	0.011300	0.000000
β_5	0.000000	0.008232	0.000000	–0.014548	0.000000	0.021309	0.000000	–0.037405	0.000000	0.053869	0.000000	–0.081347	0.000000	0.115356
V_6	0.015942	0.014089	–0.002993	–0.016123	–0.009277	0.009562	0.017096	0.003491	–0.012633	–0.013915	0.001699	0.013456	0.007502	–0.002680
β_6	–0.002264	0.004790	0.011152	0.002895	–0.014943	–0.017684	0.004572	0.036173	0.026695	–0.026824	–0.065693	–0.024549	0.074029	0.105189
V_7	0.009944	0.016665	0.015866	0.006654	–0.006251	–0.015793	–0.015843	–0.006735	0.004403	0.013864	0.015168	0.008125	–0.001336	–0.004886
β_7	–0.003482	–0.002253	0.004811	0.013758	0.016792	0.008165	–0.008874	–0.032529	–0.042660	–0.027143	0.014376	0.066538	0.098300	0.076482
V_8	0.003249	0.007499	0.012022	0.015710	0.017787	0.017746	0.014546	0.009991	0.005972	0.000410	–0.004765	–0.008342	–0.009114	–0.006137
β_8	–0.002862	–0.005727	–0.007341	–0.006332	–0.002026	0.005494	0.013764	0.027487	0.042178	0.054429	0.063050	0.065142	0.056838	0.034494
V_9	0.000000	0.000000	0.000000	0.000000	0.000000	0.000000	0.000000	0.000000	0.000000	0.000000	0.000000	0.000000	0.000000	0.000000
β_9	0.000000	0.000000	0.000000	0.000000	0.000000	0.000000	0.000000	0.000000	0.000000	0.000000	0.000000	0.000000	0.000000	0.000000

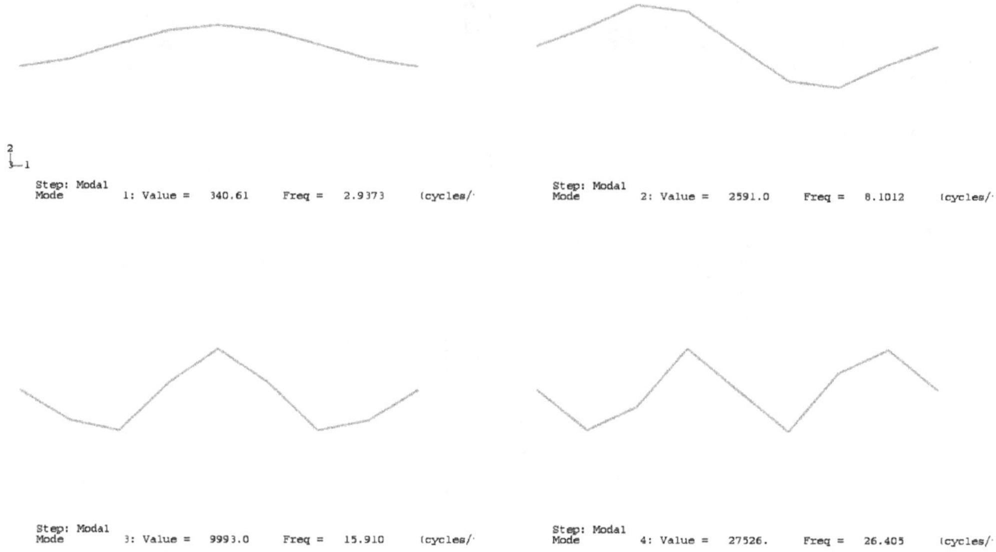

Figure 13.15 – Exemple 14 : déformées des modes 1 à 4 (Abaqus).

13.8.3 Analyse harmonique

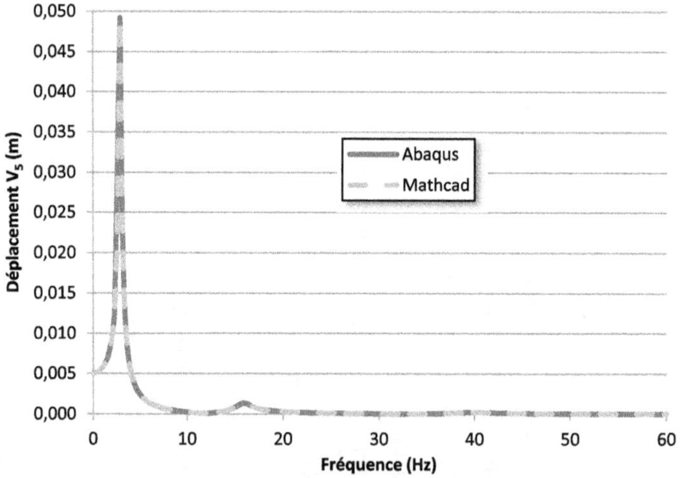

Figure 13.16 – Exemple 14 : déplacement vertical au nœud 5.

Le principe de calcul est identique à celui suivi au paragraphe 13.7.3. La réponse harmonique de chacun des modes est tout d'abord calculée dans la base modale $[\varphi]$ (tableau 13.4) à partir de (13.65) et du vecteur charges :

$$\{f\} = [\varphi]^T \cdot \{P\} \tag{13.90}$$

avec $\{P\}^T = \{\ 0 \quad 0 \quad 0 \quad 0 \quad 0 \quad 0 \quad -P \quad M \quad 0 \quad 0 \quad 0 \quad 0 \quad 0 \quad 0\ \}$.

Le changement de base (13.34) permet ensuite de calculer les déplacements dans le repère global. Pour déterminer les déplacements et rotations au nœud 5, il suffit alors de poser :

$$V_5 = \sum_{j=1}^{14} \varphi_{7,j} \cdot Y_j \text{ et } \beta_5 = \sum_{j=1}^{14} \varphi_{8,j} \cdot Y_j \tag{13.91}$$

Le coefficient d'amplification dynamique est encore une fois de l'ordre de 9.7 pour le déplacement vertical. On constate également que les déplacements à l'origine correspondent à ceux du calcul statique (figure 13.14). Les pics observés sur le graphique de la figure 13.16 s'associent bien aux modes impairs correspondant à une translation du nœud 5. Inversement, ceux de la figure 13.17 coïncident comme prévu avec la rotation de ce même nœud et donc les modes pairs.

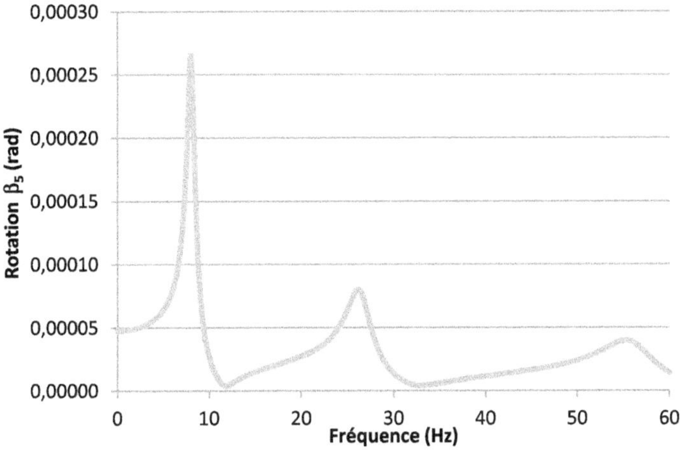

Figure 13.17 – Exemple 14 : rotation β_5.

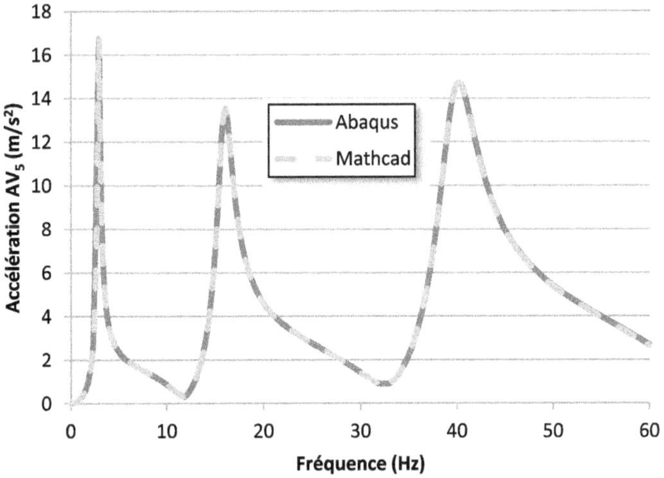

Figure 13.18 – Exemple 14 : accélération verticale au nœud 5.

13.8.4 Réponses temporelles

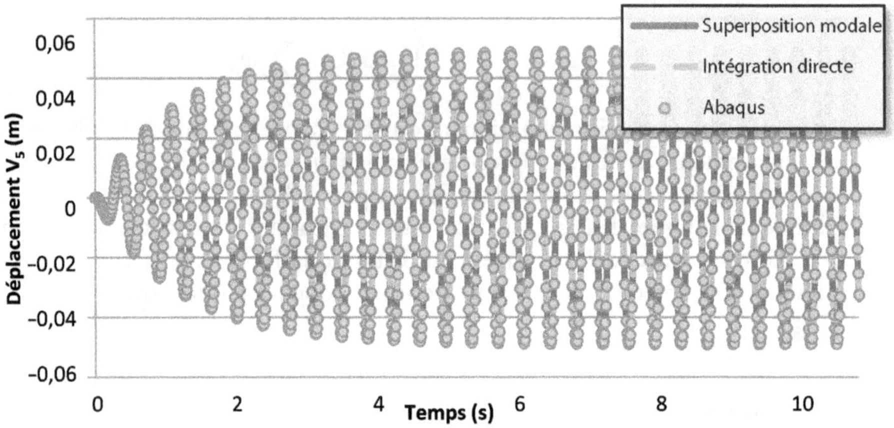

Figure 13.19 – Exemple 14 : déplacement vertical au nœud 5 pour F = 2,937 Hz.

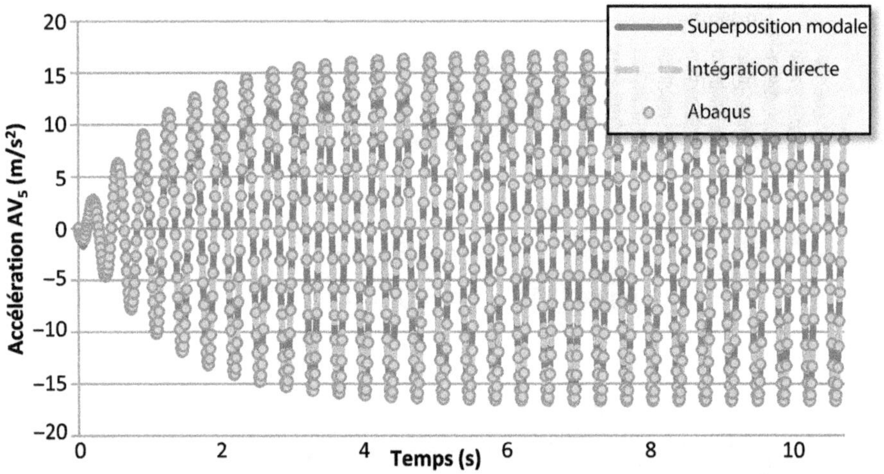

Figure 13.20 – Exemple 14 : accélération verticale au nœud 5 pour F = 2,937 Hz.

Sachant que les fréquences d'excitation retenues sont celles des deux premiers modes (2.937 Hz et 8.1 Hz), la réponse dynamique est étudiée suivant les deux méthodes développées au paragraphe 13.5 c'est-à-dire par superposition modale et intégration directe, Abaqus™ servant dans cet exemple de référentiel. Dans ces trois cas, le pas de temps est 0.01 s.

La déformée temporelle de la poutre obtenue pour une fréquence de 2.937 Hz (cf. figure 13.21) correspond bien à un ventre latéral vers le haut ou vers le bas de forme similaire à celle du premier mode (cf. figure 13.15). Il en est de même pour la réponse à la deuxième fréquence de 8.1 Hz qui coïncide avec la déformée du deuxième mode.

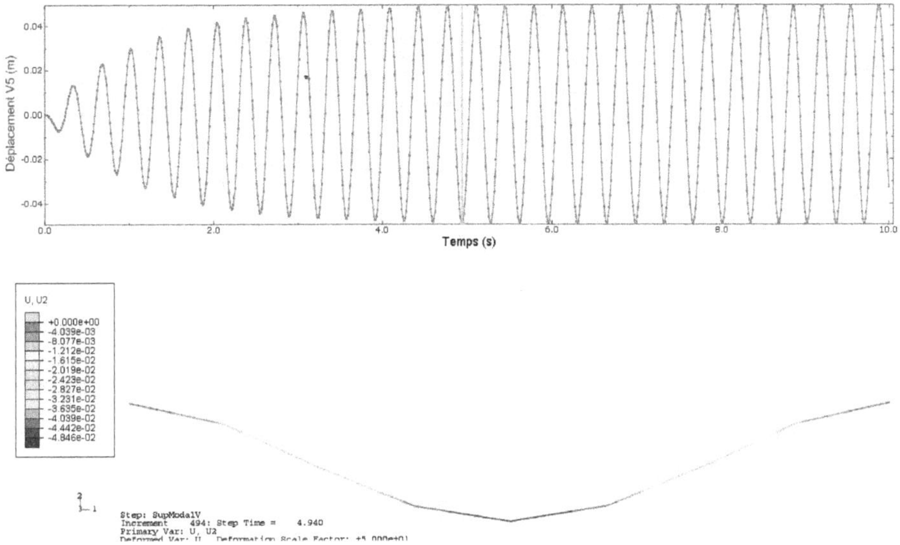

Figure 13.21 – Exemple 14 : déformée à $t = 4.94$ s pour $F = 2.937$ Hz (Abaqus).

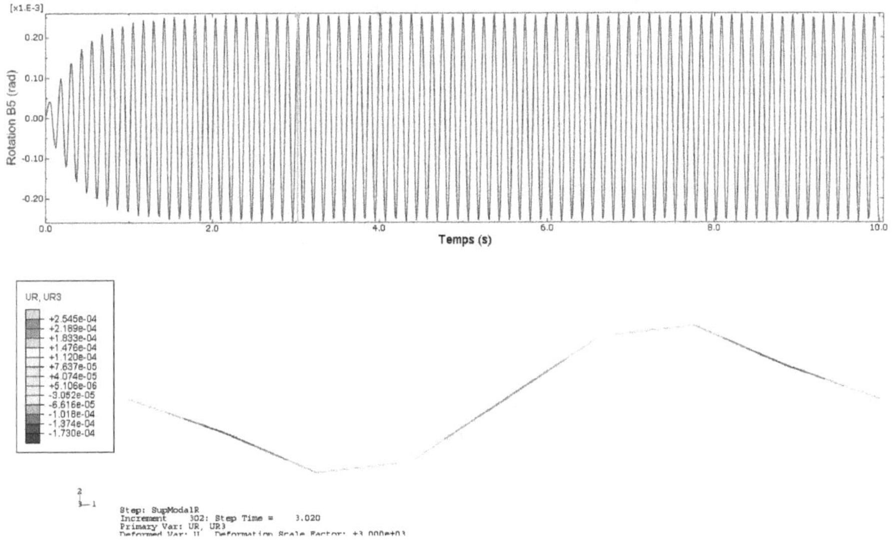

Figure 13.22 – Exemple 14 : déformée à $t = 3.02$ s pour $F = 8.1$ Hz (Abaqus).

■ Méthode par superposition modale

Le calcul par superposition modale est effectué en considérant la totalité des quatorze modes. Cependant, la réponse de chacun des oscillateurs (13.38) n'a pas été calculée à partir de l'intégrale de Duhamel (13.39) mais tout simplement en résolvant de manière analytique l'équation différentielle correspondante, ce qui donne pour le i[e] oscillateur amorti :

$$Y_i(t) = \frac{f_i}{k_i} \cdot \frac{1}{(1-\beta^2)^2 + (2 \cdot \xi \cdot \beta)^2} \cdot \left[\begin{array}{l} e^{-\xi \cdot \omega_i \cdot t} \left(\frac{\omega_i \cdot \beta \cdot (2 \cdot \xi^2 - 1 + \beta^2)}{\omega_D} \cdot \sin(\omega_{Di} \cdot t) + 2 \cdot \xi \cdot \beta \cdot \cos(\omega_{Di} \cdot t) \right) \\ +(1-\beta^2) \cdot \sin(\Omega \cdot t) - 2 \cdot \xi \cdot \beta \cdot \cos(\Omega \cdot t) \end{array} \right] \tag{13.92}$$

avec $\omega_{Di} = \omega_i . \sqrt{1 - \xi_i^2}$, $\beta = \Omega \, / \, \omega_i$ et f issu de (13.90).

Méthode par intégration directe et traitement de l'amortissement

L'intégration directe est quant à elle conduite en considérant les paramètres les plus courants de β et γ soit $\frac{1}{4}$ et $\frac{1}{2}$. Le choix du pas de temps conditionne dans ce cas la précision (pas la stabilité) de la méthode. Il est généralement admis que celui-ci ne doit pas excéder le dixième de la période fondamentale.

Le calcul de la matrice d'amortissement de Rayleigh développée au paragraphe 13.5.2 est basé sur les modes 1 et 3 ce qui permet de déduire : $\alpha = 1.5579$ et $\delta = 0.000844$. Il est néanmoins important de signaler que la méthode de Newmark intègre naturellement un amortissement numérique qui est nul lorsque γ vaut $\frac{1}{2}$ et croissant au fur et à mesure que γ augmente. Il traduit le fait qu'une structure a toujours une réponse amortie. Il n'a cependant aucune correspondance avec l'amortissement structurel. Certains programmes de calcul proposent de plus une évolution du traitement de l'amortissement numérique appelée schéma HTT (Hilber – Hugues – Taylor) ou méthode α qui permet de filtrer les composantes de hautes fréquences. Tout en conservant les propriétés de la méthode de Newmark, les valeurs β et γ sont déduites des relations : $\gamma = \frac{1}{2} + \alpha$ et $\beta = \frac{1}{4} \cdot (1 + \alpha)^2$ et donc d'un seul paramètre α compris entre 0 et $\frac{1}{3}$. Le schéma HTT revient à celui de Newmark lorsque α est nul. Dans le cas contraire, les composantes de hautes fréquences du signal qui n'ont pas réellement de sens physique, sont amorties plus fortement que leurs consœurs de basses fréquences.

Comparaison des résultats

Les résultats obtenus par les deux méthodes pour une fréquence d'excitation concomitante à celle du 1er mode mettent bien en évidence une résonance d'amplitude comparable aux valeurs prévues par le calcul harmonique.

Pour ce qui concerne la superposition modale, ceci est rendu possible par le nombre de modes choisi (14) qui correspond en fait à la totalité des modes permis par la discrétisation[1]. Cependant, cette approche n'est guère envisageable généralement car les cas réels possèdent un grand nombre de DDL et donc un

1. 14 DDL libres = 14 modes. D'une manière générale, il y a autant de modes potentiels que de DDL libres.

grand nombre de modes potentiels. Le choix du nombre de modes pour la superposition modale est donc délicat dans la mesure où leur extraction peut être longue (du fait des méthodes de résolution utilisées). Une première approche consiste à tâtonner en faisant varier ce nombre jusqu'à obtention d'une convergence des valeurs des pics de réponses. Il faut se souvenir cependant que la base modale doit couvrir obligatoirement la plage de fréquences étudiées. En d'autres termes, la fréquence d'excitation ne doit pas se situer en dehors de celles extraites lors de l'analyse modale. Le choix de ce nombre de modes pourra également se faire en se basant sur les masses effectives des modes dont la somme devra permettre de retrouver la masse de la structure dans une direction donnée. Par exemple et pour une excitation suivant X, Y ou Z, on retiendra le nombre de modes permettant d'atteindre 90 % de la masse de la structure. C'est généralement un bon indicateur.

Nous avons développé la méthode par intégration directe dans un cas de dynamique linéaire. En fait et bien que les résultats soient conformes à ceux obtenus par superposition modale, cette méthode n'est pas recommandée dans ce domaine en raison de temps de calcul généralement plus conséquents. Ceci s'explique par la résolution à chaque instant de (13.54) et le reconditionnement des matrices afférentes. On préférera donc la méthode par superposition modale en dynamique linéaire. Inversement et en présence de problèmes non linéaires géométriques ou matériels, la méthode de Newmark s'imposera d'elle même, la superposition modale n'étant plus adaptée du fait des variations de la matrice $[K]$. Dans ce cas de figure, on insérera un processus de résolution de type Newton-Raphson ou longueur d'arc dans celle de (13.54). On itérera donc sur les pas de temps mais également sur les incréments de charges. La convergence se faisant à la fois sur le temps et les charges, une forte variation des sollicitations impliquera immanquablement des pas de temps de faibles durées. En effet et si on considère comme raisonnable des pas de temps de l'ordre de 10^{-2} s en dynamique linéaire, 10^{-3} s voire beaucoup moins seront des valeurs assez fréquemment rencontrées en dynamique non linéaire. Les calculs correspondants étant de fait longs, c'est pour cette raison que les éditeurs de logiciels du marché ont cherché à les minimiser en développant des algorithmes automatiques d'optimisation de la longueur du pas de temps[1].

1. Automatic Time Stepping.

13.9 Exemple 15 : étude d'un bâtiment soumis à un séisme

Figure 13.23 – Exemple 15 : bâtiment régulier soumis à un séisme.

Ce bâtiment d'habitation en béton armé[1] d'une hauteur totale de 30 m comporte 12 étages (cf. figure 13.23). Ses dimensions à la base sont respectivement de 25 et 15 mètres suivant X et Z[2]. Des poteaux carrés de 30 cm de côtés répartis horizontalement tous les 5 m supportent les planchers. Ceux-ci sont reliés deux à deux par des poutres de hauteur 50 cm et largeur 30 cm. La dalle d'un plancher d'épaisseur de 30 cm est donc composée de quinze carrés élémentaires de 5 m de coté. Enfin, la stabilité de l'ouvrage est assurée par un noyau carré de 5,3 m de côtés[3] situé au centre du bâtiment et constitué de voiles en béton armé de 30 cm d'épaisseur.

Le but de l'analyse est d'établir les déplacements et efforts dans la structure en se basant sur le spectre de dimensionnement de la figure 13.24 et un amortissement de 5 % :

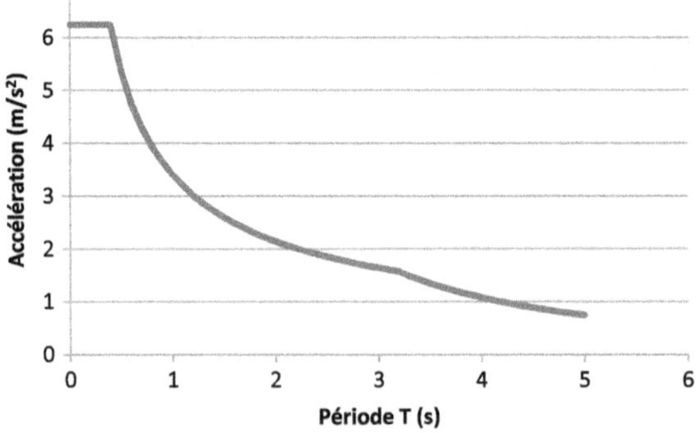

Figure 13.24 – Exemple 15 : spectre de dimensionnement (ξ = 5 %).

1. $E = 2\ 10^{10}\ N/m^2$, $\nu = 0.2$, $\rho = 2500\ kg/m^3$.
2. L'axe vertical du bâtiment est l'axe Y.
3. 5 m à la fibre moyenne.

13.9.1 Modèle brochette

Cet ouvrage étant parfaitement symétrique et donc régulier, une première approche consiste à modéliser ce bâtiment sous la forme d'une poutre équivalente de type console. Ce modèle appelé « modèle brochette » revient à réduire la rigidité des étages à celle du noyau et à représenter les planchers sous la forme de masses ponctuelles.

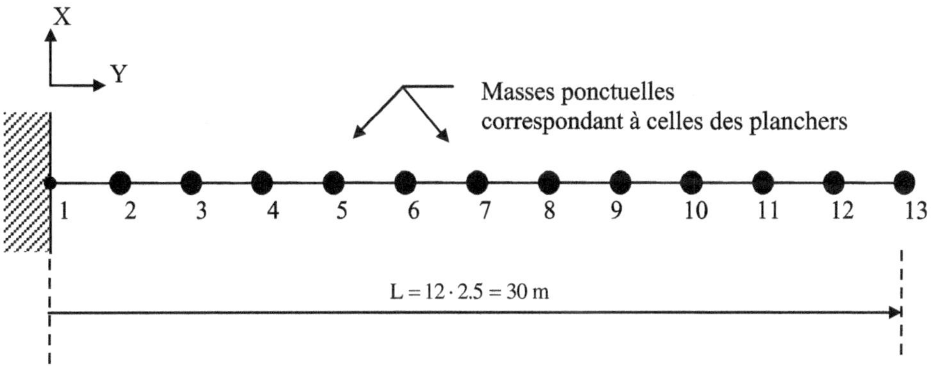

Figure 13.25 – Exemple 15 : modèle brochette

Matrice de rigidité

Le noyau correspondant à un tube carré de 5.3 m de côté et 0.3 m d'épaisseur, son inertie suivant les deux axes de flexion X et Z vaut :

$$I_X = I_Z = \frac{5.3^4 - 4.7^4}{12} = 25.09m^4 \qquad (13.93)$$

Sa section S est égale à 6 m^2. Enfin, son inertie de torsion correspond à celle des sections fermées en torsion libre, soit :

$$I_Y = \frac{4A^2}{\sum_{i=1}^{n} \frac{l_i}{e_i}} = \frac{4 \cdot (5 \cdot 5)^2}{\sum_{i=1}^{4} \frac{5}{0.3}} = 37.5m^4 \qquad (13.94)$$

avec A correspondant à l'aire inscrite[1], l_i, e_i respectivement la longueur et l'épaisseur du segment i.
Les valeurs (13.93) et (13.94) remplaceront les inerties I_y, I_z et J dans la formulation de la matrice de rigidité de l'élément poutre tridimensionnelle établie en (6.38). Cependant, celle-ci ne prendra pas en compte dans un premier temps les effets dus à l'effort tranchant (i.e. les sections d'effort tranchant seront prises égales à zéro).

1. Qui se calcule à la fibre moyenne.

■ Matrice de masse

Comme pour la matrice de rigidité, le passage à la troisième dimension revient à une copie (au signe près) de la matrice de masse (13.89) pour le plan xz et à l'ajout d'une matrice de masse en rotation liée à la torsion dont l'expression est la suivante[1] :

$$[M_{ex}] = \frac{\rho \cdot I_P \cdot L}{6} \cdot \begin{bmatrix} 2 & 1 \\ 1 & 2 \end{bmatrix} \qquad (13.95)$$

avec $I_P = \int_S r^2 \cdot dS = \int_S (y^2 + z^2) \cdot dS = I_y + I_z$ moment d'inertie polaire.

La matrice de masse tridimensionnelle $[M_e]$ (13.96) comportera comme pour la matrice $[k_e]$ 12 × 12 termes.

$$[M_e] = \rho \cdot S \cdot L \cdot \begin{bmatrix}
\frac{1}{3} & 0 & 0 & 0 & 0 & 0 & \frac{1}{6} & 0 & 0 & 0 & 0 & 0 \\
0 & \frac{156}{420} & 0 & 0 & 0 & \frac{22L}{420} & 0 & \frac{54}{420} & 0 & 0 & 0 & -\frac{13L}{420} \\
0 & 0 & \frac{156}{420} & 0 & -\frac{22L}{420} & 0 & 0 & 0 & \frac{54}{420} & 0 & \frac{13L}{420} & 0 \\
0 & 0 & 0 & \frac{I_P}{3S} & 0 & 0 & 0 & 0 & 0 & \frac{I_P}{6S} & 0 & 0 \\
0 & 0 & -\frac{22L}{420} & 0 & \frac{4L^2}{420} & 0 & 0 & 0 & -\frac{13L}{420} & 0 & -\frac{3L^2}{420} & 0 \\
0 & \frac{22L}{420} & 0 & 0 & 0 & \frac{4L^2}{420} & 0 & \frac{13L}{420} & 0 & 0 & 0 & -\frac{3L^2}{420} \\
\frac{1}{6} & 0 & 0 & 0 & 0 & 0 & \frac{1}{3} & 0 & 0 & 0 & 0 & 0 \\
0 & \frac{54}{420} & 0 & 0 & 0 & \frac{13L}{420} & 0 & \frac{156}{420} & 0 & 0 & 0 & -\frac{22L}{420} \\
0 & 0 & \frac{54}{420} & 0 & -\frac{13L}{420} & 0 & 0 & 0 & \frac{156}{420} & 0 & \frac{22L}{420} & 0 \\
0 & 0 & 0 & \frac{I_P}{6S} & 0 & 0 & 0 & 0 & 0 & \frac{I_P}{3S} & 0 & 0 \\
0 & 0 & \frac{13L}{420} & 0 & -\frac{3L^2}{420} & 0 & 0 & 0 & \frac{22L}{420} & 0 & \frac{4L^2}{420} & 0 \\
0 & -\frac{13L}{420} & 0 & 0 & 0 & -\frac{3L^2}{420} & 0 & -\frac{22L}{420} & 0 & 0 & 0 & \frac{4L^2}{420}
\end{bmatrix} \qquad (13.96)$$

1. La similitude entre matrices de rigidité de traction-compression (5.1) et de torsion (6.30) se retrouve pour les matrices de masse (13.76) et (13.95).

Tableau 13.5 – Exemple 15 : Bilan des masses.

			Base			
Dimensions	***L*** **(m)**	***l*** **(m)**	***h*** **(m)**	**Nombre**	**Masse (kg)**	
Noyau	5.00	0.30	1.25	4	18750	
Poteaux	0.30	0.30	1.25	20	5625	
				Total	24375	
			Étage courant			
Dimensions	***L*** **(m)**	***l*** **(m)**	***h*** **(m)**	**Nombre**	**Masse (kg)**	
Poutres	5.00	0.30	0.50	34	63750	
Dalles	25.00	15.00	0.30	1	262500	
Poteaux	0.30	0.30	2.50	20	11250	**326250**
Noyau	5.00	0.30	2.50	4	37500	
				Total	375000	
			Toit			
	L **(m)**	***l*** **(m)**	***h*** **(m)**	**Nombre**	**Masse (kg)**	
Poutres	5.00	0.30	0.50	34	63750	
Dalles	25.00	15.00	0.30	1	262500	
Poteaux	0.30	0.30	1.25	20	5625	**326250**
Noyau	5.00	0.30	1.25	4	18750	
				Total	350625	
				Total	**4500000**	**4365000**

Considérant que les poteaux ne participent pas à la masse mise en mouvement par le noyau, les planchers qui comprennent les poutres et dalles, seront représentés sous forme de masses ponctuelles de 326 250 kg (cf. tableau 13.5). De plus et afin d'évaluer le mouvement de torsion du bâtiment autour de l'axe Y, il est nécessaire de calculer le moment d'inertie des masses en rotation dont l'expression générique est la suivante :

$$m_Y = \int_V r^2 \cdot dm \qquad (13.97)$$

Pour une plaque rectangulaire de côtés a, b et d'épaisseur e, l'expression (13.97) devient après calcul de l'intégrale :

$$m_Y = \rho \cdot e \cdot \int_S (x^2 + z^2) \cdot dx \cdot dz = \frac{1}{12} \cdot \rho \cdot e \cdot a \cdot b \cdot (a^2 + b^2) \quad (13.98)$$

Une première approche consistera à prendre en compte uniquement la dalle de 30 cm d'épaisseur et donc de négliger les poutres[1]. Une comparaison avec les résultats du modèle tridimensionnel du paragraphe 13.9.2 démontrera un décalage supérieur à 10 % des valeurs de fréquences modales de torsion. Un calcul plus précis intégrant les autres éléments (poteaux, poutres, noyau) permet d'obtenir la valeur de 27 769 678 kg.m (cf. tableau 13.6).

Tableau 13.6 – Exemple 15 : Moment d'inertie des masses en rotation.

	L (m)	*h* (m)	*e* (m)	Masse (kg)	Moment inertie des masses en rotation (kg.m)
Masse poutre	5	0.5	0.3	1875	3920.3
Masse poteau	2.5	0.3	0.3	562.5	8.4
Masse noyau	5	0.3	2.5	9375	19601.6

	a (m)	*b* (m)	*e* (m)	Moment inertie des masses en rotation (kg.m)	
Dalle seule épaisseur 0.3 m	25.00	15.00	0.30	19921875.0	19921875.0 kg.m

Poutres / *Z*	*M* (kg)	*X* (m)	*Z* (m)	$M^*(X^2 + Z^2)$			
1	1875	12.5	5	343764.1			
2	1875	12.5	0	296889.1			
3	1875	12.5	–5	343764.1			
4	1875	7.5	5	156264.1		+	
5	1875	7.5	0	109389.1			
6	1875	7.5	–5	156264.1			
7	1875	2.5	5	62514.1			
8	1875	2.5	–5	62514.1			
			Total	1531362.5	× 2 =	3062725	kg.m

1. Dans ce cas, m_Y vaut 19921875 kg.m.

Tableau 13.6 – Exemple 15 : Moment d'inertie des masses en rotation (*suite*).

Poutres / X	M (kg)	X (m)	Z (m)	$M^*(X^2 + Z^2)$			
1	1875	10	7.5	296889.1			
2	1875	5	7.5	156264.1			
3	1875	0	7.5	109389.1			
4	1875	–5	7.5	156264.1			
5	1875	–10	7.5	296889.1		+	
6	1875	10	2.5	203139.1			
7	1875	5	2.5	62514.1			
8	1875	–5	2.5	62514.1			
9	1875	–10	2.5	203139.1			
			Total	1547001.6	x 2	3 094 003.13	kg.m

Poteaux	M (kg)	X (m)	Z (m)	$M^*(X^2 + Z^2)$			
1	562.5	12.5	7.5	119539.7			
2	562.5	12.5	2.5	91414.7			
3	562.5	12.5	–2.5	91414.7			
4	562.5	12.5	–7.5	119539.7		+	
5	562.5	7.5	7.5	63289.7			
6	562.5	7.5	2.5	35164.7			
7	562.5	7.5	–2.5	35164.7			
8	562.5	7.5	–7.5	63289.7			
9	562.5	2.5	7.5	35164.7			
10	562.5	2.5	–7.5	35164.7			
			Total	689146.9	x 2	1378293.75	kg.m

Noyau	9375	0	2.5	78195.3125	x 4	312781.25 = 27769678.1	kg.m

■ Sans prise en compte de l'effet de l'effort tranchant

□ Analyse modale

Tableau 13.7 – Exemple 15 : résultats de l'analyse modale (modèle brochette) – $S_1 = 0$.

			Coefficients participatifs		Masses effectives (kg)		Déformées modales
Mode	Fréq. (Hz)	ω (rad/s)	γX	γZ	meX	meZ	Type
1	1.074	6.748	$-1.667.10^3$	0	$2.778.10^6$	0	Flexion1[1] /X
2	1.074	6.748	0	$1.667.10^3$	0	$2.778.10^6$	Flexion1 / Z
3	1.3341	8.382	0	0	0	0	Torsion1[2]
4	3.9815	25.016	0	0	0	0	Torsion2
5	6.5674	41.264	0	0	0	0	Torsion3
6	6.7468	42.391	0	923.11	0	$8.521.10^5$	Flexion2 /X
7	6.7468	42.391	-923.11	0	$8.521.10^5$	0	Flexion2 / Z
				Σ =	3630352	3630352	

1. Flexion1, 2 = Flexion de 1er ordre, 2e ordre.
2. Torsion1, 2, 3 = Torsion de 1er ordre, 2e ordre, 3e ordre.

Chacune des masses ponctuelles du modèle de la figure 13.25 intègrera donc trois masses en translation suivant X, Y et Z d'une valeur de 326250 kg et une masse en rotation autour de Y de 27769678 kg.m.
Une analyse modale effectuée sur 7 modes permettra d'exciter 83 %[1] de la masse totale ce qui sera jugé suffisant dans un souci de simplification de l'étude.
Les modes 1, 2, 6 et 7 sont donc, au vu de leurs déformées modales et coefficients participatifs (cf. tableau 13.7), ceux qui intéresseront les séismes suivant X et Z. En reportant les fréquences modales de ces modes dans le spectre d'accélérations (cf. figure 13.24), on déduit que les accélérations modales seront de 3.562 m/s^2 pour les deux premiers modes et 6.25 m/s^2 pour les deux derniers.

1. 3630352/4365000 (masse totale hors poteaux) = 0.8315.

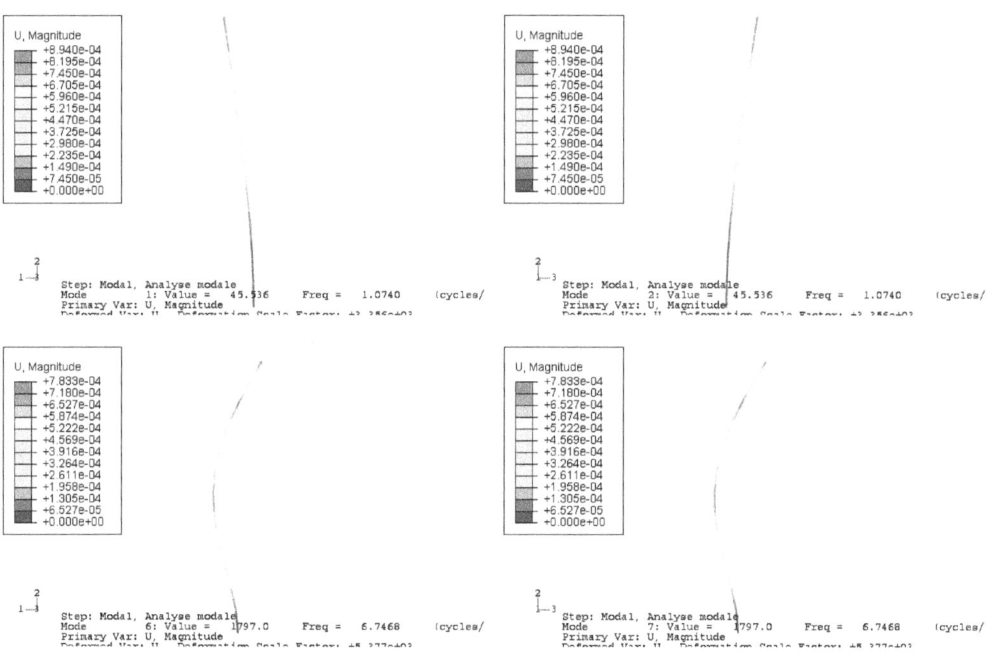

Figure 13.26 – Exemple 15 : modèle brochette – Déformées modales des modes 1,2, 6 et 7 (Abaqus).

☐ Analyse spectrale

Les déplacements modaux $\{d_i\}$ peuvent alors être déduits en appliquant (13.68) et (13.71), ce qui donne :

$$\{d_{iX,Z}\} = \frac{S_{ai}}{\omega_i^2} \cdot \gamma_{iX,Z} \cdot \{\varphi_i\} \tag{13.99}$$

avec :

- S_{ai}= 3.562 ou 6.25 m/s^2 suivant le mode i ;
- $\gamma_{iX,Z}$: coefficient participatif du mode i dans la direction X ou Z ;
- ω_i : pulsation du mode i (cf. tableau 13.7) ;
- $\{\varphi_i\}$: déformée modale du mode i.

Il est alors possible de calculer les efforts modaux $\{f_{iX,Z}\}$ dans chacun des éléments en injectant les déplacements modaux précédemment calculés dans la relation élémentaire de rigidité :

$$\{f_{iX,Z}\}_e = [k_e] \cdot \{d_{iX,Z}\}_e \tag{13.100}$$

Les modes ne projetant de la masse que dans la direction X ou Z, on choisit de combiner les modes suivant la méthode SRSS (cf. (13.73)), ce qui donne pour les déplacements :

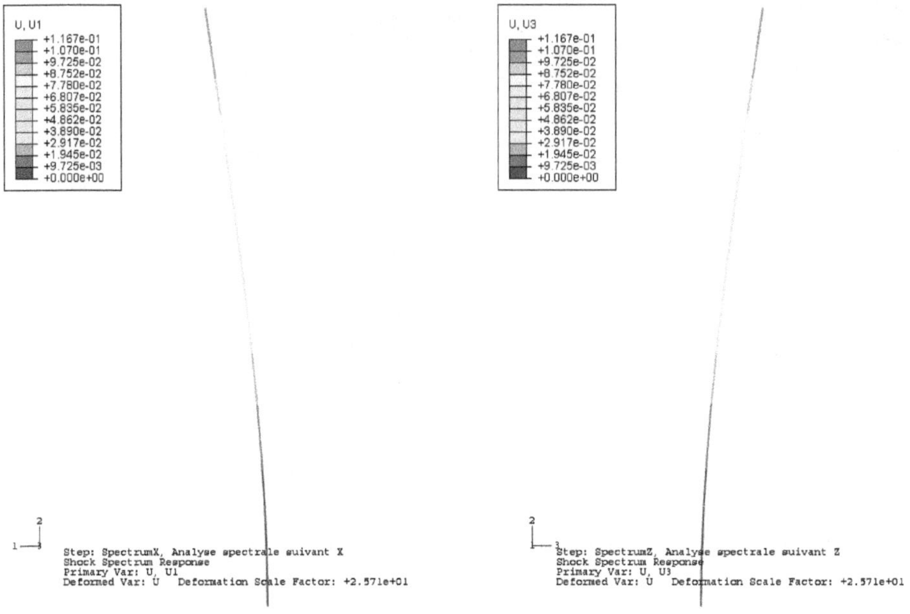

Figure 13.27 – Exemple 15 : modèle brochette – Déplacements combinés suivant X et Z (abaqus).

Les modes étant identiques dans les deux directions, les déformées spectrales le sont également, c'était prévisible. In fine et dans ce cas, le déplacement maximum au sommet de bâtiment est de 11.67 cm sous charges sismiques.

Avec prise en compte de l'effet de l'effort tranchant

On peut en effet s'interroger sur les conséquences de la non-prise en compte de l'effet de l'effort tranchant sur les valeurs modales, déplacements et efforts spectraux. Dans ce but, on reprend les calculs précédents en introduisant la section réduite du noyau dans la matrice de rigidité (6.38), soit celle d'un tube carré :

$$S_{1,(y\ ou\ z)} = \frac{5}{12} \cdot S = \frac{5}{12} \cdot 6 = 2.5m^2 \tag{13.101}$$

Analyse modale

La prise en compte de la section d'effort tranchant dans les calculs n'a bien évidemment une influence que sur les modes de flexion, faible pour les modes de 1er ordre et plus significative pour ceux de 2e. La masse totale excitée est dans ce cas portée à 87.9 % de la masse totale.

Tableau 13.8 – Exemple 15 : résultats de l'analyse modale (modèle brochette) – $S_1 = 2.5$ m².

			Coefficients participatifs		Masses effectives (kg)		Déformées modales
Mode	Fréq. (Hz)	ω (rad/s)	γX	γZ	*meX*	*meZ*	Type
1	1.0162	6.385	$-1.697 \cdot 10^3$	0	$2.881 \cdot 10^6$	0	Flexion1 /X
2	1.0162	6.385	0	$-1.697 \cdot 10^3$	0	$2.881 \cdot 10^6$	Flexion1 / Z
3	1.3341	8.382	0	0	0	0	Torsion1
4	3.9815	25.016	0	0	0	0	Torsion2
5	5.0047	31.445	0	977.348	0	$9.552 \cdot 10^5$	Flexion2 /X
6	5.0047	31.445	977.348	0	$9.552 \cdot 10^5$	0	Flexion2 / Z
7	6.5674	41.264	0	0	0	0	Torsion3
				Σ =	3836210	3836210	

□ **Analyse spectrale**

Les accélérations modales étant désormais de 3.4318 m/s² pour les deux premiers modes et de 6.25 m/s² pour les modes 5 et 6, la combinaison quadratique de type SRSS fait apparaitre une déformée d'amplitude maximale de 12.49 cm similaire à celle de la figure 13.27.

Le rapport entre les cas avec et sans prise en compte de l'effet de l'effort tranchant correspond à une augmentation des déplacements (de 7,6 %) qui s'explique par la baisse de rigidité due aux termes $1/(1+\phi)$ de la matrice (6.38).

13.9.2 Modèle tridimensionnel

L'analyse spectrale est effectuée avec le logiciel Effel et le spectre de dimensionnement de la figure 13.24. Le modèle tridimensionnel reconstitue le plus fidèlement possible le bâtiment en prenant en compte des éléments poutres pour les poteaux[1] et poutres[2], des éléments membranes pour les dalles et voiles. La modélisation comporte près de 300 nœuds et 850 éléments filaires et surfaciques. Préalablement au calcul spectral, une analyse modale est conduite afin d'évaluer l'influence des différents modes propres de cette structure. Les résultats correspondants sont résumés dans le tableau 13.9.

1. Ils sont bi-articulés pour ne pas participer à la rigidité transversale et ainsi permettre la correspondance avec le modèle brochette. Généralement, on préférera les encastrer à leurs bases et les articuler à leurs sommets.
2. Au sens constructif du terme.

■ Analyse modale

La masse du bâtiment étant de 4500 tonnes, le total des masses effectives suivant X et Z avec 11 modes pris en compte correspond à 87.3 % de la masse totale de l'ouvrage. On notera cependant que les deux premiers modes ont une masse effective correspondant à près de 66 % de cette valeur.

Les déformées modales des deux premiers modes (cf. tableau 13.9) correspondent à celles des deux modes fondamentaux de flexion[1]. De par leurs déplacements latéraux[2] et comme vu précédemment, ce sont ceux qui mettent en jeu les plus grandes masses effectives. Ils sont de mêmes fréquences car seul le noyau assure la rigidité du bâtiment, les poteaux n'y participant quasiment pas. Le choix d'une articulation à leurs deux extrémités fait que ces fréquences sont parfaitement confondues.

Les deux modes de torsion d'ordres 1 et 2 qui suivent, ont des coefficients participatifs nuls, les masses projetées suivant X et Z s'auto annulant.

Les modes 5, 6, 7, 8 et 9 sont des modes de « pompage » associant une traction ou une compression dans les poteaux à une légère flexion latérale de l'ouvrage. Leurs déformées ne peuvent être par nature retranscrites par le modèle brochette.

Tableau 13.9 – Exemple 15 : résultats de l'analyse modale (modèle tridimensionnel).

			Coefficients participatifs		**Masses effectives (kg)**	
Mode	**Fréq. (Hz)**	**ω (rad/s)**	**γX**	**γZ**	**meX**	**meZ**
1	1.032	6.481	$-1.724\cdot10^{+3}$	$3.000\cdot10^{-4}$	$2.972\cdot10^{+6}$	$9.030\cdot10^{-8}$
2	1.032	6.484	$-3.000\cdot10^{-4}$	$-1.724\cdot10^{+3}$	$9.030\cdot10^{-8}$	$2.972\cdot10^{+6}$
3	1.275	8.013	$1.610\cdot10^{-7}$	$-4.530\cdot10^{-8}$	0.000	0.000
4	3.738	23.486	$1.090\cdot10^{-3}$	$6.980\cdot10^{-4}$	$1.200\cdot10^{-6}$	$4.870\cdot10^{-7}$
5	4.316	27.118	$-6.305\cdot10^{+1}$	$3.870\cdot10^{-3}$	$3.975\cdot10^{+3}$	$1.500\cdot10^{-5}$
6	4.321	27.149	$2.000\cdot10^{-2}$	$-1.480\cdot10^{-3}$	$3.490\cdot10^{-4}$	$2.190\cdot10^{-6}$
7	4.760	29.907	$-5.000\cdot10^{-2}$	$-6.082\cdot10^{+1}$	$2.160\cdot10^{-3}$	$3.699\cdot10^{+3}$
8	4.918	30.900	$-5.700\cdot10^{-1}$	$5.000\cdot10^{-1}$	$3.200\cdot10^{-1}$	$2.500\cdot10^{-1}$
9	4.986	31.330	2.63	2.66	6.91	7.050
10	5.068	31.846	−1.29	$9.955\cdot10^{+2}$	1.67	$9.909\cdot10^{+5}$
11	5.098	32.031	$-9.917\cdot10^{+2}$	−1.280	$9.835\cdot10^{+5}$	1.630
				Σ =	3959235	3966162

1. Que l'on qualifie également de modes d'ordre 1.
2. Toute la masse est projetée dans le sens positif ou négatif.

Enfin, les deux derniers correspondent aux modes de flexion d'ordre 2. Leurs coefficients participatifs sont beaucoup plus faibles puisqu'ils projettent de la masse à la fois dans les sens positif et négatif.
Les modes qui intéresseront les cas de charges sismiques suivant X et Z seront donc principalement les modes 1, 2, 10 et 11 qui, suivant le spectre de la figure 13.24, correspondent à des accélérations modales de 3.469 et 6.25 m/s^2.

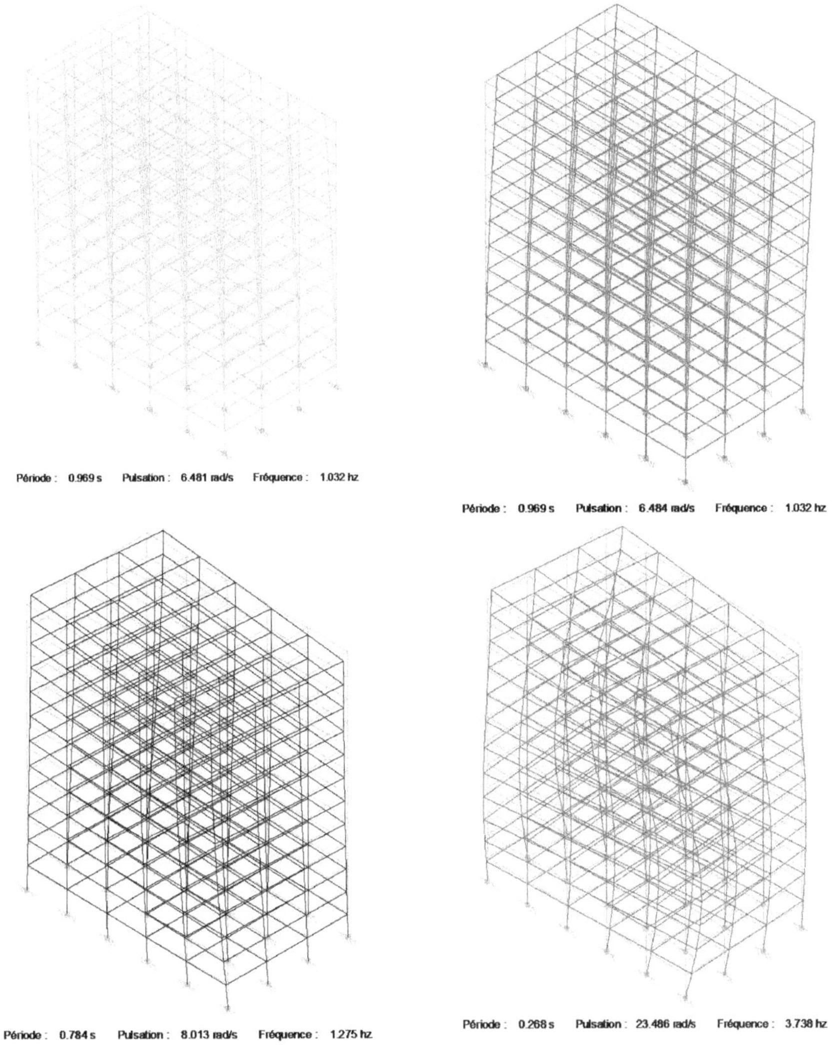

Figure 13.28 – Exemple 15 : Modes 1 à 4 (Effel).

La comparaison des résultats modaux des modèles brochette et tridimensionnel (tableaux 13.8 et 13.9) permet de mettre en évidence une très bonne correspondance des modes de flexion et de torsion tant au niveau des fréquences propres que des déformées modales. Il faut néanmoins préciser que celle-ci est rendue possible grâce au caractère régulier du bâtiment et à la condensation précise des masses (en translation mais surtout en rotation) qui permettent au modèle brochette d'être une bonne représentation de la modélisation tridimensionnelle. Ce n'est pas toujours le cas. Enfin, on notera l'importance de la prise en compte de la déformation d'effort tranchant dans notre modèle brochette qui, dans le cas contraire aurait conduit à une surévaluation des fréquences des modes de flexion d'ordre 2.

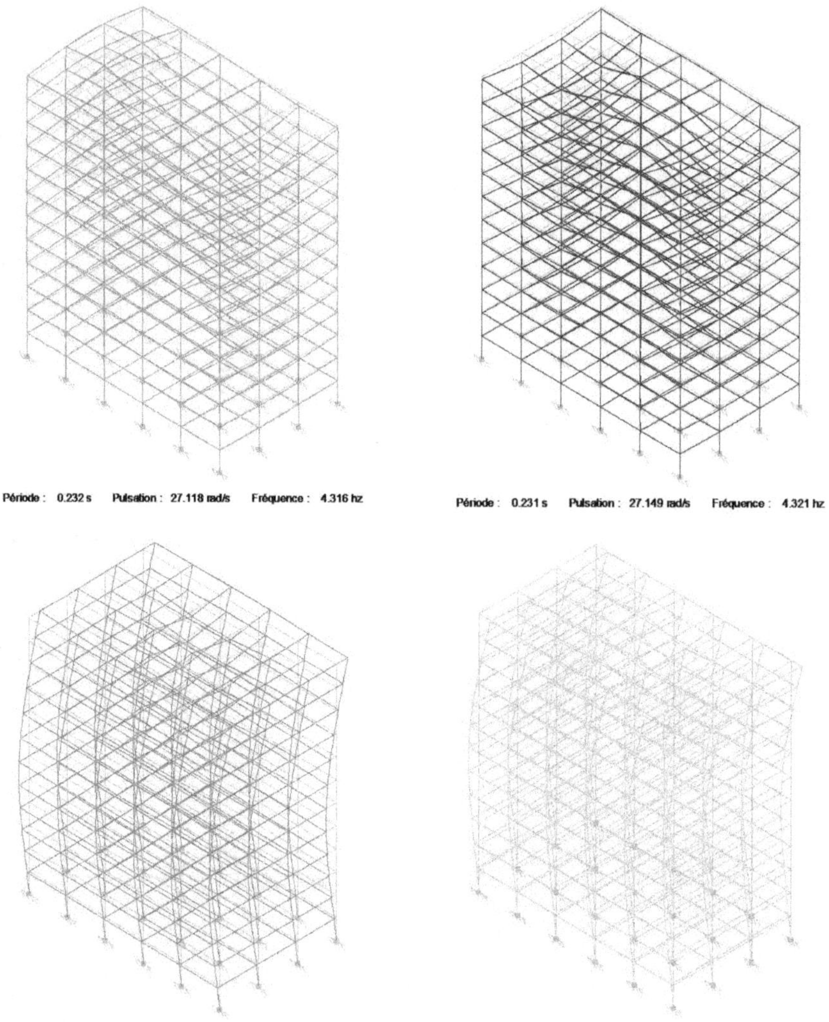

Figure 13.29 – Exemple 15 : Modes 5, 6, 10 à 11 (Effel).

Analyse spectrale

Les modes étant indépendants[1], la méthode SRSS (cf. équation 13.73) de combinaison des modes sera suffisante pour évaluer les déformées sous charges sismiques.

1. Les coefficients participatifs du tableau 13.9 font apparaitre des projections de masses uniquement suivant X ou Z.

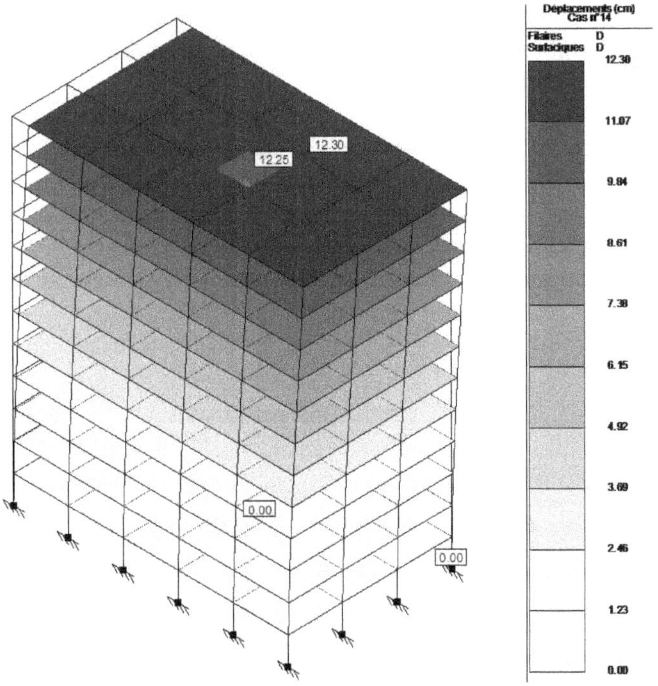

Figure 13.30 – Exemple 15 : déplacements spectraux suivant X (Effel).

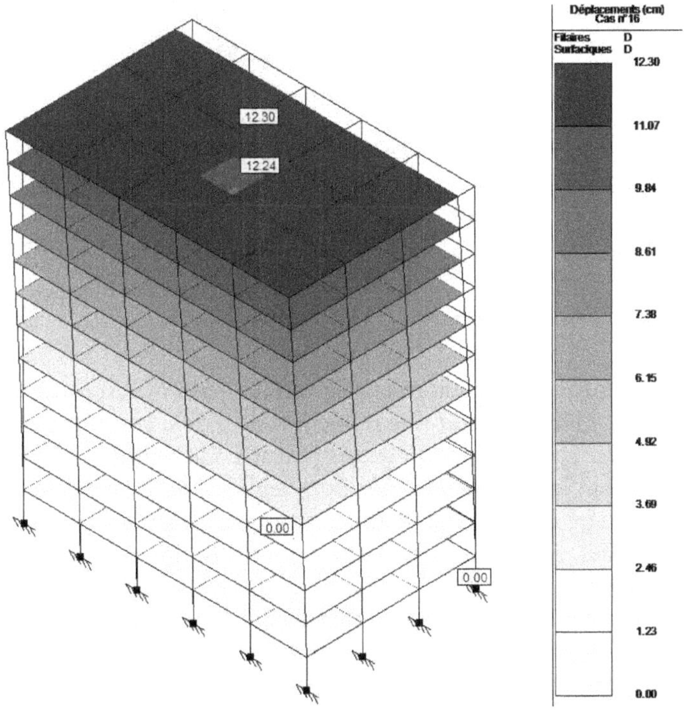

Figure 13.31 – Exemple 15 : déplacements spectraux suivant Z (Effel).

Les déplacements spectraux des modèles brochette et tridimensionnel sont tout à fait comparables. Le fait d'avoir réduit la rigidité du bâtiment à celle du noyau est donc représentatif de son comportement.

Deux points essentiels ont été néanmoins nécessaires pour obtenir ce résultat. D'une part, la prise en compte de l'effort tranchant dans le modèle brochette et d'autre part l'introduction de poteaux bi-articulés dans le modèle 3D ce qui a permis de ne pas faire participer les poteaux à la flexion. Il est cependant admis de les encastrer à leurs bases et de les articuler à leurs sommets. Dans ce cas, les valeurs et réponses modales (cf. tableau 13.10) en sont légèrement affectées.

Tableau 13.10 – Exemple 15 : résultats de l'analyse modale (modèle tridimensionnel).

			Coefficients participatifs		Masses effectives (kg)	
Mode	**Fréq. (Hz)**	**ω (rad/s)**	γX	γZ	*meX*	*meZ*
1	1.075	6.753	$-1.729 \cdot 10^{+3}$	$5.120 \cdot 10^{-4}$	$2.989 \cdot 10^{+6}$	$2.620 \cdot 10^{-7}$
2	1.075	6.754	$5.120 \cdot 10^{-4}$	$1.729 \cdot 10^{+3}$	$2.620 \cdot 10^{-7}$	$2.989 \cdot 10^{+6}$
3	1.304	8.191	$-1.690 \cdot 10^{-7}$	$7.830 \cdot 10^{-8}$	0.000	$0.000 \cdot 10^{+0}$
4	3.824	24.028	$-4.810 \cdot 10^{-3}$	$2.780 \cdot 10^{-3}$	$2.310 \cdot 10^{-5}$	$7.740 \cdot 10^{-6}$
5	4.356	27.367	$7.325 \cdot 10^{+1}$	$1.290 \cdot 10^{-3}$	$5.365 \cdot 10^{+3}$	$1.670 \cdot 10^{-6}$
6	4.360	27.392	$1.000 \cdot 10^{-2}$	$-4.420 \cdot 10^{-3}$	$6.640 \cdot 10^{-5}$	$1.950 \cdot 10^{-5}$
7	4.845	30.441	$-2.200 \cdot 10^{-1}$	$-2.297 \cdot 10^{+2}$	$5.000 \cdot 10^{-2}$	$5.275 \cdot 10^{+4}$
8	5.055	31.760	3.030	−1.780	9.190	3.190
9	5.068	31.842	9.430	−6.980	$8.891 \cdot 10^{+1}$	$4.875 \cdot 10^{+1}$
10	5.136	32.268	$1.935 \cdot 10^{+1}$	$9.634 \cdot 10^{+2}$	$3.746 \cdot 10^{+2}$	$9.281 \cdot 10^{+5}$
11	5.157	32.400	$-9.875 \cdot 10^{+2}$	$1.815 \cdot 10^{+1}$	$9.751 \cdot 10^{+5}$	$3.293 \cdot 10^{+2}$
				Σ =	3970323	3969775

Les maximums des déplacements spectraux passent respectivement suivant X et Z à 11.63 et 11.62 cm, soit une réduction de 5.5 % par rapport au cas avec poteaux bi-articulés. La participation de ces poteaux à la rigidité de l'ouvrage est donc relativement faible mais néanmoins non négligeable. Le modèle brochette doit donc être considéré comme une première approche de dimensionnement ou un référentiel de calcul. Attention cependant à son utilisation qui est réservée aux bâtiments respectant certains critères de régularité très souvent réglementaires.

Enfin, on comprend mieux l'importance de la conception du contreventement dans le comportement d'un bâtiment soumis à des sollicitations sismiques. En effet, l'ajout de voiles en béton armé judicieusement positionnés permettra assurément de rigidifier l'ouvrage et ainsi de réduire de manière sensible les déplacements constatés.

BIBLIOGRAPHIE

[1] MIRANVILLE, Alain et TEMAM, Roger. *Modélisation mathématique et mécanique des milieux continus* . s.l. : Springer, 2000.

[2] BAZERGUI, A., BUI-QUOC, T., BIRON, A., MCINTYRE, G., LABERGE, C. *Résistance des Matériaux – 2e édition*. s.l. : École Polytechnique de Montréal, 1993.

[3] DHATT, G. et TOUZOT, G. *Une présentation de la méthode des élément finis*. s.l. : Maloine, 1981.

[4] PILKEY, WALTER D. et PILKEY, DEBORAH F. *Peterson's Stress Concentration Factors* – 3rd Edition. s.l. : Wiley, 2008.

[5] PRAT, M. *La modélisation des ouvrages*. s.l. : Hermès, 1995.

[6] TIMOSHENKO, S. *Theory of Plates and Shells* – 2nd Edition. s.l. : McGraw-Hill, 1959.

[7] IMBERT, J.F. *Analyse des structures par éléments finis*. s.l. : Cepadues, 1995.

[8] BATOZ J.L., DHATT G. *Modélisation des structures par élément finis* – Vol.3 – Coques. s.l. : Hermès, 1992.

[9] TIMOSHENKO, S.P. et GERE, J.M. *Theory of Elastic Stability*. s.l. : McGraw-Hill, 1963.

[10] ZIENKIEWICZ, O.C. et TAYLOR, R.L. *The Finite Element Method For Solid and Structural Mechanics* – 6th Edition. s.l. : Elsevier Butterworth – Heinemann, 2005.

[11] CRISFIELD, M.A. *Non-Linear Finite Element Analysis of Solids and Structures* – Essentials – Vol.1. s.l. : John Wiley & Sons, 1991.

[12] A fast incremental/iterative solution procedure that handles snap-through. *Computer and Structures*. 1981, 13, pp. 55-62.

[13] BATOZ J.L., DHATT G. Incremental displacement algorithms for nonlinear problems. *International Journal for Numerical Methods in Engineering*. 1979, 14, pp. 1262-1266.

[14] Riks, E. An incremental approach to the solution of snapping and buckling problems. *International Journal of Solids and Structures.* 1979, 15, pp. 529-551.

[15] Wempner, G.A. Discrete approximation related to non linear theory of solids. *International Journal of Solids and Structures.* 1971, 7, pp. 1581-1599.

[16] Hinton, E. *Introduction to Non Linear Finite Element Analysis, National Agency For Finite Elements.* s.l. : NAFEMS, 1990.

[17] De Souza Neto, E.A. et Feng, Y.T. On the determination of the path direction for arc-length methods in the presence of bifurcations and "snap-backs". *Computer Methods in Applied Mechanics and Engineering.* 1999, 179, pp. 81-89.

[18] Bathe, K. J. *Finite Element Procedures in Engineering Analysis.* s.l. : Prentice – Hall, 1982.

[19] Crisfield, M.A. *Non-Linear Finite Element Analysis of Solids and Structures – Advanced Topics* – Vol. 2. s.l. : John Wiley & Sons, 1997.

[20] Lescouarc'h, Yvon. *Calcul en plasticité des structures.* s.l. : COTECO, 1983.

[21] Davidovici, V. *La construction en zone sismique.* s.l. : Le Moniteur, 1999.

[22] Prat, M. *Calcul des ouvrages généraux de construction.* s.l. : Hermès, 1997.

[23] Vlassov, B.Z. *Pièces longues en voiles minces.* s.l. : Eyrolles, 1962.

[24] Simo, J.C. et Hugues, T.J.R., *Computational Inelasticity.* s.l. : Springer, 1998.

INDEX ALPHABÉTIQUE

F

G

H

I

J

K

M

N

P

R

www.ingramcontent.com/pod-product-compliance
Lightning Source LLC
Chambersburg PA
CBHW061202240926
51846CB00006B/1088